普通高校应用型本科系列规划教材　统计类

新疆师范大学经济学一流专业建设项目成果
新疆师范大学教学改革项目(SDJGZ2019-50)成果
新疆维吾尔自治区研究生教育教学改革项目(XJ2020GY26)成果
新疆师范大学校级一流课程"统计学"建设项目成果

数据分析方法与应用

Methods and Applications of Data Analysis

陈　军　编著

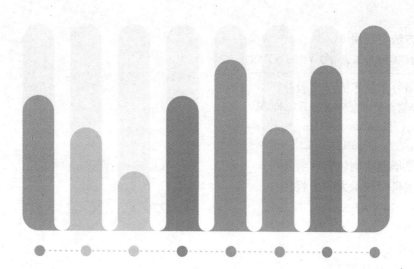

中国科学技术大学出版社

内 容 简 介

本书主要介绍常用数据分析的基本内容与方法,包括数理统计基础、回归分析、聚类分析、判别分析、主成分及因子分析、相关分析、方差分析、时间序列、面板数据、图形绘制等。本书涉及SPSS、Stata、Eviews、R等常用软件,这几款软件各具特点和优势,在具体数据处理应用中推出同一案例数据的不同软件处理过程,以满足不同应用环境及受众的需求。本书突出实用原则,内容和实例以期满足各个专业的需要,可供高等院校相关专业本科生、研究生数据分析、定量研究方法类课程以及从事数据统计分析的研究者参考使用。

图书在版编目(CIP)数据

数据分析方法与应用/陈军编著. —合肥:中国科学技术大学出版社,2023.3
ISBN 978-7-312-05607-9

Ⅰ. 数… Ⅱ. 陈… Ⅲ. 数学分析 Ⅳ. O17

中国国家版本馆 CIP 数据核字(2023)第 025702 号

数据分析方法与应用
SHUJU FENXI FANGFA YU YINGYONG

出版	中国科学技术大学出版社 安徽省合肥市金寨路 96 号,230026 http://press.ustc.edu.cn https://zgkxjsdxcbs.tmall.com
印刷	合肥华苑印刷包装有限公司
发行	中国科学技术大学出版社
开本	787 mm×1092 mm 1/16
印张	21.5
字数	550 千
版次	2023 年 3 月第 1 版
印次	2023 年 3 月第 1 次印刷
定价	60.00 元

前　　言

数据作为信息的主要载体在当今信息化、大数据社会中扮演着重要的角色。数据广泛存在于各行各业的各个领域，为我们提供了丰富的信息。然而，如何从大量的看似杂乱无章的数据中揭示其中隐含的内在规律、发掘有用的信息以指导人们进行科学的推断与决策，还需要对这些纷繁复杂的数据进行分析。

数据分析就是分析和处理数据的理论与方法，从数据中获得有用的信息。从这个意义上讲，数据分析不存在固定的解决方法，分析的目的和分析的方法不同，会从同一数据中发掘出各种有用信息。因此，数据分析内容丰富、方法众多，尤其借助计算机的强大计算能力，各种数据分析方法层出不穷，并得到了空前的发展。然而，作为一门学科，数据分析的性质定位问题目前尚未得到很好的解决，还未见到对"数据分析"共同认可的确切定义，但以数据为主要研究对象的统计方法无疑是比较重要的数据分析工具之一。

根据研究问题的分类，数据分析也相应基本分为四类：差异性分析、关联性分析、描述性分析及变量本身分析。

差异性分析是常用的数据分析方法，用于检测实验中实验组与对照组之间是否有差异以及差异是否显著。差异性分析又称差异性显著检验，是假设检验的一种，判断样本间的差异主要是由随机误差造成的，还是本质不同，即判断样本与总体所做的假设之间的差异是否是由所做的假设与总体真实情况之间的不一致所引起的，需要对数据进行显著性检验。显著性检验作为判断两个或多个数据集之间是否存在差异的方法一直被广泛应用于各个科研领域。差异性分析的原理是基于比较均值（比较不同组别的均值，得出组间差异）的。差异分析的目的在于挖掘出更多有价值的结论，找出应对性措施。差异性分析通常有三种：方差分析（ANOVA），例如研究具有博士学位、硕士学位和学士学位的毕业生期望的收入有无差异的问题；t 检验（T-test），例如研究我国 985 大学与非 985 大学毕业生收入有无差异的问题；卡方分析（chi-square analysis），例如研究分类数据资料统计推断。

关联分析（correlation analysis）主要研究现象间是否存在某种依存关系，并具体对具有依存关系的现象进一步探讨其相关程度及相关方向，它是研究随机变量间相关关系的一种统计方法。要确定相关关系的存在、相关关系的呈现方向和形态以及相关关系的密切程度，主要可以通过绘制相关图表、计算协方差和相关系数来完成。数据关联性分析的主要技术包括：相关性分析、回归分析、交叉表卡方分析等。

描述性分析则是描述数据或者汇总数据，不需要推断包含更多个体的总体情况。例如，抽样调查某地区家庭的义务教育支出，其中问卷调查项目有家庭人口、父母受教育年限、子女人数、上学人数、家庭人均收入、家庭人均支出、教育支出等。要对整个抽样做统计，说明此地区上述指标的情况,就要做一般性统计。

变量本身分析包括:某变量是否服从特定分布;利用变量将多个研究对象进行分类,例如聚类分析;如何将用多个指标变量描述的对象简化成用少量指标描述,例如因子分析;将多个用不同量纲指标描述的研究对象进行综合排序。

国内人文社科类专业,特别是经管类专业,本科阶段基本都开设"统计学"课程,经济类专业增设"计量经济学"课程。"统计学"课程主流教材的内容大致包括描述性统计、概率分布、参数估计、假设检验、方差分析、一元线性回归、多元线性回归、时间序列预测等,而"计量经济学"则包括一元线性回归、多元线性回归、异方差、自相关、多重共线性、虚拟变量、时间序列、面板数据模型等主要内容。应该注意到,这两门课也是普遍反映"学生难学、老师难教"的课程。基于课时数、学生先导课程掌握程度、理论课时偏高等诸多原因,整体来看,学生在学完课程后,实际面对数据、处理数据的能力还存在着一定的欠缺。在课程论文、学位论文写作时,数据处理方法不当、过程不规范、表达不准确的现象有不少。另外,数据处理中常用的聚类分析、主成分分析/因子分析、判别分析、典型相关分析、对应分析、图形绘制等内容在本科阶段基本也无专门介绍。对于研究生,依旧存在上述问题,而数据处理的需求和难度明显增加。每个学生的基础存在差异,特别对于跨专业的考生,急需一本在较短时间内掌握常用数据处理方法的书,并能突出实用性需求。

本书主要介绍常用数据分析的基本内容与方法,包括数学基础、回归分析、聚类分析、判别分析、主成分及因子分析、相关分析、典型相关与偏最小二乘、时间序列分析、面板数据模型、图形绘制等。本书涉及 Excel、SPSS、Stata、EViews、R 等常用软件,这几款软件各具特点和优势,在具体数据处理应用中推出同一案例数据的不同软件处理过程(限于篇幅,主要考虑易用、易懂、够用原则),以满足不同的应用环境及受众的需求。

本书突出实用原则,内容和实例以期满足各个专业的需要,可供高等院校相关专业本科生、研究生数据分析、定量研究方法类课程以及从事数据统计分析的研究者参考使用。

本书在编写过程中,参阅了许多国内数据分析、统计学理论教材和实操(实验)及计量经济学书籍(在文中及参考文献部分标注),深感受益颇多,在此一并向专家作者致以诚挚的敬意,如有疏漏,敬请谅解。本书所有案例的原始数据,读者可自行到中国科大出版社网站"下载区"→"教学资源"免费下载。

感谢新疆师范大学经济学一流专业建设项目及新疆维吾尔自治区研究生教育教学改革项目:基于教育高质量发展的新疆人文社科类研究生定量分析能力培养研究(项目编号:XJ2020GY26)对本书出版的经费支持;感谢新疆师范大学商学院院长李全胜教授、经济学一流专业负责人李慧玲老师给予的支持,以及对本书作为讲义阶段使用时本科生、研究生提出的意见和建议。还要感谢中国科学技术大学出版社编辑老师的辛勤付出和大力支持。

本书也是新疆师范大学校级一流课程"统计学"建设的部分成果。

限于编者水平有限,书中定会有错误和纰漏,敬请广大读者批评指正,联系邮箱为1075249260@qq.com。

陈 军

2022 年 8 月

目　　录

第1章 相关数理统计基础知识

1.1 变量及分类

变量描述的是变化的量,是运用统计方法所分析的对象。例如,人的体重,我们只能说某人在某一时刻的体重是多少,如果在另一时刻,他的体重可能变成另一个值。数据是与变量相关的值,就是所要分析的"数据"。

1.1.1 变量按取值属性进行分类

变量按取值属性可分为两类:

(1) 数值变量(numerical variable)也称为定量变量,其变量值用数量表示。数值变量可进一步分为离散变量和连续变量。离散变量(discrete variable)是指其数值只能取有限个或无限个,但可数。这种变量的数值一般用计数方法取得。反之,在一定区间内可以任意取值的变量叫连续变量(continuous variable),其数值是连续不断的,相邻两个数值之间可作无限分割,即可取无限个数值。例如,人体测量的身高、体重、胸围等为连续变量,其数值只能用测量或计量的方法取得。

(2) 分类变量(categorical variable)也称为定性变量,其变量值是定性的,表现为不相容的类别或属性。分类变量可分为无序分类变量和有序分类变量两类。无序分类变量(unordered categorical variable)是指所分类别或属性之间没有程度和顺序的差别,对于无序分类变量的分析,应先按类别分组,清点各组的观测单位数,编制分类变量的频数表,所得资料为无序分类资料,亦称计数资料。有序分类变量(ordinal categorical variable)各类别之间有不同程度的差别,如调查结果按照非常满意、满意、无所谓、不满意、非常不满意分类。对于有序分类变量,应先按等级顺序分组,清点各组的观测单位个数,编制有序变量(各等级)的频数表,所得资料称为等级资料。

当然变量类型不是一成不变的,根据研究目的的需要,各类变量间可以进行转化。例如,血红蛋白量(g/L)原属数值变量,若按血红蛋白正常与偏低分为两类,可按两项分类资料分析;若按重度贫血、中度贫血、轻度贫血、正常、血红蛋白增高分为五个等级,可按等级资料分析。有时亦可将分类资料数量化,如可将患者的恶心反应以 0、1、2、3 表示,则可按数值变量资料(定量资料)分析。

1.1.2 变量按测量尺度进行分类

变量按测量尺度不同可以分为以下三类:

（1）间隔尺度（interval measure）。指标度量时用数量来表示，其数值由测量或计数统计得到，如长度、重量、收入、支出等。一般来说，计数得到的数量是离散数量，测量得到的数量是连续数量。在间隔尺度中如果存在绝对零点，则称比例尺度。

（2）顺序尺度（ordinal measure）。指标度量时没有明确的数量表示，只有次序关系，或虽用数量表示，但相邻两数值之间的差距并不相等，它只表示一个有序状态序列。如评价产品质量，分成好、中、次三等，三等有次序关系，但没有数量表示。

（3）名义尺度（nominal measure）。指标度量时既没有数量表示也没有次序关系，只有一些特性状态，如眼睛的颜色、化学中催化剂的种类等。在名义尺度中只取两种特性状态的变量是很重要的，如电路的开和关，天气的有雨和无雨，人口性别的男和女，医疗诊断中的"＋"和"－"，市场交易中的买和卖，等等。

1.1.3 变量按确定性程度进行分类

变量按确定性程度进行分类可以分为随机变量和非随机变量。

自然界和社会实际中的事件大体可分为确定性事件和随机事件。确定性事件如圆的半径和面积；如果在相同条件下重复进行实验，每次的结果未必相同，但可能出现结果（分布）预先可知的情况，则称为随机事件，如掷骰子、抛掷硬币等。

实际问题多是非常复杂的，一个随机试验往往要用 s 个指标（变量）来整体地讨论其结果。如植物个体生长状态要同时用树高、胸径、树冠、树根等才能完整地加以描述，虽然每个个体的各项指标值会不相同也无法预测，但通常是有一定规律的，即所谓的统计规律。我们就用随机变量或随机向量代表这些指标，变量或向量所取值对应于实际的指标值，这些指标值表现出来的统计规律用统计分布来表达（通常是近似表达）。

设从同一总体中随机抽取 n 个个体，每个个体都观测其 s 个指标，得数据见表 1.1。

表 1.1 变量数据表

样品	指标 1	指标 2	...	指标 j	...	指标 s
1	X_{11}	X_{21}	...	X_{1j}	...	X_{1s}
2	X_{21}	X_{22}	...	X_{2j}	...	X_{2s}
...	...	...	...	...	...	...
i	X_{i1}	X_{i2}	...	X_{ij}	...	X_{is}
...	...	...	...	...	...	...
n	X_{n1}	X_{n1}	...	X_{nj}	...	X_{ns}

在表 1.1 中，X_{ij} 表示第 i 样品的第 j 个指标值。观测之前这些指标值都是未知的，也无法预测，它们都是随机变量。

1.2　不同变量类型的数据分析方法

不同变量类型的数据分析处理方法也存在着一定的差异。不同的数据处理方法,也针对不同背景的问题和变量,表 1.2~表 1.4 列出了近似理想状态下的方法采用情况。

表 1.2　不同变量类型的数据分析方法选择

因变量	自变量		
	数值变量	分类变量	有序变量
数值变量	相关分析、回归分析	回归分析	相关分析、回归分析
分类变量	logistic 回归分析、聚类分析、判别分析	logistic 回归分析、χ^2检验	χ^2检验
有序变量	logistic 回归分析、聚类分析、判别分析	logistic 回归分析、χ^2检验	相关分析、χ^2检验

表 1.3　不同研究设计和数据类型的数据分析方法选择

因变量	研究设计类型				
	两组比较	两组以上比较	配对比较	重复测量	两变量间的联系
数值变量	t 检验	方差分析	配对 t 检验	方差分析	回归分析、Pearson 相关系数
分类变量	χ^2检验	χ^2检验	配对 χ^2检验	—	列联表相关系数
有序变量	Mann-Whitney 秩和检验	Kraskal-Wallis 分析	Wilcoxon 符号秩和检验	—	Spearman 相关系数

表 1.4　统计方法和研究问题之间的关系

问题	内容	方法
数据或结构性化简	尽可能简单地表示所研究的现象,但不损失很多有用的信息,并希望这种表示能够很容易解释	多元回归分析、聚类分析、主成分分析、因子分析、对应分析、多维尺度法、可视化分析
分类和组合	基于所测量到的一些特征,给出好的分组方法,对相似的对象或变量分组	判别分析、聚类分析、主成分分析、可视化分析
变量之间的相关关系	变量之间是否存在相关关系,相关关系又是怎样体现的	多元回归、典型相关、主成分分析、因子分析、对应分析、多维尺度法、可视化分析
预测与决策	通过统计模型或最优准则,对未来进行预见或判断	多元回归、判别分析、聚类分析、可视化分析
假设的提出及检验	检验由多元总体参数表示的某种统计假设,能够证实某种假设条件的合理性	多元总体参数估计、假设检验

资料来源:管宇.实用多元统计分析[M].杭州:浙江大学出版社,2011:4-5.

1.3 样本统计量

我们花费精力和物力通过抽样调查或科学实验获取大量庞杂的样本数据,那么如何从中提取出有效的信息为最终的决策服务呢? 通常是先计算一些所谓的统计量来对样本数据进行分析,进而推断总体特征。统计量(statistic)是统计理论中用来对数据进行分析、检验的变量。凡是样本数据的某一函数,其中不含任何未知参数,都可称为统计量。在应用统计学中统计量常常说成统计指标。由于一般是用样本统计量来描述总体某种特征的,所以也称为描述统计量。常用的样本统计量有样本均值、方差、协方差、相关系数等。

1.3.1 平均指标

本书对算术平均数、几何平均数等不做介绍,仅列出以下计算公式:

算术平均数:

$$\bar{x} = \frac{(x_1 + x_1 + \cdots + x_n)}{n} \tag{1.1}$$

几何平均数:

$$\lim_{\alpha \to 0} x^{(\alpha)} = \sqrt[n]{x_1 \cdot x_2 \cdots \cdot x_n} \quad (\text{主要用于计算平均增长率}) \tag{1.2}$$

需要说明的是,从样本中的最小值和最大值两端分别去掉 k 个值后计算得到的平均值,称为截尾(trimmed)均值。在靠若干裁判员给选手打分的体育比赛、文艺比赛中,通常去掉 1 个或 2 个最高和最低分再求平均。如果将去掉 k 个最小值都用第 $k+1$ 个最小值代替,以及将去掉 k 个最大值都用第 $k+1$ 个最大值计算的平均值,称为 Winsorized 均值。Trimmed 均值和 Winsorized 均值都是总体的无偏估计。

1.3.2 离散指标

极差(range)描述个体值间的变异范围,其值为数据最大值减去最小值,极差越大,样本变异范围越大。

方差(variance,简记为 Var)描述个体值间的变异,即观测值的离散度。方差越小,表示观测值围绕均数的波动越小。方差计算公式为 $\mathrm{Var}(x) = (n-1)^{-1} \sum_{i=1}^{n} (x_i - \bar{x})^2$。方差也常用如下定义: $D(x) = \sum_{i=1}^{\infty} [x - E(x)]^2 P(x) = E(x^2) - [E(x)]^2$。

方差的性质:

$D(k) = 0$; $D(kx) = k^2 D(x)$; $D(x+y) = D(x) + D(y)$ (x、y 为独立变量)

协方差主要用来考察两个变量之间的相关程度,协方差越大,两变量之间的相关程度就越高,其定义为

$$\mathrm{Cov}(X, Y) = E(X - E(X))[Y - E(Y)] = E(XY) - E(X)E(Y)$$

标准差(standard deviation,简记为 SD,也称均方差 mean square error)是方差的平方

根。虽然标准差比方差多一步计算,但它与原始数据具有相同的量纲单位,这也正是方差所欠缺的,所以实际描述数据差异性时多用标准差,理论研究时多用方差。当观测值呈正态分布或近似正态分布时可将均数及标准差同时写出,如平均值 ± SD。

标准误(standard error,简记为 SE)是描述统计量的抽样误差,即样本统计量与总体参数的接近程度。标准误小,表示抽样误差小,统计量较稳定并与参数较接近。可将统计量及其标准误同时写出,如样本均数及其标准误可写为平均值 ± SE。标准误差的计算公式将在后续章节中介绍。

变异系数(coefficient of variation,简记为 CV)又称离散系数,即标准差与均数之比,通常用百分数表示,它可反映计量资料的变异程度。变异系数无单位。

1.3.3　相关系数

相关系数是根据样本数据计算的度量两个变量之间线性关系强度的统计量。若相关系数是根据总体全部数据计算的,称为总体相关系数,记为 ρ,若是根据样本数据计算的,则称为样本相关系数,记为 r。常用相关系数的种类有以下几种:

1. Pearson 相关系数

Pearson 相关系数的计算公式为

$$r = \frac{n \sum xy - \sum x \sum y}{\sqrt{n \sum x^2 - \left(\sum x\right)^2} \cdot \sqrt{n \sum y^2 - \left(\sum y\right)^2}} \tag{1.3}$$

按式(1.3)计算的相关系数也称为线性相关系数,或称为 Pearson 相关系数。根据实际数据计算出的 r,其取值一般为 $-1 \sim 1$,越接近 -1 或 $+1$,说明两个变量之间的线性关系越强;越接近 0,说明两个变量之间的线性关系越弱。

由于样本相关系数是根据样本观测值计算而来的,是否能将其视为总体相关系数需要做进一步的检验。其过程实质就是一个假设检验,假设条件为:$H_0: \rho = 0; \rho \neq 0$。检验统计量为

$$t = |r| \sqrt{\frac{n-2}{1-r^2}}$$

2. Spearman 等级相关系数

Spearman 等级相关系数又称秩相关系数,是利用两变量的秩次大小作线性相关分析,属于非参数统计方法。对于服从 Pearson 相关系数的数据也可计算 Spearman 等级相关系数但统计效能要低一些,并且公式中的 x 和 y 用相应的秩次来代替。其计算公式为

$$r_s = 1 - \frac{6 \sum D^2}{n(n^2 - 1)} \tag{1.4}$$

式中,n 为样本容量,D 为序列等级之差。

3. Kedall's tua-b 相关系数

Kedall's tua-b 相关系数是用于反映分类变量相关性的指标,适用于两个分类变量均为有序分类的情况,也属于一种非参数相关检验,取值范围为 $-1 \sim 1$,用 τ 来表示。其计算公式为

$$\tau = (U - V) \frac{2}{n(n-1)} \tag{1.5}$$

式中,U 为两个相关变量秩的一致对数目;V 为两个相关变量秩非一致对数目。

4. 偏相关系数

偏相关分析是指在研究两个变量之间的相关关系时,将与两个变量有联系的其他变量进行控制,使其保持不变的统计方法,采用的是偏相关系数。把研究的变量称为检验变量,而控制不变的变量叫控制变量,控制变量的个数称为偏相关的阶数,当控制变量的个数为 1 时称为一阶偏相关系数,为 2 时称为二阶偏相关系数,没有控制变量时,称为零阶偏相关系数,也就是 Pearson 简单相关系数。

在两个自变量的情况下,当控制了 x_2 时,x_1 和 y 之间的一阶偏相关系数公式为

$$r_{y1,2} = \frac{r_{y1} - r_{y2}r_{12}}{\sqrt{(1 - r_{12}^2)(1 - r_{12}^2)}} \tag{1.6}$$

式中,r_{y1} 为 y 和 x_1 的相关系数;r_{y2} 为 y 和 x_2 的相关系数;r_{12} 为 x_2 和 x_1 的相关系数。

1.3.4 综合描述统计

前文利用函数和公式来计算相应的特征值以描述数据的集中趋势和离散趋势。对于统计数据的一些常用统计量,如平均数、标准差等,Excel 软件提供了一种更加简单的方法——"描述统计"功能。利用软件可以同时计算出平均值、标准误差、中位数、众数、样本标准差、方差、峰度、极差等十几个常用统计量来描述数据的分布规律。

例 1.1 测得 50 株某植物株高数据见表 1.5,要求进行描述统计分析。

表 1.5　50 株某植物株高数据　　　　　　　　　　　(单位:厘米)

30.1	33.3	30.8	32.1	32.1	31.4	32.3	31.4	32.7	31.5
30.8	31.3	30.4	32.5	31.4	32.4	32.7	32.2	31.4	31.6
31.6	31	32.5	31.8	30.8	31	31.2	31.5	31.8	30.6
31.7	32	30.3	30.5	32.8	29.8	30.7	31.7	31.9	32.3
32.1	32.4	31.3	30.5	31.9	31.1	31.7	30.7	33	31.4

1. Excel 操作步骤

Step 1　将 50 个数据排成一列,单击"数据""数据分析",在弹出的"数据分析"对话框中,选择"描述统计",点击"确定"。

Step 2　在弹出的"描述统计"对话框中,选择输入区域和输出区域。"分组方式"是指输入区域中的数据是否按行还是按列排列,本例中选择"逐列"单选框[图 1.1(左)]。如果输入区域的第一行中包含标志项(变量名),则选中"标志位于第一行"复选框;如果输入区域无标志项,则不选,Excel 将在输出表中自动生成"列 1""列 2"等数据标志。本例无需选择"标志位于第一行"复选框。若选中"汇总统计"复选框,则显示描述统计结果,否则不显示。"平均数置信度"复选框,则表示以输入的变量数据为样本的特征值将以怎样的置信水平进行区间估计,默认值的置信水平为 95%。如果还想知道分析数据中排序为第 K 个最大值的变量值,可选最大值,即在序号框中输入 2,一般的默认值为 1,即最大值。此外也可在"第 K 小值"的选项框中做同样的选择,以得到第 K 个最小值的变量值。

Step 3　完成上述步骤,单击"确定",各项描述统计值就会在输出区域中,如图 1.1(右)所示。

2. SPSS 操作步骤

Step 1　建立数据文件。将株高样本的 50 个数据列入"株高"变量。

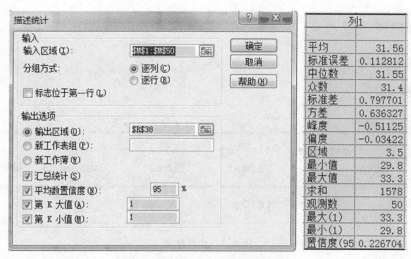

图 1.1　描述统计对话框及输出结果

Step 2　选择"分析""描述统计""频率",将"株高"导入"变量"区域,如图 1.2(左)所示。

图 1.2　频率对话框及频率:统计量对话框

Step 3　点击"统计量",在弹出的对话框中,勾选打算计算的统计量,如图 1.2(右)所示。

Step 4　点击"继续"和"确定",即得到各描述统计量,数据结果同 Excel 一样。

3. Stata 操作步骤

Step 1　将例 1.1 的 Excel 数据导入 Stata。

Step 2　在"command"区域输入如下命令:

.describe

回车,执行结果如图 1.3 所示。

Describe 命令输出结果包括变量名、存储方式、显示格式、变量标签及变量值标签。

Step 3　在"command"区域输入如下命令:

.codebook high

回车,执行结果如图 1.4 所示。

```
.  describe

Contains data
  obs:            50
  vars:            1
  size:          200
                                                              .
                storage   display    value
variable name   type      format     label       variable label

high            float     %8.0g
```

图 1.3　执行结果

```
. codebook high

high

                type:  numeric (float)

               range:  [29.8,33.3]                   units:  .1
       unique values:  28                          missing .:  0/50

                mean:     31.56
            std. dev:   .797701

         percentiles:        10%        25%        50%        75%        90%
                            30.5         31      31.55       32.1       32.6
```

图 1.4　执行结果

Codebook 命令输出结果反映出 high 的描述性统计量。

Step 4　在"command"区域输入如下命令：

. summarize high,detail

回车,执行结果如图 1.5 所示。

对于数据分析而言,使用 summarize 命令进行数据核对是有必要的,尤其对于缺失值、无效值、极端值的探测都具有实用性。summarize 命令后如未加任何变量,则默认对数据中的所有变量进行描述统计。

上述结果最左边一列显示从 1%～99%的分位数的取值,第二列显示最小和最大各 4 个数值,第三列是观测值数目、平均数、标准差、方差、偏度、峰度。标准正态分布的偏度和峰度分别是 0 和 3。本例的偏度为 0.0331895,基本无偏度;峰度为 2.420817,尖峰分布不明显。summarize 命令可使用 if 和 in 限定范围,也可使用 weight 添加权重。Summarize 命令标准格式如下：

Summarize ［varlist］［if］［in］［weight］［,options］

Summarize 命令的选项及其含义可查阅 Stata 命令集。

```
. summarize high,detail
```

```
                                  high

              Percentiles       Smallest
        1%        29.8            29.8
        5%        30.3            30.1
       10%        30.5            30.3        Obs                    50
       25%          31            30.4        Sum of Wgt.            50

       50%        31.55                       Mean                31.56
                                Largest       Std. Dev.        .7977008
       75%        32.1            32.7
       90%        32.6            32.8        Variance         .6363266
       95%        32.8              33        Skewness        -.0331895
       99%        33.3            33.3        Kurtosis         2.420817
```

图 1.5　执行结果

Step 5　在"command"区域输入如下命令：

.　　tabstat high,stat(count mean p50 sd skew kurt)

回车,执行结果如图 1.6 所示。

```
. tabstat high,stat(count mean p50 sd skew kurt)
```

variable	N	mean	p50	sd	skewness	kurtosis
high	50	31.56	31.55	.7977008	-.0331895	2.420817

图 1.6　执行结果

输出结果从左至右依次是观测值个数、平均数、中位数、标准差、偏度和峰度。Tabstat 命令与 Summarize 命令相似,但提供了更加灵活的统计量组合。如果不加 by()选项,那么 tabstat 命令可代替 Summarize 命令。tabsta 命令标准格式如下：

tabsta［varlist］［if］［in］［weight］［,options］

tabsta 命令的选项及含义可查阅 Stata 命令集。

1.4　数 据 变 换

所谓数据变换,就是将原始数据中的每个元素,按照某种特定的运算把它变成为一个新值,其目的主要是降低原始数据间的差异性。特别是在处理多元数据时,不同指标(分量)放在一起进行运算,不同指标的度量、量纲单位不同,通常要考虑是否进行数据变换。

例如,用身高和体重来衡量人的身材,身高单位用米还是厘米,体重单位用千克还是克自然会影响最终判断。又如树木通常用树高和胸径来描述,虽然它们可以统一到同一单位,譬如用厘米来表示,但是树高相差 30 厘米与胸径相差 30 厘米的两棵 10 龄树通常有天壤之别:前者几乎认为是一样高的两棵树,因为 10 龄树通常都至少有一二十米高,相差 30 厘米几乎可以忽略不计;后者则认为粗细差异巨大的两棵树,因为一般 10 龄树胸径最多也就几十厘米,30 厘米的差距显示两棵树的外形差别就很大了。数据变换的目的就是要在分析推断之前考虑到各指标间本身的差异并设法降低甚至消除其影响。

1.4.1 中心化变换

中心化变换是一种坐标轴平移处理方法,它是先求出每个变量的样本平均值 $\bar{x}_i$,再从原始数据中减去该变量的均值,就得到中心化变换后的数据,即 $x_{ij}^* = x_{ij} - \bar{x}_i$。中心化变换的结果是使每列数据之和为 0,即每个变量的均值为 0,而且每列数据的平方和是该列变量样本方差的 $n-1$ 倍,任何不同两列数据之交叉乘积是这两列变量样本协方差的 $n-1$ 倍,所以这是一种很方便的计算方差与协方差的变换。

1.4.2 去量纲变换

去量纲变换后的数据不再具有量纲,便于不同的变量之间的比较。下面介绍几种常见的去量纲变换。

1. 极差规格化变换

极差规格化变换是从数据矩阵的每一个变量中找出其最大值和最小值,这两者之差称为极差,然后从每个变量的每个原始数据减去该变量中的最小值,再除以极差,就得到规格化数据,即 $x_{ij}^* = (x_{ij} - x_{\min})/(x_{\max} - x_{\min})$。

经过规格化变换后,数据矩阵中每列即每个变量的最大值为 1,最小值为 0,其余数据取值均为 0~1。

2. 标准化变换

标准化变换也是对变量的数值和量纲进行类似于规格化变换的一种数据处理方法。首先对每个变量进行中心化变换,然后除以该变量的标准差进行标准化,即 $x_{ij}^* = (x_{ij} - \bar{x}_i)/s$。经过标准化变换处理后,每个变量即数据矩阵中每列数据的平均值为 0,方差为 1,且不再具有量纲,便于不同变量之间的比较。变换后,数据矩阵中任何两列数据乘积之和是两个变量相关系数的 $n-1$ 倍,所以这是一种很方便就能计算相关矩阵的变换的方法。对原始数据标准化处理是所有数据变换中使用最多的一种。

3. 除均值变换

除均值变换只是将原始数据除以其均值,即 $x_{ij}^* = x_{ij}/\bar{x}_i$。

除均值变换能够消除量纲不同的影响且保留原始数据的差异性。而标准化变换处理的变量均值为 0,方差为 1,这在某种程度上消弱了原始数据之间的差异性。

1.4.3 对称化变换

许多统计方法都要求原始数据近似为正态总体,比正态性弱一些的是对称性。对于明显偏斜的数据可通过幂变换或对数变换: $x_{ij}^* = x_{ij}^a$ 或 $x_{ij}^* = \log x_{ij}$ 得到。

1.5　微积分基础知识

1.5.1　导数

对于一元函数 $y = f(x)$，记作一阶导数(first derivative)为 $\dfrac{\mathrm{d}y}{\mathrm{d}x}$ 或 $f'(x)$，其定义为

$$\frac{\mathrm{d}y}{\mathrm{d}x} \equiv f'(x) \equiv \lim_{\Delta x \to 0} \frac{\Delta y}{\Delta x} \equiv \lim_{\Delta x \to 0} \frac{f(x + \Delta x) - f(x)}{\Delta x} \tag{1.7}$$

导函数 $f'(x)$ 也称为边际函数。$\dfrac{\Delta y}{\Delta x} \equiv \dfrac{f(x_0 + \Delta x) - f(x_0)}{\Delta x}$ 称为 $f(x)$ 在 $(x_0, x_0 + \Delta x)$ 内的平均变化率，它表示 $f(x)$ 在 $(x_0, x_0 + \Delta x)$ 内的平均变化速度。$f(x)$ 在 $x = x_0$ 处的导数 $f'(x_0)$ 称为在点 $x = x_0$ 的变化率，也称为 $f(x)$ 在点 $x = x_0$ 处的边际函数值，它表示 $f(x)$ 在点 $x = x_0$ 处的变化速度。

在点 $x = x_0$ 处，x 从 x_0 改变一个单位，y 相应改变的真值应为 $\Delta y \left|_{\substack{x = x_0 \\ \Delta x = 1}}\right.$。但当 x 改变的"单位"很小时，或 x 的"一个单位"与 x_0 值相对来说很小时，则有

$$\Delta y \left|_{\substack{x = x_0 \\ \Delta x = 1}}\right. \approx \mathrm{d}y \left._{\substack{x = x_0 \\ \Delta x = 1}}\right. = f'(x)\mathrm{d}x \left|_{\substack{x = x_0 \\ \Delta x = 1}}\right. = f'(x_0) \tag{1.8}$$

这说明 $f(x)$ 在 $x = x_0$ 处，当 x 产生一个单位的改变时，y 近似改变了 $f'(x_0)$ 个单位，在应用问题中解释边际函数值的具体意义时我们略去"近似"二字。

从几何上看，(一阶)导数就是函数 $y = f(x)$ 在 x 处的切线斜率，如图 1.7 所示。一阶导数 $f'(x)$ 仍然是 x 的函数，故可以定义 $f'(x)$ 的导数，即二阶导数(second derivative)：

$$\frac{\mathrm{d}^2 y}{\mathrm{d}x^2} \equiv f''(x) \equiv \frac{\mathrm{d}\left(\dfrac{\mathrm{d}y}{\mathrm{d}x}\right)}{\mathrm{d}x} \equiv \left[f'(x)\right]' \tag{1.9}$$

直观来看，二阶导数表示切线斜率的变化速度，即曲线 $f(x)$ 的弯曲程度，也称"曲率"(curvature)。

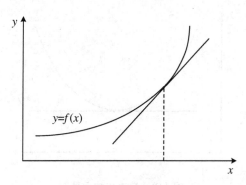

图 1.7　导数示意图

例 1.2 求 $y = x^4$ 的各阶导数。

解 $y' = 4x^3$；$y'' = 12x^2$；$y''' = 24x$；$y^{(4)} = 24$；$y^{(5)} = y^{(6)} = \cdots = 0$

例 1.3 函数 $y = x^2$，$y' = 2x$，在点 $x = 10$ 处的边际函数值 $y'(10) = 20$，它表示当 $x = 10$ 时，x 改变一个单位，y（近似）改变 20 个单位。

1.5.2 一元最优化

常见的两种估计方法为最小二乘法与最大似然估计。二者的本质都是最优化问题，前者为最小化问题，而后者为最大化问题。为此，考虑以下无约束的一元最大化问题：

$$\max_x f(x) \tag{1.10}$$

由图 1.8 可知，函数 $f(x)$ 在其"山峰"顶端 x^* 处达到最大值。在 x^* 处，$f(x)$ 的切线恰好为水平线，故切线斜率为 0。这意味着，一元最大化问题的必要条件为

$$f'(x^*) = 0 \tag{1.11}$$

由于此最大化的必要条件涉及一阶导数，故通常称为一阶条件（first order condition）。

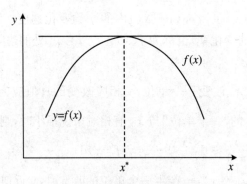

图 1.8　最大化的示意图

类似地，考虑无约束的一元最小化问题：

$$\min_x f(x) \tag{1.12}$$

由图 1.9 可知，最小化问题的一阶条件与最大化问题相同，都要求在最优值 x^* 处的切线斜率为 0，即 $f'(x^*) = 0$。二者的区别仅在于最优化的二阶条件（second order condition），即最大化要求二阶导数 $f''(x^*) \leqslant 0$，而最小化要求 $f''(x^*) \geqslant 0$。在应用中，一般假设满足二阶条件，故主要关注一阶条件。

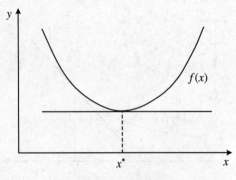

图 1.9　最小化的示意图

1.5.3　偏导数

对于多元函数 $y = f(x_1, x_2, \cdots, x_n)$，定义 y 对于 x_1 的偏导数（partial derivative）为

$$\frac{\partial y}{\partial x} \equiv \frac{\partial f(x_1, x_2, \cdots, x_n)}{\partial x_1} \equiv \lim_{\Delta x_1 \to 0} \frac{f(x_1 + \Delta x_1, x_2, \cdots, x_n) - f(x_1, x_2, \cdots, x_n)}{\Delta x_1}$$

(1.13)

由式(1.13)可知，在计算 y 对 x_1 的一阶偏导数时，首先给定 $x_2, \cdots, x_n$ 为常数（可视为参数），则 $y = f(x_1, x_2, \cdots, x_n)$ 可看成 x_1 的一元函数 $y = f(x_1, \cdot)$，而 $\frac{\partial y}{\partial x_1}$ 便是此"一元函数"$y = f(x_1, \cdot)$ 的导数。类似地，可定义 y 对 $x_i (i = 2, \cdots, n)$ 的偏导数 $\frac{\partial y}{\partial x_i}$。在实际中，如果 $y = (x_1, x_2, \cdots, x_n)$ 为效用函数，则 $\frac{\partial y}{\partial x_1}$ 表示商品 x_1 所能带来的边际效用。如果 $y = f(x_1, x_2, \cdots, x_n)$ 为生产函数，则 $\frac{\partial y}{\partial x_1}$ 表示生产要素 x_1 所能带来的边际产出。

1.5.4　多元最优化

考虑以下无约束的多元最大化问题：

$$\max_x f(x) \equiv f(x_1, x_2, \cdots, x_n)$$

(1.14)

式中，$x \equiv (x_1, x_2, \cdots, x_n)$。其一阶条件要求在最优值 x^* 处，所有偏导数均为 0，即

$$\frac{\partial f(x^*)}{\partial x_1} = \frac{\partial f(x^*)}{\partial x_2} = \cdots = \frac{\partial f(x^*)}{\partial x_n} = 0$$

(1.15)

多元最小化的一阶条件与此相同。此一阶条件要求在最优值 x^* 处，曲面 $f(x)$ 在各个方向的切线斜率都为 0。

1.5.5　积分

考虑计算连续函数 $y = f(x)$ 在区间 $[a, b]$ 上的面积，如图 1.10 所示。作为近似，可将区间 $[a, b]$ 划分为 n 等分，即 $[a, x_1], (x_1, x_2), \cdots, (x_{n-1}, b]$，然后从每个区间 $(x_{i-1}, x_i]$ $(i = 1, \cdots, n)$ 中任取一点 ξ_i（记 a 为 x_0，而 b 为 x_n）。显然，每个区间的长度 $\Delta x \equiv \frac{b - a}{n}$，而此面积近似等于 $\sum_{i=1}^{n} f(\xi_i) \Delta x$。不断细分这些区间，让 $n \to \infty$，可得到此面积的精确值，即函数 $f(x)$ 在区间 $[a, b]$ 上的定积分：

$$\int_b^a f(x) \mathrm{d}x \equiv \lim_{n \to \infty} \sum_{i=1}^{n} f(\xi_i) \Delta x$$

(1.16)

其中，在极限处，将 Δx 记为 $\mathrm{d}x$，而将求和符号 $\sum$ 记为 $\int$，由大写字母 S 向上拉长而成。由此可见，定积分的实质就是求和（只不过是无穷多项之和）。

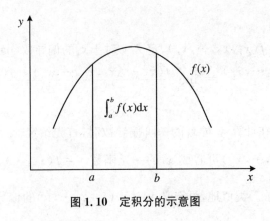

图 1.10　定积分的示意图

1.6　常用的概率分布

1.6.1　正态分布

正态分布也叫常态分布,后面涉及的内容很多都需要数据呈正态分布。例如在进行方差分析之前,必须检验数据的正态性。很多统计检验要求数据满足正态分布,即便在回归分析中,也要求解释变量能很好地包含被解释变量的偏度和峰度,否则可能导致有限样本性质中的统计推断有误。

图 1.11 就是正态分布曲线,中间隆起,对称向两边下降。

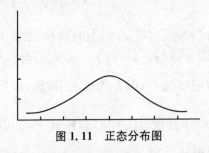

图 1.11　正态分布图

正态分布的形式取决于随机变量的均值和标准误差,其概率密度函数为

$$f(x) = \frac{1}{\sigma\sqrt{2\pi}}e^{-\frac{(x-\mu)^2}{2\sigma^2}} \tag{1.17}$$

当 $\mu=0, \sigma=1$ 时,其概率分布称作标准正态分布,这时概率密度函数为

$$f(x) = \frac{1}{\sigma\sqrt{2\pi}}e^{-\frac{x^2}{2}} \tag{1.18}$$

正态分布的主要特点是:① 以直线 $x=\mu$ 为对称轴;② 在 $x=\mu$ 处有最大值 $\frac{1}{\sigma\sqrt{2\pi}}$;③ 在 $x=\mu\pm\sigma$ 处有拐点;④ 横坐标轴为 $x\rightarrow\pm\infty$ 时的渐近线。

任何正态分布都可以通过令 $z=(x-\mu)/\sigma$ 而转化为标准正态分布，z 称作概率度。在这里要特别注意，一定不要把密度函数和分布函数混淆，密度函数给出的是概率曲线在某一特定点的坐标，而分布函数给出的是某一给定区间的概率。

数据正态性检验的方法主要有两类：使用图形进行大致的判断以及使用统计检验。图形检验中常用的是直方图和正态分位数图。如果得到的数据直方图和钟形相差很大，则拒绝正态性分布，这是一种非常直观的方法，实用性强。

如果直方图基本呈现对称，可以考虑绘制正态分位数图。正态分位数图的绘制步骤如下：

(1) 将原始数据按数值由小到大进行排序。

(2) 使用标准正态分布计算对应于正态曲线下的这些面积值的 Z 值，从最左边开始，向右依次为：$1/(2n),3/(2n),5/(2n),7/(2n)$，以此类推。

(3) 描绘点 (x,y)，其中每个 x 都是一个原始样本值，y 是根据步骤(2)中算出的对应 Z 值。

利用正态分位数图进行正态性检验的要点：如果这些点的位置不是接近于一条直线，或者呈某种对称图案，而不是一条直线图案，则认为数据不服从正态分布。

卡方检验属于统计检验，它可以比图形更为准确地检验数据的分布。用于检验正态分布的卡方统计量源于基本卡方检验，进行正态分布的卡方检验实质上是根据表 1.6 中标注的区间找到落在该区间内的实际观测值个数和期望观测值个数，然后进行卡方检验。

表 1.6 卡方检验区间划分

区间 （样本容量大于 220）	概率 （样本容量大于 220）	区间 （样本容量大于 220）	概率 （样本容量大于 220）
$Z\leqslant -2$	0.0228	$Z\leqslant -1.5$	0.0228
$-2<Z\leqslant -1$	0.1359	$-1.5<Z\leqslant -0.5$	0.1359
$-1<Z\leqslant 0$	0.3413	$-0.5<Z\leqslant 0.5$	0.3413
$0<Z\leqslant 1$	0.3413	$0.5<Z\leqslant 1.5$	0.3413
$1<Z\leqslant 2$	0.1359	$Z\geqslant 1.5$	0.1359
$Z\geqslant 2$	0.0228		

资料来源：马慧慧. Stata 统计分析与应用[M]. 3 版. 北京：电子工业出版社，2016.

正态性的其他统计检验，包括偏度-峰度检验（sktest）、D'Agostino 检验、Shapiro-Wilk 检验和 Shapiro-Francia 检验。应该注意，随着样本量的增大，所有的统计检验趋于拒绝原假设，而图形、偏度及峰度的数值分析可能更有利于研判数据正态性状况。同时，要结合数据分析对于总体正态性的要求，如果是进行方差分析就需要对数据分布提出满足正态性的条件，而进行回归分析时对于正态性检验的要求就没有那么重要。

上述几种统计检验的适用情形比较如下：

(1) sktest 检验和 D'Agostino 检验通常能获得较好的效果，但 sktest 检验不够稳定，故 D'Agostino 检验更好一些。

(2) sktest 检验和 D'Agostino 检验适用于加总性的数据。

(3) Shapiro-Francia 检验不适用于加总性的数据，但是对于个体数据非常合适。

(4) 不推荐使用 Shapiro-Wilk 检验。

(5) 利用 Excel 提供的统计函数"NORM. S. DIST"，可以生成标准正态分布概率表，即 $P(Z \leqslant x)$。利用 Excel 提供的统计函数"NORM. S. INV"，可以生成标准正态分布分位数表，该表是根据标准正态分布随机变量分布的累积概率的值计算的相应的临界值。如果有 $P(Z \leqslant x) = p$，则对于任意给定的 $p(0 \leqslant p \leqslant 1)$，可以求出相应的 x。

为方便使用，可以用 Excel 生成标准正态分布表，步骤如下：

Step 1 将 x 的值（可根据需要确定）输入到工作表的 A 列，将 x 取值的位数输入到第一行，形成标准正态分布概率表的表头，如图 1.12 所示。

	A	B	C	D	E	F	G	H	I	J	K
1	x	0	0.01	0.02	0.03	0.04	0.05	0.06	0.07	0.08	0.09
2	0.0										
3	0.1										
4	0.2										
5	0.3										
6	0.4										
7	0.5										
8	0.6										
9	0.7										
10	0.8										
11	0.9										
12	1.0										

图 1.12 标准正态分布概率表的表头

Step 2 在 B2 单元格输入公式" = NORM. S. DIST($ A2 + B $ 1, TRUE)"，然后将其向下、向右复制即可得标准正态分布概率表，部分结果如图 1.13 所示（读者可根据需要生成不同 x 的标准正态分布概率表）。

	A	B	C	D	E	F	G	H	I	J	K
1	x	0	0.01	0.02	0.03	0.04	0.05	0.06	0.07	0.08	0.09
2	0.0	0.5000	0.5040	0.5080	0.5120	0.5160	0.5199	0.5239	0.5279	0.5319	0.5359
3	0.1	0.5398	0.5438	0.5478	0.5517	0.5557	0.5596	0.5636	0.5675	0.5714	0.5753
4	0.2	0.5793	0.5832	0.5871	0.5910	0.5948	0.5987	0.6026	0.6064	0.6103	0.6141
5	0.3	0.6179	0.6217	0.6255	0.6293	0.6331	0.6368	0.6406	0.6443	0.6480	0.6517
6	0.4	0.6554	0.6591	0.6628	0.6664	0.6700	0.6736	0.6772	0.6808	0.6844	0.6879
7	0.5	0.6915	0.6950	0.6985	0.7019	0.7054	0.7088	0.7123	0.7157	0.7190	0.7224
8	0.6	0.7257	0.7291	0.7324	0.7357	0.7389	0.7422	0.7454	0.7486	0.7517	0.7549
9	0.7	0.7580	0.7611	0.7642	0.7673	0.7704	0.7734	0.7764	0.7794	0.7823	0.7852
10	0.8	0.7881	0.7910	0.7939	0.7967	0.7995	0.8023	0.8051	0.8078	0.8106	0.8133
11	0.9	0.8159	0.8186	0.8212	0.8238	0.8264	0.8289	0.8315	0.8340	0.8365	0.8389
12	1.0	0.8413	0.8438	0.8461	0.8485	0.8508	0.8531	0.8554	0.8577	0.8599	0.8621
13	1.1	0.8643	0.8665	0.8686	0.8708	0.8729	0.8749	0.8770	0.8790	0.8810	0.8830
14	1.2	0.8849	0.8869	0.8888	0.8907	0.8925	0.8944	0.8962	0.8980	0.8997	0.9015
15	1.3	0.9032	0.9049	0.9066	0.9082	0.9099	0.9115	0.9131	0.9147	0.9162	0.9177
16	1.4	0.9192	0.9207	0.9222	0.9236	0.9251	0.9265	0.9279	0.9292	0.9306	0.9319
17	1.5	0.9332	0.9345	0.9357	0.9370	0.9382	0.9394	0.9406	0.9418	0.9429	0.9441
18	1.6	0.9452	0.9463	0.9474	0.9484	0.9495	0.9505	0.9515	0.9525	0.9535	0.9545
19	1.7	0.9554	0.9564	0.9573	0.9582	0.9591	0.9599	0.9608	0.9616	0.9625	0.9633
20	1.8	0.9641	0.9649	0.9656	0.9664	0.9671	0.9678	0.9686	0.9693	0.9699	0.9706
21	1.9	0.9713	0.9719	0.9726	0.9732	0.9738	0.9744	0.9750	0.9756	0.9761	0.9767
22	2.0	0.9772	0.9778	0.9783	0.9788	0.9793	0.9798	0.9803	0.9808	0.9812	0.9817
23	2.1	0.9821	0.9826	0.9830	0.9834	0.9838	0.9842	0.9846	0.9850	0.9854	0.9857
24	2.2	0.9861	0.9864	0.9868	0.9871	0.9875	0.9878	0.9881	0.9884	0.9887	0.9890
25	2.3	0.9893	0.9896	0.9898	0.9901	0.9904	0.9906	0.9909	0.9911	0.9913	0.9916
26	2.4	0.9918	0.9920	0.9922	0.9925	0.9927	0.9929	0.9931	0.9932	0.9934	0.9936

图 1.13 标准正态分布概率表（部分）

类似的，可以用 Excel 生成标准正态分布分位数表，步骤如下：

Step 1 将标准正态变量累积概率的值输入到工作表的 A 列，其尾数输入到第一行，形成标准正态分布分位数表的表头,如图 1.14 所示。

	A	B	C	D	E	F	G	H	I	J	K
1	p	0.000	0.001	0.002	0.003	0.004	0.005	0.006	0.007	0.008	0.009
2	0.50										
3	0.51										
4	0.52										
5	0.53										
6	0.54										
7	0.55										
8	0.56										
9	0.57										
10	0.58										

图 1.14　标准正态分布分位数表的表头

Step 2　在 B2 单元格输入公式"= NORM. S. INV($ A2 + B $ 1)",然后将其向下、向右复制即可得到标准正态分布概率表,部分结果如图 1.15 所示(读者可根据需要生成不同 p 值的标准正态分布分位数表)。

	A	B	C	D	E	F	G	H	I	J	K
1	p	0.000	0.001	0.002	0.003	0.004	0.005	0.006	0.007	0.008	0.009
2	0.50	0.0000	0.0025	0.0050	0.0075	0.0100	0.0125	0.0150	0.0175	0.0201	0.0226
3	0.51	0.0251	0.0276	0.0301	0.0326	0.0351	0.0376	0.0401	0.0426	0.0451	0.0476
4	0.52	0.0502	0.0527	0.0552	0.0577	0.0602	0.0627	0.0652	0.0677	0.0702	0.0728
5	0.53	0.0753	0.0778	0.0803	0.0828	0.0853	0.0878	0.0904	0.0929	0.0954	0.0979
6	0.54	0.1004	0.1030	0.1055	0.1080	0.1105	0.1130	0.1156	0.1181	0.1206	0.1231
7	0.55	0.1257	0.1282	0.1307	0.1332	0.1358	0.1383	0.1408	0.1434	0.1459	0.1484
8	0.56	0.1510	0.1535	0.1560	0.1586	0.1611	0.1637	0.1662	0.1687	0.1713	0.1738
9	0.57	0.1764	0.1789	0.1815	0.1840	0.1866	0.1891	0.1917	0.1942	0.1968	0.1993
10	0.58	0.2019	0.2045	0.2070	0.2096	0.2121	0.2147	0.2173	0.2198	0.2224	0.2250
11	0.59	0.2275	0.2301	0.2327	0.2353	0.2378	0.2404	0.2430	0.2456	0.2482	0.2508

图 1.15　标准正态分布分位数表(部分)

1.6.2　t 分布

t 分布即随机变量的概率分布既受均值和标准误差的影响,又与自由度密切相关的分布(图 1.16)。t 分布也叫作学生(student)分布。t 分布也是对称分布,其均值为 0,方差 σ_t^2 为 $(n-1)/(n-3)$,其中 n 为样本容量。当 $n \to \infty$ 时,t 分布趋于正态分布。t 分布的密度函数比较复杂,此处从略。

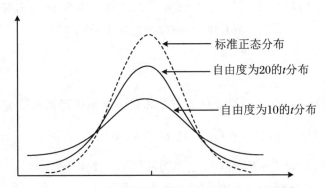

图 1.16　不同自由度的 t 分布与标准正态分布的比较

自由度即样本中随机变量可以自由变化的数目,自由度的大小由样本的大小和样本中已知常量的数目决定。

　　t 分布的应用场合:通常当正态总体标准差未知,在小样本条件下对总体均值的估计和检验时。

　　t 分布临界值表的制作:为方便使用,可以用 Excel 生成(此部分内容可参考贾俊平等编著的《统计学》(第 6 版)的附录)。步骤如下:

　　Step 1　将 t 分布自由度的值输入到工作表的 A 列,将右尾概率 α 的值输入到第一行,形成 t 分布临界值表的表头,如图 1.17 所示。

▲	A	B	C	D	E	F	G	H
1	df/a	0.100	0.050	0.025	0.010	0.005	0.001	0.0005
2	1							
3	2							
4	3							
5	4							
6	5							
7	6							
8	7							
9	8							
10	9							

图 1.17　t 分布临界值表的表头

　　Step 2　在单元格 B2 输入" = TINV(B\$1, \$A2)",然后将其向下、向右复制即可得到 t 分布临界值表,部分结果如图 1.18 所示(读者可根据需要生成不同 α 和自由度的结果)。

▲	A	B	C	D	E	F	G	H
1	df/a	0.100	0.050	0.025	0.010	0.005	0.001	0.0005
2	1	6.3138	12.7062	25.4517	63.6567	127.3213	636.6192	1273.2393
3	2	2.9200	4.3027	6.2053	9.9248	14.0890	31.5991	44.7046
4	3	2.3534	3.1824	4.1765	5.8409	7.4533	12.9240	16.3263
5	4	2.1318	2.7764	3.4954	4.6041	5.5976	8.6103	10.3063
6	5	2.0150	2.5706	3.1634	4.0321	4.7733	6.8688	7.9757
7	6	1.9432	2.4469	2.9687	3.7074	4.3168	5.9588	6.7883
8	7	1.8946	2.3646	2.8412	3.4995	4.0293	5.4079	6.0818
9	8	1.8595	2.3060	2.7515	3.3554	3.8325	5.0413	5.6174
10	9	1.8331	2.2622	2.6850	3.2498	3.6897	4.7809	5.2907
11	10	1.8125	2.2281	2.6338	3.1693	3.5814	4.5869	5.0490

图 1.18　t 分布临界值表(部分)

1.6.3　F 分布

　　F 分布即分布形式由两个随机变量的方差和自由度所决定的概率分布。它是两个 χ^2 分布的比。设 $U \sim \chi^2(n_1)$,$V \sim \chi^2(n_2)$,且 U 和 V 相互独立,则 $F = \dfrac{U/n_1}{V/n_2}$ 服从自由度为 n_1 和 n_2 的 F 分布,记为 $F \sim F(n_1, n_2)$。其分布图形如图 1.19 所示。

　　F 分布通常用于比较不同总体的方差是否有显著差异。F 分布的概率为曲线下面积。

　　F 分布临界值表制作的具体步骤如下:

　　Step 1　在 B1 单元格输入 F 分布右尾概率 α 的取值,在第二行输入分子自由度 $df1$ 的值,在第一列输入分母自由度 $df2$ 的值,如图 1.20 所示。

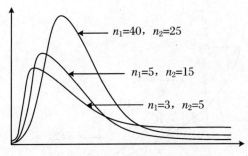

图 1.19　不同自由度的 F 分布

1		a=0.05									
2	df2/df1	1	2	3	4	5	6	7	8	9	10
3	1										
4	2										
5	3										
6	4										
7	5										
8	6										
9	7										
10	8										
11	9										

图 1.20　F 分布临界值表的表头

Step 2　在单元格 B3 输入"＝FINV($\$$B$\$$1,B$\$$2,$\$$A3)",然后将其向下、向右复制即可得到 F 分布临界值表,$\alpha＝0.05$ 时的部分结果如图 1.21 所示(读者可根据需要生成不同的 α 和自由度)。

	A	B	C	D	E	F	G	H	I	J	K
1	a	0.05									
2	df2/df1	1	2	3	4	5	6	7	8	9	10
3	1	161.4476	199.5000	215.7073	224.5832	230.1619	233.9860	236.7684	238.8827	240.5433	241.8817
4	2	18.5128	19.0000	19.1643	19.2468	19.2964	19.3295	19.3532	19.3710	19.3848	19.3959
5	3	10.1280	9.5521	9.2766	9.1172	9.0135	8.9406	8.8867	8.8452	8.8123	8.7855
6	4	7.7086	6.9443	6.5914	6.3882	6.2561	6.1631	6.0942	6.0410	5.9988	5.9644
7	5	6.6079	5.7861	5.4095	5.1922	5.0503	4.9503	4.8759	4.8183	4.7725	4.7351
8	6	5.9874	5.1433	4.7571	4.5337	4.3874	4.2839	4.2067	4.1468	4.0990	4.0600
9	7	5.5914	4.7374	4.3468	4.1203	3.9715	3.8660	3.7870	3.7257	3.6767	3.6365
10	8	5.3177	4.4590	4.0662	3.8379	3.6875	3.5806	3.5005	3.4381	3.3881	3.3472

图 1.21　F 分布临界值表(部分)

1.6.4　χ^2 分布

χ^2 分布是 n 个独立正态变量的平方和的分布,记为 $\chi^2(n)$。

χ^2 分布具有如下性质和特点:① 分布的变量值始终为正;② 分布的形状取决于其自由度 n 的大小,通常为不对称的右偏分布,但随着自由度的增大逐渐趋于对称;③ 分布的期望值为 $E(\chi^2)＝n$,方差为 $D(\chi^2)＝2n$(n 为自由度);④ 分布具有可加性。

χ^2 分布通常用于在总体方差的估计和非参数检验中。χ^2 分布的概率为曲线下面积。

χ^2 分布临界值表的具体制作步骤如下(此部分内容可参考贾俊平等编写的《统计学》(第 6 版)的附录,读户可根据需要,制作灵活的表来使用):

Step 1　将 χ^2 分布自由度的值输入到工作表的 A 列,将右尾概率 α 的值输入到第 1 行,形成 χ^2 分布临界值表的表头,如图 1.23 所示。

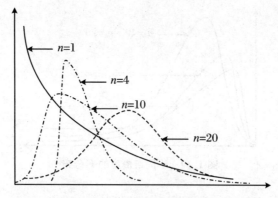

图 1.22　不同自由度的 χ^2 分布

	A	B	C	D	E	F	G	H	I	J	K
1	df/a	0.995	0.990	0.975	0.950	0.900	0.100	0.050	0.025	0.010	0.005
2	1										
3	2										
4	3										
5	4										
6	5										
7	6										
8	7										
9	8										
10	9										
11	10										

图 1.23　χ^2 分布临界值表的表头

Step 2　在单元格 B2 输入"$=CHIINV(B\$1,\$A2)$",然后将其向下、向右复制即可得到 χ^2 分布临界值表,部分结果如图 1.24 所示(读者可根据需要生成不同的 α 和自由度)。

	A	B	C	D	E	F	G	H	I	J	K
1	df/a	0.995	0.990	0.975	0.950	0.900	0.100	0.050	0.025	0.010	0.005
2	1	0.0000	0.0002	0.0010	0.0039	0.0158	2.7055	3.8415	5.0239	6.6349	7.8794
3	2	0.0100	0.0201	0.0506	0.1026	0.2107	4.6052	5.9915	7.3778	9.2103	10.5966
4	3	0.0717	0.1148	0.2158	0.3518	0.5844	6.2514	7.8147	9.3484	11.3449	12.8382
5	4	0.2070	0.2971	0.4844	0.7107	1.0636	7.7794	9.4877	11.1433	13.2767	14.8603
6	5	0.4117	0.5543	0.8312	1.1455	1.6103	9.2364	11.0705	12.8325	15.0863	16.7496
7	6	0.6757	0.8721	1.2373	1.6354	2.2041	10.6446	12.5916	14.4494	16.8119	18.5476
8	7	0.9893	1.2390	1.6899	2.1673	2.8331	12.0170	14.0671	16.0128	18.4753	20.2777
9	8	1.3444	1.6465	2.1797	2.7326	3.4895	13.3616	15.5073	17.5345	20.0902	21.9550
10	9	1.7349	2.0879	2.7004	3.3251	4.1682	14.6837	16.9190	19.0228	21.6660	23.5894

图 1.24　χ^2 分布临界值表(部分)

1.7　线性代数基础知识

1.7.1　矩阵

将 $m \times n$ 个实数排列成如下矩状的阵形:

$$A \equiv \begin{pmatrix} a_{11} & a_{12} & \cdots & a_{1n} \\ a_{21} & a_{22} & \cdots & a_{2n} \\ \vdots & \vdots & & \vdots \\ a_{m1} & a_{m2} & \cdots & a_{mn} \end{pmatrix} \tag{1.19}$$

称 A 为 $m \times n$ 矩阵(matrix),其中 m 为矩阵 A 的行数(row dimension),而 n 为矩阵 A 的列数(column dimension)。A 中元素 a_{ij} 表示矩阵 A 的第 i 行、第 j 列元素。比如,a_{12} 为第 1 行、第 2 列的元素,以此类推。矩阵 A 有时也记为 $A_{m \times n}$(以下标强调矩阵的维度),或 $(a_{ij})_{m \times n}$(以代表性元素 a_{ij} 表示此矩阵)。如果 A 中所有元素都为 0,则称为**零矩阵**(zero matrix),记为 0。零矩阵在矩阵运算中的作用,相当于 0 在数的运算中的作用。

1.7.2　方阵

如果 $m = n$,则称 A 为 n 级方阵(square matrix),即

$$A \equiv \begin{pmatrix} a_{11} & a_{12} & \cdots & a_{1n} \\ a_{21} & a_{22} & \cdots & a_{2n} \\ \vdots & \vdots & & \vdots \\ a_{n1} & a_{n2} & \cdots & a_{nn} \end{pmatrix} \tag{1.20}$$

此时,称 $a_{11}, a_{22}, \cdots, a_{nn}$ 为主对角线上的元素(diagonal elements),而 A 中的其他元素为非主对角线元素(off-diagonal elements)。如果方阵 A 中的元素满足 $a_{ij} = a_{ji}$(任意 $i, j = 1, \cdots, n$),则称矩阵 A 为对称矩阵(symmetric matrix)。如果方阵 A 的非主对角线元素全部为 0,则称为对角矩阵(diagonal matrix):

$$A \equiv \begin{pmatrix} a_{11} & 0 & \cdots & 0 \\ 0 & a_{22} & \cdots & 0 \\ \vdots & \vdots & & \vdots \\ 0 & 0 & \cdots & a_{nn} \end{pmatrix} \tag{1.21}$$

如果一个 n 级对角矩阵的主对角线元素都为 1,则称为 n 级单位矩阵(identity matrix),记为 I 或 I_n(以下标 n 强调其维度):

$$I \equiv I_n \equiv \begin{pmatrix} 1 & 0 & \cdots & 0 \\ 0 & 1 & \cdots & 0 \\ \vdots & \vdots & & \vdots \\ 0 & 0 & \cdots & 1 \end{pmatrix}_{m \times n} \tag{1.22}$$

单位矩阵在矩阵运算中的作用,相当于 1 在数的运算中的作用。

1.7.3　矩阵的转置

如果将矩阵 $A = (a_{ij})_{m \times n}$ 的第 1 行变为第 1 列,第 2 行变为第 2 列……第 m 行变为第 m 列,则可以得到其**转置矩阵**(transpose),记为 A'(英文读为 A prime),其维度为 $n \times m$。换言之,矩阵 A' 的 (i, j) 元素 $(A')_{ij}$ 正好是矩阵 A 的 (j, i) 元素 $(A)_{ji}$,即

$$(A')_{ij} \equiv (A)_{ji} \tag{1.23}$$

如果 A 为对称矩阵,则 A 的转置还是它本身,即 $A' = A$。显然,矩阵转置的转置仍是它本身,即 $(A')' = A$。

1.7.4 向量

如果 $m=1$，则矩阵 $A_{1 \times n}$ 为 n 维**行向量**(row vector)；如果 $n=1$，则矩阵 $A_{m \times 1}$ 为 m 维**列向量**(column vector)。显然，向量是矩阵的特例。

考察 n 维列向量 $a=(a_1 \quad a_2 \quad \cdots \quad a_n)'$ 与 $b=(b_1 \quad b_2 \quad \cdots \quad b_n)'$。向量 a 与 b 的内积(inner product)或点乘(dot product)可定义为

$$a'b \equiv (a_1 a_2 \cdots a_n) \begin{pmatrix} b_1 \\ b_2 \\ \vdots \\ b_n \end{pmatrix} \equiv a_1 b_1 + a_2 b_2 + \cdots + a_n b_n = \sum_{i=1}^{n} a_i b_i \tag{1.24}$$

如果 $a'b=0$，则称向量 a 与 b **正交**(orthogonal)，这意味着两个向量在 n 维向量空间中相互垂直(夹角为 $90°$)，如图 1.25 所示。

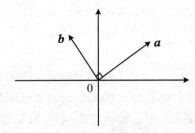

图 1.25 正交的向量

方程(1.24)提示我们，任何形如 $\sum_{i=1}^{n} a_i b_i$ 的乘积求和，都可以很方便地些为向量内积 $a'b$ 的形式。特别地，平方和 $\sum_{i=1}^{n} a_i^2$ 可写为 $a'a$：

$$a'a \equiv (a_1 a_2 \cdots a_n) \begin{pmatrix} a_1 \\ a_2 \\ \vdots \\ a_n \end{pmatrix} \equiv a_1^2 + a_2^2 + \cdots + a_n^2 = \sum_{i=1}^{n} a_i^2 \tag{1.25}$$

1.7.5 矩阵的加法

如果两个矩阵的维度相同(即行数与列数都分别相同)，则可以相加。对于 $m \times n$ 矩阵 $A=(a_{ij})_{m \times n}$，$B=(b_{ij})_{m \times n}$，矩阵 A 与 B 之和定义为两个矩阵相应元素之和，即

$$A + B = (a_{ij})_{m \times n} + (b_{ij})_{m \times n} \equiv (a_{ij} + b_{ij})_{m \times n} \tag{1.26}$$

容易证明，矩阵的加法满足以下规则：

$$A + 0 = A \quad (加上零矩阵不改变矩阵)$$
$$A + B = B + A \quad (加法交换律)$$
$$(A + B) + C = A + (B + C) \quad (加法结合律)$$
$$(A + B)' = A' + B' \quad (转置为线性运算)$$

矩阵的加减利用 Excel 计算很方便。在 Excel 中分别输入两个矩阵后，可先选中矩阵，然后打开菜单"插入/名称/定义"，给矩阵命名，比如分别命名为 A 和 B，即可在选定与 A 和

B 等阶的单元域后输入"＝A＋B",然后同时按 Ctrl＋Shift＋Enter 即可。

1.7.6　矩阵的数乘

矩阵 $\boldsymbol{A}=(a_{ij})_{m\times n}$ 与实数 k 的数乘定义为此实数 k 与矩阵 $\boldsymbol{A}=(a_{ij})_{m\times n}$ 每个元素的乘积:

$$kA \equiv k(a_{ij})_{m\times n} \equiv (ka_{ij})_{m\times n} \tag{1.27}$$

1.7.7　矩阵的乘法

如果矩阵 $\boldsymbol{A}$ 的列数与矩阵 $\boldsymbol{B}$ 的行数相同,则可以定义矩阵乘积 $\boldsymbol{A}\times\boldsymbol{B}$,简记 $\boldsymbol{AB}$。假设矩阵 $\boldsymbol{A}=(a_{ij})_{m\times n}$,矩阵 $\boldsymbol{B}=(b_{ij})_{n\times q}$,则矩阵乘积 $\boldsymbol{AB}$ 的 (i,j) 元素即为矩阵 $\boldsymbol{A}$ 第 i 行与矩阵 $\boldsymbol{B}$ 的第 j 列的内积:

$$(AB)_{ij} \equiv (a_{i1}\,a_{i2}\cdots a_{in})\begin{pmatrix} b_{1j} \\ b_{2j} \\ \vdots \\ b_{nj} \end{pmatrix} = \sum_{k=1}^{n} a_{ik}b_{kj} \tag{1.28}$$

需要注意的是,矩阵乘法不满足交换律,即一般来说,$\boldsymbol{AB}\neq\boldsymbol{BA}$。而且,只有当矩阵 $\boldsymbol{B}$ 的列数 q 等于矩阵 $\boldsymbol{A}$ 的行数时,$\boldsymbol{B}_{n\times q}\boldsymbol{A}_{m\times n}$ 才有定义。因此,在做矩阵乘法时,需要区分左乘与右乘,即 $\boldsymbol{A}$ 左乘 $\boldsymbol{B}$ 为 $\boldsymbol{AB}$,而 $\boldsymbol{A}$ 右乘 $\boldsymbol{B}$ 为 $\boldsymbol{BA}$。

矩阵的乘法满足以下规则:

$$\boldsymbol{IA}=\boldsymbol{A},\boldsymbol{AI}=\boldsymbol{A} \quad (乘以单位矩阵不改变矩阵)$$

$$(\boldsymbol{AB})\boldsymbol{C}=\boldsymbol{A}(\boldsymbol{BC}) \quad (乘法结合律)$$

$$\boldsymbol{A}(\boldsymbol{B}+\boldsymbol{C})=\boldsymbol{AB}+\boldsymbol{AC} \quad (乘法分配律)$$

$$(\boldsymbol{AB})'=\boldsymbol{B}'\boldsymbol{A}',(\boldsymbol{ABC})'=\boldsymbol{C}'\boldsymbol{B}'\boldsymbol{A}' \quad (转置与乘积的混合运算)$$

1.7.8　线性方程组

考虑以下由 n 个方程,n 个未知数构成的线性方程组:

$$\begin{cases} a_{11}x_1 + a_{12}x_2 + \cdots + a_{1n}x_n = b_1 \\ a_{21}x_1 + a_{22}x_2 + \cdots + a_{2n}x_n = b_2 \\ \cdots \\ a_{n1}x_1 + a_{n2}x_2 + \cdots + a_{mn}x_n = b_n \end{cases} \tag{1.29}$$

其中,$(x_1 \quad x_2 \quad \cdots \quad x_n)$ 为未知数。根据矩阵乘法的定义,可将上式写为

$$\underbrace{\begin{pmatrix} a_{11} & a_{12} & \cdots & a_{1n} \\ a_{21} & a_{22} & \cdots & a_{21} \\ \vdots & \vdots & & \vdots \\ a_{n1} & a_{n2} & \cdots & a_{nn} \end{pmatrix}}_{A} \underbrace{\begin{pmatrix} x_1 \\ x_2 \\ \vdots \\ x_n \end{pmatrix}}_{x} = \underbrace{\begin{pmatrix} b_1 \\ b_2 \\ \vdots \\ b_n \end{pmatrix}}_{b} \tag{1.30}$$

记上式中的相应矩阵分别为 $\boldsymbol{A}$,$\boldsymbol{x}$ 与 $\boldsymbol{b}$,可得

$$\boldsymbol{Ax} = \boldsymbol{b} \tag{1.31}$$

从直观上看,如果可将此方程左边的方阵 $\boldsymbol{A}$ "除"到右边去,则可得到 $\boldsymbol{x}$ 的解。为此,引入逆矩阵的概念。

1.7.9　逆矩阵

对于 n 级方阵 A，如果存在 n 级方阵 B，使得 $AB = BA = I_n$（n 级单位矩阵），则称 A 为**可逆矩阵**或**非退化矩阵**，而 B 为 A 的**逆矩阵**，记作 A^{-1}。由此定义可知，逆矩阵的逆矩阵还是矩阵本身，即 $(A^{-1})^{-1} = A$。方阵 A 可逆的充分必要条件为其行列式 $|A| \neq 0$，。而且，如果 A 可逆，则在该方程两边同时左乘其逆矩阵 A^{-1}，可得

$$A^{-1}Ax = A^{-1}b \rightarrow Ix = A^{-1}b \rightarrow x = A^{-1}b \tag{1.32}$$

矩阵求逆满足以下规定：

(1) $(A^{-1})' = (A')^{-1}$　（求逆与转置可交换次序）

(2) $(AB)^{-1} = B^{-1}A^{-1}$，$(ABC)^{-1} = C^{-1}B^{-1}A^{-1}$　（求逆与乘积的混合运算）

1.7.10　矩阵的秩

考虑两个 n 维列向量 a_1 与 a_2。如果 a_1 正好是 a_2 的固定倍数，则在向量组 $\{a_1, a_2\}$ 中，真正含有信息的只是其中一个向量。更一般地，考虑由 K 个 n 维向量构成的向量组 $\{a_1, a_2, \cdots, a_K\}$，如果存在 $c_1, c_2, \cdots, c_K$ 不全为 0，使得

$$c_1 a_1 + c_2 a_2 + \cdots + c_K a_K = 0 \tag{1.33}$$

则称向量组 $\{a_1, a_2, \cdots, a_K\}$ **线性相关**。显然，如果 $\{a_1, a_2, \cdots, a_K\}$ 线性相关，则其中至少有一个向量可写为其他向量的**线性组合**，也称**线性表出**。反之，如果方程 (1.33) 成立必须满足 $c_1 = c_2 = \cdots = c_K = 0$，则称 $\{a_1, a_2, \cdots, a_K\}$ **线性无关**。

进一步，如果 $\{a_1, a_2, \cdots, a_K\}$ 线性相关，但从中去掉一个向量后，就变得线性无关，则 $\{a_1, a_2, \cdots, a_K\}$ 中正好有 $K-1$ 个向量真正含有信息，称 $K-1$ 为此向量组的秩。更一般地，向量组 $\{a_1, a_2, \cdots, a_K\}$ 的极大线性无关部分组所包含的向量个数，称为该**向量组的秩**。

对于 $m \times n$ 矩阵 A，可将其 n 个列向量看成一个向量组，称此列向量组的秩为矩阵 A 的**列秩**。如果将矩阵 $A_{m \times n}$ 的 m 个行向量看成一个向量组，称此行向量组的秩为矩阵 A 的**行秩**。可以证明，任何矩阵的行秩与列秩一定相等，称为**矩阵的秩**。

思考题

针对本章内容，基础知识点不熟悉的读者可参阅如下相关教材：

[1]　赵树嫄.经济应用数学基础（二）：线性代数[M].4 版.北京：中国人民大学出版社，2013.

[2]　龚德恩.经济数学基础：第三分册　概率统计[M].5 版.成都：四川人民出版社，2016.

[3]　赵树嫄.经济应用数学基础（一）：微积分[M].3 版.北京：中国人民大学出版社，2012.

第 2 章　线性回归分析

社会经济活动可以用某些经济变量表示,例如,居民消费支出、固定资产投资额、货币供给量、物价指数、利率、国内生产总值等。在生产、分配、交换和消费过程中,各种生产要素、产品、收入等,无论是以货币形态表示,还是以实物形态出现,最终都表现为经济变量间的数量关系。对经济问题的研究,不仅要分析该问题的基本性质,也要对经济变量之间的数量关系进行具体分析,常用的分析方法有回归分析、相关分析、方差分析等,这些方法各有特点,其中应用最广泛的是回归分析方法。

回归分析提供了一套描述和分析变量间的相关关系,揭示变量间的内在规律,并用于预测、控制等问题的行之有效的工具。回归分析模型众多,估计方法多样,有极其广泛的应用领域。

本章主要介绍线性回归模型。线性回归分析根据因变量的多少又分为一元线性回归分析和多元线性回归分析,其中一元线性回归分析是整个回归分析等的基础,基本上反映了回归分析等思想和研究问题的思路。

2.1　一元线性回归

2.1.1　一元线性回归模型

在回归分析中,被预测或被解释的变量称为因变量,用 y 表示。用来预测或解释因变量的一个或多个变量称为自变量,用 x 表示。

对于具有线性关系的两个变量,可以用一个线性方程来表示它们之间的关系。描述因变量 y 如何依赖于自变量 x 和误差项 ε 的方程称为回归模型。只涉及一个自变量的一元线性回归模型可表示为

$$y = \beta_0 + \beta_1 x + \varepsilon \tag{2.1}$$

在一元线性回归模型中,y 是 x 的线性函数($\beta_0 + \beta_1 x$ 部分)加上误差项 ε。$\beta_0 + \beta_1 x$ 反映了由于 x 的变化而引起的 y 的线性变化;ε 是误差项的随机变量,反映了除 x 和 y 之间的线性关系之外的随机因素对 y 的影响,是不能由 x 和 y 之间的线性关系所解释的变异性。式(2.1)中的 β_0 和 β_1 称为模型参数。

对于线性回归模型,模型估计的任务是用回归分析的方法估计上式的参数。最常用的

估计方法是普通最小二乘法(OLS)。为保证参数估计量具有良好的性质,通常对模型提出若干假设。如果满足,则普通最小二乘法就是适用的,反之则需考虑采用其他方法。假设条件包含两个方面:一是关于变量和模型的假定;二是关于随机误差项统计分布的假定。前者首先假定在线性回归模型中解释变量为非随机,或虽然解释变量随机,但与随机误差项相互独立[①]。其次,假定解释变量无测量误差。此外,要求模型设定形式正确。

总体随机误差项通常无法直接观测,为了使对模型的估计具有较好的统计性质,对随机误差项的分布作如下基本假设:

假设 1 正态性假定。即随机误差项 ε 是一个服从正态分布的随机变量,且独立,即 $\varepsilon \sim N(0, \sigma^2)$。若解释变量非随机,则被解释变量服从 $y_t \sim N(\beta_0 + \beta_1 x_t, \sigma^2)$。

假设 2 零均值假定。随机误差项 ε 是一个期望值为 0 的随机变量,即 $E(\mu) = 0$。

假设 3 同方差假定。对于所有的 x 值,ε 的方差 σ^2 都相同。这意味着对于一个特定的 x 值,y 的方差也都等于 σ^2。

假设 4 无自相关假定。即不同的误差项 ε_t 和 ε_s 相互独立,即 $\mathrm{Cov}(\varepsilon_t, \varepsilon_s) = 0$。

假设 5 解释变量 x_t 与随机误差性 ε_t 不相关假定,即 $\mathrm{Cov}(x_t, \varepsilon_s) = 0$。

2.1.2 一元线性回归方程

根据回归模型中的假定,ε 的期望值是 0,因此 y 的期望值 $E(y) = \beta_0 + \beta_1 x$,也就是说,$y$ 的期望值是 x 的线性函数。描述因变量 y 的期望值如何依赖于自变量 x 的方程称为回归方程。一元线性回归方程的形式为

$$E(y) = \beta_0 + \beta_1 x \tag{2.2}$$

一元线性回归方程的图示是一条直线,因此也称为直线回归方程。如图 2.1 所示,β_0 是回归直线在 y 轴上的截距,是当 $x = 0$ 时 y 的期望值;β_1 是直线的斜率,它表示 x 每变动一个单位时,y 的平均变动值。

2.1.3 估计的回归方程

如果回归方程中的参数 β_0 和 β_1 已知,对于一个给定的 x 值,利用方程就可以计算出 y 的期望值。但总体回归参数是未知的,必须利用样本数据去估计它们。用样本统计量 $\hat{\beta}_0$ 和 $\hat{\beta}_1$ 代替回归方程中的未知参数 β_0 和 β_1,这时就得到了估计的回归方程。对于一元线性回归,估计的回归方程为

$$\hat{y} = \hat{\beta}_0 + \hat{\beta}_1 x \tag{2.3}$$

式中,$\hat{\beta}_0$ 是估计的回归直线在 y 轴上的截距;$\hat{\beta}_1$ 是直线的斜率,表示 x 每变动一个单位时,y 的平均变动值。

一元线性回归模型参数的估计有两类参数需要估计:一是回归系数 $\hat{\beta}_0$ 和 $\hat{\beta}_1$ 的估计;二是总体方差 σ^2 的估计。

---

① 目前,越来越多的教材假设解释变量为随机变量。因为假设解释变量非随机,固然使问题简化便于理解,但现实中的经济变量几乎都是随机的。另外,解释变量非随机,便无从讨论解释变量与扰动项的相关性,给后续教学造成诸多障碍。

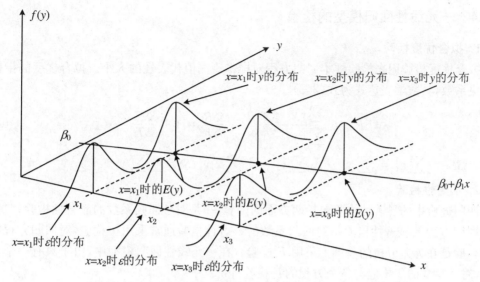

图 2.1　一元线性回归模型基本假定（解释变量非随机情形）

(1) 回归系数 $\hat{\beta}_0$ 和 $\hat{\beta}_1$ 的估计（最小二乘法）

最小二乘法是通过残差平方和为最小来估计回归系数的一种方法。设：

$$Q = \sum_{i=1}^{n} e_i^{\,2} = \sum_{i=1}^{n} (y_i - \hat{y}_i) = \sum_{i=1}^{n} (y_i - \hat{\beta}_0 - \hat{\beta}_1 x)^2 \tag{2.4}$$

很显然残差平方和 Q 的大小依赖于 $\hat{\beta}_0$ 和 $\hat{\beta}_1$ 的取值。根据微积分中求极小值的原则，可知 Q 存在极小值，同时欲使 Q 达到最小，对 Q 关于 $\hat{\beta}_0$ 和 $\hat{\beta}_1$ 求偏导，并令偏导数为 0。整理得

$$\hat{\beta}_1 = \frac{n \sum\limits_{i=1}^{n} x_i y_i - \sum\limits_{i=1}^{n} x_i \sum\limits_{i=1}^{n} y_i}{n \sum\limits_{i=1}^{n} x_i^2 - \left(\sum\limits_{i=1}^{n} x_i \right)^2} \tag{2.5}$$

$$\hat{\beta}_0 = \bar{y} - \hat{\beta}_1 \bar{x} \tag{2.6}$$

当 $x = \bar{x}$ 时，$\hat{y} = \bar{y}$，即回归直线 $\hat{y}_i = \hat{\beta}_0 + \hat{\beta}_1 x_i$ 通过点 $(\bar{x}, \bar{y})$，这就是回归直线的特征之一。

(2) 总体方差 σ^2 的估计

总体方差 σ^2 指的是总体回归模型中随机扰动项 ε 的方差，它可以反映模型误差的大小，是检验模型时，必须利用的一个重要参数。由于 σ^2 本身不能直接观测到，所以用 $\sum e_i^2$（最小二乘残差）来估计 σ^2。可以证明 σ^2 的无偏估计式为

$$S_e^2 = \frac{\sum e_i^2}{n - 2} \tag{2.7}$$

此外，S_e^2 的正平方根称为回归估计标准误差。S_e 越小，回归线的代表性越强，否则相反。

2.1.4 一元线性回归模型的检验

1. 拟合优度检验

拟合优度检验用来检验样本回归方程对样本观测值代表性的大小。拟合优度的指标称为可决系数，其数学表达式为式(2.8)。

$$R^2 = \frac{\sum(\hat{y}_i - \bar{y})^2}{\sum(y_i - \bar{y})^2} = \frac{SSR}{SST} = 1 - \frac{SSE}{SST} \tag{2.8}$$

式中，$SSE = \sum e_i^2 = \sum y_i^2 - \hat{\beta}_0 \sum y_i - \hat{\beta}_1 \sum x_i y_i$；$SST = \sum y_i^2 - (\sum y_i)^2 / n$。

2. 显著性检验

回归分析中的显著性检验包括两方面的内容：一是对各回归系数的显著性检验；二是对整个回归方程的显著性检验。对回归系数的显著性检验通常采用 t 检验，对回归方程的显著性检验是在方差分析的基础上采用 F 检验。在一元线性回归模型中，由于只有一个自变量 x，对 $\beta_1 = 0$ 的 t 检验与整个方程的 F 检验等价。

线性关系的检验（F 检验），公式为

$$F = \frac{SSR/1}{SSE/(n-2)} = \frac{MSR}{MSE} \sim F(1, n-2) \tag{2.9}$$

所以当原假设 $H_0: \beta_1 = 0$ 成立时，MSR/MSE 的值应越接近于 1，但如果原假设不成立，则 MSR/MSE 的值将变得无穷大。

回归系数显著性检验是要检验自变量对因变量的影响是否显著。方法与步骤如下：

第一步，提出假设：$H_0: \beta_1 = 0$；$H_1: \beta_1 \neq 0$。

第二步，根据样本观测值计算 t 统计量的值。β_1 的检验统计量为

$$t_{\hat{\beta}_1} = \frac{\hat{\beta}_1}{s_{\hat{\beta}_1}} \sim t_{n-2} \tag{2.10}$$

其中，$s_{\hat{\beta}_1} = s_e \left[\frac{1}{\sqrt{\sum(x_i - x)^2}}\right]$。

第三步，提出显著性水平 α，并结合软件的输出结果作出判断。如果 $\alpha > p$，拒绝原假设，认为 x 对因变量 y 有显著性影响。否则，情况相反。

3. 残差的正态性检验

残差的正态性检验可以通过建立标准化残差直方图来检验。当样本容量较小时，标准化残差在理论上应该服从自由度为 $n-k-1$ 的 t 分布。

4. 残差的方差齐性检验

残差的方差齐性检验可以通过残差散点图来验证。以样本残差 e_i 为纵坐标，以估计值 $\hat{Y}_i$ 为横坐标作图，如果观察值随机分布在横轴的周围，就说明残差基本符合同方差性假设。当此假设被否定，残差出现了异方差的情况时，就需要对原始数据进行适当的变量转换，再利用回归模型进行估计和预测，使方差趋于稳定。

5. 残差的独立性检验

检验残差独立性的统计量称为 DW（Durbin-Watson）统计量，其数学表达式为

$$DW = \frac{\sum_{i=2}^{n} (e_i - e_{i-1})^2}{\sum_{i=1}^{n} e_i^2} \tag{2.11}$$

DW 统计量取值范围为 0～4。若 $DW=2$，表明相邻两个观测点的残差项相互独立；若 $0<DW<2$，表明相邻两个观测点的残差项正相关；若 $2<DW<4$，表明相邻两个观测点的残差项负相关。

此外也可通过残差散点图来验证，即采用和方差齐性检验中相同的图形观察和分析点的散布情况，如果观察点在横轴的周围显示出周期性或趋势性的变化，就说明残差不符合独立性的假设。

2.1.5　一元线性回归模型的预测

所谓预测是指通过自变量 x 的取值来预测因变量 y 的取值，包括点估计和区间估计。

利用估计的回归方程，对于 x 的一个特定值 x_0，求出 y 的一个估计值就是点估计。点估计可分为两种：一种是平均值的点估计；另一种是个别值的点估计[①]。平均值的点估计是利用估计的回归方程，对于 x 的一个特定值 x_0，求出 y 的平均值的一个估计值 $E(y_0)$。个别值的点估计则是求出 y 的一个个别值的估计值 $\hat{y}_0$。需要说明的是，对于同一个 x_0，平均值的点估计和个别值的点估计的结果是一样的，但区间估计则有所不同。

利用估计的回归方程，对于 x 的一个特定值 x_0，求出 y 的一个估计值的区间就是区间估计。区间估计也有两种类型，一是置信区间估计，它是对于 x 的一个给定值 x_0，求出 y 的平均值的估计区间，这一区间称为置信区间；二是预测区间估计，它是对于 x 的一个给定值 x_0，求出 y 的一个个别值的估计区间[②]。

2.2　多元线性回归

在实际中，现象的变动常受多种因素的影响。因此，回归分析仅仅考虑单变量是不够的，需要对多个自变量进行考察，即建立多元线性回归方程进行分析。多元线性回归模型是一元线性回归模型的扩展，其基本原理与一元线性回归模型相似，只是计算比较麻烦，需借助相应的软件来完成回归分析。

2.2.1　多元线性回归模型的基本假定

与一元线性回归相比，只是增加解释变量间不存在多重共线性的假定，即模型中的各自

---

① 平均值的点估计实际上是对总体参数的估计，而个别值的点估计则是对因变量的某个具体取值的估计。

② 关于置信区间和预测区间的计算公式内容请参见：贾俊平，等. 统计学[M]. 6 版. 北京：中国人民大学出版社，2015.

变量之间不存在线性相关。但在实际研究中,模型中的解释变量间往往存在不同程度的共线性问题,对此情形需要进行相应的消除解决,再行应用 OLS。在教学实践中,一般采用定义数学方程、矩阵等讲授,但涉及的数学知识点多,理论讲解相对费时,如果学生数学基础不扎实,那么对这部分的内容理解起来就相对吃力。通过引入文氏图,可有助于这部分内容讲解和学生的理解。一般来说,变量 $x_1, x_2, \cdots, x_k$ 之间共线性的情形有 3 种,分别是完全共线性、不完全多重共线性和无多重共线性。

1. 基于数学理论的多重共线性定义及分类

(1) 完全共线性

从数学上的定义解释变量间存在完全共线性是这样的,即对于变量 $x_1, x_2, \cdots, x_k$,如果存在不全为零的常数 $\lambda_1, \lambda_2, \cdots, \lambda_k$,使得下式成立:

$$\lambda_1 x_1 + \lambda_2 x_2 + \cdots + \lambda_k x_k = 0 \tag{2.12}$$

则称解释变量 $x_1, x_2, \cdots, x_k$ 之间存在完全共线性。

完全共线性也可用矩阵形式表示,若解释变量矩阵为

$$\boldsymbol{X} = \begin{bmatrix} 1 & x_{11} & x_{21} & \cdots & x_{k1} \\ 1 & x_{12} & x_{22} & \cdots & x_{k2} \\ \vdots & \vdots & \vdots & \vdots & \vdots \\ 1 & x_{1n} & x_{2n} & \cdots & x_{kn} \end{bmatrix}$$

如满足 $|\boldsymbol{X}'\boldsymbol{X}| = 0$,或者 $\mathrm{rank}(\boldsymbol{X}) < k+1$,则表明解释变量矩阵 $\boldsymbol{X}$ 中,至少有一列向量可以由其余的列向量线性表出。

(2) 不完全共线性

从数学上定义解释变量间存在不完全共线性是这样的,即对于变量 $x_1, x_2, \cdots, x_k$,如果存在不全为零的常数 $\lambda_1, \lambda_2, \cdots, \lambda_k$,使得下式成立:

$$\lambda_1 x_1 + \lambda_2 x_2 + \cdots + \lambda_k x_k + \mu = 0 \tag{2.13}$$

则称解释变量 $x_1, x_2, \cdots, x_k$ 之间存在不完全共线性,其中 μ 为随机误差项。与完全共线性不同的是,不完全共线性反映出变量间是近似线性关系,而非函数关系。因而,不完全共线性也称近似的多重共线性,实际经济问题的大多数情况呈现这种情形。

(3) 无多重共线性

无多重共线性是指解释变量 $x_1, x_2, \cdots, x_k$ 之间,既不满足式(2.12),也不满足式(2.13)的情形。矩阵 $\boldsymbol{X}$ 为满秩矩阵,即 $\mathrm{rank}(\boldsymbol{X}) = k+1$。应该注意到,解释变量 $x_1, x_2, \cdots, x_k$ 之间不存在线性相关,并不说明不存在非线性相关。由于各解释变量 $x_1, x_2, \cdots, x_k$ 之间往往在时间上存在同向变动趋势,且存在不同程度的关联度,因此无多重共线性的情形一般很少。

2. 基于文氏图的多重共线性定义及分类——以二元线性回归模型为例

(1) 完全共线性

假设线性回归模型有两个解释变量 x_1, x_2,各自代表相应的变量信息。若存在常数 λ_1,λ_2,满足 $\lambda_1 x_1 + \lambda_2 x_2 = 0$,即解释变量 x_1, x_2 之间存在完全共线性。用文氏图可表示,如图 2.2 所示,说明变量 x_1 反映的信息和 x_2 反映的信息,虽然形式不同,但两者的信息是完全重复的。

(2) 不完全共线性

假设线性回归模型有两个解释变量 x_1, x_2,各自代表相应的变量信息。若存在常数 λ_1,

λ_2,满足 $\lambda_1 x_1 + \lambda_2 x_2 + \mu = 0$,即解释变量 x_1, x_2 之间存在不完全共线性。用文氏图可表示,如图 2.3 所示,说明变量 x_1 反映的信息和 x_2 反映的信息,虽然形式不同,但两者的信息部分是重复的。变量间的相关程度越大,图形中 x_1, x_2 重复的部分越多。

（3）无多重共线性

假设线性回归模型有两个解释变量 x_1, x_2,各自代表相应的变量信息。若既不存在常数 λ_1, λ_2,满足 $\lambda_1 x_1 + \lambda_2 x_2 = 0$,也不满足 $\lambda_1 x_1 + \lambda_2 x_2 + \mu = 0$,这时解释变量 x_1, x_2 之间不存在共线性。用文氏图可表示,如图 2.4 所示,说明变量 x_1 反映的信息和 x_2 反映的信息无交集,即解释变量 x_1, x_2 之间线性相关系数为 0,各自提供的信息无重合部分。

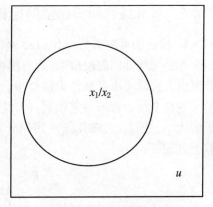

图 2.2　完全共线性文氏图

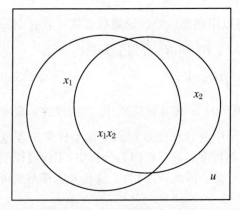

图 2.3　不完全共线性文氏图

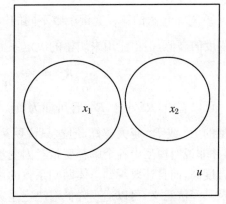

图 2.4　无多重共线性文氏图

综上所述,可将无多重共线性、不完全共线性及完全共线性三种情形用如图 2.5 所示的文氏图形象表示[①]。

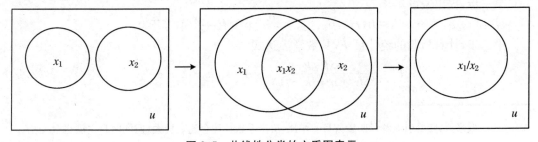

图 2.5　共线性分类的文氏图表示

---

① 陈军. 文氏图在计量统计类课程教学中的应用:以多重共线性内容为例[J]. 长沙航空职业技术学院学报,2019(2):5.

2.2.2 多元线性回归模型的检验

1. 校正的可决系数(adjusted squared)

在一元线性回归模型中,所有模型包含的自变量个数都相等,如果样本容量也一样,那么可以直接以可决系数作为模型拟合优度的评价尺度。但在多元线性回归分析中,各回归模型的自变量个数不一定相同。自变量个数不同自然会影响残差平方,并最终影响可决系数的大小。因此,在多元线性回归分析中,通常用校正的可决系数衡量模型的拟合优度[①]。其公式如下:

$$\bar{R}^2 = 1 - \frac{ESS/(n-k-1)}{SST/(n-1)} \tag{2.14}$$

式中,$\bar{R}^2$ 为校正的可决系数;n 为样本容量;k 为模型中参数的个数。

引入修正决定系数的作用如下:

① 用自由度调整后,可以消除拟合优度评价中解释变量的多少对决定系数计算的影响。

② 对于包含的解释变量个数不同的模型,可以用调整后的决定系数直接比较它们的拟合程度的高低,但不能用未调整的决定系数来比较。$\bar{R}^2$ 和 R^2 有如下关系:

$$\bar{R}^2 = 1 - \frac{n-1}{n-k-1}(1-R^2) \tag{2.15}$$

可以看出,$\bar{R}^2$ 小于 R^2,且可能为负。需要说明的是,在实际应用中,我们往往希望所建模型的 R^2 或 $\bar{R}^2$ 越大越好,但这只说明列入模型中的解释变量对因变量整体影响程度越大,并非说明模型中各个解释变量对因变量的影响程度显著。在回归分析中,不仅要模型的拟合度高,而且还要得到总体回归系数的可靠估计量。因此,有时为了通盘考虑模型的可靠度及其经济意义,可以适当降低对决定系数的要求。

2. 回归方程的显著性检验

回归方程的显著性检验是检验所有自变量对因变量的联合影响,即检验所有自变量综合起来对因变量是否有显著的线性影响,其检验步骤如下:

第一步,提出假设。

$H_0: \beta_1 = \beta_2 = \cdots = \beta_k = 0$;$H_1: \beta_1, \beta_2, \cdots, \beta_k$ 至少有一个不等于 0。

第二步,计算检验的统计量 F,其数学表达式为

$$F = \frac{SSR/k}{SSE/(n-k-1)} \sim F(k, n-k-1) \tag{2.16}$$

---

① 一般来说,随着引入解释变量数目的增加,决定系数往往会随之变大,但同时自由度也会变小。有时增加解释变量个数,对于减小残差平方和作用并不明显,那么 σ^2 的无偏估计量 $\hat{\sigma}^2$ 将增大。$\hat{\sigma}^2$ 增大无论对推测总体参数的置信区间,还是对预测区间的估计,都意味着精确度降低。因此,不应根据决定系数 R^2 是否增大来决定是否引入某个解释变量。从校正的可决系数公式可以看出,该指标具备原指标的特征,还与解释变量的个数有关。在其他条件不变的情况下,k 越大,$\bar{R}^2$ 越小。当增加一个对因变量有较大影响的解释变量时,残差平方和减小比 $n-k-1$ 减小更显著,修正决定系数 $\bar{R}^2$ 会增加。如果增加一个对被解释变量没有多大影响的解释变量,残差平方和减小没有 $n-k-1$ 减小明显,$\bar{R}^2$ 会减小,表明不应该引入这个不重要的解释变量。

第三步,作出统计决策。给出显著性水平 α,根据 SPSS 输出结果作出判断,若 $\alpha > p$,拒绝原假设,认为所有自变量总体上对因变量有显著的线性影响;否则,接受原假设[①]。

3. 回归参数的显著性检验

模型通过了 F 检验,表明模型中所有解释变量对被解释变量的"总体线性影响"是显著的,但并不能说明每一个解释变量对因变量都有显著影响,即部分变量单独影响显著、部分不显著。单个系数的显著性检验,即 t 检验。检验后不显著的变量,理论上不应保留在回归模型中。也可这样说,参数不为 0 的变量,对被解释变量产生影响,若参数等于 0,则不产生影响。参数为 0 的可能性大小,作为模型估计式解释变量选择是否正确的标准。

多元线性回归模型 t 检验和一元回归模型 t 检验近似,区别在于前者在检验具体变量时,视其他解释变量不变。

4. 多重共线性检验

当回归模型中两个或两个以上的自变量彼此存在相关时,则称回归模型中存在多重共线性。在这种情况下,用最小二乘法估计的模型参数就会很不稳定,而且当模型中增加或减少一个自变量时,已进入模型的自变量回归系数也会发生较大的变化。在多重共线性较为严重的情况下,回归系数的估计值很容易引起误导或导致错误的结论。

具体来说,如果出现下列情况,暗示存在多重共线性:

① 模型中各对自变量之间显著相关。

② 当模型的线性关系检验(F 检验)显著时,几乎所有的回归系数 β_i 与 t 检验却不显著。

③ 回归系数正负号与预期相反。

④ 容忍度与方差膨胀因子。某个自变量的容忍度等于 1 减去该自变量为因变量,而其他 $k-1$ 个自变量为预测变量时所得到的线性回归模型的判定系数为 $1-R_i^2$。容忍度越小,多重共线性越严重。通常认为容忍度小于 0.1 时,存在严重的多重共线性。方差膨胀因子等于容忍度的倒数,即 $VIF = \dfrac{1}{1-R_i^2}$。显然,VIF 越大,多重共线性越严重。一般认为 VIF 大于 5(对应 $R_i^2 > 0.8$)或 VIF 大于 10(对应 $R_i^2 > 0.9$)时,存在较严重的多重共线性。

2.2.3　多元线性回归模型共线性的解决及变量选择

当确定存在明显的多重共线性时,可以用以下几个方法加以处理:

① 从有共线性问题的变量里删除不重要的变量。

② 增加样本量或重新抽取样本。

③ 采用其他方法。

相比一次性将自变量引入模型,如果在建立模型前对所能收集到的自变量进行一定的筛选,去掉那些不必要的自变量,这样,不仅使建立模型变得容易,而且使模型更具有可操作

---

① 要形象理解系数显著性检验和回归方程线性关系检验,可借助"滥竽充数"这个成语故事:线性关系显著相当于合奏乐队只要有一个乐师会吹奏,其他人即便不会吹奏,只要装模做样就行,也能骗过齐宣王。线性关系不显著相当于合奏乐队没有一个乐师会吹奏(这种情形概率非常低);而回归系数检验显著相当于齐愍王让乐师一个一个独奏,会吹奏的通过。回归系数检验不显著相当于不会吹奏的在一个一个独奏的过程中,自然暴露出来,故回归系数检验也就是找出南郭先生的过程。

性,也更容易解释。

如果在进行回归时,每次只增加一个自变量,并且将新变量与模型中的变量进行比较,若新变量引入模型后以前的某个变量的 t 统计量不显著,那么这个变量就会从模型中剔除。在这种情况下,回归分析就很难存在多重共线性的影响,这就是回归中的搜寻过程。

选择自变量的原则通常是对统计量进行显著性检验,检验的根据是将一个或一个以上的自变量引入回归模型时,是否使残差平方和(SSE)显著减少。如果减少,说明有必要引入;反之,就没有必要引入。确定使残差平方和(SSE)显著减少的方法,就是使用 F 统计量的值作为标准,以此来确定是在模型中增加一个自变量,还是从模型中剔除一个自变量。

变量选择的方法主要有:向前选择(forward selection)、向后剔除(backward elimination)、逐步回归(stepwise regression)、岭回归(ridge regression)[①]等。

例 2.1 根据理论和经验分析,影响国内旅游市场收入 y 的主要因素,除了国内旅游人数和旅游支出之外,还可能与相关基础设施有关。为此,考虑的影响因素主要有国内旅游人数 x_1,城镇居民人均旅游支出 x_2,农村居民人均旅游支出 x_3,并以公路里程 x_4 和铁路里程 x_5 作为相关基础设施的代表。统计数据见表2.1。要求建立国内旅游市场收入的多元线性回归预测模型,并检测共线性情况。

表 2.1 1994—2003 年中国旅游收入及相关数据

年份	全国旅游收入 y(亿元)	国内旅游人数 x_1(万人/次)	城镇居民人均旅游支出 x_2(元)	农村居民人均旅游支出 x_3(元)	公路里程 x_4(万千米)	铁路里程 x_5(万千米)
1994	1023.5	52400	414.7	54.9	111.78	5.90
1995	1375.7	62900	464.0	61.5	115.70	5.97
1996	1638.4	63900	534.1	70.5	118.58	6.49
1997	2112.7	64400	599.8	145.7	122.64	6.60
1998	2391.2	69450	607.0	197.0	127.85	6.64
1999	2831.9	71900	614.8	249.5	135.17	6.74
2000	3175.5	74400	678.6	226.6	140.27	6.87
2001	3522.4	78400	708.3	212.7	169.80	7.01
2002	3878.4	87800	739.7	209.1	176.52	7.19
2003	3442.3	87000	684.9	200.0	180.98	7.30

资料来源:《中国统计年鉴》(2004 年版)。

解 此例数据为时间序列数据,SPSS 实操步骤如下:

Step 1 输入数据;依次选择"分析(A)"→"回归(R)"→"线性(L)"进入"线性回归"对话框。在"线性回归"对话框中,将左侧框内的"y""x1""x2""x3""x4""x5"分别移入右侧"因

---

① 岭回归是一种专门用于多重共线性数据分析的回归方法。它实际上是一种改良的最小二乘法,通过放弃最小二乘法的无偏性,以损失部分信息、降低精度为代价来寻求效果稍差但回归系数更符合实际的回归方法,当然,有些重要的解释变量也可能无法进入分析中。

变量(D)"和"自变量(I)"框内,如图 2.6、图 2.7 所示。

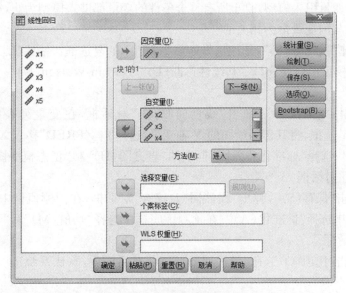

图 2.6 线性回归对话框

图 2.7 线性回归:统计量对话框

注 自变量栏下方的"方法(M)"栏用于指定建模时的自变量进入方法,其后的下拉菜单有以下几个选项:

① 进入法:"自变量(I)"栏中的所有自变量全部进入回归模型,是默认方法。

② 逐步进入法:向前选择法和向后消去法的结合。根据"选项"对话框中设定的参数,先选择对因变量贡献最大且符合判断条件的自变量进入回归方程,再将模型中不符合设定条件的变量剔除。当没有变量被引入或删除时,得到最终回归方程。

③ 删除法:建立回归模型时,根据设定的条件直接剔除部分自变量。

④ 向后消去法:先建立饱和模型,然后根据"选项"对话框中设定的参数,每次剔除一个不符合进入模型条件的变量。

⑤ 向前选择法：模型从没有自变量开始，根据"选项"对话框中所设定的参数，每次将一个最符合条件的变量引入模型，直至所有符合条件的变量都进入模型为止，第一个引入模型的自变量应该是与因变量最为相关的[①]。

Step 2 单击"统计量(S)"，依次选择如图 2.7 所示的复选框："估计(E)""置信区间""协方差矩阵(V)""模型拟合度(M)""共线性诊断(L)""Durbin-Watson(U)"。单击"继续"，返回主对话框。

Step 3 单击"绘制(T)"，弹出"线性回归：图"对话框，在变量列表中选择变量"＊ZRESID"移入 Y 选框，将其作为绘图的 Y 轴变量，选择"＊ZPRED"移入 X 选框，将其作为绘图的 X 轴变量；选择"标准化残差图"框中的"直方图(H)"和"正态概率图(R)"选项。单击"继续"，返回主对话框。

Step 4 单击"保存(S)"，弹出"线性回归：保存"对话框，在预测值框中选择"未标准化(U)"；在残差框中选择"标准化(A)"；在预测区间框中选择"均值(M)"和"单值(I)"。单击"继续"，返回对话框。

Step 5 单击"选项(O)"，在"线性回归：选项"对话框中，默认系统选项。单击"继续"，返回主对话框。

Step 6 单击"确定"，输出结果，逐图显示。

结果分析：在模型汇总表（表 2.2）中，主要给出了模型的拟合情况和序列相关的 DW 检验值。从表中可以看出，模型调整 $\bar{R}^2$ 为 0.990，说明拟合程度非常好。$2 < DW < 4$，表明相邻两点的残差项负相关。

表 2.2 模型汇总[b]

模型	R	R^2	调整 R^2	标准估计的误差	DW
1	0.998[a]	0.995	0.990	100.14332	2.312

a. 预测变量：(常量)，x_5，x_3，x_4，x_1，x_2。

b. 因变量：y。

在方差分析表（表 2.3）中，F 检验统计量为 173.353，相应的显著性概率为 0.000，小于 0.05 显著性水平，因此，应拒绝回归方程显著性 F 检验的原假设，认为所有自变量综合起来对因变量有显著影响。

表 2.3 ANOVA[b]

模型		平方和	df	均方	F	Sig.
1	回归	8692490.359	5	1738498.072	173.353	0.000[a]
	残差	40114.741	4	10028.685		
	总计	8732605.100	9			

a. 预测变量：(常量)，x_5，x_3，x_4，x_1，x_2。

b. 因变量：y。

---

① 以上各种方法各有其优点，其中进入法的设置最为简单，但当自变量个数较多时，采用进入法输出的回归系数估计表会很庞大。实际中，可根据实际情况，灵活选用。

在回归系数表(表 2.4)及系数相关表(2.5)中,包括非标准和标准回归系数及其相应的 t 检验统计量和 t 检验显著性概率。从表 2.4 可以看出,x_2,x_3,x_4 的回归系数 t 检验的显著性概率小于 0.05,说明在 0.05 显著性水平下,x_2,x_3,x_4 因素对旅游收入有显著性影响。共线性诊断统计量结果显示(表 2.6),本例 5 个自变量中的 x_1,x_2,x_4,x_5 的方差膨胀因子均大于 10,所以 4 个自变量同其他自变量之间存在明显的多重共线性。表 2.7 为残差统计量的相关信息。

表 2.4 系数[a]

模型		非标准化系数		标准系数	t	Sig.	B 的 95.0% 置信区间		共线性统计量	
		B	标准误差	试用版			下限	上限	容差	VIF
1	(常量)	−274.377	1316.690		−0.208	0.845	−3930.094	3381.339		
	x_1	0.013	0.013	0.148	1.031	0.361	−0.022	0.048	0.056	17.872
	x_2	5.438	1.380	0.587	3.940	0.017	1.606	9.271	0.052	19.354
	x_3	3.272	0.944	0.246	3.465	0.026	0.650	5.893	0.227	4.400
	x_4	12.986	4.178	0.347	3.108	0.036	1.386	24.586	0.092	10.824
	x_5	−563.108	321.283	−0.266	−1.753	0.155	−1455.132	328.917	0.050	20.059

a. 因变量:y。

表 2.5 系数相关[a]

模型			x_5	x_3	x_4	x_1	x_2
1	相关性	x_5	1.000	−0.044	−0.179	−0.249	−0.628
		x_3	−0.044	1.000	0.227	−0.026	−0.493
		x_4	−0.179	0.227	1.000	−0.692	0.050
		x_1	−0.249	−0.026	−0.692	1.000	−0.183
		x_2	−0.628	−0.493	0.050	−0.183	1.000
1	协方差	x_5	103222.763	−13.204	−239.964	−1.015	−278.521
		x_3	−13.204	0.892	0.896	0.000	−0.642
		x_4	−239.964	0.896	17.455	−0.037	0.291
		x_1	−1.015	0.000	−0.037	0.000	−0.003
		x_2	−278.521	−0.642	0.291	−0.003	1.905

a. 因变量:y。

表 2.6　共线性诊断[a]

模型	维数	特征值	条件索引	方差比例					
				（常量）	x_1	x_2	x_3	x_4	x_5
1	1	5.885	1.000	0.00	0.00	0.00	0.00	0.00	0.00
	2	0.099	7.715	0.00	0.00	0.00	0.27	0.00	0.00
	3	0.013	21.394	0.01	0.01	0.00	0.19	0.10	0.00
	4	0.002	52.878	0.02	0.00	0.46	0.54	0.27	0.00
	5	0.001	80.239	0.00	0.94	0.12	0.00	0.60	0.00
	6	0.000	197.068	0.96	0.05	0.41	0.00	0.03	1.00

a. 因变量：y。

表 2.7　残差统计量[a]

	极小值	极大值	均值	标准偏差	N
预测值	975.5199	3825.0625	2539.2000	982.76765	10
标准预测值	−1.591	1.308	0.000	1.000	10
预测值的标准误差	51.073	91.492	76.363	14.373	10
调整的预测值	798.8189	3764.7266	2546.2940	1022.55417	10
残差	−110.13665	91.38615	0.00000	66.76222	10
标准残差	−1.100	0.913	0.000	0.667	10
Student 化残差	−1.279	1.106	−0.006	1.011	10
已删除的残差	−239.48882	224.68108	−7.09403	179.10204	10
Student 化已删除的残差	−1.440	1.150	−0.017	1.026	10
Mahal 的距离	1.441	6.612	4.500	1.865	10
Cook 的距离	0.096	0.792	0.327	0.291	10
居中杠杆值	0.160	0.735	0.500	0.207	10

a. 因变量：y。

　　从残差 P-P 图（图 2.8）、残差直方图（图 2.9）的图形特征可以看出，模型残差不符合正态分布。在残差散点图（图 2.10）中，由于残差标准值中大于 0 的值占绝大多数，因此本实验不符合正态性检验，这与直方图的判断结果一致。由于残差标准值的观测点没有明显的变动周期和趋势，所以根据该散点图难以判断独立性假设是否成立。从残差的随机性来看，基本上随机的散布在横轴周围，这说明残差基本符合齐性要求。

　　例 2.2　同例 2.1 中的数据。要求分析多元模型建立的变量选择过程。

　　解　根据不同变量选择方式进行：

　　(1)"向前"选择方式

　　思路：向前选择法是从模型中没有自变量开始，按照如下步骤选择自变量来拟合模型。

　　第一步：对 k 个自变量 $(x_1, x_2, \cdots, x_k)$ 分别拟合与因变量 y 的一元线性回归模型，共有

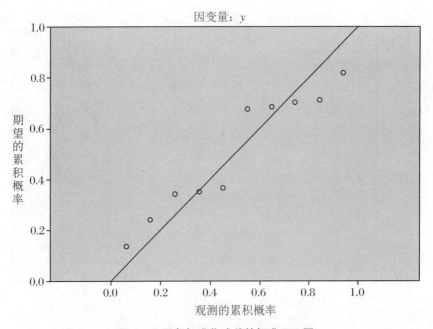

图 2.8　回归标准化残差的标准 P-P 图

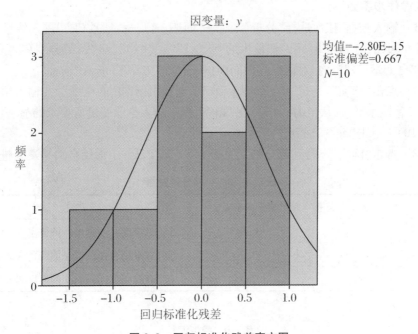

图 2.9　回归标准化残差直方图

k 个，然后找出 F 统计量的值最大的模型及其自变量 x_i，并将其首先引入模型。（如所有模型均无统计上的显著性，则运算过程终止，没有模型被拟合。）

第二步：在已经引入模型 x_i 的基础上，再分别引入模型外的 $k-1$ 个自变量（$x_1,\cdots,$ $x_{i-1},x_{i+1},\cdots,x_k$）的线性回归模型，即包含两个自变量的 $k-1$ 个线性模型。然后挑选出 F 统计量的值最大的含有两个自变量的模型，并将对应的自变量引入模型。如此反复进行，直至模型外的自变量均无统计显著性为止。

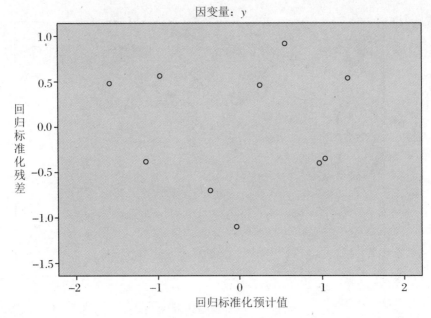

图 2.10　多元回归残差散点图

SPSS 操作步骤如下：

Step 1　输入数据；依次选择"分析(A)"→"回归(R)"→"线性(L)"进入线性回归对话框。在"线性回归"对话框中，将左侧框内的"y""x1""x2""x3""x4""x5"分别移入右侧"因变量(D)"和"自变量(I)"框内，对话框界面同前例。并在"方法"下选择"向前"。

Step 2　点击"选项"，并在"步进方法标准"下选择"使用 F 的概率"，并输入增加变量所要求的的显著性水平（默认值为 0.05）；在"删除"框中输入剔除变量所要求的显著性水平（默认值为 0.10）。点击"继续"回到主对话框。

Step 3　点击"确定"。得到部分结果见表 2.8～表 2.10，下面结合结果逐表进行分析。

表 2.8　输入/移去的变量[a]

模型	输入的变量	移去的变量	方法
1	x_2	0.0	向前（准则：F-to-enter 的概率≤0.050）
2	x_4	0.0	向前（准则：F-to-enter 的概率≤0.050）
3	x_3	0.0	向前（准则：F-to-enter 的概率≤0.050）

a.因变量：y。

表 2.9　模型汇总[d]

模型	R	R^2	调整 R^2	标准估计的误差	Durbin-Watson
1	0.978[a]	0.956	0.950	219.54146	—
2	0.989[b]	0.978	0.972	165.56013	—
3	0.996[c]	0.991	0.987	111.58224	1.953

a. 预测变量：（常量），x_2。

b. 预测变量：（常量），x_2，x_4。

c. 预测变量:(常量),x_2,x_4,x_3。

d. 因变量:y。

表 2.10　ANOVA[d]

模型		平方和	df	均方	F	Sig.
	回归	8347017.484	1	8347017.484	173.180	0.000[a]
1	残差	385587.616	8	48198.452	—	—
	总计	8732605.100	9	—	—	—
	回归	8540733.998	2	4270366.999	155.795	0.000[b]
2	残差	191871.102	7	27410.157	—	—
	总计	8732605.100	9	—	—	—
	回归	8657901.526	3	2885967.175	231.794	0.000[c]
3	残差	74703.574	6	12450.596	—	—
	总计	8732605.100	9	—	—	—

a. 预测变量:(常量),x_2。

b. 预测变量:(常量),x_2,x_4。

c. 预测变量:(常量),x_2,x_4,x_3。

d. 因变量:y。

上面各表显示,对 5 个自变量分别拟合与因变量 y 的一元线性回归模型,共有 5 个,找出 F 统计量最大时对应的自变量。据此,首先选入的自变量是 x_2;在选入 x_2 的基础上,再分别拟合 x_2+x_3,x_2+x_4,x_2+x_5,x_2+x_1 与 y 的 4 个线性回归模型,选出 F 统计量最大时对应的自变量为 x_4;在选入 x_2,x_4 的基础上,再分别拟合 $x_2+x_4+x_1$,$x_2+x_4+x_3$,$x_2+x_4+x_5$ 的 3 个与 y 的线性回归模型,选出 F 统计量最大时对应的自变量为 x_3;在选入 x_2,x_4,x_3 的基础上,再分别拟合 $x_2+x_4+x_3+x_1$,$x_2+x_4+x_3+x_5$ 的 2 个与 y 的线性回归模型,F 统计量对应的概率不显著。故运算过程终止。需要注意的是,选择时要求每个解释变量影响显著,参数符号正确。

由于 F 统计量和可决系数 R^2 以及修正可决系数 $\bar{R}^2$ 之间存在如下关系:

$$F = \frac{R^2/(k-1)}{(1-R^2)/(n-k)}, \quad \bar{R}^2 = 1 - \frac{n-1}{(n-k-1)+k \cdot F} \tag{2.17}$$

可以看出,伴随着可决系数 R^2 以及修正可决系数 $\bar{R}^2$ 的增加,F 统计量的值将不断增加;反过来也如此。这说明两者之间具有一致性,但是可决系数 R^2 以及修正可决系数 $\bar{R}^2$ 只能提供一个模糊的推测,它们的值到底要达到多大,才算模型通过了检验,并没有明确的界限,而 F 统计量检验则不同,它可以在给定显著性水平下,给出统计意义上严格的结论。

由表 2.9 也可看出,随着 x_2,x_4,x_3 的逐一选入,$\bar{R}^2$ 也相应增大,这和 F 统计量检验的结果是一致的。

表 2.11 是回归系数的相关内容,包括非标准和标准回归系数及其相应的 t 检验统计量和 t 检验显著性概率。模型 3 中各系数的 t 检验统计量和 t 检验显著性概率的值来看,均小于 0.05。说明 x_2,x_4,x_3 三个变量对 y 有显著的影响。

表 2.11　回归系数[a]

模型		非标准化系数		标准系数	t	Sig.	B 的 95.0%置信区间	
		B	标准误差	试用版			下限	上限
1	（常量）	−2933.704	421.636		−6.958	0.000	−3905.998	−1961.41
	x_2	9.052	0.688	0.978	13.160	0.000	7.466	10.638
2	（常量）	−3059.972	321.491		−9.518	0.000	−3820.178	−2299.76
	x_2	6.737	1.014	0.728	6.645	0.000	4.339	9.134
	x_4	10.908	4.103	0.291	2.658	0.033	1.206	20.610
3	（常量）	−2441.161	296.039		−8.246	0.000	−3165.542	−1716.78
	x_2	4.216	1.069	0.455	3.945	0.008	1.601	6.831
	x_4	13.629	2.904	0.364	4.693	0.003	6.523	20.735
	x_3	3.222	1.050	0.243	3.068	0.022	0.652	5.792

a.因变量：y。

表 2.12 反映了已排除的变量及过程、结果。由此得到最后回归模型：

$$\hat{y} = -2441.161 + 4.216x_2 + 13.629x_4 + 3.222x_3 \tag{2.18}$$

表 2.12　已排除的变量[d]

模型		Beta In	t	Sig.	偏相关	共线性统计量
						容差
1	x_1	0.336[a]	2.151	0.068	0.631	0.156
	x_3	0.129[a]	0.858	0.419	0.308	0.252
	x_4	0.291[a]	2.658	0.033	0.709	0.262
	x_5	0.135[a]	0.462	0.658	0.172	0.072
2	x_1	0.103[b]	0.423	0.687	0.170	0.060
	x_3	0.243[b]	3.068	0.022	0.781	0.228
	x_5	−0.200[b]	−0.805	0.451	−0.312	0.053
3	x_1	0.085[c]	0.516	0.628	0.225	0.060
	x_5	−0.227[c]	−1.535	0.185	−0.566	0.053

a. 模型中的预测变量：（常量），x_2。
b. 模型中的预测变量：（常量），x_2，x_4。
c. 模型中的预测变量：（常量），x_2，x_4，x_3。
d. 因变量：y。

（2）"向后"选择方式

思路：与向前选择法相反，其基本过程如下：

第一步：先对因变量拟合包括所有 k 个自变量$(x_1, x_2, \cdots, x_k)$的线性回归模型。然后考察 $p(p<k)$ 个自变量去掉一个自变量的模型（这些模型的每一个都有 $k-1$ 个自变量），

使模型的 SSE 值减少最小的自变量被挑选出来并从模型中剔除。

第二步：考察 $p-1$ 个自变量再去掉一个自变量的模型（这些模型的每一个都有 $k-2$ 个自变量），使模型的 SSE 值减少最小的自变量被挑选出来并从模型中剔除。如此反复，直至剔除一个自变量不会使 SSE 值显著减小为止。这时，模型中所剩的自变量都是显著的。上述过程可以通过 F 检验的 P 值来判断。

SPSS 操作步骤如下：

Step 1　输入数据；依次选择"分析($\underline{A}$)"→"回归($\underline{R}$)"→"线性($\underline{L}$)"进入线性回归对话框。在"线性回归"对话框中，将左侧框内的"y""x1""x2""x3""x4""x5"分别移入右侧"因变量(D)"和"自变量(I)"框内，对话框界面同前例。并在"方法"下选择"向后"。

Step 2　点击"选项"，并在"步进方法标准"下选择"使用 F 的概率"，并输入增加变量所要求的的显著性水平（默认值为 0.05）；在"删除"框中输入剔除变量所要求的显著性水平（默认值为 0.10）。点击"继续"回到主对话框。

Step 3　点击"确定"。得到部分结果如下，由于和"向前"选择相反，结果就不赘述。表 2.13 给出了参数的估计值和用于检验的 t 统计量和 p 值。

表 2.13　回归系数[a]

模型		非标准化系数		标准系数	t	Sig.	B 的 95.0% 置信区间	
		B	标准误差	试用版			下限	上限
1	（常量）	−274.377	1316.690		−0.208	0.845	−3930.09	3381.339
	x_1	0.013	0.013	0.148	1.031	0.361	−0.022	0.048
	x_2	5.438	1.380	0.587	3.940	0.017	1.606	9.271
	x_3	3.272	0.944	0.246	3.465	0.026	0.650	5.893
	x_4	12.986	4.178	0.347	3.108	0.036	1.386	24.586
	x_5	−563.108	321.283	−0.266	−1.753	0.155	−1455.13	328.917
2	（常量）	−471.231	1311.000		−0.359	0.734	−3841.26	2898.801
	x_2	5.699	1.366	0.615	4.173	0.009	2.188	9.209
	x_3	3.297	0.950	0.248	3.471	0.018	0.856	5.739
	x_4	15.969	3.034	0.426	5.264	0.003	8.170	23.767
	x_5	−480.610	313.127	−0.227	−1.535	0.185	−1285.52	324.307

表 2.14　已排除的变量[c]

模型		Beta In	t	Sig.	偏相关	共线性统计量
						容差
2	x_1	0.148[a]	1.031	0.361	0.458	0.056
3	x_1	0.085[b]	0.516	0.628	0.225	0.060
	x_5	−0.227[b]	−1.535	0.185	−0.566	0.053

a. 模型中的预测变量：（常量），x_5, x_3, x_4, x_2。

b. 模型中的预测变量：（常量），x_3, x_4, x_2。

c. 因变量：y。

由此得到最终回归模型：

$$\hat{y} = -2441161 + 4.216x_2 + 13.629x_4 + 3.222x_3 \tag{2.18}$$

(3)"逐步"选择方式

思路:逐步回归是将"向前"和"向后"两种方法结合起来筛选自变量的方法。前两步和向前选择法相同。不过在增加了一个变量后，它会对模型中的所有变量进行考察，看看有没有可能剔除的变量。如果在增加了一个变量后，前面增加的某个自变量对模型的贡献变得不显著，这个变量就会被剔除，如此反复进行，直至增加变量不能导致 SSE 显著减少，这个过程可通过 F 统计量来检验。需要注意，前面增加的自变量在后面的步骤中有可能被剔除，而在前面步骤中被剔除的自变量在后面的步骤中也可能重新进入模型。

SPSS 操作步骤如下:

Step 1 输入数据；依次选择"分析(A)"→"回归(R)"→"线性(L)"进入线性回归对话框。在"线性回归"对话框中，将左侧框内的"y""x1""x2""x3""x4""x5"分别移入右侧"因变量(D)"和"自变量(I)"框内，对话框界面同前例。并在"方法"下选择"逐步"。

Step 2 点击"选项"，并在"步进方法标准"下选择"使用 F 的概率"，并输入增加变量所要求的的显著性水平(默认值为 0.05)；在"删除"框中输入剔除变量所要求的显著性水平(默认值为 0.10)。点击"继续"回到主对话框。

Step 3 点击"确定"。得到部分结果见表 2.15。

表 2.15　输入/移去的变量[a]

模型	输入的变量	移去的变量	方法
1	x_2	0.0	步进(准则:F-to-enter 的概率≤0.050,F-to-remove 的概率>0.100)
2	x_4	0.0	步进(准则:F-to-enter 的概率≤0.050,F-to-remove 的概率>0.100)
3	x_3	0.0	步进(准则:F-to-enter 的概率≤0.050,F-to-remove 的概率>0.100)

a. 因变量:y。

由表 2.15 可以看出，最先引入的自变量是 x_2，其次是 x_4，x_3，其他两个变量被剔除。

表 2.16 给出了 3 个回归模型的一些主要统计量，包括复相关系数 R、判定系数 R^2、调整可决系数以及估计标准误等。

表 2.16　模型汇总[d]

模型	R	R^2	调整 R^2	标准估计的误差	DW
1	0.978[a]	0.956	0.950	219.54146	—
2	0.989[b]	0.978	0.972	165.56013	—
3	0.996[c]	0.991	0.987	111.58224	1.953

a. 预测变量:(常量),x_2。

b. 预测变量:(常量),x_2,x_4。

c. 预测变量:(常量),x_2,x_4,x_3。

d. 因变量:y。

表 2.17 给出了回归分析中的方差分析表。

表 2.17　ANOVA[d]

模型		平方和	df	均方	F	Sig.
1	回归	8347017.484	1	8347017.484	173.180	0.000[a]
	残差	385587.616	8	48198.452	—	
	总计	8732605.100	9	—	—	
2	回归	8540733.998	2	4270366.999	155.795	0.000[b]
	残差	191871.102	7	27410.157	—	
	总计	8732605.100	9	—	—	
3	回归	8657901.526	3	2885967.175	231.794	0.000[c]
	残差	74703.574	6	12450.596	—	
	总计	8732605.100	9	—	—	

a. 预测变量:(常量),x_2。

b. 预测变量:(常量),x_2,x_4。

c. 预测变量:(常量),x_2,x_4,x_3。

d. 因变量:y。

表 2.18 给出了参数估计值和用于检验的 t 统计量和 p 值。由表 2.18 得到回归模型:

表 2.18　系数[a]

模型		非标准化系数		标准系数	t	Sig.	B 的 95.0%置信区间	
		B	标准误差	试用版			下限	上限
1	(常量)	− 2933.704	421.636	—	− 6.958	0.000	− 3905.99	− 1961.41
	x_2	9.052	0.688	0.978	13.160	0.000	7.466	10.638
2	(常量)	− 3.59.972	321.491	—	− 9.518	0.000	− 3820.17	− 2299.77
	x_2	6.737	1.014	0.728	6.645	0.000	4.339	9.134
	x_4	− 10.908	4.103	0.291	2.658	0.033	1.206	20.610
3	(常量)	− 2441.161	296.039	—	− 8.246	0.000	− 3165.542	− 1716.780
	x_2	4.216	1.069	0.455	3.945	0.008	1.601	6.831
	x_4	13.629	2.904	0.364	4.693	0.003	6.523	20.735
	x_3	3.222	1.050	0.243	3.068	0.022	0.652	5.792

a. 因变量:y。

$$\hat{y} = - 2441161 + 4.216x_2 + 13.629x_4 + 3.222x_3 \tag{2.19}$$

可以看出,3 种变量选入方式得到的回归模型是一致的。见表 2.19。

表 2.19　已排除变量[d]

模型		Beta In	t	Sig.	偏相关	共线性统计量
						容差
1	x_1	0.336^a	2.151	0.068	0.631	0.156
	x_3	0.129^a	0.858	0.419	0.308	0.252
	x_4	0.291^a	2.658	0.033	0.709	0.262
	x_5	0.135^a	0.462	0.658	0.172	0.072
2	x_1	0.103^b	0.423	0.687	0.170	0.060
	x_3	0.243^b	3.068	0.022	0.781	0.228
	x_5	-0.200^b	-0.805	0.451	-0.312	0.053
3	x_1	0.085^c	0.516	0.628	0.225	0.060
	x_5	-0.227^c	-1.535	0.185	-0.566	0.053

a. 模型中的预测变量:(常量),x_2。

b. 模型中的预测变量:(常量),x_2,x_4。

c. 模型中的预测变量:(常量),x_2,x_4,x_3。

d. 因变量:y。

(4) 岭回归

思路:岭回归的一个重要作用是选择变量,选择变量通常的原则如下:一是在岭回归的计算中,假定设计矩阵 X 已经中心化和标准化,这样可以直接比较标准化岭回归系数的大小。我们可以剔除标准化岭回归系数比较稳定且绝对值很小的自变量;二是当 k 值较小时,标准化岭回归系数的绝对值并不是很小,但是不稳定,随着 k 的增大又迅速趋于零。这样的自变量,也可以予以剔除;三是剔除标准化岭回归系数很不稳定的自变量。如果有若干个岭回归系数不稳定,究竟剔除几个变量,剔除哪几个变量,并无一般遵循原则,需根据剔除某个变量后重新进行岭回归分析的效果来确定[①]。在实际应用中,只有对最小二乘估计的结果不满意时,才考虑使用岭回归。在此,更多地是为了介绍岭回归时应用及其和其他方法的比较。

SPSS 软件的岭回归功能要用语法命令实现,菜单对话框无此功能。

SPSS 操作步骤如下:

Step 1　进入 SPSS 软件,录入变量数据或调入已有的数据文件。

Step 2　进入 Syntax 语法窗口。方法是依次点选"File"→"New"→"Syntax"。

Step 3　录入如下语法命令:

INCLUDE′D:\Ridge regression. sps′.

RIDGEREG DEP = Y/ENTER　X1　X2　X3　X4　X5

说明:Ridge regression. sps 是 SPSS 的自带程序,上面第一行命令就是指明此程序路径。一般路径可通过搜索文件名 Ridge regression. sps 找到此程序,确定所在目录。例如,本机安装的是 SPSS 18.0 版本,该程序的路径是:

C:\Program Files(x86)\SPSSInc\PASWStatistics18\Samples\English

---

① 何晓群,等. 应用回归分析[M].5 版. 北京:中国人民大学出版社,2019.

但有时软件出现不能写文件等报错信息,因为岭回归程序运行时要写一个临时文件,而有些电脑在 C 盘上需要有管理员权限才能写入。一个较为便捷的方法就是直接将此程序文件复制到别的方便调用的目录下,本机就是复制到 D 盘根目录下。另外,要仔细确定程序中每个字符的正确性,注意各种符号都要在英文输入法状态下输入。

Step 4 运行。方法是点击图 2.11 中的三角形按钮(逐行点击、全选点击均可)。

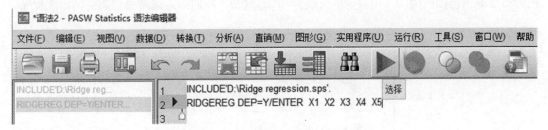

图 2.11 语法命令录入及运行界面

表 2.20 运行结果

K	RSQ	X_1	X_2	X_3	X_4	X_5
.00000	.99541	.147731	.587343	.246304	.346558	− .266019
.05000	.99062	.178371	.342348	.250835	.260892	.013647
.10000	.98764	.185206	.288191	.241867	.234262	.083007
.15000	.98563	.187494	.263997	.233736	.220566	.114266
.20000	.98394	.188135	.249746	.226830	.211916	.131620
.25000	.98234	.187988	.239973	.220891	.205747	.142316
.30000	.98073	.187398	.232601	.215687	.200972	.149306
.35000	.97905	.186536	.226671	.211048	.197054	.154024
.40000	.97730	.185498	.221684	.206856	.193701	.157253
.45000	.97546	.184339	.217351	.203024	.190739	.159458
.50000	.97352	.183098	.213494	.199487	.188062	.160930
.55000	.97148	.181800	.209999	.196197	.185597	.161864
.60000	.96936	.180462	.206787	.193117	.183299	.162391
.65000	.96714	.179098	.203802	.190217	.181133	.162607
.70000	.96484	.177717	.201005	.187474	.179077	.162581
.75000	.96246	.176327	.198364	.184869	.177111	.162364
.80000	.96000	.174934	.195858	.182386	.175223	.161994
.85000	.95747	.173541	.193468	.180012	.173403	.161503
.90000	.95487	.172152	.191179	.177736	.171642	.160913
.95000	.95220	.170769	.188982	.175550	.169936	.160243
1.00000	.94948	.169396	.186865	.173445	.168277	.159509

结果分析：表2.20中第一列为岭参数K，软件默认从0至1，步长为0.05，共有21个K值。软件允许使用者调整岭参数的范围和步长。第二列为判定系数R^2，第三至七列是标准化岭回归系数，其中第1行$K=0$对应的数值就是普通最小二乘估计的标准化回归系数。可以看到，原先X_5的OLS回归系数为-0.266019，其标准化岭回归系数迅速变为正值，而原先较高的回归系数则都迅速减小，岭迹图（图2.12）在$K=0.2$到$K=0.4$之间达到稳定，把岭参数取值范围改为$[0.2,0.4]$，步长改为0.02，重新作岭回归。这需要增加一句语法程序。

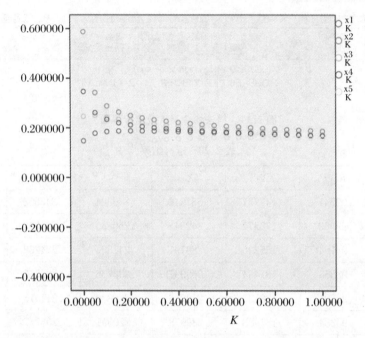

图2.12 岭迹图

Step 5 返回语法窗口，输入如下命令：
INCLUDE′D：\Ridge regression. sps′.
RIDGEREG DEP = Y/ENTER X1 X2 X3 X4 X5
/START = 0.2/STOP = 0.4/INC = 0.02.
点击运行。输出结果见表2.21。

表2.21 调整参数及步长后运行结果

K	RSQ	X_1	X_2	X_3	X_4	X_5
.20000	.98394	.188135	.249746	.226830	.211916	.131620
.22000	.98330	.188146	.245455	.224353	.209230	.136481
.24000	.98266	.188060	.241692	.222014	.206846	.140537
.26000	.98202	.187898	.238347	.219798	.204703	.143951
.28000	.98138	.187674	.235337	.217693	.202757	.146843
.30000	.98073	.187398	.232601	.215687	.200972	.149306
.32000	.98007	.187080	.230090	.213771	.199322	.151412

续表

K	RSQ	X_1	X_2	X_3	X_4	X_5
.34000	.97939	.186725	.227770	.211937	.197786	.153218
.36000	.97871	.186341	.225610	.210177	.196345	.154771
.38000	.97801	.185930	.223587	.208486	.194988	.156105
.40000	.97730	.185498	.221684	.206856	.193701	.157253

可以看到,在 $K = 0.3$ 时,岭迹图已基本稳定,结合对应的 R^2(0.98073),故可以选取 $K = 0.3$,重新作岭回归。

Step 6　返回语法窗口,输入如下命令:

INCLUDE$'$D:\Ridge regression. sps$'$.

RIDGEREG DEP = Y/ENTER　X1　X2　X3　X4　X5

/K = 0.3.

点击运行。输出结果见表 2.22。

表 2.22　$K = 0.3$ 时运行结果

Mult R	.9903165		RSquare	.9807268	
Adj RSqu	.9566353		SE	205.1250843	
		ANOVA table			
	df	*SS*	*MS*	*F* value	Sig *F*
Regress	5	8564299.9	1712860.0	40.70842663	.00159391
Residual	14	168305.20	42076.300		
	B	SE(*B*)	Beta	B/SE(*B*)	
X_1	.016602	.003680	.187398	4.511616	
X_2	2.153644	.382489	.232601	5.630602	
X_3	2.865073	.748964	.215687	3.825381	
X_4	7.530828	1.849522	.200972	4.071769	
X_5	316.048911	85.691028	.149306	3.688238	
Constant	− 3574.267088	618.317235	.000000	− 5.780636	

标准化岭回归方程为

$$\hat{y} = 0.187398X_1 + 0.232601X_2 + 0.215687X_3 + 0.200972X_4 + 0.149306X_5$$

未标准化的岭回归方程为

$$\hat{y} = - 3574.2671 + 0.0166X_1 + 2.1536X_2 + 2.8651X_3 + 7.5308X_4 + 316.0489X_5$$

相对前面介绍的几种方法,岭回归方法保留了全部 5 个自变量,如果希望在回归结果中多保留解释变量,岭回归也是可选方法。需要说明的是,也有文献对 Eviews 作岭回归介绍,但过程较繁琐[1]；而 Stata 在进行岭回归的操作中变量设置相对繁琐，且不宜实现。

2.2.4　横截面数据的多元线性回归

前文例题数据类型为时间序列数据，本节选取横截面数据，采用 Stata 软件作多元线性回归分析。

例 2.3　数据集 airq.dta[2] 包含 1972 年美国加州 30 个大城市的如下变量：airq（空气质量指数，越低越好），vala（公司的增加值，千美元），rain（降雨量，英寸），coast（是否为海岸城市），density（人口密度，每平方英里），income（人均收入，美元）。试完成以下要求：

（1）把 airq 对其他变量进行 OLS 回归。

（2）得到 airq 的拟合值和残差。

（3）检验原假设"平均收入对空气质量没有影响"。

（4）检验经济变量 density 与 income 的联合显著性。

（5）检验经济变量 rain 与 coast 的联合显著性。

（6）检验所有解释变量的联合显著性。

（7）是否存在多重共线性？

（8）进行逐步回归。

（9）是否存在异方差？　如有，该如何处理？

解　Stata 操作步骤如下：

Step 1　regress 命令可以实现因变量对解释变量的回归，输出结果除了系数估计量外，同时还可呈现系数的标准差、t 值、p 值和 95% 的置信区间。在"command"区域输入如下命令：

reg airq vala rain coast density income

点击回车，输出结果如图 2.13 所示。

输出结果由三部分构成：左上方是数据集的描述，右上角是对拟合程度的描述，下方则呈现自变量系数的估计值、标准差、t 值、p 值和 95% 的置信区间。从结果来看，变量 coast 系数是显著的。95% 置信区间表示参数有 95% 的概率会落在给出的区间，区间大小是度量系数准确程度的重要指标。

如果希望不考虑常数项作用（即过原点回归），则可输入如下命令：

reg airq vala rain coast density income,nocons

回车，输出结果如图 2.14 所示。

输出结果显示，加入 nocons 选项，即只对解释变量作 OLS 回归，和保留常数项作 OLS 回归，结果有较明显不同：自变量系数估计值、标准差、t 值、p 值和 95% 的置信区间发生了变化，但 R^2 和修正后 R^2 提升很多。应该注意到，缺少常数项的回归一般会导致得到的系数有偏，故一般不建议采用此法。

如果希望输出想自己设定置信水平的置信区间，则可输入如下命令：

reg airq vala rain coast density income,level(99)

---

① 有兴趣的读者可参阅：叶阿忠，吴相波.计量经济学［M］.数字教材版.北京：中国人民大学出版社，2021：119-121.

② 此例选自陈强编著《计量经济学及 Stata 应用》习题 5.5，来自 verbeek(2012)。

. reg airq vala rain coast density income

Source	SS	df	MS		Number of obs	=	30
					F(5, 24)	=	2.98
Model	8723.84625	5	1744.76925		Prob > F	=	0.0313
Residual	14058.4538	24	585.768906		R-squared	=	0.3829
					Adj R-squared	=	0.2544
Total	22782.3	29	785.596552		Root MSE	=	24.203

airq	Coef.	Std. Err.	t	P>|t|	[95% Conf.	Interval]
vala	.0008834	.0022562	0.39	0.699	-.0037731	.0055399
rain	.2506988	.3435183	0.73	0.473	-.458288	.9596857
coast	-33.3983	10.45752	-3.19	0.004	-54.98156	-11.81504
density	-.0010734	.0016233	-0.66	0.515	-.0044237	.0022769
income	.0005545	.0008503	0.65	0.521	-.0012003	.0023093
_cons	111.9347	15.33179	7.30	0.000	80.29141	143.5779

图 2.13　输出结果

. reg airq vala rain coast density income,nocons

Source	SS	df	MS		Number of obs	=	30
					F(5, 25)	=	33.83
Model	306363.88	5	61272.776		Prob > F	=	0.0000
Residual	45281.1201	25	1811.2448		R-squared	=	0.8712
					Adj R-squared	=	0.8455
Total	351645	30	11721.5		Root MSE	=	42.559

airq	Coef.	Std. Err.	t	P>|t|	[95% Conf.	Interval]
vala	.007031	.0036807	1.91	0.068	-.0005496	.0146115
rain	2.176266	.3870248	5.62	0.000	1.379174	2.973359
coast	-6.530185	17.21254	-0.38	0.708	-41.98007	28.9197
density	.0006051	.0028257	0.21	0.832	-.0052145	.0064247
income	-.0009536	.0014503	-0.66	0.517	-.0039406	.0020334

图 2.14　输出结果

回车,输出结果如图 2.15 所示。

输出结果显示,99% 的置信区间要大于 95% 的置信区间。

如果数据集一些数据变化波动程度很高,可将各变量进行标准化,再进行回归,可使用 beta 选项完成,命令如下:

reg airq vala rain coast density income,beta

点击回车,输出结果如图 2.16 所示。

输出结果不显示置信区间,而是显示 beta 值,表示在变量标准化时的权数。

Step 2　predict 命令是 regress 命令的后续命令,可得到拟合值及残差。首先,要创建一个变量来存放回归得到的预测值。输入如下命令:

. reg airq vala rain coast density income,level(99)

Source	SS	df	MS
Model	8723.84625	5	1744.76925
Residual	14058.4538	24	585.768906
Total	22782.3	29	785.596552

Number of obs	=	30
F(5, 24)	=	2.98
Prob > F	=	0.0313
R-squared	=	0.3829
Adj R-squared	=	0.2544
Root MSE	=	24.203

airq	Coef.	Std. Err.	t	P>|t|	[99% Conf.	Interval]
vala	.0008834	.0022562	0.39	0.699	-.005427	.0071938
rain	.2506988	.3435183	0.73	0.473	-.710101	1.211499
coast	-33.3983	10.45752	-3.19	0.004	-62.64735	-4.149248
density	-.0010734	.0016233	-0.66	0.515	-.0056136	.0034669
income	.0005545	.0008503	0.65	0.521	-.0018236	.0029326
_cons	111.9347	15.33179	7.30	0.000	69.05258	154.8167

图 2.15 输出结果

. reg airq vala rain coast density income,beta

Source	SS	df	MS
Model	8723.84625	5	1744.76925
Residual	14058.4538	24	585.768906
Total	22782.3	29	785.596552

Number of obs	=	30
F(5, 24)	=	2.98
Prob > F	=	0.0313
R-squared	=	0.3829
Adj R-squared	=	0.2544
Root MSE	=	24.203

airq	Coef.	Std. Err.	t	P>|t|	Beta
vala	.0008834	.0022562	0.39	0.699	.1459331
rain	.2506988	.3435183	0.73	0.473	.1206457
coast	-33.3983	10.45752	-3.19	0.004	-.5553872
density	-.0010734	.0016233	-0.66	0.515	-.1082908
income	.0005545	.0008503	0.65	0.521	.2472713
_cons	111.9347	15.33179	7.30	0.000	.

图 2.16 输出结果

predict airqf

回车,输出显示:

. prediat airqf

(option xb assumed; fitted values)

同样,创建一个变量来存放回归得到的残差。输入如下命令:

predict e,resid

为方便使用,一般要给这两个变量加上标签,分别输入如下命令:

. label variable airqf "predict mean airq"

. label variable e "residual"

回车,此时在 Stata 主窗口右上方变量区可看到新变量及变量标签。另外,也可点击 Data Editor(Edit)图标,如图 2.17 所示(部分)。

Data Editor (Edit) - [airq (例11-2)]

File　Edit　View　Data　Tools

var14[18]

	airq	vala	rain	coast	density	income	airqf	e
1	104	2734.4	12.63	1	1815.86	4397	90.51392	13.48608
2	85	2479.2	47.14	1	804.86	5667	91.07215	-6.072151
3	127	4845	42.77	1	1907.86	15817	99.28185	27.71816
4	145	19733.8	33.18	0	1876.08	32698	185.0895	-40.08946
5	84	4093.6	34.55	1	340.93	6250	98.33436	-14.33436
6	135	1849.8	14.81	0	335.52	4705	114.1841	20.81595
7	88	4179.4	45.94	1	315.78	7165	98.74964	-10.74965
8	118	2525.3	39.25	0	360.39	4472	116.8716	1.128389
9	74	1899.2	42.36	1	12957.5	2658	69.99902	4.000978

图 2.17　Data Editor(Edit)界面显示

Step 3　test 命令是 regress 命令的又一后续命令,用来检验系数是否符合一定的关系。若要检验原假设"平均收入对空气质量没有影响",继续在命令窗口输入:

.test income

点击回车,输出结果如图 2.18 所示。

```
. test income

 ( 1)  income = 0

       F(  1,     8) =    0.00
            Prob > F =    0.9814
```

图 2.18　输出结果

从结果看,最后一行的 p 值远大于 0.05,可以认为原假设应该接受。

Step 4　Stata 对变量联合显著性检验操作很方便,如要检验经济变量 density 与 income 的联合显著性,在命令窗口输入:

.test density income

点击回车,输出结果如图 2.19 所示。

```
. test density income

 ( 1)  density = 0
 ( 2)  income = 0

       F(  2,     8) =    0.30
            Prob > F =    0.7504
```

图 2.19　输出结果

从结果看,最后一行的 p 值远大于 0.05,可以认为检验经济变量 density 与 income 的联合显著性不显著。

Step 5 同 Step 4。在命令窗口输入:

test rain coast

点击回车,输出结果如图 2.20 所示。

```
. test rain coast

 (1)  rain = 0
 (2)  coast = 0

       F(  2,    24) =     5.12
            Prob > F =     0.0141
```

图 2.20 输出结果

从结果看,最后一行的 p 值小于 0.05,可以认为检验经济变量 rain 与 coast 的联合显著性显著。

Step 6 检验所有解释变量的联合显著性,在命令窗口输入:

test vala density income rain coast

点击回车,输出结果如图 2.21 所示。

```
. test vala density income rain coast

 (1)  vala = 0
 (2)  density = 0
 (3)  income = 0
 (4)  rain = 0
 (5)  coast = 0

       F(  5,    24) =     2.98
            Prob > F =     0.0313
```

图 2.21 输出结果

从结果看,最后一行的 p 值小于 0.05,可以认为所有解释变量的联合显著性显著。

Step 7 Stata 中的 vif 命令可通过计算自变量的方差膨胀因子来判断自变量间是否存在多重共线性。要注意,执行此命令前,先要执行 regress 命令。在命令窗口输入:

reg airq vala rain coast density income

vif

点击回车,输出结果如图 2.22 所示。

结果显示,变量 income 和 vala 的 vif 值均大于 5,说明存在较严重的多重共线性。

Step 8 Stata 中的 sw regress 命令可进行逐步回归。在命令窗口输入:

sw regressairq vala density income rain coast,pr(0.05)

注:sw regress 命令格式和常用选项说明见附录

点击回车,输出结果如图 2.23 所示。

Pr(0.05)是要剔除在 95% 显著性水平下不显著的变量,从最不显著变量开始剔除,直到所有剩下的变量都显著。显著性水平可选择,例如使用 Pr(0.01) 和 Pr(0.1)。当然,也可从

```
. vif
```

Variable	VIF	1/VIF
income	5.59	0.178846
vala	5.40	0.185089
coast	1.18	0.850214
rain	1.06	0.940827
density	1.04	0.958614
Mean VIF	2.86	

图 2.22　输出结果

```
. sw regress airq vala density income rain coast,pr(0.05)
                    begin with full model
p = 0.6989 >= 0.0500   removing vala
p = 0.4966 >= 0.0500   removing density
p = 0.4959 >= 0.0500   removing rain
```

Source	SS	df	MS			
				Number of obs	=	30
				F(2, 27)	=	7.45
Model	8100.08234	2	4050.04117	Prob > F	=	0.0027
Residual	14682.2177	27	543.785839	R-squared	=	0.3555
				Adj R-squared	=	0.3078
Total	22782.3	29	785.596552	Root MSE	=	23.319

airq	Coef.	Std. Err.	t	P>|t|	[95% Conf. Interval]	
coast	-32.99295	9.427403	-3.50	0.002	-52.33639	-13.64952
income	.0007726	.0003516	2.20	0.037	.0000513	.0014939
_cons	120.4735	8.08151	14.91	0.000	103.8916	137.0554

图 2.23　输出结果

最显著变量开始纳入所有显著性水平 0.05 下显著的变量,在命令窗口输入:

　　sw regressairq vala density income rain coast,pe(0.05)

点击回车,输出结果如图 2.24 所示。

　　如果要想保留某个变量,不想让其被剔除,可使用 lockterm 选项。例如,想保留变量 density,在命令窗口输入:

　　sw regressairq density vala income rain coast,pr(0.05) lockterm1

点击回车,输出结果如图 2.25 所示。

　　Step 9　Stata 中检验异方差的命令是 hettest。在命令窗口输入:

　　hottest

点击回车,输出结果如图 2.26 所示。

　　结果显示,p 值为 0.0657,大于 0.05,可以认为基本不存在异方差。

　　如若存在异方差的情形,只需在 reg 命令的 options 选项中键入 robust 即可消除异方差,命令如下:

　　. regress depvar indepvars,robust

```
. . sw regress airq vala density income rain coast,pe(0.05)
                begin with empty model
p = 0.0060 <  0.0500   adding    coast
p = 0.0367 <  0.0500   adding    income
```

Source	SS	df	MS		Number of obs	=	30
					F(2, 27)	=	7.45
Model	8100.08234	2	4050.04117		Prob > F	=	0.0027
Residual	14682.2177	27	543.785839		R-squared	=	0.3555
					Adj R-squared	=	0.3078
Total	22782.3	29	785.596552		Root MSE	=	23.319

airq	Coef.	Std. Err.	t	P>|t|	[95% Conf. Interval]	
coast	-32.99295	9.427403	-3.50	0.002	-52.33639	-13.64952
income	.0007726	.0003516	2.20	0.037	.0000513	.0014939
_cons	120.4735	8.08151	14.91	0.000	103.8916	137.0554

图 2.24　输出结果

```
. sw regress  airq density vala income rain coast ,pr(0.05) lockterm1
                begin with full model
p = 0.6989 >= 0.0500   removing vala
p = 0.4867 >= 0.0500   removing rain
```

Source	SS	df	MS		Number of obs	=	30
					F(3, 26)	=	5.02
Model	8351.91323	3	2783.97108		Prob > F	=	0.0071
Residual	14430.3868	26	555.014876		R-squared	=	0.3666
					Adj R-squared	=	0.2935
Total	22782.3	29	785.596552		Root MSE	=	23.559

airq	Coef.	Std. Err.	t	P>|t|	[95% Conf. Interval]	
density	-.0010628	.0015779	-0.67	0.507	-.0043062	.0021805
coast	-33.17752	9.528183	-3.48	0.002	-52.76299	-13.59206
income	.0008206	.0003622	2.27	0.032	.000076	.0015651
_cons	121.9854	8.467429	14.41	0.000	104.5803	139.3904

图 2.25　输出结果

```
. hettest

Breusch-Pagan / Cook-Weisberg test for heteroskedasticity
        Ho: Constant variance
        Variables: fitted values of airq

        chi2(1)      =      3.39
        Prob > chi2  =      0.0657
```

图 2.26　输出结果

2.2.5　多元线性回归模型的预测

预测是回归模型的主要用途之一,即利用所估计的样本回归方程,用解释变量预测期的已知值或预测值,对预测期或样本以外的因变量数值作出定量的估计。

1. 点预测(估计)和区间预测(估计)

就一元线性回归而言,点预测(估计)是给定 $x = x_f$ 时,利用样本回归方程 $\hat{y} = \hat{b}_0 + \hat{b}_1 x_t$,求出相应的样本拟合值 $\hat{y}_f$,并以此作为因变量实际值 y_f 和其均值 $E(y_f)$ 的估计值。点估计可分为两种:一种是平均值的点估计;二是个别值的点估计[①]。平均值的点估计是利用估计的回归方程,对于 x 的一个特定值 x_f,求出 y_f 的平均值的一个估计值 $E(y_f)$;个别值的点估计则是求出 y_f 的一个个别值的估计值 $\hat{y}_f$。为理解方便,以截面数据样本为例,平均值的点估计就是给定一个解释变量的 x_f,所有数据集内因变量的平均值。如果只想知道数据集内某个解释变量对应的因变量是多少,则属于个别值的点估计。应该注意到,对于同一个 x_f,平均值的点估计和个别值的点估计的结果是一样的。

由于抽样波动的存在,还有包括随机项 μ_t 的零均值假定不完全与实际相符,因此,点预测值 $\hat{y}_f$ 与因变量实际值 y_f 和其均值 $E(y_f)$ 的估计值存在误差。同时,点估计不能给出估计的精度,我们希望在一定概率下把握这个误差的范围,从而确定 y_f 和 $E(y_f)$ 可能取值的波动范围,这就是区间预测(估计)。区间预测(估计)又分为两种类型,即置信区间估计(confidence interval estimate)和预测区间估计(prediction interval estimate)。整理后,y_f 及 $E(y_f)$ 预测公式见表 2.23。

表 2.23　y_f 及 $E(y_f)$ 预测公式

预测量	点预测	区间预测
$E(y_f)$	$\hat{y}_f$	$\hat{y}_f - t_{a/2} \cdot \hat{\sigma} \cdot \sqrt{X_f(X'X)^{-1}{}'_f} \leqslant E(y_f)$ $\leqslant \hat{y}_f + t_{a/2} \cdot \hat{\sigma} \cdot \sqrt{X_f(X'X)^{-1}{}'_f}$
y_f	$\hat{y}_f$	$\hat{y} \pm t_{a/2} \cdot s(\hat{Y}_f)$

在表 2.23 中的公式中,$s(\hat{Y}_f)$ 为 Y_f 预测的标准差。由于计算量相对较大,特别是多元线性情况下,计算变得十分困难,一般都是借助软件测算。

2. 动态预测与静态预测

动态预测是用样本的拟合值进行预测,静态预测是用样本的实际值进行预测。假设样本区间是 1998—2010 年,建模样本区间是 1998—2008 年,预测样本区间是 2009—2015 年,那么用动态预测就能产生到 2015 年的预测值,用静态预测就只能到 2010 的预测值(假设最新数据是到 2010 年)。

动态预测是进行多步预测,除了第一个预测值是用解释变量的实际值预测外,其后各期预测值都是采用递推预测的方法,用滞后被解释变量(即所谓的动态项)的前期预测值代入

---

① 平均值的点估计实际上是对总体参数的估计,而个别值的点估计则是对因变量的某个具体取值的估计。此部分内容可参见贾俊平等编写的《统计学》(第 6 版)。

估计(预测)方程来预测下一期的预测值。需要注意的是,动态项只适用于动态模型;静态预测必须用解释变量的真实值来进行预测,而不能使用被解释变量的预测值作为解释变量进行预测。静态预测要求外生变量和任何滞后内生变量在预测样本中的观测值可以获得。如果没有某期数据,那么对应该期的预测值为 NA。但是,它并不会对以后的预测产生影响。所以,如果进行静态预测还需要给出用于预测的解释变量的值以及滞后被解释变量的值。如果要以解释变量的估计值为基础进行预测,则需要先打开解释变量的序列窗口,在预测之前将这些估计值添加进其相应区间。

如果方程中设定了 AR 或者 MA 项,那么这两种方法都能预测误差项的值。这两种方法在多期预测的第一期总能给出完全相同的结果。当不存在 ARMA 项时,这两种方法在第二期及以后各期也将给出完全相同的结果。

下面,通过一个案例数据,采用 SPSS、Eviews、Stata 软件分别做预测应用,读者可比较这几个软件应用的过程①。

例 2.4 一家大型商业银行在多地设有分行,为弄清楚不良贷款形成的原因,管理者希望利用银行业务数据进行定量分析。表 2.24 为该银行所属的 25 家分行的有关业务数据。

表 2.24 某银行的主要业务数据 (单位:亿元)

分行编号	不良贷款	各项贷款余额	累计应收贷款	贷款项目数量	固定资产投资	分行编号	不良贷款	各项贷款余额	累计应收贷款	贷款项目数量	固定资产投资
1	0.9	67.3	6.8	5	51.9	14	3.5	174.6	12.7	26	117.1
2	1.1	111.3	19.8	16	90.9	15	10.2	263.5	15.6	34	146.7
3	4.8	173.0	7.7	17	73.7	16	3.0	79.3	8.9	15	29.9
4	3.2	80.8	7.2	10	14.5	17	0.2	14.8	0.6	2	42.1
5	7.8	199.7	16.5	19	63.2	18	0.4	73.5	5.9	11	25.3
6	2.7	16.2	2.2	1	2.2	19	1.0	24.7	5.0	4	13.4
7	1.6	107.4	10.7	17	20.2	20	6.8	139.4	7.2	28	64.3
8	12.5	185.4	27.1	18	43.8	21	11.6	368.2	16.8	32	163.9
9	1.0	96.1	1.7	10	55.9	22	1.6	95.7	3.8	10	44.5
10	2.6	72.8	9.1	14	64.3	23	1.2	109.6	10.3	14	67.9
11	0.3	64.2	2.1	11	42.7	24	7.2	196.2	15.8	16	39.7
12	4.0	132.2	11.2	23	76.7	25	3.2	102.2	12.0	10	97.1
13	0.8	58.6	6.0	14	22.8						

注:编号为 25 的分行数据作为预测数据用。

SPSS 操作步骤如下:

Step 1 将例题中的数据录入 SPSS 软件中。

---

① 陈军.Eviews、SPSS、Stata 软件在单方程模型预测中的实操应用及比较分析[J].广东技术师范学院学报,2019(3).

Step 2　选择"分析"下拉菜单,并选择"回归-线性"选项进入主对话框。

Step 3　在主对话框中将因变量(本例为不良贷款)选入"因变量",将所有自变量(本例为贷款余额、累计应收贷款、贷款项目个数、固定资产投资额)选入"应变量"。考虑到消除多重共线性的因素,在"方法"下选择"逐步"。

Step 4　点击"保存"。在"预测值"下选择"非标准化",目的在于输出点预测值。在"预测区间"下选择"均值"和"单值",目的在于输出置信区间和预测区间。在"置信区间"中选择置信水平,默认为95%。依次点击"继续"→"确定"。输出结果如图 2.27(部分)所示。

	不良贷款	贷款余额	累计应收贷款	贷款项目个数	固定资产投资额	PRE_1	LMCI_1	UMCI_1	LICI_1	UICI_1
16	3.00	79.30	79.30	8.90	29.90	2.59399	1.64115	3.54684	-1.34470	6.53269
17	.20	14.80	14.80	.60	42.10	-1.04162	-2.52398	.44074	-5.14074	3.05751
18	.40	73.50	73.50	5.90	25.30	2.44882	1.43879	3.45886	-1.50410	6.40175
19	1.00	24.70	24.70	5.00	13.40	.37227	-.85734	1.60189	-3.64237	4.38692
20	6.80	139.40	139.40	7.20	64.30	4.52148	3.73208	5.31088	.61910	8.42386
21	11.60	368.20	368.20	16.80	163.90	12.85988	10.32127	15.39849	8.27185	17.44790
22	1.60	95.70	95.70	3.80	44.50	2.95366	2.13861	3.76871	-.95400	6.86131
23	1.20	109.60	109.60	10.30	67.90	2.90674	2.03538	3.77810	-1.01304	6.82653
24	7.20	196.20	196.20	15.80	39.70	8.16513	6.31401	10.01625	3.91871	12.41155
25	3.20	102.20	12.00	10.00	97.10	1.60273	-.00231	3.20777	-2.54234	5.74780

图 2.27　因变量(不良贷款)的置信区间和预测区间(部分)

在图 2.27 中,PRE_1 是点估计(预测)值,LMCI_1 和 UMCI_1 是平均值的置信区间的下限和上限,LICI_1 和 UICI_1 是个别值的预测区间的下限和上限。以第 25 个分行预测为例,当贷款余额为 102.2 亿元,固定资产投资额为 97.1 亿元时,不良贷款的平均值在 $(-0.00231, 3.20777)$ 亿元之间;不良贷款 95% 的预测区间在 $(-2.54234, 5.74780)$ 亿元之间。

需要说明的是,置信区间和预测区间的宽度是不一样的,y 的个别值的预测区间要比 y 的平均值的置信区间要宽一些。但对于二者来说,当 $x_0 = \bar{\bar{x}}$,两者的区间都是最精确的。另外,SPSS 在单方程模型预测时,一般进行样本内静态预测。

Eviews 操作步骤如下:

Step 1　利用前 24 个分行的样本数据,求出样本回归方程如下:

$$\hat{Y} = 1.0678 + 0.0414X_1 + 0.1348X_2 + 0.0329X_3 - 0.0347X_4 \qquad (2.20)$$

Step 2　结果显示,样本回归方程存在多重共线性,故采用逐步回归法进行消除,得到样本回归方程:

$$\hat{Y} = -0.4784 + 0.0528X_1 - 0.0377X_4$$

Step 3　点击工作文件框"Proc/Structure/Resize Current Page",将"Data Range"中的观测数改为25,点击"OK"。回到工作文件窗口,将第 25 个分行各项贷款余额及固定资产投资数据录入添加。

Step 4　在方程窗口,点击"Forcast",在"Forcast name"文本框输入变量名 yf,以区别因变量 y。在 S.E.(optional)文本框中输入保存预测值标准差的变量名 yfse。由于模型中无动态项,提示只能进行静态预测。其他选项为默认。Forcast 对话框界面如图 2.28 所示。

Step 5　点击"OK"。在工作文件窗口会出现两个新的变量序列 yf 及 yfs。打开 yf 序列,第 25 个数据就是第 25 个分行所对应的点预测值;打开 yfs 序列,第 25 个数据则是第 25

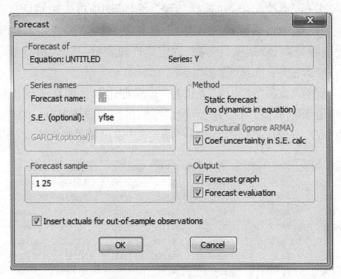

图 2.28　Forcast 对话框

个分行所对应的预测值 y_f 的标准差 $s(\hat{Y}_f)$。在95%的置信水平下，自由度为 $24-2-1=21$ 的 t 分布的临界值为 $t_{0.025}=2.0796$，于是 y_f 单点值95%的预测区间为 $\hat{y}\pm t_{\alpha/2}\cdot S(\hat{Y}_f)$，即 $[-2.9709, 5.4923]$。如要求得 y 均值的 95% 的预测区间，则需要计算标准差 $\hat{\sigma}\cdot\sqrt{X_f(X'X)^{-1}X'_f}$ 的值，然后将其代入表 2.23 中的公式可得。

需要说明的是，利用 Eviews 软件得到的是近似预测区间。Eviews 软件提供了一个经验公式，即当样本容量为大样本时，$t_\alpha(n-k-1)\approx2$，则 y_f 单点值的置信水平 95% 的预测区间为：$(y_f-2s(\hat{Y}_f), y_f+2s(\hat{Y}_f))$。具体操作是把预测样本由"1　25"改为"25　25"，点击"OK"，得到结果图。将光标移至图中的上下两个点时，会呈现出第 25 个分行对应预测区间的上下限值，即 $(-2.8, 5.3)$。

另外，Eviews 软件还提供了一系列预测评价指标，可以对模型的预测精度进行度量。常用的判断模型拟合效果的检验统计量主要有平均绝对误差（MAE）、平均相对误差（MPE）、均方根误差（RMSE）和 Theil 不等系数（Theil IC）。Eviews 软件可以提供其结果。

Stata 操作步骤如下：

Step 1　将例题中数据录入 Stata 软件中，注意变量名不能是中文，可以用变量英文名或拼音。

Step 2　在"command"区域输入命令：reg bldk dkye gdzctze，回车后得到结果如图 2.29 所示。

Step 3　若要得到贷款余额和固定资产投资额为均值时的不良贷款预测值，可使用命令：

adjust，结果显示如图 2.30 所示，不良贷款的预测值为 3.728 亿元。

Step 4　若要得到第 25 个分行的置信水平为 95% 的不良贷款预测区间，即贷款余额为 102.2 亿元，固定资产投资额为 97.1 亿元时的预测区间，键入命令：

adjust dkye=102.2 gdzctze=97.1, stdf ci，回车后，显示结果如图 2.31 所示。

从上面的结果可以得到第 25 个分行的置信水平为 95% 的不良贷款预测区间为

```
. reg bldk dkye gdzctze
```

Source	SS	df	MS		Number of obs	=	25
					F(2, 22)	=	35.03
Model	237.941432	2	118.970716		Prob > F	=	0.0000
Residual	74.7089728	22	3.3958624		R-squared	=	0.7610
					Adj R-squared	=	0.7393
Total	312.650405	24	13.0271002		Root MSE	=	1.8428

bldk	Coef.	Std. Err.	t	P>|t|	[95% Conf. Interval]	
dkye	.0503318	.0074769	6.73	0.000	.0348256	.065838
gdzctze	-.0319027	.0149542	-2.13	0.044	-.0629158	-.0008897
_cons	-.4434236	.6968654	-0.64	0.531	-1.888634	1.001787

图 2.29　Stata 逐步回归结果

```
. adjust
```

Dependent variable: bldk　　Command: regress
Variables left as is: dkye, gdzctze

All	xb
	3.728

Key:　xb　=　Linear Prediction

图 2.30　基于解释变量取均值的因变量预测结果

Dependent variable: bldk　　Command: regress
Covariates set to value: dkye = 102.2, gdzctze = 97.1

All	xb	stdf	lb	ub
	1.60273	(1.99871)	[-2.54234	5.7478]

Key:　xb　　　=　Linear Prediction
　　　 stdf　　=　Standard Error (forecast)
　　　 [lb , ub]　=　[95% Prediction Interval]

图 2.31　基于解释变量个别值(含样本外)的因变量预测区间结果

(-2.54234,5.7478)。结果发现,利用 Stata 软件得到的个别值(含样本外)的预测区间是相同的。

方法比较:就单方程模型预测而言,Eviews 预测相对繁琐,软件给出的预测结果为点预测值及近似预测区间值(依据经验公式);SPSS 可以给出平均值的置信区间的下限和上限,还可以给出个别值的预测区间的下限和上限;Stata 可以给出给定解释变量平均值的预测值,还可以给出个别值的预测区间的下限和上限,但不能给出平均值的置信区间的下限和上限。

2.2.6　异方差性

1. 异方差的定义、产生原因、类型和后果

(1) 对于模型:

$$y_t = \beta_0 + \beta_1 x_{1t} + \beta_2 x_{2t} + \cdots + \beta_k x_{kt} + \mu_t, \quad t = 1, 2, \cdots, n \tag{2.21}$$

其同方差假设为

$$\mathrm{var}(\mu_t \mid x_{1t}, x_{2t}, \cdots, x_{kt}) = \sigma^2, \quad t = 1, 2, \cdots, n \tag{2.22}$$

如果出现随机误差项的方差不是常数,则称随机误差项 μ_t 具有异方差性(heteroscedasticity)。

(2) 异方差产生原因主要有如下四个方面:一是模型中遗漏了某些解释变量;二是模型函数形式的设定误差;三是样本数据的测量误差;四是截面数据中总体各单位的差异;五是随机因素的影响。为了便于理解异方差的概念,以居民收入和居民储蓄案例为例,结合文氏图进行介绍。

利用前文中的图 2.1,假定 y 为居民储蓄(被解释变量), x 为居民收入情况。其他影响居民储蓄的因素主要包括存款利率、消费偏好、金融市场的繁荣程度、家庭人口负担、社会保障充分程度等。用 x_1 表示低收入样本的收入, x_2 表示中等收入样本的收入, x_3 表示高收入样本的收入。由日常认知或经济学理论都可知对低收入样本,除去正常必要开支,储蓄量有限,其分布较为集中,反映在方差上 $\hat{\sigma}_1^2$ 较小;对中等收入样本,储蓄量分布则相较低收入样本变得分散,反映在方差上 $\hat{\sigma}_2^2$ 较 $\hat{\sigma}_1^2$ 变大;对高收入样本,储蓄量分布则更为分散,反映在方差上 $\hat{\sigma}_3^2$ 比 $\hat{\sigma}_2^2$ 和 $\hat{\sigma}_1^2$ 都大。

模型(2.21)等式右侧包括解释变量 $x_1, x_2, \cdots, x_k$ 及随机误差项 μ_t (图 2.32、图 2.33),因为遗漏变量或模型设定原因,随机误差项 μ_t 中 $x_{n+1} / x_{n+2} / \cdots$ 等变量如包含类似上例中收入变量 x 的情形,则随机误差项 μ_t 将呈现异方差性。即当被解释变量的波动幅度随解释变量的不同而变化时,模型就有异方差的问题。这种情况在各类数据,特别是横截面数据中极其常见。

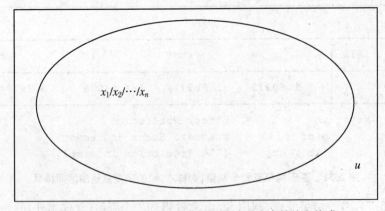

$x_1 / x_2 / \cdots / x_n$

u

图 2.32　模型中解释变量及随机扰动项代表的信息构成

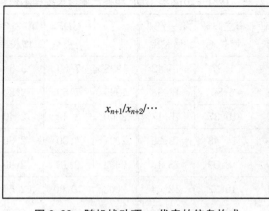

图 2.33　随机扰动项 μ_t 代表的信息构成

（3）异方差的类型有：① 单调递增型：随机误差项 μ_t 的方差随着 x_t 的增大而增大；② 单调递减型：随机误差项 μ_t 的方差随着 x_t 的增大而减小；③ 复杂型：随机误差项 μ_t 的方差随着 x_t 的变化而变化并无固定形式。

（4）异方差的后果。模型中一旦出现异方差，如果仍采用最小二乘法估计模型参数，会产生一系列不良后果：① 参数估计量是无偏的、一致的，但不具有有效性。原因是，在证明无偏性和一致性时未用到同方差的假定，但是在证明有效性时用到了同方差假定；② 参数估计量的方差出现偏误，变量的 t 检验和 F 检验失效；③ 异方差将导致预测区间偏大或偏小，预测失效。

2. 异方差的检验

异方差的检验方法较多，常用到的有图示检验法、布罗斯-帕甘-戈弗雷（BP）检验、怀特（White）检验、戈德菲尔德-匡特（G-Q）检验、戈里瑟-帕克（G-P）检验以及 ARCH 检验等。结合实际中的应用情况，下面主要介绍图示检验法、BP 检验、White 检验及用于检验时间序列数据异方差的 ARCH 检验。

（1）图示检验法

对随机变量而言，方差就是其数据离散程度的度量。可以用 $Y\text{-}X$ 的散点图判断，通过判断 Y 的离散程度与 X 之间是否有关系来看是否存在异方差。如果随着 X 的增大，Y 的离散程度有增大（或者减小）的趋势，则认为存在递增型（或递减型）异方差。

另外，我们也可以用残差平方 e_t^2 与 X 间的散点图进行判断。画出残差平方 e_t^2 与某个解释变量的散点图，如果 e_t^2 随着解释变量的变化而变化，表明存在异方差。应该注意到，图示法虽然直观，但不严格。

例 2.5　为了研究三大产业增长对我国经济增长的贡献，可使用如下模型：

$$y_t = \beta_0 + \beta_1 x_{1t} + \beta_2 x_{2t} + \beta_3 x_{3t} + \mu_t \tag{2.24}$$

其中，y 表示 GDP 增长率，x_1、x_2、x_3 分别表示第一产业增长率、第二产业增长率、第三产业增长率。表 2.25 收集了中国 1981—2014 年 GDP 和各产业增长率的数据，请判断模型是否存在异方差。

表 2.25 1981—2014 年 GDP 和各产业增长率样本资料

年份	GDP 增长率	第一产业 增长率	第二产业 增长率	第三产业 增长率	年份	GDP 增长率	第一产业 增长率	第二产业 增长率	第三产业 增长率
1981	5.20	6.89	1.87	10.42	1998	7.80	3.50	8.91	8.37
1982	9.10	11.53	5.56	12.98	1999	7.60	2.80	8.14	9.33
1983	10.90	8.33	10.37	15.17	2000	8.40	2.40	9.43	9.75
1984	15.20	12.88	14.48	19.35	2001	8.30	2.80	8.44	10.26
1985	13.50	1.84	18.57	18.16	2002	9.10	2.90	9.83	10.44
1986	8.80	3.32	10.22	12.04	2003	10.00	2.50	12.67	9.50
1987	11.60	4.70	13.69	14.36	2004	10.10	6.30	11.11	10.06
1988	11.30	2.54	14.52	13.16	2005	11.30	5.20	12.10	12.20
1989	4.10	3.07	3.77	5.36	2006	12.70	5.00	13.40	14.10
1990	3.80	7.33	3.17	2.33	2007	14.20	3.70	15.10	16.00
1991	9.20	2.40	13.85	8.87	2008	9.60	5.40	9.90	10.40
1992	14.20	4.70	21.15	12.44	2009	9.20	4.20	9.90	9.60
1993	14.00	4.70	19.87	12.19	2010	10.60	4.30	12.20	9.50
1994	13.10	4.00	18.36	11.09	2011	9.50	4.20	10.60	9.50
1995	10.90	5.00	13.88	9.84	2012	7.70	4.50	8.20	8.00
1996	10.00	5.10	12.11	9.43	2013	7.70	3.80	7.90	8.30
1997	9.30	3.50	10.48	10.72	2014	7.40	4.10	7.30	8.10

资料来源：国家统计局。

Stata 操作步骤如下：

录入数据或导入数据,对式(2.24)进行回归,依次输入命令如下：

```
. reg y x1 x2 x3
. gen e2 = e^2
. label var e2 "e^2"
. tsset time
. scatter e2 x1
. scatter e2 x2
. scatter e2 x3
```

回车,得到残差平方 e^2 与 x_1、x_2、x_3 的散点图分别如图 2.34、图 2.35、图 2.36 所示。从散点图可以看出样本点都没有落在一个固定区域内,因此可能存在异方差。

Eviews 的图示法操作步骤类似,命令如下：

```
Lsy c x1 x2 x3
gen e2 = e^2
Scattere2 x1
scatter e2 x2
```

scatter e2 x3

结果同 Stata，不再展示。

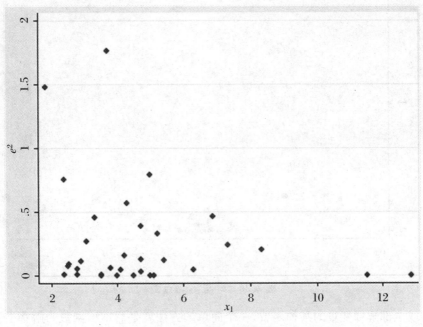

图 2.34　e^2 与 x_1 散点图

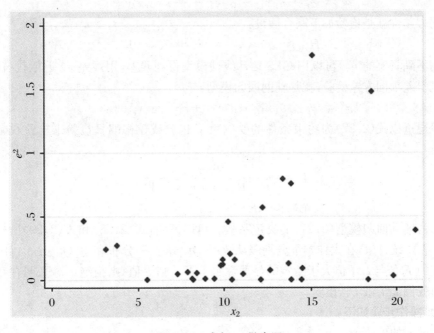

图 2.35　e^2 与 x_2 散点图

（2）BP 检验

此检验是一种较现代的最为常用的异方差检验方法，它具备将所有检验都放在同一框架中的好处。同方差意味着 μ^2 与一个或多个解释变量不相关，而异方差的存在就意味着

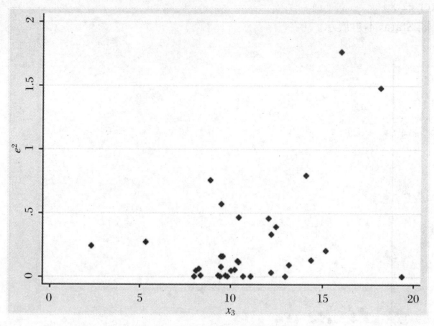

图 2.36 e^2 与 x_3 散点图

μ^2 是部分或全部解释变量的某种函数,一个简单的方法就是假定该函数为解释变量的线性函数:

$$\mu_t^2 = \alpha_0 + \alpha_1 x_{1t} + \alpha_2 x_{2t} + \cdots + \alpha_k x_{kt} + \nu_t \qquad (2.25)$$

则检验同方差性就是检验如下联合假设:

$$H_0: = \alpha_1 = \alpha_2 = \cdots = \alpha_K = 0 \qquad (2.26)$$

由于观测不到真实的 μ_t^2,可以用 OLS 估计线性模型得到残差,用残差 e_t^2 近似代替,则对原模型随机误差项同方差检验,就是辅助回归模型:

$$\mu_t^2 = \alpha_0 + \alpha_1 x_{1t} + \alpha_2 x_{2t} + \cdots + \alpha_k x_{kt} + \nu_t \qquad (2.27)$$

可以通过以式(2.27)为约束条件的受约束 F 检验或拉格朗日检验来检验联合假设式(2.26):

$$F = \frac{R^2/k}{(1 - R^2)/(n - k - 1)} \qquad (2.28)$$

$$LM = nR^2 \qquad (2.29)$$

其中,R^2 为辅助回归模型(2.27)的决定系数。可以证明,式(2.28)和式(2.29)所构建的 F 统计量与 LM 统计量,在大样本下分别服从 $F(k, n-k-1)$ 分布和 $\chi^2(k)$ 分布,证明从略。如果计算的 F 值与 LM 值大于给定的显著性水平下的临界值,则拒绝 H_0,表明存在异方差性。下面就例 2.7 做 BP 检验。

Stata 操作步骤如下:

依次键入如下命令:

. reg y x1 x2 x3

. predict e,resid

. estat hettest,iid rhs

其中,estat 指 post-estimation statistics(估计后统计量),即在完成估计后所计算的后续统计量;hettest 表示异方差检验。可选项 iid 表示仅假定数据为 iid[①],而无需满足正态假定;可选项 rhs 表示使用方程右边的全部解释变量进行辅助回归,默认使用拟合值 $\hat{y}$ 进行辅助回归。

运行结果如图 2.37 所示。

Source	SS	df	MS		
				Number of obs	= 34
				F(3, 30)	= 273.72
Model	240.896873	3	80.2989576	Prob > F	= 0.0000
Residual	8.8007753	30	.293359177	R-squared	= 0.9648
				Adj R-squared	= 0.9612
Total	249.697648	33	7.56659539	Root MSE	= .54163

y	Coef.	Std. Err.	t	P>|t|	[95% Conf. Interval]	
x1	.1859625	.0454801	4.09	0.000	.0930796	.2788453
x2	.4555768	.0291071	15.65	0.000	.3961322	.5150213
x3	.2798285	.0402989	6.94	0.000	.1975272	.3621298
_cons	.8308404	.3608361	2.30	0.028	.0939147	1.567766

图 2.37　模型回归结果

BP 检验结果如图 2.38 所示。

```
Breusch-Pagan / Cook-Weisberg test for heteroskedasticity
        Ho: Constant variance
        Variables: x1 x2 x3

        chi2(3)      =      9.94
        Prob > chi2  =    0.0191
```

图 2.38　BP 检验结果(Stata)

结果显示,BP 检验的 p 值为 0.0191,故拒绝同方差的原假设,认为存在异方差。

Eviews 操作步骤如下:

Step 1　输入命令

ls y c x1 x2 x3

Step 2　在方程窗口依次点击"View"→"Residual Diagnostics"→"Heteroskedasticity Test",弹出异方差检验设定窗口,在"Test type"中选择"Breusch-Pagan-Godfrey"。

运行结果如图 2.39 所示。

Heteroskedasticity Test: Breusch-Pagan-Godfrey

F-statistic	4.131786	Prob. F(3,30)	0.0145
Obs*R-squared	9.940762	Prob. Chi-Square(3)	0.0191
Scaled explained SS	9.277819	Prob. Chi-Square(3)	0.0258

图 2.39　BP 检验结果(Eviews)

---

① Koenker(1981)将此假定减弱为独立同分布(iid),在实际中较多应用。

结果显示和 Stata 检验结果一致。

（3）White 检验

White 检验实际上是 BP 检验的一种微小变形。BP 检验假设条件方差函数为线性函数，只是对条件方差函数的一阶近似，可能忽略了高次项。为此，White 检验在辅助回归（2.26）中加入所有的二次项（含平方项及交叉项）[①]。White 检验的优点是可以检验任何形式的异方差，缺点是如果解释变量较多，则解释变量的二次项将更多，在辅助回归中将损失较多自由度。

Stata 利用 White 检验命令如下：

. reg y x1 x2 x3

. predict e，resid

. estat imtest，white

运行结果如图 2.40 所示。

```
White's test for Ho: homoskedasticity
        against Ha: unrestricted heteroskedasticity

        chi2(9)      =      22.19
        Prob > chi2  =      0.0083

Cameron & Trivedi's decomposition of IM-test
```

Source	chi2	df	p
Heteroskedasticity	22.19	9	0.0083
Skewness	0.78	3	0.8548
Kurtosis	0.52	1	0.4700
Total	23.49	13	0.0362

图 2.40　White 检验结果（Stata）

结果显示，p 值为 0.0083，故强烈拒绝同方差原假设，认为存在异方差。

Eviews 操作步骤如下：

Step 1　输入命令

ls y c x1 x2 x3

Step 2　在方程窗口依次点击"View"→"Residual Diagnostics"→"Heteroskedasticity Test"，弹出异方差检验设定窗口，在"Test type"中选择"White"，建议再选择包含交叉乘积项（Include White cross terms）。

运行结果如图 2.41 所示。

结果显示和 Stata 检验结果一致。

---

① 限于篇幅，可详见相关教材或自行搜索。

Heteroskedasticity Test: White

F-statistic	5.010373	Prob. F(9,24)	0.0007
Obs*R-squared	22.18989	Prob. Chi-Square(9)	0.0083
Scaled explained SS	20.71006	Prob. Chi-Square(9)	0.0140

Test Equation:
Dependent Variable: RESID^2
Method: Least Squares
Date: 09/26/21　Time: 13:19
Sample: 1981 2014
Included observations: 34

Variable	Coefficient	Std. Error	t-Statistic	Prob.
C	0.466716	0.654308	0.713297	0.4825
X1^2	-0.031476	0.016368	-1.923030	0.0664
X1*X2	-0.025898	0.018873	-1.372243	0.1827
X1*X3	0.019152	0.023830	0.803692	0.4295
X1	0.291211	0.130404	2.233142	0.0351
X2^2	0.001056	0.004869	0.216812	0.8302
X2*X3	-0.008897	0.022074	-0.403052	0.6905
X2	0.182826	0.126370	1.446755	0.1609
X3^2	0.022596	0.016613	1.360101	0.1864
X3	-0.401597	0.171993	-2.334959	0.0282

图 2.41　White 检验结果（Eviews）

3．异方差的解决方法

（1）使用"OLS＋异方差的稳健标准误"修正法

只要样本容量够大，即使存在异方差，使用稳健标准误，就可使所有参数估计、假设检验均正常进行。这是由于在模型存在异方差时，估计的协方差矩阵不再一致，所以估计结果的精度存在偏差。本法使用最小二乘来估计截距项和斜率，通过修正估计量方差的估计，使得无论是否存在异方差，最小二乘估计量方差的估计都是一致的估计量。对于例 2.7，Stata 操作步骤如下：

依次键入如下命令：

. quietly reg y x1 x2 x3

. estimate store usual

. quietly reg y x1 x2 x3，vce（robust）

. estimate store new

. estimate table usual new，b（%7.4f）se（%7.3f）stats（F）

结果如图 2.42 所示。结果显示，两种估计方法估计出的模型的系数相同，但估计的标准差不一样，即异方差的稳健性估计将参数的标准差进行了修正，使得估计的标准差不同。

（2）采用加权最小二乘法（WLS）

加权最小二乘法是对原模型加权，使之变成一个新的不存在异方差性的模型，然后再采用 OLS 法估计其参数。加权的基本思想是：在采用 OLS 法时，对较小的残差平方和赋以较大的权数，而对较大的残差平方和赋以较小的权数，从而调整残差均衡，提高参数估计的精度。其目的是通过随机误差项方差进行加权标准化，随机误差项方差的估计值为 $\{\hat{\sigma}_i^2\}$。限

Variable	usual	new
x1	0.1860	0.1860
	0.045	0.048
x2	0.4556	0.4556
	0.029	0.028
x3	0.2798	0.2798
	0.040	0.058
_cons	0.8308	0.8308
	0.361	0.311
F	273.7223	406.1224

legend: b/se

图 2.42　异方差的稳健性估计(Stata)

于篇幅,此处不再展开介绍。为便于理解,结合异方差示意图(图 2.43),大致对此法进行说明。

在图 2.43 中,模型存在单调递增型异方差,即随机误差项 μ_i 的方差随着 x_i 的增大而增大。加权最小二乘法就是赋予解释变量 x_i 在较小值时(如小于 $\bar{x}$)对应的 μ_i 的方差较高的权重(μ_i 的方差仿佛被"拉伸"),而赋予解释变量 x_i 在较大值时(如大于 $\bar{x}$)对应的 μ_i 的方差较小的权重(μ_i 的方差仿佛被"压缩"),从而调整残差均衡,消除/削弱异方差影响。下面结合例 2.5,对存在的异方差性进行解决。

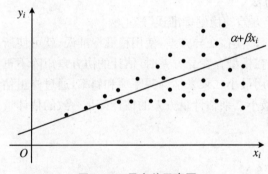

图 2.43　异方差示意图

Stata 操作命令如下:

Step 1　依次输入如下命令:

. quietly reg y x1 x2 x3　/* quietly 的作用是不显示输出结果,如需要可移除 quietly) */

. predict e,resid

. gen e2 = e^2

. gen x12 = x1^2

. gen x22 = x2^2

. gen x32 = x3^2

. reg e2 x12 x22 x32　/*结果显示 x22 系数不显著,保留 x12、x32 */

. reg e2 x12 x32　/* e2 与 x1^2、x3^2 有显著回归关系,可选取不同函数设定形式 */

Step 2　计算权重,对 reg e2 x12 x32 进行加权,输入命令:

. predict e2hat,resid

. gen e3＝(e2hat)^2　　/＊生成新的残差序列＊/

Step 3　估计参数,输入命令:

. reg y x1 x2 x3［aw＝1/e3］　　/＊以生成新的残差序列的导数作为权重回归＊/

运行结果如图 2.44 所示。

Source	SS	df	MS		
				Number of obs	= 34
				F(3, 30)	= 1253.32
Model	35.4666811	3	11.822227	Prob > F	= 0.0000
Residual	.282981038	30	.009432701	R-squared	= 0.9921
				Adj R-squared	= 0.9913
Total	35.7496622	33	1.0833231	Root MSE	= .09712

y	Coef.	Std. Err.	t	P>|t|	[95% Conf. Interval]	
x1	.3318643	.0856843	3.87	0.001	.1568737	.5068549
x2	.3306078	.0082472	40.09	0.000	.3137648	.3474508
x3	.4089071	.0426538	9.59	0.000	.3217964	.4960177
_cons	.5772952	.3898941	1.48	0.149	-.2189748	1.373565

图 2.44　WLS 回归结果(Stata)

Step 4　利用 White 检验方法进行检验,可得不能拒绝同方差原假设,同时拟合优度也提高了。

Eviews 操作步骤如下:

Step 1　OLS 估计模型

ls y c x1 x2 x3

Step 2　计算权重过程同 Stata 步骤,之后在命令窗口键入如下命令:

ls(w＝1/e3)　y c x1 x2 x3

回车,得到结果如图 2.45 所示。

结果和 Stata 一致。

Step 3　利用 White 检验再次检验异方差,结果如图 2.46 所示。

结果显示模型已不存在异方差性(p 值为 0.0022)。

2.2.7　自相关

多元线性回归模型基本假定条件之一是:$\mathrm{Cov}(u_i,u_j)=E(u_i u_j)=0(i,j\in T,i\neq j)$,即误差项 u_t 的取值在时间上是相互无关的,称误差项 u_t 非自相关。如果 $\mathrm{Cov}(u_i,u_j)\neq 0$,$(i\neq j)$,则称误差项 u_t 存在自相关。自相关又称序列相关。原指一随机变量在时间上与其滞后项之间的相关。这里主要是指线性回归模型中随机误差项 u_t 与其滞后项的相关关系。自相关也是相关关系的一种。

1. 自相关的分类及形式

自相关按形式可分为两类:

① 一阶自回归形式当误差项 u_t 只与其滞后一期值有关时,即 $u_t=f(u_{t-1})$,称 u_t 具有

```
Dependent Variable: Y
Method: Least Squares
Date: 09/26/21   Time: 18:57
Sample: 1981 2014
Included observations: 34
Weighting series: W=1/E3
Weight type: Inverse variance (average scaling)
```

Variable	Coefficient	Std. Error	t-Statistic	Prob.
C	0.830841	0.360836	2.302542	0.0284
X1	0.185962	0.045480	4.088872	0.0003
X2	0.455577	0.029107	15.65176	0.0000
X3	0.279828	0.040299	6.943827	0.0000

Weighted Statistics			
R-squared	0.964754	Mean dependent var	9.864706
Adjusted R-squared	0.961230	S.D. dependent var	2.750745
S.E. of regression	0.541626	Akaike info criterion	1.721650
Sum squared resid	8.800775	Schwarz criterion	1.901222
Log likelihood	-25.26806	Hannan-Quinn criter.	1.782890
F-statistic	273.7223	Durbin-Watson stat	0.556599
Prob(F-statistic)	0.000000	Weighted mean dep.	9.864706

Unweighted Statistics			
R-squared	0.964754	Mean dependent var	9.864706
Adjusted R-squared	0.961230	S.D. dependent var	2.750745
S.E. of regression	0.541626	Sum squared resid	8.800775
Durbin-Watson stat	0.556599		

图 2.45 WLS 回归结果(Eviews)

Heteroskedasticity Test: White

F-statistic	8.339289	Prob. F(9,24)	0.0000
Obs*R-squared	25.76204	Prob. Chi-Square(9)	0.0022
Scaled explained SS	27.58822	Prob. Chi-Square(9)	0.0011

图 2.46 White 检验结果(Eviews)

一阶自回归形式。

② 高阶自回归形式。当误差项 u_t 的本期值不仅与其前一期值有关,而且与其前若干期的值都有关系时,即 $u_t = f(u_{t-1}, u_{t-2}, \cdots)$,则称 u_t 具有高阶自回归形式。

通常假定误差项的自相关是线性的。因模型中自相关的最常见形式是一阶自回归形式,所以下面重点讨论误差项的线性一阶自回归形式,即 $u_t = a_1 u_{t-1} + v_t$,其中 a_1 是自回归系数,v_t 是随机误差项。v_t 满足通常假设:

$$E(v_t) = 0, \quad t = 1,2,\cdots,T$$
$$\mathrm{Var}(v_t) = \sigma_v^2, \quad t = 1,2,\cdots,T$$
$$\mathrm{Cov}(v_i, v_j) = 0, \quad i \neq j, i,j = 1,2,\cdots,T$$
$$\mathrm{Cov}(u_{t-1}, v_t) = 0, \quad t = 1,2,\cdots,T$$

依据普通最小二乘法公式,模型 $u_t = a_1 u_{t-1} + v_t$ 中 a_1 的估计量 $\hat{a}_1$ 和 u_t、u_{t-1} 间的相关系数 $\hat{\rho}$ 有如下关系:

$$\hat{\rho} \approx \frac{\sum\limits_{t=2}^{T} \mu_t \mu_{t-1}}{\sum\limits_{t=2}^{T} \mu_{t-1}^2} = \hat{\alpha}_1 \tag{2.30}$$

因而对于总体参数有 $\rho = \alpha_1$，即一阶自回归形式的自回归系数等于该二个变量的相关系数。因此，原回归模型中误差项 u_t 的一阶自回归形式可表示为

$$u_t = \rho u_{t-1} + v_t \tag{2.31}$$

式中，ρ 的取值范围是 $[-1,1]$。当 $\rho > 0$ 时，称 u_t 存在正自相关；当 $\rho < 0$ 时，称 u_t 存在负自相关。当 $\rho = 0$ 时，称 u_t 不存在自相关。图 2.47(a,c,e) 分别给出了具有正自相关、负自相关和非自相关的三个序列。为便于理解时间序列的正负自相关特征，图 2.47(b,d,f) 分别给出了图 2.47(a,c,e) 所示变量对其一阶滞后变量的散点图。这样，正负自相关以及非自相关性将展现得更为明了。

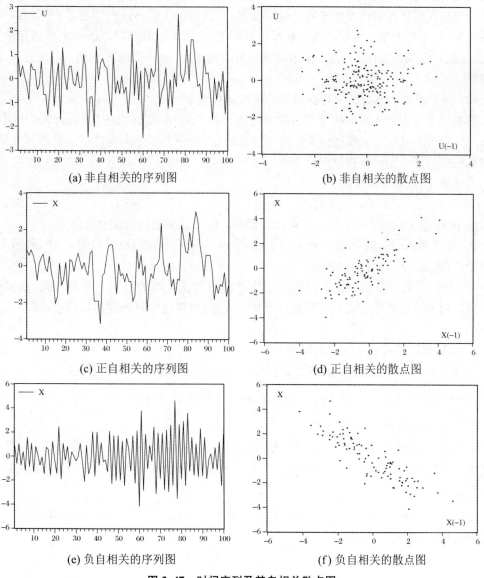

(a) 非自相关的序列图　　　　　　　(b) 非自相关的散点图

(c) 正自相关的序列图　　　　　　　(d) 正自相关的散点图

(e) 负自相关的序列图　　　　　　　(f) 负自相关的散点图

图 2.47　时间序列及其自相关散点图

随机误差项 u_t 的期望、方差与协方差公式,读者可自行推导。

注意:① 经济问题中的自相关主要表现为正自相关;② 自相关多发生于时间序列数据中。

2. 自相关的来源

(1) 变量是对客观现象的反映

任何一种客观现象都有其历史的延续性和发展的继承性,现在的状况是在过去的基础上演进而来的,过去的发展水平、速度、特征都会对现在的状况产生重要影响。同一经济变量,在前期与后续时期总存在着一定的相关性,不可能不相关。大多数经济时间序列都存在惯性,如国民生产总值、就业、货币供给、价格指数、消费、投资等,都呈现周期性波动。当经济向好时,大多数宏观经济变量一般会持续上升,而当经济开始下行时,大多数宏观经济变量一般会持续减少,直到经济开始复苏。因此,在涉及时间序列的回归方程中,连续的观察值之间很可能是相关的,利用时间序列数据建立模型时经济发展的惯性使得模型存在自相关性。随机误差项作为模型中的特殊经济变量,它虽然包含的具体内容很多,不具有单一的经济含义,但它与模型中独立出现的解释变量相类似,不同观测期的取值也不可能完全不相关,总存在一定的相关性[①]。为了便于理解异方差的来源,也可借前文中图 2.32、图 2.33 来解释。

(2) 回归模型中略去了带有自相关的重要解释变量

若丢掉了应该列入模型的带有自相关的重要解释变量,那么它的影响必然归并到误差项 u_t 中,从而使误差项呈现自相关。值得注意的是,当略去多个带有自相关的解释变量,也许因互相抵消并不使误差项呈现自相关。

具体来说,假设真实模型为

$$y_t = \alpha + \beta x_t + \rho y_{t-1} + \varepsilon_t \tag{2.32}$$

由于 y_t 是 y_{t-1} 的函数,故 $\{y_t\}$ 存在自相关。假设此模型被错误地设定为 $y_t = \alpha + \beta x_t + \nu_t$,其中 $\nu_t = \rho y_{t-1} + \varepsilon_t$。因 ρy_{t-1} 被纳入到随机误差项 ν_t 中,导致 ν_t 出现自相关,因为 $\{y_{t-1}\}$ 存在自相关。

(3) 模型的数学形式不妥。若所用的数学模型与变量间的真实关系不一致,误差项常表现出自相关。比如平均成本与产量呈抛物线关系,当用线性回归模型拟合时,误差项必存在自相关。

3. 随机扰动项存在自相关的影响

当误差项 u_t 存在自相关时,模型参数的最小二乘估计量具有如下特性:

① 只要假定条件 $\mathrm{Cov}(X, u) = 0$ 成立,回归系数 $\hat{\beta}$ 仍具有无偏性。

② $\hat{\beta}$ 丧失有效性。

③ 有可能低估误差项 u_t 的方差。低估回归参数估计量的方差,等于夸大了回归参数的抽样精度,过高的估计统计量 t 的值,从而把不重要的解释变量保留在模型里,使显著性检验失去意义。

④ $\mathrm{Var}(\hat{\beta}_1)$ 和 s_u^2 都变大,都不具有最小方差性。所以用依据普通最小二乘法得到的回归方程去预测,预测是无效的。

---

① 孙敬水. 计量经济学[M]. 4 版. 北京:清华大学出版社,2018:153-154.

4. 自相关检验

(1) 图示法

图示法就是依据残差 e_t 对时间 t 的序列图作出判断。由于残差 e_t 是对误差项 u_t 的估计,所以尽管误差项 u_t 观测不到,但可以通过 e_t 的变化判断 u_t 是否存在自相关。图示法的具体步骤是:① 用给定的样本估计回归模型,计算残差 e_t,($t = 1,2,\cdots T$),绘制残差图;② 分析残差图。若残差图与图 2.47(a)类似,则说明 u_t 不存在自相关;若与图 2.47(c)类似,则说明 u_t 存在正自相关;若与图 2.47(e)类似,则说明 u_t 存在负自相关。经济变量由于存在惯性,不可能表现出如图 2.47(e)那样的震荡式变化。其变化形式常与图 2.47(a)相类似,所以经济变量的变化常表现为正自相关。

(2) DW 检验法

DW 检验法是 J. Durbin 和 G. S. Watson 分别于 1950,1951 年提出的。它是利用残差 e_t 构成的统计量推断误差项 u_t 是否存在自相关。使用 DW 检验,应首先满足如下三个条件:

① 误差项 u_t 的自相关为一阶自回归形式。

② 因变量的滞后值 y_{t-1} 不能在回归模型中作解释变量。

③ 样本容量应充分大($T > 15$)

DW 与 ρ、u_t 的对应关系见表 2.26。

表 2.26　u_t、ρ 与 DW 的对应关系及意义

ρ	DW	u_t 的表现
$\rho = 0$	$DW = 2$	u_t 非自相关
$\rho = 1$	$DW = 0$	u_t 完全正自相关
$\rho = -1$	$DW = 4$	u_t 完全负自相关
$0 < \rho < 1$	$0 < DW < 2$	u_t 有某种程度的正自相关
$-1 < \rho < 0$	$2 < DW < 4$	u_t 有某种程度的负自相关

实际中 $DW = 0,2,4$ 的情形是很少见的。当 DW 的取值在$(0,2)$,$(2,4)$ 之间时,怎样判别误差项 u_t 是否存在自相关呢?推导 DW 统计量的精确抽样分布是困难的,因为 DW 是依据残差 e_t 计算的,而 e_t 的值又与 x_t 的形式有关。DW 检验与其他统计检验不同,它没有唯一的临界值用来制定判别规则。然而 Durbin-Watson 根据样本容量和被估参数个数,在给定的显著性水平下,给出了检验用的上、下两个临界值 d_U 和 d_L。判别规则如下:

① 若 DW 在$(0,d_L)$ 之间,拒绝原假设 H_0,认为 u_t 存在一阶正自相关。

② 若 DW 在$(4 - d_L, 4)$ 之间,拒绝原假设 H_0,认为 u_t 存在一阶负自相关。

③ 若 DW 在$(d_U, 4 - d_U)$ 之间,接受原假设 H_0,认为 u_t 非自相关。

④ 若 DW 在(d_L, d_U) 或$(4 - d_U, 4 - d_L)$ 之间,这种检验没有结论,即不能判别 u_t 是否存在一阶自相关。判别规则可用图 2.48 表示。

当 DW 值落在"不确定"区域时,有两种处理方法:① 加大样本容量或重新选取样本,重作 DW 检验。有时 DW 会离开不确定区。② 选用其他检验方法。

DW 检验表(自行查询)给出了 DW 检验的临界值。DW 检验临界值与 3 个参数有关:① 检验水平 α;② 样本容量 T;③ 原回归模型中解释变量个数 k(不包括常数项)。

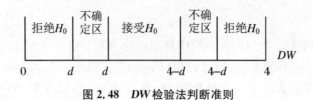

图 2.48 DW 检验法判断准则

注意：① 因为 DW 统计量是以解释变量非随机为条件得出的，所以当有滞后的内生变量作解释变量时，DW 检验无效。② 不适用于联立方程模型中各方程的序列自相关检验。③ DW 统计量不适用于对高阶自相关的检验。

（3）LM 检验（亦称 BG 检验）法

DW 统计量只适用于一阶自相关检验，而对于高阶自相关检验并不适用。利用 BG 统计量可建立一个适用性更强的自相关检验方法，既可检验一阶自相关，也可检验高阶自相关。BG 检验由 Breusch-Godfrey 提出。BG 检验是通过一个辅助回归式完成的，具体步骤如下：

对于多元回归模型：

$$y_t = \beta_0 + \beta_1 x_{1t} + \beta_2 x_{2t} + \cdots + \beta_{k-1} x_{(k-1)t} + u_t \tag{2.33}$$

考虑误差项为 n 阶自回归形式

$$u_t = \rho_1 u_{t-1} + \cdots + \rho_n u_{t-n} + v_t \tag{2.34}$$

其中，v_t 为随机项，符合各种假定条件。零假设为 $H_0: \rho_1 = \rho_2 = \cdots = \rho_n = 0$，这表明 u_t 不存在 n 阶自相关。用估计式得到残差建立辅助回归式

$$\hat{u}_t = \hat{\rho}_1 \hat{u}_{t-1} + \cdots + \hat{\rho}_n \hat{u}_{t-n} + \beta_0 + \beta_1 x_{1t} + \beta_2 x_{2t} + \cdots + \beta_{k-1} x_{(k-1)t} + v_t \tag{2.35}$$

式中，$\hat{u}_t$ 是式（2.33）中 u_t 的估计值。估计上式，并计算可决系数 R^2。构造 LM 统计量

$$LM = TR^2 \tag{2.36}$$

其中，T 表示样本容量，R^2 为可决系数。在零假设成立条件下，LM 统计量渐近服从 $\chi^2_{(n)}$ 分布。如果零假设成立，LM 统计量的值将很小，小于临界值。判别规则是，若 $LM = TR^2 \leqslant \chi^2_{(n)}$，接受 H_0；若 $LM = TR^2 > \chi^2_{(n)}$，拒绝 H_0。

5. 自相关性的解决

如果模型的误差项存在自相关，首先应分析产生自相关的原因。如果自相关是由错误地设定模型的数学形式所致，那么就应当修改模型的数学形式。怎样查明自相关是由于模型数学形式不妥造成的？一种方法是用残差 e_t 对解释变量的较高次幂进行回归，然后对新的残差作 DW 检验，如果此时自相关消失，则说明模型的数学形式不妥。

如果自相关是由模型中省略了重要解释变量造成的，那么解决办法就是找出略去的解释变量，把它作为重要的解释变量列入模型。怎样查明自相关是由于略去重要解释变量引起的？一种方法是用残差 e_t 对那些可能影响因变量但又未列入模型的解释变量回归，并作显著性检验，从而确定该解释变量的重要性。如果是重要解释变量，那么应该列入模型。

只有当以上两种引起自相关的原因都消除后，才能认为误差项 u_t"真正"存在自相关。

在上述基础上，提出解决自相关性的基本思路：一是先将存在自相关的模型变换成无自相关的模型，再用 OLS 估计。具体包括广义最小二乘和广义差分法。二是自相关稳健估计法，即先用 OLS 估计模型，再对参数估计量的方差或标准差进行修正。

具体来说主要包括：

（1）广义最小二乘法

解决办法是变换原回归模型，使变换后的随机误差项消除自相关，进而利用普通最小二乘法估计回归参数。这种变换方法称作广义最小二乘法（GLS）。因篇幅所限，GLS 的相关介绍请查阅相应的教材或自行搜索。

（2）使用"OLS＋异方差自相关稳健标准误"

因为扰动项存在自相关，普通标准误不准确，应该使用异方差自相关稳健的 HAC 标准误。这个方法也被称作"Newey-West 估计法"，具体内容请查阅相应的教材或自行搜索。

（3）模型设定调整

在前文自相关性的影响介绍中提及，对于时间序列数据，模型的错误设定，例如遗漏自相关的解释变量，将导致自相关的存在，故有时可通过引入被解释变量或解释变量的滞后项来消除/削弱自相关。

例 2.6　在研究我国城镇人均支出和人均收入之间关系的问题中，把城镇家庭平均每人全年消费性支出记作 y（元），城镇家庭平均每人可支配收入记作 x（元）。1997—2019 年 23 年的样本数据，见表 2.27。试建立二者间数量模型，并检验模型的自相关性及修正自相关。

表 2.27　1997—2019 年我国城镇人均支出和人均收入数据

年份	人均支出 y	人均收入 x	年份	人均支出 y	人均收入 x
1997	1278.89	1510.16	2009	6029.92	7702.80
1998	1453.80	1700.60	2010	6510.94	8472.20
1999	1671.70	2026.60	2011	7182.10	9421.60
2000	2110.80	2577.40	2012	7942.88	10493.00
2001	2851.30	3496.20	2013	8696.55	11759.50
2002	3537.57	4282.95	2014	9997.47	13785.80
2003	3919.50	4838.90	2015	11242.85	15780.76
2004	4185.60	5160.30	2016	12264.55	17174.65
2005	4331.60	5425.10	2017	13471.45	19109.40
2006	4615.90	5854.00	2018	15160.89	21809.00
2007	4998.00	6279.98	2019	16674.32	24564.70
2008	5309.01	6859.60			

解：先进行自相关性检验，后修正自相关。

Eviews 操作步骤如下：

Step 1　将例题中数据录入或导入 Eviews，观察 y 与 x 的散点图，可知两者之间呈现明显线性关系。如不明显，可考虑取对数形式再做散点图。本例中，分别对 y 与 x 取对数，散点图及拟合效果更好（取对数在异方差、多重共线性方面也有很好的效果）。

Step 2　利用 OLS 法估计模型。生成新的变量 $\ln y$ 及 $\ln x$ 后，在命令窗口输入"ls lny c lnx"，得到回归结果。如图 2.49 所示。

Variable	Coefficient	Std. Error	t-Statistic	Prob.
C	0.439766	0.043768	10.04776	0.0000
LNX	0.921060	0.004932	186.7681	0.0000

R-squared	0.999398	Mean dependent var	8.581788
Adjusted R-squared	0.999370	S.D. dependent var	0.743192
S.E. of regression	0.018659	Akaike info criterion	-5.042078
Sum squared resid	0.007311	Schwarz criterion	-4.943340
Log likelihood	59.98390	Hannan-Quinn criter.	-5.017246
F-statistic	34882.31	Durbin-Watson stat	0.593754
Prob(F-statistic)	0.000000		

图 2.49　回归结果

回归结果说明：

回归系数（Coefficient）：对应解释变量和被解释变量之间的斜率关系。模型中常数项或截距项表示其他解释变量取零时的基础水平。

标准误差（Std. error）：主要用来衡量回归系数的统计可靠性。其值越大，回归系数估计值越不可靠。

t 统计量（t-ktatistic）：这是在假设检验中用来检验系数是否为零（即该变量是否不存在于回归模型中），它等于回归系数与其标准误差之比。

双侧概率（Prob.）：显示在 t 分布中取得前一列的 t 统计量的概率，即 $P(|t| > t(\hat{b})) = p$）。通过这一信息可以方便地分辨出是拒绝还是接受回归系数真值为零的假设（在一定置信水平下）。

回归标准误差（S. E. of regression/root MSE）：这是一个对预测误差大小的总体度量。它与被解释变量的单位相同。其值反映被解释变量观测值与其拟合值之间的平均误差程度。

F 统计量（F-statistic）：这是对回归模型中的所有系数均为零（常数项除外）的假设检验。如果 F 统计量超过了临界值，那么至少有一个回归系数不为零（在一定置信水平下）。根据其给出的伴随概率也可很方便地进行这项检验（和 α 值进行比较：若小于 α，则说明至少有一个解释变量的回归系数不为零）。

一般没有必要把所有得到的结果都呈现出来，只需提供主要信息即可（特别是针对 Eviews 和 SPSS）。

Step 3　检验自相关性。

① 残差图分析：在方程窗口，单击"Resids"，所显示的残差图表明 e 呈现一定规律波动，预示可能存在自相关性。运用 Genr 命令生成 $e(-1)$，做 e 与 $e(-1)$ 的散点图，可以看出随机项可能存在正自相关。

② DW 检验。因为 $n = 23, k = 1$，取显著性水平 $\alpha = 0.05$，查表得 $d_L = 1.26, d_U = 1.44$，而 DW 值为 0.593754，根据判别规则，模型存在一阶正自相关。

③ 相关图和 Q 统计量检验。在方程窗口依次点击"View"→"Residual Diagnostics"→"Correlogram-Q-statistics"，结果显示出残差与其滞后项的各期相关系数和偏相关系数，如图 2.50 所示。

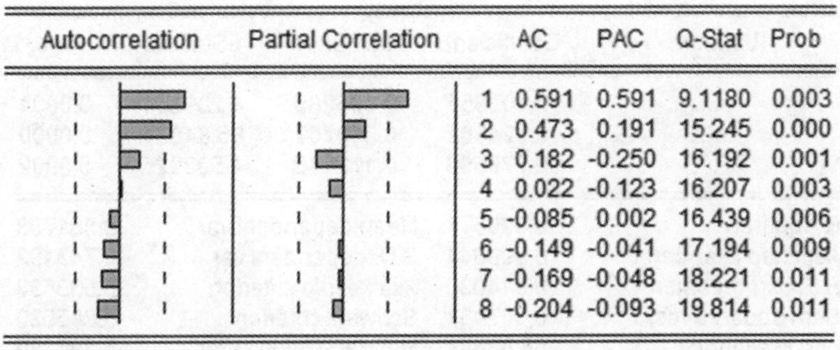

Autocorrelation	Partial Correlation		AC	PAC	Q-Stat	Prob
		1	0.591	0.591	9.1180	0.003
		2	0.473	0.191	15.245	0.000
		3	0.182	-0.250	16.192	0.001
		4	0.022	-0.123	16.207	0.003
		5	-0.085	0.002	16.439	0.006
		6	-0.149	-0.041	17.194	0.009
		7	-0.169	-0.048	18.221	0.011
		8	-0.204	-0.093	19.814	0.011

图 2.50　残差与其滞后项的各期相关系数和偏相关系数

图中虚线表示显著性水平 $\alpha = 0.05$ 时的置信带(其区间为 $\pm 1.96/\sqrt{n}$)。当第 s 期自相关系数的直方块超过虚线部分时,表明自相关系数 ρ_{t-s} 超出置信带区间,即存在 s 阶自相关性。结合本例,可明显看出存在一阶自相关性。

④ BG 检验。在方程窗口依次点击"View"→"Residual Diagnostics"→"Serial Correlation LM Test",分别选择滞后期为一、二阶并运行,发现一阶时 ρ_1 系数显著,二阶时 ρ_2 系数不显著,故说明模型存在一阶自相关性。结果如图 2.51 所示。

Breusch-Godfrey Serial Correlation LM Test:

F-statistic	13.36196	Prob. F(1,20)	0.0016
Obs*R-squared	9.211842	Prob. Chi-Square(1)	0.0024

Variable	Coefficient	Std. Error	t-Statistic	Prob.
C	0.010728	0.034848	0.307847	0.7614
LNX	-0.001311	0.003929	-0.333659	0.7421
RESID(-1)	0.678096	0.185505	3.655402	0.0016

图 2.51　估计结果

Step 4　自相关性的解决。采用前文介绍的广义最小二乘(迭代估计法),在命令窗口输入:

Ls lny c lnx ar(1)

在方程窗口中依次点击"Estimate"→"Options",在"ARMA\Method"中选择"GLS"(广义最小二乘法),得到如图 2.52 所示的回归结果。

结果显示,DW 为 2.275204,根据判据可发现模型已不存在一阶自相关性。此时,回归方程为

$$\ln \hat{y} = 0.4040 + 0.9244 \times \ln x$$

Stata 操作步骤如下:

Step 1　将例题中数据录入或导入 Stata,其余步骤同 Eviews 的 Step 1。

Step 2　利用 OLS 法估计模型。依次输入如下命令:

. gen lny = log(y)

. gen lnx = log(x)

. reg lny lnx

Variable	Coefficient	Std. Error	t-Statistic	Prob.
C	0.403956	0.095286	4.239391	0.0004
LNX	0.924362	0.010767	85.84831	0.0000
AR(1)	0.778599	0.172145	4.522925	0.0002

R-squared	0.999676	Mean dependent var		8.581788
Adjusted R-squared	0.999644	S.D. dependent var		0.743192
S.E. of regression	0.014030	Akaike info criterion		-5.533638
Sum squared resid	0.003937	Schwarz criterion		-5.385530
Log likelihood	66.63684	Hannan-Quinn criter.		-5.496389
F-statistic	30856.78	Durbin-Watson stat		2.275204
Prob(F-statistic)	0.000000			

Inverted AR Roots	.78

图 2.52　回归结果

回车,得到回归结果图 2.53 所示。

Source	SS	df	MS			
				Number of obs	=	23
				F(1, 21)	=	34882.19
Model	12.1440404	1	12.1440404	Prob > F	=	0.0000
Residual	.007311034	21	.000348144	R-squared	=	0.9994
				Adj R-squared	=	0.9994
Total	12.1513515	22	.552334158	Root MSE	=	.01866

lny	Coef.	Std. Err.	t	P>|t|	[95% Conf. Interval]	
lnx	.9210596	.0049316	186.77	0.000	.9108038	.9313154
_cons	.4397672	.0437676	10.05	0.000	.3487474	.5307869

```
Regression with Newey-West standard errors        Number of obs    =         23
maximum lag: 3                                     F(  1,      21) =   11665.64
                                                   Prob > F        =     0.0000
```

lny	Newey-West Coef.	Newey-West Std. Err.	t	P>|t|	[95% Conf. Interval]	
lnx	.9210596	.0085277	108.01	0.000	.9033252	.938794
_cons	.4397672	.0770156	5.71	0.000	.2796044	.5999299

图 2.53　回归结果

Step 3　检验自相关性。

① 残差图分析。在使用 Stata 分析时间序列数据之前,通常要定义时间变量,这样可以使用各种时间序列算子及相关的时间序列命令。输入如下命令:

. predict e,resid　/∗计算残差∗/

. tsset time　/∗定义 time 为时间变量∗/

.scatter e l.e 　／＊绘制残差及其滞后一期的散点图＊／(注:l 为 L 的小写)

如需要添加拟合线,命令如下:

.twoway scatter e l.e ||lfit e l.e

结果如图 2.54、图 2.55 所示。

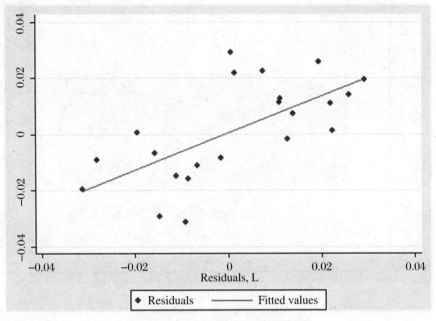

图 2.54　残差与滞后一期的散点图

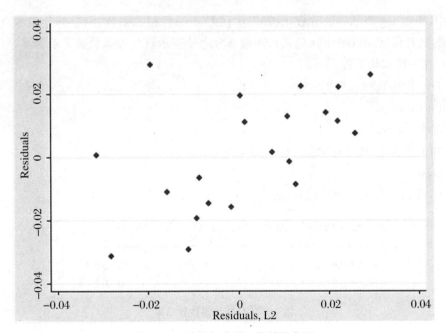

图 2.55　残差与滞后二期的散点图

由图 2.54、图 2.55 可以看出随机项存在自相关性。

由图 2.55 可以看出,残差与滞后二期似乎不存在二阶自相关,原因是散点分布基本不呈现一定规律。

还有另外一种方法,即绘制残差序列的自相关图来观察,输入命令如下:

.ac e

回车,得到如图 2.56 所示的结果。

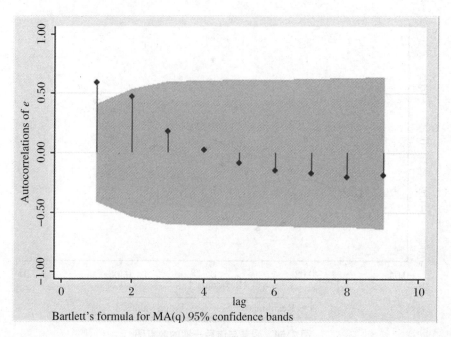

Bartlett's formula for MA(q) 95% confidence bands

图 2.56 残差序列自相关图

图中,横轴 lag 表示滞后阶数,纵轴表示残差 e 的自相关系数,阴影部分表示自相关系数的 95% 的置信区间(Bartlett 公式),阴影部分之外表示自相关系数显著不为零,可见本例中数据存在一阶自相关性。

② *DW* 检验。输入如下命令:

.estat dwatson

结果同 Eviews。

③ 相关图和 Q 统计量检验。输入如下命令:

.wntestq e

回车,得到如图 2.57 所示的结果。

```
Portmanteau test for white noise

Portmanteau (Q) statistic  =     21.3037
Prob > chi2(9)             =      0.0114
```

图 2.57 Q 统计量检验结果

输入如下命令:

.corrgram e

点击回车,得到如图 2.58 所示的结果。

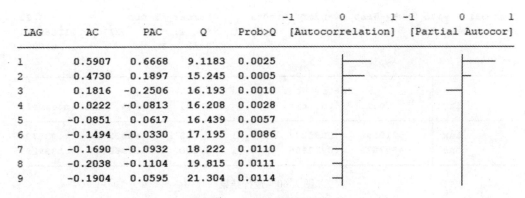

图 2.58　*Q* 统计量检验相关图

从图 2.58 所示的结果可以看出，*Q* 统计量检验在 5% 的显著性水平下拒绝没有自相关的假设；而检验相关图表明，在 5% 的显著性水平下，拒绝随机误差项不存在 1~9 阶序列自相关的原假设。

④ *BG* 检验（*LM* 乘数检验）。输入如下命令：

.estat bgodfrey

点击回车，结果如图 2.59 所示。

Breusch-Godfrey LM test for autocorrelation

lags(p)	chi2	df	Prob > chi2
1	9.212	1	0.0024

H0: no serial correlation

图 2.59　*LM* 检验结果

结果表明，*LM* 检验的原始假设为残差没有自相关，*P* 值 0.0024 非常显著地拒绝了原假设。

Step 4　自相关性的解决。

① OLS + HAC 方法是比较实用且流行的方法。首先，我们应该计算阶段参数 p。根据公式 $p = n^{\frac{1}{4}}$，n 为参数个数。本例题样本个数为 23，使用 Stata 中自带的计算器计算：

.di 23^0.25

计算结果为 2.1899387，我们取大于它的整数为 3。

使用 Newey-West 估计方法，命令如下：

. newey lny lnx,lag(3)

其中，lag(p)用来指定截断参数 p，即用于计算 HAC 标准差的最高滞后阶数。

运行后，结果如图 2.60 所示。

Newey-West 的标准误与 OLS 标准误相差不大。为考察 Newey-West 的标准误是否对截断参数敏感，下面增大滞后阶数，设定为 5，重新进行估计。运行结果如图 2.61 所示。

通过观察发现，即便将截断参数增大到 5，变化仍然不大，说明对截断参数不敏感。在实际进行操作中，也需要对截断参数的数值进行增大，来考察截断参数的对回归变化的敏感

```
Regression with Newey-West standard errors        Number of obs    =        23
maximum lag: 3                                     F(  1,     21) =   11665.64
                                                   Prob > F         =    0.0000
```

lny	Coef.	Newey-West Std. Err.	t	P>|t|	[95% Conf. Interval]
lnx	.9210596	.0085277	108.01	0.000	.9033252 .938794
_cons	.4397672	.0770156	5.71	0.000	.2796044 .5999299

图 2.60　运行结果

```
Regression with Newey-West standard errors        Number of obs    =        23
maximum lag: 5                                     F(  1,     21) =   10655.54
                                                   Prob > F         =    0.0000
```

lny	Coef.	Newey-West Std. Err.	t	P>|t|	[95% Conf. Interval]
lnx	.9210596	.0089228	103.23	0.000	.9025037 .9396155
_cons	.4397672	.0800186	5.50	0.000	.2733593 .606175

图 2.61　运行结果

性。对比 OLS 模型结果,发现估计量相同,但是由于参数估计量的标准差得到了修正,这时进行的变量显著性检验和区间估计是有效的,自相关带来的后果得到了一定程度的修正。

② FGLS 方法。由于存在自相关,OLS 不再是最优线性无偏估计量,此时可考虑使用 FGLS(可行广义最小二乘法)。首先使用 CO 估计法,命令如下:

. prais lny lnx,corc

其中 corc 表示使用 CO 估计法,默认使用 PW 估计法。

运行结果如图 2.62 所示。

使用 CO 估计得到的系数估计值与 OLS 相差不大,但 DW 值改进为 2.227,对照一阶自相关判定区域,发现已不存在自相关性。接下来,使用 PW 估计法,命令如下:

. prais lny lnx,nolog

其中,nolog 表示不显示迭代过程。

运行结果如图 2.63 所示。结果显示,不但解释变量系数估计值显著,且 DW 值为 2.185,比 CO 估计法的 DW 值更接近 2,模型估计结果更为优良。

限于篇幅,采用 SPSS 在自相关性方面的应用不做介绍,有兴趣的读者可自行查阅相关文献。这里介绍一下 SPSS 生成对数变量的方法。以本例人均支出 y 为例,步骤如下:

Step 1　在"变量视图"输入 y,然后在"数据视图"输入/导入变量 y 的数据。

Step 2　依次点击"转换""计算变量",弹出对话框。在"目标变量"栏,输入 logy(表示以 10 为底)或 lny(表示以 e 为底)。在右侧"函数组"栏,点击"算术",在"函数与特殊变量"栏双击"Lg10"或"Ln",在"数字表达式"栏会出现如图 2.64 所示(以 Lg10 为例)。

双击"类型与标签"栏变量 y,"数字表达栏"内容变为"Lg10(y)"。

```
Iteration 0:  rho = 0.0000
Iteration 1:  rho = 0.6686
Iteration 2:  rho = 0.6622
Iteration 3:  rho = 0.6603
Iteration 4:  rho = 0.6597
Iteration 5:  rho = 0.6595
Iteration 6:  rho = 0.6595
Iteration 7:  rho = 0.6595
Iteration 8:  rho = 0.6594
Iteration 9:  rho = 0.6594
Iteration 10:  rho = 0.6594
```

Cochrane-Orcutt AR(1) regression -- iterated estimates

Source	SS	df	MS		
				Number of obs =	22
				F(1, 20) =	6245.79
Model	1.03783393	1	1.03783393	Prob > F =	0.0000
Residual	.003323305	20	.000166165	R-squared =	0.9968
				Adj R-squared =	0.9966
Total	1.04115723	21	.049578916	Root MSE =	.01289

lny	Coef.	Std. Err.	t	P>|t|	[95% Conf. Interval]	
lnx	.9055335	.011458	79.03	0.000	.8816324	.9294346
_cons	.5830869	.1052018	5.54	0.000	.3636399	.8025339
rho	.6594484					

Durbin-Watson statistic (original)   0.593733
Durbin-Watson statistic (transformed) 2.227366

图 2.62 运行结果

Prais-Winsten AR(1) regression -- iterated estimates

Source	SS	df	MS		
				Number of obs =	23
				F(1, 21) =	34371.56
Model	6.46215614	1	6.46215614	Prob > F =	0.0000
Residual	.003948185	21	.000188009	R-squared =	0.9994
				Adj R-squared =	0.9994
Total	6.46610432	22	.293913833	Root MSE =	.01371

lny	Coef.	Std. Err.	t	P>|t|	[95% Conf. Interval]	
lnx	.9236882	.0094684	97.55	0.000	.9039976	.9433789
_cons	.4110586	.0840245	4.89	0.000	.23632	.5857971
rho	.7334416					

Durbin-Watson statistic (original)   0.593733
Durbin-Watson statistic (transformed) 2.184796

图 2.63 运行结果

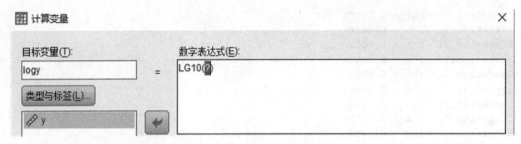

图 2.64　"数字表达式"栏对话框

Step 3　点击"确定",得到结果(截取部分),如图 2.65 所示。与 Lny 生成方法步骤相同。

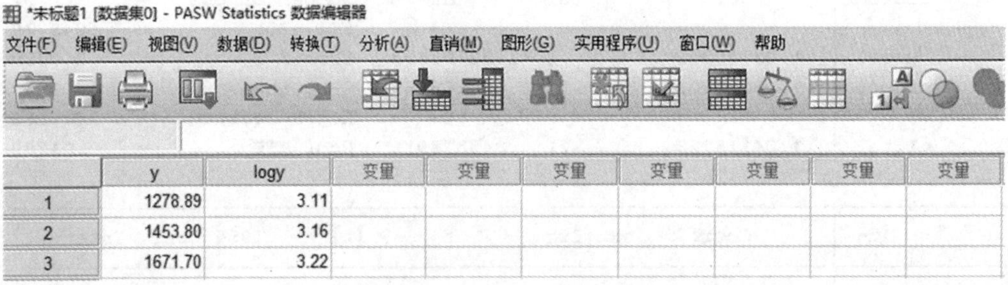

图 2.65　结果显示(部分)

几种软件在自相关性的应用比较如下:在自相关检验方面,Eviews 和 Stata 差别不大;在自相关消除方面,Eviews 主要采用广义最小二乘(迭代估计法),而 Stata 则处理方法较多,且更为有效;SPSS 可以通过时间序列分析中的 acf 和 pacf 图这些来判断自相关性。对于非时间序列数据,SPSS 只有 *DW* 检验一个方法。解决自相关则采用迭代法或一阶差分法,过程相对繁琐[①]。总体来说,建议选用 Eviews 和 Stata。

思考题

1. 分析自相关性、异方差、多重共线性对回归模型的影响。
2. 多重共线性的判别方法主要有哪些? 结合具体的案例进行实操训练。
3. 在多元线性回归中,选择自变量的方法有哪些? 结合具体的案例进行实操训练。

---

① 有兴趣的读者可参阅:何晓群,刘文卿.应用回归分析[M].5 版.北京:中国人民大学出版社,2019:105-110.

第3章　回归专题分析

本章将专门讨论回归分析中的几个重要问题,包括虚拟变量回归、简单的非线性回归、内生解释变量问题等内容。这些专题虽不像前面的章节那样内容基础,但在实际数据分析中占有重要的位置,有必要学习和掌握。

3.1　可线性化的非线性模型回归

在非线性回归模型中,有一些模型经过适当的变量变换就可以转化成线性回归模型,从而将非线性模型的参数估计问题转化成线性来解决,经常使用的可线性化模型有对数线性模型、半对数线性模型、倒数线性模型、多项式线性模型、成长曲线模型等。这些模型的一个重要特征是相对于参数是线性的,但变量却不一定是线性的。

"线性"一词有两重含义,它一方面指被解释变量 y 与解释变量 x 之间为线性关系,以最简单一元线性回归模型 $y_t = \beta_0 + \beta_1 x_t + \mu_t$ 为例。即

$$\frac{\partial y_t}{\partial x_t} = \beta_1, \quad \frac{\partial^2 y_t}{\partial x_t^2} = 0$$

另一方面指因变量 y 与参数 β_0、β_1 之间为线性关系,即

$$\frac{\partial y_t}{\partial \beta_0} = 1, \quad \frac{\partial^2 y_t}{\partial \beta_0^2} = 0, \quad \frac{\partial y_t}{\partial \beta_1} = x, \quad \frac{\partial^2 y_t}{\partial \beta_1^2} = 0$$

3.1.1　对数形式

以我们熟知的 C-D 生产函数 $y_t = A L_t^\alpha k_t^\beta \mathrm{e}^{\mu_t}$ 为例,两边取对数作恒等变换得到:

$$\ln y_t = \ln A + \alpha \ln L_t + \beta \ln K_t + \mu_t \tag{3.1}$$

令 $y_t^* = \ln y_t, L_t^* = \ln L_t, A_t^* = \ln A, K_t^* = \ln K_t$,得到线性模型:

$$y_t^* = A_t^* + \alpha L_t^* + \beta K_t^* + \mu_t \tag{3.2}$$

模型中的 α、β 分别为劳动、资本的产出弹性:

$$\alpha = \frac{\mathrm{d}(\ln y_t)}{\mathrm{d}(\ln L_t)} = \frac{\mathrm{d}(y_t/y_t)}{\mathrm{d}L_t/L_t}; \quad \beta = \frac{\mathrm{d}(\ln y_t)}{\mathrm{d}(\ln K_t)} = \frac{\mathrm{d}(y_t/y_t)}{\mathrm{d}K_t/K_t}$$

3.1.2　半对数形式

模型形式为

$$y_t = \beta_0 + \beta_1 \ln x_t + \mu_t \tag{3.3}$$

$$\ln y_t = \beta_0 + \beta_1 x_t + \mu_t \tag{3.4}$$

对于式(3.3)，β_1 表示 x 每变动 1%，y 将平均变动 β_1% 个单位；对于式(3.4)，β_1 表示 x 每变动 1 个单位，y 将平均变动 $100\beta_1$%。半对数模型又称增长模型，通常用来测度变量的增长率。

3.1.3 倒数形式

倒数模型如下式：

$$y_t = \beta_0 + \beta_1/x_t + \mu_t \tag{3.5}$$

其特点是随着趋近于正无穷，y 将逐渐接近极值 α。经济中常见的倒数模型有恩格尔曲线、菲利普斯曲线和生产中的平均固定成本曲线等。

3.1.4 多项式形式

以生产中的总成本曲线为例，总成本 y 与产出 x 两者之间的关系如下：

$$y_t = \beta_0 + \beta_1 x_t + \beta_2 x_t^2 + \beta_3 x_t^3 + \mu_t \tag{3.6}$$

设 $x_t = x^t (t = 1, 2, \cdots, k)$，则

$$y_t = \beta_0 + \beta_1 x_t + \beta_2 x_2 + \beta_3 x_3 + \mu_t \tag{3.7}$$

模型转化为多元线性回归模型。

3.1.5 应用实例

例 3.1 表 3.1 给出了 2016 年 31 个省份的人均国民生产总值 $GDPP$ 及贸易开放度 TR 数据[①]。试讨论贸易开放对经济增长的影响。

表 3.1 2016 年我国 31 个省份的人均国民生产总值 $GDPP$、贸易开放度 TR

省份	$GDPP$	TR	省份	$GDPP$	TR	省份	GDPP	TR
安徽	38861	13.12	湖北	54466	8.70	陕西	50360	11.13
北京	116566	79.33	湖南	45517	6.00	上海	112947	111.02
福建	73458	39.26	吉林	53019	9.01	四川	39257	10.80
甘肃	27288	6.84	江苏	94708	47.47	天津	112686	41.40
广东	72351	85.21	江西	39607	15.61	西藏	34325	4.90
广西	37428	18.75	辽宁	49991	28.06	新疆	40003	13.18
贵州	32786	3.49	内蒙古	71209	4.63	云南	30633	9.71
海南	43139	20.19	宁夏	46496	7.40	浙江	83332	51.37
河北	42425	10.50	青海	42761	4.29	重庆	57467	25.51
河南	41781	12.69	山东	67319	24.85			
黑龙江	39834	7.75	山西	35145	9.21			

---

① 叶阿忠，吴相波. 计量经济学（数字教材版）[M]. 北京：中国人民大学出版社，2021.

分析思路:由人均国民生产总值 *GDPP* 及贸易开放度 *TR* 的散点图可以看出,直接线性拟合并不合适,变量都取对数后,散点图线性关系明显。还可考虑用增长率模型及多项式回归模型进行拟合。

双对数模型回归结果如图 3.1 所示。

Dependent Variable: LOG(GDPP)
Method: Least Squares
Date: 10/12/21   Time: 00:07
Sample: 1 31
Included observations: 31

Variable	Coefficient	Std. Error	t-Statistic	Prob.
C	9.950824	0.147782	67.33465	0.0000
LOG(TR)	0.328262	0.051433	6.382301	0.0000

R-squared	0.584133	Mean dependent var		10.84531
Adjusted R-squared	0.569792	S.D. dependent var		0.397894
S.E. of regression	0.260980	Akaike info criterion		0.213593
Sum squared resid	1.975203	Schwarz criterion		0.306108
Log likelihood	-1.310693	Hannan-Quinn criter.		0.243751
F-statistic	40.73377	Durbin-Watson stat		1.838021
Prob(F-statistic)	0.000001			

图 3.1   双对数模型回归结果

增长率模型回归结果如图 3.2 所示。

Dependent Variable: LOG(GDPP)
Method: Least Squares
Date: 10/12/21   Time: 00:10
Sample: 1 31
Included observations: 31

Variable	Coefficient	Std. Error	t-Statistic	Prob.
C	10.56336	0.061813	170.8923	0.0000
TR	0.011789	0.001753	6.726247	0.0000

R-squared	0.609388	Mean dependent var		10.84531
Adjusted R-squared	0.595918	S.D. dependent var		0.397894
S.E. of regression	0.252931	Akaike info criterion		0.150942
Sum squared resid	1.855251	Schwarz criterion		0.243458
Log likelihood	-0.339607	Hannan-Quinn criter.		0.181100
F-statistic	45.24240	Durbin-Watson stat		1.841645
Prob(F-statistic)	0.000000			

图 3.2   增长率模型回归结果

多项式模型回归结果如图 3.3 所示。

结果分析:以上 3 种模型都通过了系数显著性及方程整体检验($\alpha = 0.05$)。双对数回归模型结果中 *TR* 的系数就是经济增长对贸易开放的弹性估计值,即贸易开放度每增加 1%,

```
Dependent Variable: LOG(GDPP)
Method: Least Squares
Date: 10/12/21   Time: 00:12
Sample: 1 31
Included observations: 31
```

Variable	Coefficient	Std. Error	t-Statistic	Prob.
C	10.42979	0.083332	125.1596	0.0000
TR	0.023784	0.005622	4.230498	0.0002
TR^2	-0.000123	5.52E-05	-2.230998	0.0339

R-squared	0.668344	Mean dependent var		10.84531
Adjusted R-squared	0.644654	S.D. dependent var		0.397894
S.E. of regression	0.237188	Akaike info criterion		0.051842
Sum squared resid	1.575234	Schwarz criterion		0.190615
Log likelihood	2.196450	Hannan-Quinn criter.		0.097078
F-statistic	28.21238	Durbin-Watson stat		1.546000
Prob(F-statistic)	0.000000			

图 3.3　多项式模型回归结果

人均 GDP 将平均增加 0.328%；增长率回归模型中，TR 每增加 1 单位，人均 GDP 将平均增加 1.179%；在多项式回归模型中，由于 TR 的系数为正，TR^2 的系数为负，所以结果意味着在 TR 很低时，贸易开放度的增长对人均 GDP 具有正向影响，而到某个点后，这种影响由正变负。利用二次函数的性质，可得转折点 $TR^* = 0.0238/(2 \times 0.0001) = 119$，所给数据最大未达转折点水平，所以在样本范围内，贸易开放度对经济增长的影响是正向的。

3.2　虚拟变量回归

　　建立数量模型的一个基本要求是模型中的所有变量都是可以用数值计量的。但在实际中，影响因变量的因素还包括一些本质上为定性（或属性）的因素，例如性别、民族、地区、职业、季节、文化程度、战争、自然灾害、政府经济政策的变动等。建立模型时，由于这类变量无法度量而将其舍弃或者简单忽略，一方面将不能真实描述变量间的相互关系，增大模型的设定误差，另一方面也不能计量这些定性因素的影响。

3.2.1　虚拟变量

　　定性因素通常都是表示某种属性存在与否的非数值变量，如男性或女性、气候条件正常或异常等。为了将其纳入模型进行回归、参数估计和模型检验，人们采取了一种构造人工变量的方法，将这些定性（属性）变量进行量化，使其能与数值变量一样在回归模型中加以应用。我们把这类人工变量称为虚拟变量（dummy variable），习惯上用字母 D 来表示。构造虚拟变量的规则是：当某种属性存在时，取值为 1；当某种属性不存在时，取值为 0。

$$D = \begin{cases} 1 & (男性) \\ 0 & (女性) \end{cases}, \quad D = \begin{cases} 1 & (就业) \\ 0 & (失业) \end{cases}, \quad D = \begin{cases} 1 & (销售旺季) \\ 0 & (销售淡季) \end{cases}, \quad D = \begin{cases} 1 & (城镇居民) \\ 0 & (农村居民) \end{cases}$$

虚拟变量除了具有可以像普通数值型变量那样描述和测定其影响外,在处理异常数据、季节调整、模型结构稳定性检验、分段回归中也有着广泛的应用。

3.2.2 虚拟变量的设置

1. 虚拟变量的设置规则

在有常数项的模型中,如果定性指标共分 M 类,则最多只能有 $M-1$ 个虚拟变量。如果在回归方程中包含了 M 个虚拟变量,则会产生完全多重共线性,如有如下模型:

$$y = \alpha + \beta x + \gamma D + \mu \tag{3.8}$$

其中,D 为虚拟变量。如果引入两个虚拟变量 D_1、D_2,则模型为

$$y = \alpha + \beta x + \gamma D_1 + \delta D_2 + \mu \tag{3.9}$$

对于任一观测样本,当 $D_1 = 1$ 时,$D_2 = 0$;反之,当 $D_1 = 0$ 时,$D_2 = 1$,即 $D_1 + D_2 = 1$,说明 D_1 和 D_2 存在完全共线性。

2. 虚拟变量的引入方式

(1) 第一种:加法方式

式(3.8) $y = \alpha + \beta x + \gamma D + \mu$ 就是加法形式。

当 $D = 0$ 时,$y = \alpha + \beta x + \mu$;当 $D = 1$ 时,$y = (\alpha + \gamma) + \beta x + \mu$。

可以看出,加法形式反映出虚拟变量不同取值时,回归模型斜率相同,截距项不同。

(2) 第二种:乘法方式

$$y = \alpha + \beta x + \lambda \times D \times X + \mu \tag{3.10}$$

当 $D = 0$ 时,$y = \alpha + \beta x + \mu$;当 $D = 1$ 时,$y = \alpha + (\beta + \lambda)x + \mu$。

可以看出,乘法形式反映出虚拟变量不同取值时,回归模型斜率不相同,截距项相同。

(3) 第三种:混合方式(一般方式)

$$y = \alpha + \beta x + \gamma D + \lambda * D * X + \mu \tag{3.11}$$

当 $D = 0$ 时,$y = \alpha + \beta x + \mu$;$D = 1$ 时,$y = (\alpha + \gamma) + (\beta + \lambda)x + \mu$

可以看出,一般形式反映出虚拟变量不同取值时,回归模型斜率不相同,截距项也不相同。

3.2.3 虚拟变量的应用

1. 在定性(属性)因素/异质性影响方面的应用

例 3.2 例题数据同例 3.1,从省际角度将省份划分为沿海地区与内陆地区,分析区域属性对经济增长的影响。

解 Stata 操作步骤如下:

采用混合(一般)形式,区分沿海地区与内陆地区的虚拟变量为 dummy。输入如下命令:

. reg gdpp dummy ur tr c. tr♯c. dummy c. ur♯c. dummy   /* c. tr♯c. dummy 表示 tr 与 dummy 的乘积项,c. ur♯c. dummy 表示 ur 与 dummy 的乘积项 */

结果如图 3.4 所示。

从结果来看,除 dummy 系数显著性稍差外,其他变量系数显著性均通过 0.1 水平的检

Source	SS	df	MS		Number of obs	=	31
					F(5, 25)	=	30.74
Model	1.6277e+10	5	3.2553e+09		Prob > F	=	0.0000
Residual	2.6475e+09	25	105900791		R-squared	=	0.8601
					Adj R-squared	=	0.8321
Total	1.8924e+10	30	630801368		Root MSE	=	10291

gdpp	Coef.	Std. Err.	t	P>|t|	[95% Conf. Interval]	
dummy	-45326.41	28870.2	-1.57	0.129	-104785.7	14132.89
ur	990.5363	339.1994	2.92	0.007	291.9421	1689.13
tr	479.2438	222.5169	2.15	0.041	20.96162	937.526
c.tr#c.dummy	-485.1557	280.1382	-1.73	0.096	-1062.111	91.79981
c.ur#c.dummy	1009.121	552.4839	1.83	0.080	-128.7414	2146.983
_cons	-12943.04	16187.36	-0.80	0.431	-46281.53	20395.45

图 3.4　混合形式回归结果

验(读者可以比较选取加法、乘法及混合形式回归,此模型结果是最好的)。根据要求,沿海地区与内陆地区各自对应的回归模型为

$$沿海地区:GDPP = -58269.45 - 5.92TR + 1999.66UR \tag{3.12}$$

$$内陆地区:GDPP = -12943.04 + 479.24TR + 990.54UR \tag{3.13}$$

结果分析:相比于内陆地区,沿海地区的 TR 继续增加对促进 $GDPP$ 增长的作用已经有限(TR 对 $GDPP$ 的影响可能为非线性,类似 Logit 分布函数)。而沿海地区的 UR 增加对促进 $GDPP$ 增长的作用明显高于内陆地区(城市化水平对于经济增长可能呈现线性趋势)。

Eviews 操作步骤:

录入或导入数据后,在命令区输入:

ls gdpp c dummy tr ur tr * dummy ur * dummy 　　/ * 和 Stata 命令近似,表达上有所不同 * /

点击回车,结果如图 3.5 所示。结果和 Stata 是一致的。

2. 虚拟变量在分段回归中的应用

在实际问题的研究中,有些变量间的关系需要分段回归加以描述。假定要描述并比较不同收入水平人群的储蓄函数,为简单起见,只取一个解释变量 x(收入),y 代表储蓄(单位均为元),假定模型如下:

$$y_t = \alpha_0 + \alpha_1 x_t + \mu_t \quad (0 < x < 3000) \tag{3.14}$$

$$y_t = \beta_0 + \beta_1 x_t + \mu_t \quad (3000 \leqslant x < 8000) \tag{3.15}$$

$$y_t = \gamma_0 + \gamma_1 x_t + \mu_t \quad (8000 \leqslant x) \tag{3.16}$$

如果将数据分为 3 个不同的子集分别进行回归,可得到 3 个回归方程,但无法保证 3 条回归直线在结点处连续。实际上,我们希望得到的是分段线性回归函数,要求所有样本一起回归,使其样本容量大,并显示出差异,同时在结点处连续(图 3.6)。

为满足要求,设定模型为

```
Dependent Variable: GDPP
Method: Least Squares
Date: 10/09/21   Time: 00:03
Sample: 1 31
Included observations: 31
```

Variable	Coefficient	Std. Error	t-Statistic	Prob.
C	-12942.98	16187.38	-0.799573	0.4315
DUMMY	-45327.33	28870.23	-1.570037	0.1290
TR	479.2431	222.5172	2.153735	0.0411
UR	990.5354	339.1997	2.920213	0.0073
TR*DUMMY	-485.1570	280.1385	-1.731847	0.0956
UR*DUMMY	1009.137	552.4845	1.826543	0.0797

R-squared	0.860098	Mean dependent var	55715.51
Adjusted R-squared	0.832117	S.D. dependent var	25115.81
S.E. of regression	10290.82	Akaike info criterion	21.48788
Sum squared resid	2.65E+09	Schwarz criterion	21.76542
Log likelihood	-327.0621	Hannan-Quinn criter.	21.57835
F-statistic	30.73926	Durbin-Watson stat	2.335378
Prob(F-statistic)	0.000000		

图 3.5 回归结果

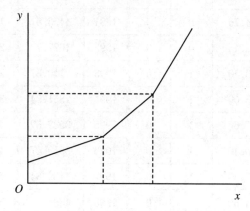

图 3.6 分段线性回归模型

$$y = \alpha + \beta x + \gamma_1 D_1 + \gamma_2 D_1 x + \delta_1 D_2 + \delta_2 D_2 x + \mu \qquad (3.17)$$

在含有截距项的模型中,为区分3种不同收入水平,应引入两个虚拟变量:

$$D_1 = \begin{cases} 0 & (0 < x < 3000) \\ 1 & (x \geqslant 3000) \end{cases}, \quad D_2 = \begin{cases} 0 & (0 < x < 8000) \\ 1 & (x \geqslant 8000) \end{cases}$$

要在 $x = 3000$ 处连续,即要求 $E(y)$ 有左极限值 = 右极限值 = 其函数值,即要求:

$$\alpha + 3000\beta = (\alpha + \gamma_1) + 3000(\beta + \gamma_2)$$

可得 $\gamma_1 = -3000\gamma_2$。

类似得到 $x = 8000$ 处连续的关系式。然后将得到的关系式带入原模型,可使得合并样本后的回归直线是连续的。

一般地,如果回归模型在解释变量的两个结点处发生结构变化,定义两个虚拟变量

$$D_1 = \begin{cases} 0 & (x_{\min} < x < x_1) \\ 1 & (x_1 \leqslant x \leqslant x_{\max}) \end{cases}, \quad D_2 = \begin{cases} 0 & (x_{\min} < x < x_2) \\ 1 & (x_2 \leqslant x \leqslant x_{\max}) \end{cases} \quad (x_1 < x_2)$$

其分段线性回归模型为

$$y = \beta_0 + \beta_1 x + \beta_2 (x - x_1) D_1 + \beta_3 (x - x_2) D_2 + \mu \tag{3.18}$$

使用虚拟变量既能如实描述不同阶段的数量关系，又没有减少估计模型的样本容量，保证了模型的估计精度。

例 3.3 考察我国 1969—1998 年城镇居民人均消费性支出 y 与人均可支配收入 x 的关系。表 3.2 给出了相应数据[①]，试建立我国城镇居民消费函数。

表 3.2 中国 1969—2008 年城镇居民人均消费性支出、人均可支配收入   （单位：元）

年份	y	x	D_1	D_2	年份	y	x	D_1	D_2
1969	151.41	151.23	0	0	1984	559.44	652.10	1	0
1970	152.80	151.32	0	0	1985	673.20	739.10	1	0
1971	158.17	161.95	0	0	1986	798.96	900.10	1	0
1972	172.40	177.52	0	0	1987	884.40	1002.10	1	0
1973	177.82	182.36	0	0	1988	1103.98	1180.20	1	0
1974	182.67	187.16	0	0	1989	1210.95	1373.90	1	0
1975	186.33	189.21	0	0	1990	1278.89	1510.20	1	0
1976	190.88	194.76	0	0	1991	1453.81	1700.60	1	0
1977	200.45	202.45	0	0	1992	1671.73	2026.60	1	1
1978	311.16	343.40	1	0	1993	2110.81	2577.40	1	1
1979	361.80	405.00	1	0	1994	2851.34	3496.20	1	1
1980	412.44	477.60	1	0	1995	3537.57	4283.00	1	1
1981	456.84	500.40	1	0	1996	3919.47	4838.90	1	1
1982	471.00	535.30	1	0	1997	4185.64	5160.30	1	1
1983	505.92	564.60	1	0	1998	4331.61	5425.10	1	1

解 1969—1998 年，我国经济发展经历了从计划经济到有计划商品经济再到市场经济的转变。从 y 和 x 的散点图可以看出，城镇居民人均消费性支出 y 与人均可支配收入 x 在 1978 年和 1992 年两个时间节点消费倾向发生了变化，因此可设置两个虚拟变量 D_1 和 D_2：

$$D_1 = \begin{cases} 0 & (1969 \leqslant t < 1978) \\ 1 & (1978 \leqslant t < 1998) \end{cases}, \quad D_1 = \begin{cases} 0 & (1969 \leqslant t < 1992) \\ 1 & (1992 \leqslant t < 1998) \end{cases}$$

利用前文介绍的分段回归模型式(3.18)，建立如下模型：

$$y = \beta_0 + \beta_1 x + \beta_2 (x - 343.4) D_1 + \beta_3 (x - 2026.6) D_2 + \mu \tag{3.19}$$

如用 Eviews，则在命令窗口输入：

---

① 孙敬水.计量经济学[M].4 版.北京:清华大学出版社,2018.

ls y c x(x − 343.4) * D1 （x − 2026.6）* D2 ar(1)　　／＊ ar(1)表示模型存在一阶自相
关，用 GLS 进行了处理 ＊／

得到如图 3.7 所示的回归结果。

Dependent Variable: Y
Method: ARMA Generalized Least Squares (BFGS)
Date: 10/09/21　Time: 12:34
Sample: 1969 1998
Included observations: 30
Convergence achieved after 4 iterations
Coefficient covariance computed using outer product of gradients
d.f. adjustment for standard errors & covariance

Variable	Coefficient	Std. Error	t-Statistic	Prob.
C	13.89341	28.04410	0.495413	0.6246
X	0.910580	0.107108	8.501531	0.0000
(X-343.4)*D1	-0.085525	0.116947	-0.731313	0.4714
(X-2026.6)*D2	-0.043165	0.023183	-1.861979	0.0744
AR(1)	0.268311	0.206358	1.300218	0.2054

R-squared	0.999617	Mean dependent var	1155.463
Adjusted R-squared	0.999556	S.D. dependent var	1306.076
S.E. of regression	27.52085	Akaike info criterion	9.621267
Sum squared resid	18934.93	Schwarz criterion	9.854800
Log likelihood	-139.3190	Hannan-Quinn criter.	9.695976
F-statistic	16322.44	Durbin-Watson stat	1.885426
Prob(F-statistic)	0.000000		

| Inverted AR Roots | .27 | | |

图 3.7　回归结果

根据回归结果，我国城镇居民 3 个时期的消费函数分别为

$$\hat{y} = 13.893 + 0.911x \quad (1969 \leqslant t < 1977)$$

$$\hat{y} = 13.893 + 0.911x - 0.731 * (x - 343.4) \quad (1978 \leqslant t < 1991)$$

$$\hat{y} = 13.893 + 0.911x - 0.731 * (x - 343.4) - 1.862 * (x - 2026.6) \quad (1992 \leqslant t < 1998)$$

结合 3 个阶段我国社会经济的发展，回归结果和实际情形是符合的。从这个例题，我们发现，可以利用分段函数去尝试近似拟合非线性情形。

3. 虚拟变量在异常值问题中的应用

现实经济中常常存在这样的情形，一些突发事件或突发情况对经济活动、经济关系造成短暂且很显著的冲击影响。这些影响既不能被看作微小的随机扰动，但又不会决定或改变长期的经济关系或经济规律。这种情况在经济数据上反映出来，就会表现为一个脱离基本趋势的异常值。如建立线性回归模型时又没有预先处理或剔除这种影响，就会表现为误差项在相应时点存在均值非零的问题。

例如，变量 y 和 x 在长期中的关系基本满足线性回归模型的各个假设，但在时刻 t_0 有一个突发情况，使得 y 出现一个 C 单位的暂时性波动。那么如果用线性回归模型：

$$y_t = \alpha_0 + \alpha_1 x_t + \mu_t \tag{3.20}$$

分析这两个变量的关系,其误差项的均值是

$$E(\mu_t) = \begin{cases} 0 & (t \neq t_0) \\ C & (t = t_0) \end{cases} \tag{3.21}$$

那么异常值如何发现? 可以通过残差序列分析。因为异常值只是个别情况,回归残差仍能较好地近似模型的误差项,回归残差中会包含由于异常值所导致模型误差项均值非零的信息。具体方法是根据回归残差服从正态分布的假定,取其值 95% 左右的概率应分布在均值加减 2 倍标准差的范围内。如果发现某个残差 e_{t_0} 出现 $|e_{t_0}/\hat{\sigma}| > 2$,那么在 t_0 处很可能存在异常值。其中,$\hat{\sigma}$ 为回归方程的标准差。对于 Eviews 软件,可直接根据 OLS 回归的残差序列图判断是否有异常值的存在(在方程窗口依次点击"View"→"Actual, Fitted, Residual"→"Standardized Residual Graph")。如发现有多个点落在临界线外,则应考虑模型误设、解释变量遗漏等因素。

如何处理异常值? 假定模型 $y_t = \alpha_0 + \alpha_1 x_t + \mu_t$ 在 t_0 处存在异常值,可考虑引入虚拟变量 D,其定义为

$$D_t = \begin{cases} 0 & (t \neq t_0) \\ 1 & (t = t_0) \end{cases} \tag{3.22}$$

将其带入原模型,即 $y_t = \alpha_0 + \alpha_1 x_t + C \times D_t + \nu_t$,因为 $\nu_t = \mu_t - C \times D_t$,故 $E(\nu_t) = 0$。可见,这样异常值就不会造成模型误差项出现非零的问题,从而可以保证回归分析的有效性。

4. 虚拟变量在模型结构稳定性检验中的应用

在同一个总体中,利用不同的样本数据估计同一形式的计量经济模型,可能会得到不同的估计结果。如果估计的参数之间存在显著差异,则称模型结构是不稳定的,反之则认为是稳定的。

检验模型的稳定性有若干种方法,如著名的邹至庄检验法,利用虚拟变量也可得到相同的检验结果。假设利用样本 1 得到的回归方程为 $y_t = \alpha_0 + \alpha_1 x_t + \mu_t$;利用利用样本 2 得到的回归方程为 $y_t = \beta_0 + \beta_1 x_t + \nu_t$。设置虚拟变量 D,定义数据源自样本 2 时,其值为 1;定义数据源自样本 1 时,其值为 0。将两本样本数据合并,估计如下模型:

$$y_t = \beta_0 + (\alpha_0 - \beta_0)D_t + \beta_1 x_t + (\alpha_1 - \beta_1)x_t D_t + \varepsilon_t \tag{3.23}$$

在 OLS 回归结果中 xD,D 的显著性,可得 4 种检验结果:两个系数均为 0,表明两个样本回归结果无显著差异;D 系数不为 0,xD 系数为 0,表明两个样本回归结果斜率相同,仅体现在截距差异上;D 系数为 0,xD 系数不为 0,表明两个样本回归结果斜率不同,截距相同;D 系数不为 0,xD 系数也不为 0,表明两个样本回归结果完全不同。可见,四种情形中,只有第一种模型结构是稳定的,其余均不稳定。

3.3 内生解释变量

关于单方程回归模型,国内部分教材假设解释变量是确定性变量,并且与随机误差项不相关。但实际情况是解释变量在多数情形下是随机变量,且与随机误差项相关,我们把违背

这一基本假设的问题称为随机解释变量问题,也称解释变量内生性问题。在计量经济学中,把所有与随机扰动项相关的解释变量都称为"内生变量",这与经济学中的定义有所不同。

3.3.1 内生解释变量产生的主要原因

1. 遗漏变量偏差

由于某些数据难以获得,遗漏变量现象几乎难以避免。假设真实模型为

$$y = \alpha + \beta x_1 + \gamma x_2 + \varepsilon \tag{3.24}$$

其中,解释变量 x_1、x_2 与扰动项 ε 不相关。而实际估计的模型为

$$y = \alpha + \beta x_1 + \mu \tag{3.25}$$

对比以上两个方程可知,遗漏变量 x_2 被纳入新扰动项 $\mu = \gamma x_2 + \varepsilon$ 中了。如遗漏变量 x_2 与解释变量 x_1 不相关,则采用 OLS 依然可一致地估计回归系数(但可能增大扰动项方差,降低精度)。但如果遗漏变量 x_2 与解释变量 x_1 相关,即 $\mathrm{Cov}(x_1, x_2) \neq 0$。因为遗漏变量 x_2 包含于扰动项 μ 中,故 x_1 与 μ 相关,出现了内生解释变量问题。与自相关性类似,也可借用图 2.18、图 2.19 解释。

2. 联立方程偏差

以宏观消费函数为例:

$$\begin{cases} C_t = a + \beta Y_t + \varepsilon_t \\ Y_t = C_t + I_t + G_t + X_t \end{cases} \tag{3.26}$$

其中,Y_t、C_t、I_t、G_t、X_t 分别为国民收入、总消费、总投资、政府净支出、净出口。第一个方程为消费方程,第二个方程为国民收入恒等式。可以看出,变量 Y_t、C_t 互为影响,Y_t 与 ε_t 存在相关(在第二个方程中,C_t 是 Y_t 的一部分)。如果单独对消费方程进行 OLS 回归,将存在联立方程偏差,得不到一致的估计。

3. 测量误差偏差

关于这一原因,可查阅相关教材的内容。

3.3.2 内生解释变量的影响

如果模型中存在内生解释变量,此时的 OLS 估计量将是不一致的,即无论样本容量多大,OLS 估计量都不会收敛到真实的总体参数。由于模型参数估计值产生偏误,造成拟合优度检验、F 检验、t 检验失效。在这种情况下,各种统计检验得到的是虚假的结果,不能作为判别估计式优劣的依据。

3.3.3 内生解释变量模型的估计方法:工具变量法

工具变量(instrument variable,IV),顾名思义就是在模型估计过程中被作为工具使用的变量,以代替与随机误差项相关的随机解释变量。工具变量法的思路是:当随机解释变量与随机误差项相关时,寻找另一个变量,该变量与随机解释变量高度相关,但与随机误差项不相关,称其为工具变量,用其代替随机解释变量。

1. 选择工具变量的要求

一是工具变量必须具有实际经济意义;二是工具变量与其所替代的内生随机解释变量高度相关,但与随机误差项不相关;三是工具变量与模型中其他解释变量不相关,且模型中的多个工具变量之间不相关。

需注意一点,工具变量对内生解释变量的替代并不是"完全"替代,即不是用工具变量代换模型中对应的内生解释变量,而是在最小二乘法的正规方程组中用工具变量对内生解释变量进行部分替代。设有一元线性回归模型:

$$y_t = \beta_0 + \beta_1 x_t + \mu_t \tag{3.27}$$

不考虑内生解释变量问题时,应用 OLS,得到的正规方程组为

$$\begin{cases} \sum_{t=1}^{n} y_t = n\hat{\beta}_0 + \hat{\beta}_1 \sum_{t=1}^{n} x_t \\ \sum_{t=1}^{n} x_t y_t = \hat{\beta}_0 \sum_{t=1}^{n} x_t + \hat{\beta}_1 \sum_{t=1}^{n} x_t^2 \end{cases} \tag{3.28}$$

如果解释变量内生,即 x_t 与 μ_t 相关,引入工具变量 z,其 OLS 的正规方程组则为

$$\begin{cases} \sum_{t=1}^{n} y_t = n\tilde{\beta}_0 + \tilde{\beta}_1 \sum_{t=1}^{n} x_t \\ \sum_{t=1}^{n} z_t y_t = \tilde{\beta}_0 \sum_{t=1}^{n} z_t + \tilde{\beta}_1 \sum_{t=1}^{n} z_t x_t \end{cases} \tag{3.29}$$

这种求模型估计参数的方法称为工具变量法,$\tilde{\beta}_0$ 与 $\tilde{\beta}_1$ 称为工具变量法估计量。因此,工具变量法的基本原理在于:用工具变量 z 替代内生随机变量 x_t,从而利用 $\mathrm{Cov}(z_t, \mu_t) = 0$ 克服 $\mathrm{Cov}(x_t, \mu_t) \neq 0$ 产生的对模型参数估计的不利影响,形成有效正规方程组并获得模型参数的估计量。

2. 工具变量法的缺陷

工具变量法的缺陷主要体现在以下几个方面:一是寻求一个既与 x_t 高度相关,又与 μ_t 不相关的工具变量 z_t 十分困难,并且要求其具有明确的经济含义;二是在找到符合要求的工具变量的情形下,由于工具变量选择的不同,将导致模型参数估计值也不相同,使参数估计出现任意性;三是由于使用工具变量,容易产生较高的标准差从而不能保证参数估计值的渐进方差达到最小。

3.3.4 两阶段最小二乘法(TSLS)

当对一个内生解释变量找到一个工具变量时,工具变量法或两阶段最小二乘法可以得到参数的渐进一致估计量,而当对一个内生解释变量找到多个工具变量,且不想损失这些工具变量提供的信息时,可以采用两阶段最小二乘法来得到参数的渐进一致估计量。对于下面二元线性回归模型:

$$y_t = \beta_0 + \beta_1 x_t + \beta_2 z_t + \mu_t \tag{3.30}$$

其中,假设 x_t 为同期内生解释变量,z_t 为外生变量。如果对内生变量 x_t 寻找到了两个工具变量 z_{1t}、z_{2t},则两阶段最小二乘法估计过程如下:

第一阶段,做内生变量 x_t 关于工具变量 z_{1t}、z_{2t} 及模型中外生变量 z_t 的 OLS 回归,并记录 x_t 的拟合值:

$$\hat{x}_t = \hat{\alpha}_0 + \hat{\alpha}_1 z_{1t} + \hat{\alpha}_2 z_{2t} + \hat{\alpha}_3 z_t \tag{3.31}$$

第二阶段,以第一阶段得到的 $\hat{x}_t$ 代替原模型中的 x_t,进行如下 OLS 回归:

$$y_t = \beta_0 + \beta_1 \hat{x}_t + \beta_2 z_t + \mu_t^* \tag{3.32}$$

上述过程表明,两阶段最小二乘法本质上是工具变量法。

3.3.5　解释变量的内生性检验:豪斯曼(Hausman)检验

如果解释变量本身不是内生变量,即外生,却作为内生变量而采用工具变量法估计模型,则会降低模型估计的精度。因此,需要对解释变量是否内生作出判断[①]。豪斯曼于 1978 年从计量技术上给出了一个检验随机解释变量是否为同期内生变量的方法。

假设二元线性回归模型如下:

$$y_t = \beta_0 + \beta_1 x_{1t} + \beta_2 x_{2t} + \mu_t \tag{3.33}$$

其中,x_{1t} 是随机解释变量,x_{2t} 是外生变量,但怀疑 x_{1t} 是同期内生变量。如何检验 x_{1t} 是否具有内生性呢? Hausman 检验的思路是:如果 x_{1t} 是内生的,则需寻找一外生变量 z_t 作为工具变量并对式(3.33)进行工具变量法估计,将其结果与对直接进行 OLS 估计的结果对比,看差异是否显著。如果有显著差异,则说明 x_{1t} 是内生变量。具体步骤如下:

第一步,将怀疑是内生变量的 x_{1t} 关于外生变量 x_{2t}、工具变量 z_t 做普通最小二乘估计:

$$x_{1t} = \alpha_0 + \alpha_1 x_{2t} + \alpha_2 z_t + \nu_t \tag{3.34}$$

得到残差项 $\hat{\nu}_t$,随机误差项 ν_t,满足线性回归模型基本假定。这一步目的是得到残差项 $\hat{\nu}_t$,故可视为辅助回归。

第二步,将残差项 $\hat{\nu}_t$ 加入原模型,再进行 OLS 回归:

$$y_t = \beta_0 + \beta_1 x_{1t} + \beta_2 x_{2t} + \delta\hat{\nu}_t + \varepsilon_t \tag{3.35}$$

其中,ε_t 满足基本假设,并与 ν_t 不相关。如 δ 显著为零,则表明 x_{1t} 是同期外生变量,反之则判断 x_{1t} 是同期内生变量。

需要说明的是,判断 x_{1t} 与 μ_t 是否同期相关,等价于判断 ν_t 与 μ_t 是否同期相关,而对式(3.35)的 OLS 回归,等价于对 $\mu_t = \delta\hat{\nu}_t + \varepsilon_t$ 进行 OLS 回归;如果一个被怀疑的内生变量有多个工具变量,则在第一步中需将该解释变量关于所有的工具变量及原模型中已有的外生变量进行 OLS 回归;如果原模型有多个随机解释变量被怀疑与随机误差项同期相关,则需寻找多个外生变量,并将每个所怀疑的解释变量与所有外生变量(包括原模型中已有的外生变量)做普通最小二乘回归,取得各自的残差项,并将它们全部引入到原模型中再进行 OLS,通过检验,可判断哪些解释变量确实是内生变量。

3.3.6　案例应用

例 3.4　表 3.3 是国内生产总值 x_t、消费 y_t、投资 z_t 的样本观测值,试分析消费 y_t 关于国内生产总值 x_t 的线性回归模型 $y_t = \beta_0 + \beta_1 x_t + \mu_t$。

表 3.3　国内生产总值 x_t、消费 y_t、投资 z_t 数据

序号	x_t	y_t	z_t	序号	x_t	y_t	z_t
1	7164.3	4694.5	2468.6	9	25863.6	15952.1	9636.0
2	8792.1	5773.0	3386.0	10	34500.6	20182.1	12988.0
3	10132.8	6542.0	3746.0	11	47110.9	27216.2	19260.6

---

① 尽管也可以从经济理论和问题本身来判断,但采用数据对可疑的解释变量进行内生性检验是十分必要的。

续表

序号	x_t	y_t	z_t	序号	x_t	y_t	z_t
4	11784.0	7451.2	4322.0	12	58510.5	33635	23877.0
5	14704.0	9360.1	5495.0	13	68330.4	40003.9	26867.2
6	16466.0	10556.5	6095.0	14	74894.3	43579.4	28457.6
7	18319.5	11365.5	6444.0	15	79853.3	46405.9	30396.0
8	21280.4	13145.9	7515.0				

解 Eviews 操作步骤如下：

Step 1 在主菜单中单击"Quick"，并选择"Estimate Equation"，打开"Equation Specification"对话框。

Step 2 在"Method"窗口，选择 TSLS(两阶段最小二乘法)估计方法。打开对话框。

Step 3 在"Equation Specification"窗口输入：y　c　x，在"Instrument List"窗口输入工具变量：z、c(c 为截距项，也可不写，结果相同)，单击"OK"，得到结果如图 3.8 所示。

```
Dependent Variable: Y
Method: Two-Stage Least Squares
Date: 10/04/21  Time: 00:02
Sample: 1 15
Included observations: 15
Instrument specification: Z
Constant added to instrument list
```

Variable	Coefficient	Std. Error	t-Statistic	Prob.
C	864.4425	122.1807	7.075117	0.0000
X	0.568400	0.002947	192.8455	0.0000

R-squared	0.999652	Mean dependent var	19724.20
Adjusted R-squared	0.999625	S.D. dependent var	14652.80
S.E. of regression	283.6498	Sum squared resid	1045944.
F-statistic	37189.38	Durbin-Watson stat	1.301554
Prob(F-statistic)	0.000000	Second-Stage SSR	13707924
J-statistic	3.74E-41	Instrument rank	2

图 3.8　回归结果

工具变量法还可直接在命令窗口输入：

TSLS y c x @ c z

其中，c 为常数，输出结果一样。如果用国内生产总值 x(−1) 作为工具变量，比较结果发现工具变量选取投资比较合适。

由于，使用 Eviews 进行变量内生性检验较为繁琐，下面我们采用 Stata 重做此例。

Stata 操作步骤如下：

Step 1 对原模型进行 OLS 回归，输入如下命令：

. reg y x

. predict e, r

结果如图 3.9 所示。

Source	SS	df	MS			
				Number of obs	=	15
				F(1, 13)	=	37390.56
Model	3.0048e+09	1	3.0048e+09	Prob > F	=	0.0000
Residual	1044718.76	13	80362.9813	R-squared	=	0.9997
				Adj R-squared	=	0.9996
Total	3.0059e+09	14	214704393	Root MSE	=	283.48

y	Coef.	Std. Err.	t	P>|t|	[95% Conf. Interval]	
x	.5687629	.0029414	193.37	0.000	.5624084	.5751174
_cons	852.3928	121.994	6.99	0.000	588.8408	1115.945

图 3.9　原模型 OLS 回归结果

Step 2　用 Hausman 检验来判断国民生产总值 x_t 是否为内生变量。本例中投资 z_t 作为工具变量。在命令窗口依次键入如下命令：

. reg x z

. predictv，r 　/ *保留残差序列 $\hat{v}$ * /

. reg y x v 　/ *加入残差序列 $\hat{v}$ 后回归* /

结果分别如图 3.10、图 3.11 所示。

Source	SS	df	MS			
				Number of obs	=	15
				F(1, 13)	=	4406.57
Model	9.2614e+09	1	9.2614e+09	Prob > F	=	0.0000
Residual	27322372.5	13	2101720.96	R-squared	=	0.9971
				Adj R-squared	=	0.9968
Total	9.2887e+09	14	663479391	Root MSE	=	1449.7

x	Coef.	Std. Err.	t	P>|t|	[95% Conf. Interval]	
z	2.535029	.0381885	66.38	0.000	2.452528	2.61753
_cons	891.9491	613.762	1.45	0.170	-434.003	2217.901

图 3.10　内生变量回归结果

Source	SS	df	MS			
				Number of obs	=	15
				F(2, 12)	=	28644.98
Model	3.0052e+09	2	1.5026e+09	Prob > F	=	0.0000
Residual	629478.277	12	52456.5231	R-squared	=	0.9998
				Adj R-squared	=	0.9998
Total	3.0059e+09	14	214704393	Root MSE	=	229.03

y	Coef.	Std. Err.	t	P>|t|	[95% Conf. Interval]	
x	.5683997	.0023799	238.83	0.000	.5632144	.5735851
v	.1234611	.0438814	2.81	0.016	.0278518	.2190704
_cons	864.4425	98.65515	8.76	0.000	649.4914	1079.394

图 3.11　加入残差序列 $\hat{v}_t$ 后回归结果

结果显示,拒绝残差序列 $\hat{v}$ 参数为零的假设(P 值为 0.016,$\alpha = 0.05$),可判断国民生产总值 x_t 是内生变量。

Step 3 引入投资 z_t 作为工具变量,进行两阶段最小二乘法估计。命令如下:

.ivreg y (x = z)

结果如图 3.12 所示。

```
Instrumental variables (2SLS) regression
```

Source	SS	df	MS			
				Number of obs	=	15
				F(1, 13)	=	37189.38
Model	3.0048e+09	1	3.0048e+09	Prob > F	=	0.0000
Residual	1045943.77	13	80457.2134	R-squared	=	0.9997
				Adj R-squared	=	0.9996
Total	3.0059e+09	14	214704393	Root MSE	=	283.65

y	Coef.	Std. Err.	t	P>|t|	[95% Conf. Interval]	
x	.5683997	.0029474	192.85	0.000	.5620322	.5747673
_cons	864.4425	122.1807	7.08	0.000	600.4872	1128.398

```
Instrumented:  x
Instruments:   z
```

图 3.12　内生变量回归结果

由结果可以发现,F 统计量、系数显著性均显著,工具变量法对参数估计值进行了修正。

例 3.5 mroz.dta 是 stata 自带数据集,是一个用来做劳动经济学研究的标准横截面数据集,它收集了美国 1975 年有关女性工作的各种数据。该数据集包括 753 条观测记录,代表 753 名女性,每条记录包括 22 个变量。其中,inlf 取值为 1 时表示女性有工作,0 则代表无工作;hours 表示女性在 1975 年一整年工作的小时数;kidslt6 表示该女性有小于 6 岁孩子的个数。

kidsge6 表示该女性有 6 岁到 18 岁孩子的个数;age 表示年龄;educ 表示受教育年限;wage 表示小时工资;huseduc 表示该女性丈夫的教育年限;faminc 表示家庭收入;fathereduc 表示该女性父亲的受教育年限;exper 表示已经工作的年数;lwage 表示工资的对数;expersq 表示经验的平方。为了讨论女性受教育的回报,建立如下线性模型:

$$wage = \beta_0 + \beta_1 educ + \beta_2 age + \beta_3 exper + \beta_4 kidslt6 + \beta_5 kidsge6 + \beta_6 expersq + \mu$$

$$(3.36)$$

要求检验数据的内生性,如存在,如何处理?

解 Stata 操作步骤如下:

Step 1 对模型式(3.36)进行 OLS 回归,在命令窗口输入:

. reg wage educ age exper expersq kidslt6 kidsge6

回车后结果如图 3.13 所示。

Step 2 检验自变量的内生性。输入命令:

. ovtest

结果如图 3.14 所示。

Source	SS	df	MS			
				Number of obs	=	428
				F(6, 421)	=	9.72
Model	569.252601	6	94.8754335	Prob > F	=	0.0000
Residual	4109.80033	421	9.76199604	R-squared	=	0.1217
				Adj R-squared	=	0.1091
Total	4679.05293	427	10.9579694	Root MSE	=	3.1244

wage	Coef.	Std. Err.	t	P>|t|	[95% Conf. Interval]	
educ	.4926086	.0673397	7.32	0.000	.3602447	.6249724
age	.0097349	.024746	0.39	0.694	-.0389062	.058376
exper	.0333341	.0626213	0.53	0.595	-.0897554	.1564235
expersq	-.000514	.0018806	-0.27	0.785	-.0042106	.0031826
kidslt6	.0432498	.4150264	0.10	0.917	-.7725323	.8590319
kidsge6	-.0581228	.130443	-0.45	0.656	-.3145234	.1982778
_cons	-2.708294	1.48175	-1.83	0.068	-5.620843	.2042543

图 3.13　原模型 OLS 回归结果

```
Ramsey RESET test using powers of the fitted values of wage
     Ho:  model has no omitted variables
             F(3, 418) =      3.42
             Prob > F =      0.0173
```

图 3.14　内生性检验结果

从结果来看,拒绝原假设(p 小于 0.05),即可认为数据确实有内生性问题[①]。

Step 3　内生性的处理。考虑用母亲的受教育年限作为 educ 的工具变量,输入命令:

. ivreg wage age exper expersq kidslt6 kidsge6 (educ = motheduc)

注意:kidsge6 后要空一格,否则报错。

结果如图 3.15 所示。

比较两组结果,可以看出加了工具变量后,教育的回报下降了(由 0.493 降至 0.239),说明教育确实很可能是内生的,而且从教育的 p 值看出教育变得不显著了,这是使用工具变量经常会出现的情形。导致这一问题的原因往往是工具变量与内生变量的相关性不够。

下面调整工具变量,用丈夫的受教育年限作为工具变量。输入命令:

. ivreg wage age kidslt6 kidsge6 exper expersq(educ = huseduc)

结果如图 3.16 所示。

可以看出,当使用丈夫的受教育年限作为工具变量时,教育的回报相对使用母亲的教育作为工具变量变得显著了(前者的教育系数为 0.409)。这是因为丈夫的教育与妻子的教育的相关性比母亲与女儿的教育相关性要高得多。

由此可见,使用不同的工具变量会使我们得到的回归系数的显著性有很大的不同。有些工具变量得到的结果的显著性很低,这说明我们的估计往往是不准确的。所以如果有多个工具变量可供选择,一般都使用显著性水平较高的结果。作为例题,我们可以将母亲的受

---

① 内生性的检验有时是很困难的,往往要使用 if 命令检验其他变量是否对因变量有作用。由于内生性很常见,为了防止内生性,需要使用 sw regress 命令初步剔除不显著的变量。

Instrumental variables (2SLS) regression

Source	SS	df	MS		
				Number of obs =	428
				F(6, 421) =	1.08
Model	430.46654	6	71.7444233	Prob > F =	0.3752
Residual	4248.58639	421	10.0916541	R-squared =	0.0920
				Adj R-squared =	0.0791
Total	4679.05293	427	10.9579694	Root MSE =	3.1767

wage	Coef.	Std. Err.	t	P>|t|	[95% Conf. Interval]	
educ	.2387016	.1768765	1.35	0.178	-.1089694	.5863726
age	.0066842	.0252365	0.26	0.791	-.0429211	.0562895
exper	.0460653	.0641929	0.72	0.473	-.0801132	.1722438
expersq	-.0009623	.0019337	-0.50	0.619	-.0047632	.0028385
kidslt6	.2274447	.4382477	0.52	0.604	-.6339815	1.088871
kidsge6	-.1144761	.1374778	-0.83	0.405	-.3847045	.1557523
_cons	.6234574	2.617141	0.24	0.812	-4.520835	5.767749

Instrumented: educ
Instruments: age exper expersq kidslt6 kidsge6 motheduc

图 3.15 添加工具变量(motheduc)后的回归结果

Instrumental variables (2SLS) regression

Source	SS	df	MS		
				Number of obs =	428
				F(6, 421) =	2.91
Model	554.317174	6	92.3861956	Prob > F =	0.0087
Residual	4124.73576	421	9.79747211	R-squared =	0.1185
				Adj R-squared =	0.1059
Total	4679.05293	427	10.9579694	Root MSE =	3.1301

wage	Coef.	Std. Err.	t	P>|t|	[95% Conf. Interval]	
educ	.4093152	.1150542	3.56	0.000	.183163	.6354673
age	.0087341	.0248162	0.35	0.725	-.0400449	.0575132
exper	.0375105	.0629088	0.60	0.551	-.086144	.1611651
expersq	-.0006611	.0018912	-0.35	0.727	-.0043785	.0030563
kidslt6	.1036744	.4212413	0.25	0.806	-.7243238	.9316725
kidsge6	-.0766093	.1323068	-0.58	0.563	-.3366735	.1834548
_cons	-1.615324	1.923336	-0.84	0.401	-5.395862	2.165215

Instrumented: educ
Instruments: age exper expersq kidslt6 kidsge6 huseduc

图 3.16 添加工具变量(huseduc)后的回归结果

教育年限及丈夫的受教育年限作为工具变量使用并进行了结果比较,但在实际中往往找不到工具变量,更不要说多于一个工具变量可供选择了。

3.4　滞后变量模型

前文讨论的回归模型属于静态模型,其中因变量的变化仅仅依赖于解释变量的当期影响,没有考虑时间因素。事实上,在现实经济活动中,由于经济主体的决策与行动需要一个过程,加之人们生活习惯的延续性、制度或技术条件的限制以及与经济有关的预期效应等因素的影响,经济变量的变化往往存在时滞。现实经济生活中,许多经济变量不仅受同期因素的影响,而且还与某些因素前期值,甚至自身的前期值有关。例如,本期的消费不仅取决于本期收入水平,还在一定程度上取决于以前各期收入水平以及前期消费的影响,本期产量不仅与本期价格有关,还与前期价格有关;本期商品库存不仅取决于本期的销售规模,也受前期销售规模的影响;固定资产的形成也与本期和前几期的投资额有关。因此,为了探讨受时滞因素影响的经济变量的变化规律,需要在回归模型中引入滞后变量进行分析。

滞后变量可分为滞后解释变量与滞后因变量两类。根据模型引入的滞后变量的不同可分为:自回归分布滞后模型(autoregressive distributed lag model,ADL)、分布滞后模型(distributed lag model)、自回归模型(autoregressive model)等。模型一般采用 OLS 估计,由于滞后变量的存在,滞后变量模型会产生多重共线性、解释变量与随机误差项相关或者随机误差项自相关等等,所以会在估计过程中有一些处理。下面介绍有较多应用的有限分布滞后模型、自回归模型及其模型估计方法。

3.4.1　有限分布滞后模型

如果滞后变量模型中没有滞后因变量,因变量受解释变量的影响分布在解释变量不同时期的滞后值上,即模型形如

$$y_t = \alpha + \beta_0 x_t + \beta_1 x_{t-1} + \cdots + \beta_k x_{t-k} + \mu_t \tag{3.37}$$

具有这种滞后分布结构的模型称为有限分布滞后模型。

3.4.2　有限分布滞后模型的估计方法

一般采用阿尔蒙多项式估计法。有限分布滞后模型可能会存在多重共线性的问题,因此会影响模型的估计效果。因此需要采用一些特殊的估计方法来估计。对于上面的有限分布滞后模型,如果令

$$\beta_i = \alpha_0 + \alpha_1 i + \alpha_2 i^2 + \cdots + \alpha_m i^m \quad (m < k) \tag{3.38}$$

其中,m 为多项式的阶数,也就是用一个 m 阶多项式来拟合分布滞后,该多项式曲线通过滞后分布的所有点。如 $m=2$,那就是二次多项式,有限分布滞后模型的系数变化就如图 3.17 所示。

多项式次数可以依据经济理论和实际经验加以确定。例如滞后结构为递减型和常数型时选择一次多项式;倒 v 形时选择二次多项式;有两个转向点时选择三次多项式等等。如果主观判断不易确定时,可以先初步确定一个 m 次多项式。

阿尔蒙估计的 Eviews 软件命令格式为

Ls　y　c　PDL(x,k,m,d)

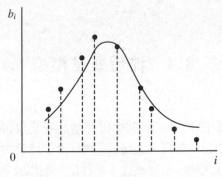

图 3.17　阿尔蒙多项式变换

其中，k 为滞后期长度，m 为多项式次数，d 是对分布滞后特征进行控制的参数，可供选择的 d 值有：1 表示强制在分布的近期（β_0）趋近于 0；2 表示强制在分布的远期（β_k）趋近于 0；3 表示强制在分布的两端（β_0 和 β_k）趋近于 0；0 表示参数分布不作任何限制。一般取 0，故也可略去。

在 LS 命令中使用 PDL 项，应注意以下几点：

① 在解释变量 x 之后必须指定 k 和 m 的值，d 可取默认值 0；

② 如果模型中有多个具有滞后效应的解释变量，则分别用几个 *PDL* 项表示；

③ 在估计分布滞后模型之前，最好使用互相关分析命令 CROSS，初步判断滞后期的长度 k。命令格式为："CROSS　y　x"，或在数组窗口单击 View\Cross Correlation，输入滞后期 k 之后，系统将输出 y_t 与 $x_t，x_{t-1}，\cdots，x_{t-k}$ 各期相关系数。也可以在 PDL 项中逐步加大 k 的值，再利用 $\bar{R}^2$ 和 SC 判断较为合适的滞后期长度 k。

3.4.3　有限分布滞后模型案例应用

例 3.6　美国 1970—1991 年间制造业固定厂房设备投资（y）和销量（x）的数据为例（单位：亿美元），如表 3.4 所示。

表 3.4　美国 1970—1991 年间制造业固定厂房设备投资（y）和销量（x）的数据

年份	制造业固定厂房设备投资（y）	销量（x）	年份	制造业固定厂房设备投资（y）	销量（x）
1970	36.99	52.805	1980	112.600	154.391
1971	33.60	55.906	1981	128.680	168.129
1972	35.42	63.027	1982	123.970	163.351
1973	42.35	72.931	1983	117.350	172.547
1974	52.48	84.790	1984	139.610	190.682
1975	53.66	86.589	1985	152.880	194.538
1976	58.53	98.797	1986	137.950	194.657
1977	67.48	113.201	1987	141.060	206.326
1978	78.13	126.905	1988	163.450	223.541
1979	95.13	143.936	1989	183.800	232.724

Eviews 操作步骤

Step 1　判断滞后期的长度。在命令区输入：cross y x,滞后期随意选择,可以默认,点击"OK"得到图 3.18 所示结果。

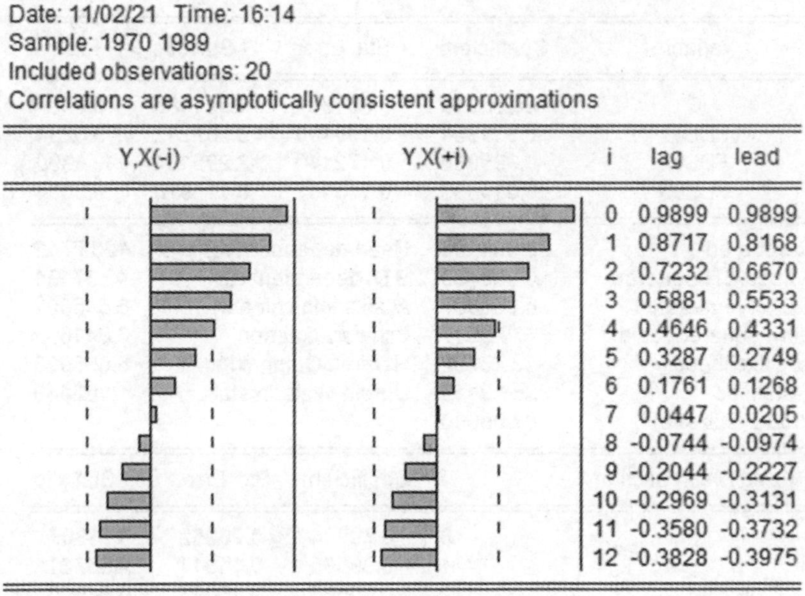

Date: 11/02/21 Time: 16:14
Sample: 1970 1989
Included observations: 20
Correlations are asymptotically consistent approximations

Y,X(-i)	Y,X(+i)	i	lag	lead
		0	0.9899	0.9899
		1	0.8717	0.8168
		2	0.7232	0.6670
		3	0.5881	0.5533
		4	0.4646	0.4331
		5	0.3287	0.2749
		6	0.1761	0.1268
		7	0.0447	0.0205
		8	-0.0744	-0.0974
		9	-0.2044	-0.2227
		10	-0.2969	-0.3131
		11	-0.3580	-0.3732
		12	-0.3828	-0.3975

图 3.18　判断滞后期结果

从图中 y 与 x 各期滞后值的相关系数可知,投资总额 y（亿元）与当年和前三年的销售总额相关,因此,利用阿尔蒙多项式估计法估计模型时,解释变量滞后阶数取 3。

Step 2　在命令窗口键入：

ls y c pdl(x,3,2)

得到回归分析结果见图 3.19。

估计结果如下：

$$\hat{y}_t = -28.5531 + 0.7970x_t + 0.3854x_{t-1} + 0.0069x_{t-2} - 0.3384x_{t-3}$$

模型的经济学意义为：当期美国制造业的销售额每增加 10 亿美元,其新厂房设备开支将增加 7.970 亿美元;滞后一期美国制造业的销售额每增加 10 亿美元,其新厂房设备开支将增加 3.854 亿美元;滞后二期美国制造业的销售额每增加 10 亿美元,其新厂房设备开支将增加 0.069 亿美元;滞后三期美国制造业的销售额每增加 10 亿美元,其新厂房设备开支将减少 3.384 亿美元。

3.4.4　自回归模型

如果滞后变量模型的解释变量仅包括自变量的当期值和因变量的若干期滞后值,即模型形如：$y_t = \alpha + \beta_0 x_t + \gamma_1 y_{t-1} + \gamma_2 y_{t-2} + \cdots + \gamma_k y_{t-k} + \mu_t$,则称这类模型为自回归模型,其中 k 为自回归模型的阶数。而 $y_t = \alpha + \beta_0 x_t + \gamma_1 y_{t-1} + \mu_t$ 为一阶自回归模型。一阶自回归模型在实际中有广泛应用,例如消费滞后。消费者的消费水平,不仅依赖当年的收入,还与以前的消费水平有关。其消费模型可以表示为

```
Dependent Variable: Y
Method: Least Squares
Date: 11/02/21   Time: 16:17
Sample (adjusted): 1973 1989
Included observations: 17 after adjustments
```

Variable	Coefficient	Std. Error	t-Statistic	Prob.
C	-28.55313	6.501337	-4.391886	0.0007
PDL01	0.385354	0.150106	2.567212	0.0234
PDL02	-0.395080	0.172140	-2.295104	0.0390
PDL03	0.016603	0.143167	0.115970	0.9094

R-squared	0.984106	Mean dependent var	108.7712
Adjusted R-squared	0.980439	S.D. dependent var	43.37131
S.E. of regression	6.066007	Akaike info criterion	6.645602
Sum squared resid	478.3537	Schwarz criterion	6.841653
Log likelihood	-52.48762	Hannan-Quinn criter.	6.665090
F-statistic	268.3119	Durbin-Watson stat	1.162049
Prob(F-statistic)	0.000000		

Lag Distribution of X	i	Coefficient	Std. Error	t-Statistic
	0	0.79704	0.20262	3.93367
	1	0.38535	0.15011	2.56721
	2	0.00688	0.15097	0.04555
	3	-0.33839	0.19973	-1.69425
Sum of Lags		0.85087	0.03016	28.2122

图 3.19　回归结果

$$C_t = \alpha + \beta_0 y_t + \gamma_1 C_{t-1} + \mu_t \tag{3.39}$$

其中，C_t、y_t 分别为第 t 年的消费和收入，α 为常数。

3.4.5　自回归模型的估计方法

对于一阶自回归模型，可以考虑使用工具变量法进行模型估计。在实际应用中，一般用 $\hat{y}_{t-1}$ 代替滞后因变量 y_{t-1} 进行估计，这样，一阶自回归模型就变成如下形式：

$$y_t = \alpha^* + \beta_0^* x_t + \beta_1^* \hat{y}_{t-1} + \mu_t^* \tag{3.40}$$

3.4.6　自回归模型案例应用

例 3.7　同例 3.6，设其模型形式为 $y_t = \alpha + \beta_0 x_t + \gamma_1 y_{t-1} + \mu_t$，要求估计其模型。

Eviews 操作步骤：

Step 1　利用 OLS 法估计分布滞后模型（滞后期的长度利用例 3.6 的结果，为 3）。命令为 LS y c x(0 to -3) 或 LS y c x x(-1) x(-2) x(-3)，得到估计结果见图 3.20。

Step 2　在方程窗口单击 Forecast，求出 y_f，以 $y_f(-1)$ 代替滞后因变量 y_{t-1}，在命令窗口输入命令：ls y c x yf(-1)，发现结果中存在二阶自相关性，使用广义最小二乘法，输入命令：ls y c x yf(-1) AR(1) AR(2)，得到结果如图 3.21 所示。

Dependent Variable: Y
Method: Least Squares
Date: 11/07/21   Time: 07:01
Sample (adjusted): 1973 1989
Included observations: 17 after adjustments

Variable	Coefficient	Std. Error	t-Statistic	Prob.
C	-24.91218	6.097399	-4.085706	0.0015
X	0.493442	0.234852	2.101073	0.0574
X(-1)	0.952587	0.308865	3.084155	0.0095
X(-2)	-0.571932	0.314314	-1.819618	0.0938
X(-3)	-0.026119	0.235595	-0.110865	0.9136

R-squared	0.988200	Mean dependent var		108.7712
Adjusted R-squared	0.984267	S.D. dependent var		43.37131
S.E. of regression	5.440065	Akaike info criterion		6.465388
Sum squared resid	355.1317	Schwarz criterion		6.710451
Log likelihood	-49.95580	Hannan-Quinn criter.		6.489748
F-statistic	251.2476	Durbin-Watson stat		1.262179
Prob(F-statistic)	0.000000			

图 3. 20　回归结果

Dependent Variable: Y
Method: ARMA Generalized Least Squares (BFGS)
Date: 11/07/21   Time: 07:15
Sample: 1974 1989
Included observations: 16
Convergence achieved after 6 iterations
Coefficient covariance computed using outer product of gradients
d.f. adjustment for standard errors & covariance

Variable	Coefficient	Std. Error	t-Statistic	Prob.
C	-17.92029	13.30240	-1.347147	0.2050
X	0.684021	0.314380	2.175776	0.0522
YF(-1)	0.204405	0.357047	0.572488	0.5785
AR(1)	0.310972	0.368661	0.843518	0.4169
AR(2)	-0.740604	0.255548	-2.898103	0.0145

R-squared	0.986311	Mean dependent var		112.9225
Adjusted R-squared	0.981333	S.D. dependent var		41.15792
S.E. of regression	5.623360	Akaike info criterion		6.643466
Sum squared resid	347.8440	Schwarz criterion		6.884900
Log likelihood	-48.14772	Hannan-Quinn criter.		6.655829
F-statistic	198.1345	Durbin-Watson stat		1.804964
Prob(F-statistic)	0.000000			

Inverted AR Roots	.16-.85i	.16+.85i	

图 3. 21　回归结果

估计模型结果为

$$y_t = -17.920 + 0.684x_t + 0.204y_{t-1} + \mu_t$$

案例延伸思考:假定本例设定模型为滞后回归模型,读者可以利用上面的自回归模型结果,再次代回,比较回归结果。

思考题

1. 什么是滞后现象? 产生滞后现象的主要原因有哪些?

2. 滞后变量模型有哪几种类型? 对分布滞后模型进行估计存在哪些困难? 实际应用中该如何处理这些困难?

3. 试述阿尔蒙估计法的原理和步骤。

4. 利用月度数据资料,为了检验下面的假设,应引入多少个虚拟解释变量?

(1) 一年里的 12 个月全部表现出季节模式;

(2) 只有 2 月、6 月、8 月和 12 月表现出季节模式。

5. 什么是工具变量法? 为什么说它是克服随机解释变量问题的有效方法? 简述工具变量法的步骤以及工具变量法存在的缺陷。

6. 归纳总结可线性化的非线性回归模型的几种类型及解决方法。

第4章 聚 类 分 析

聚类分析(cluster analysis)也叫分类分析(classification analysis),是一种将研究对象(样品或指标)分为相对同质的群组(clusters)的统计分析技术。

聚类分析起源于分类学,它的任务是不仅要识别物种、鉴定名称,而且要阐明物种之间的亲缘关系和分类系统,进而研究物种的起源、分布中心、演化过程和演化趋势。现在聚类分析广泛应用于生物、经济、社会、人口等领域的大量量化分类问题的研究中。在经济研究中,为了研究不同地区城镇居民生活中的收入和消费情况往往需要划分不同的类型去研究。在地质学中,为了研究矿物勘探,需要根据各种矿石的化学和物理性质及所含化学成分把它们归于不同的矿石类。在人口学研究中,需要构造人口的生育分类模式、人口死亡分类状况,以此来研究人口的生育和死亡规律。

4.1 聚类分析的基本思想及分类

4.1.1 聚类分析的基本思想

聚类分析是根据"物以类聚"的道理,在相似的基础上对样品或指标进行分类的一种多统计分析方法。在一些社会、经济研究问题中,面临的往往是比较复杂的研究对象,如果能够把相似的样品(或指标)归成类,处理起来就大为方便。一般情形下,所研究的样品或指标之间存在着不同程度的相似性,于是根据一批样品的多个观测指标找出一些能够度量样品或指标之间相似程度的统计量,以这些统计量为划分类型的依据,把一些相似程度较大的样品聚为一类。关系密切的聚为一个小的分类单位,关系疏远的聚为一个大的分类单位,直到把所有样品或指标都聚类完毕,这样就可以形成一个由小到大的分类系统。

聚类不同于分类,聚类所要求划分的类通常是未知的。从统计学的观点看,聚类分析是通过数据建模简化数据的一种方法。从实际应用的角度看,聚类分析是数据挖掘的主要任务之一。

4.1.2 聚类分析的分类方法

聚类分析不仅可以用来对样品进行分类,也可以用来对变量进行分类。对样品的分类常称为 Q 型聚类分析,对变量的分类常称为 R 型聚类分析。

聚类分析的内容非常丰富,有系统聚类法(hierarchical clustering)、有序样品聚类法、快速聚类法(K-means clustering)、模糊聚类法等。

(1) 系统聚类法

首先,将 n 个样品看成 n 类(一类包含一个样品),然后将性质最接近的两类合并成一个新类,得到 $n-1$ 个类;再从中找出最接近的两类加以合并变成了 $n-2$ 类。如此下去,最后所有的样品均聚为一类,将上述并类画成一张图(称为聚类图)便可决定分多少类,每类各有什么样品。

(2) 模糊聚类法

将模糊数学的思想观点用到聚类分析中产生的方法。该方法多用于定性变量的分类。

(3) K 均值法

K 均值法是一种非谱系聚类法,它是把样品聚集成 k 个类的集合。类的个数 k 可以预先给定或者在聚类过程中确定。该方法可应用于比系统聚类法大得多的数据组。

(4) 有序样品的聚类

n 个样品按某种原因(时间、地层深度等)排成次序,聚成类必须是次序相邻的样品才能聚在一类。

通常把聚类分析和其他方法联合起来便用,如判别分析、主成分分析、回归分析等往往效果更好。

4.2 聚类分析的两个基本概念

为了将样品(或指标)进行分类,就需要研究样品之间关系或相似性。目前主要用统计距离和相似系数作为相似程度的度量,通常样品聚类时使用统计距离,变量聚类时用相似系数,相应的方法分别叫作 Q 型聚类和 R 型聚类。

4.2.1 统计距离

在多指标统计分析中,距离的概念十分重要,样品间的不少特征都可用距离来描述。我们熟知的有欧式距离,即直线距离:几何平面上的点 $P=(x_1,x_2)$ 到原点 $O=(0,0)$ 的欧式距离 $d(O,P)=\sqrt{x_1^2+x_2^2}$。

一般地,若点 $P=(x_1,x_2,\cdots,x_p)$,则它到原点 $O=(0,0,\cdots,0)$ 的欧式距离为

$$d(O,P) = \sqrt{x_1^2 + x_2^2 + \cdots + x_p^2} \qquad (4.1)$$

任意两点 $P=(x_1,x_2,\cdots,x_p)$ 与 $Q=(y_1,y_2,\cdots,y_p)$ 之间的欧式距离为

$$d(P,Q) = \sqrt{(x_1 - y_1)^2 + (x_2 - y_2)^2 + \cdots + (x_p - y_p)^2} \qquad (4.2)$$

可以看到,采用欧氏距离时每个坐标的贡献是相同的,但当坐标轴表示测量值时,它们往往带有大小不等的随机波动情况,在这种情况下,合理的办法是对坐标加权,从而使变化大的坐标比变化小的坐标有较小的权系数,这就产生了各种距离。

欧氏距离还有一个缺点,那就是当各个分量为不同性质的量时,"距离"的大小与指标的

单位有关。因此,需要选择的距离应该能够体现各个变量在变差大小上的不同,以及存在的相关性,即依赖样本方差和协方差。

最常用的一种统计距离是印度统计学家马哈拉诺比斯(Mahalanobis)于 1936 年引入的,称为马氏距离。下面先用一个一维的例子说明欧氏距离与马氏距离在概率上的差异。设有两个一维正态总体 $G_1 : N(\mu_1, \sigma_1^2)$ 和 $G_2 : N(\mu_2, \sigma_2^2)$。若有一个样品,其值在点 A 处,点 A 距离哪个总体近些呢? 如图 4.1 所示。

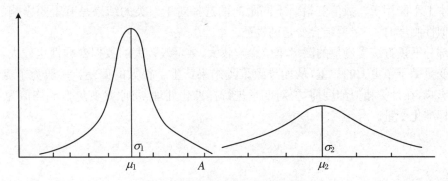

图 4.1　A 点至两个总体的距离

由图 4.1 可以看出,从绝对长度来看,点 A 距离左面总体 G_1 近些,即点 A 到 μ_1 比点 A 到 μ_2 要近一些(这里用的是欧氏距离)。但从概率观点来看,点 A 在 μ_1 右侧约 $4\sigma_1$ 处,点 A 在 μ_2 的左侧约 $3\sigma_2$ 处,若以标准差来衡量,点 A 距离 μ_2 比距离 μ_1 要近一些。显然,后者是从概率的角度来考虑的,因而更为合理,它是用坐标差平方除以方差,从而转化为无量纲数的,推广到多维就要乘以协方差阵 $\sum$ 的逆矩阵 $\sum^{-1}$,这就是马氏距离的概念。这一距离在多元分析中起着十分重要的作用。特别地,当所有样本方差相等时,马氏距离就等价于欧氏距离。

样品聚类时,常用的距离方法还有平方欧式距离和明考斯基效力距离,定义如下:

平方欧式距离:
$$d(P, Q) = (x_1 - y_1)^2 + (x_2 - y_2)^2 + \cdots + (x_p - y_p)^2$$

明考斯基效力距离:
$$d(P, Q) = \sqrt[q]{\sum_{i=1}^{m} |x_i - y_i|^q}$$

在没有其他辅助信息和各指标大小相近时,明考斯基效力距离因简单而被选用。其不足之处主要表现在两个方面:第一,它与各指标的量纲有关,各指标值相差不能太悬殊,否则会产生"大数吃小数"现象,即距离大小主要与大数有关;第二,它没有考虑指标之间的相关性,而是要求分量间不相关且等方差,否则效果不好。解决办法是,先对原始数据标准化处理,再计算距离。

4.2.2　相似系数

所谓类比(analogy)是这样一种推理,它把不同的两个对象进行比较,根据它们一系列属性上的相似(resemble),而且已知其中一个对象还具有其他属性,由此推出另一个对象也具有相似的其他属性的结论。对指标/变量进行聚类时,一般考虑使用相似系数。常用的相似系数有夹角余弦和皮尔逊相关系数。实际上,皮尔逊相关系数就是标准化后的夹角余弦值。由于剔除了量纲的影响，能更准确地测量变量间的关系，因此皮尔逊相关系数在实际中的应用更为广泛。

设 x、y 是两个要测度相似性的聚类变量，它们均含有 m 个值，其皮尔逊相关系数为

$$r_{xy} = \sum_{i=1}^{m}(x_i - \bar{x})(y_i - \bar{y}) \Big/ \sqrt{\sum_{i=1}^{m}(x_i - \bar{x})^2} \sqrt{\sum_{i=1}^{m}(y_i - \bar{y})^2} \tag{4.3}$$

需要说明的是，适用于非数值变量的测度也一定适用于数值变量，但适用于数值变量的测度基本上不能用于非数值变量。不同距离的选择对于聚类的结果是有重要影响的，因此选择相似性测度时，一定要结合变量的性质。

大部分度量方法受变量的测量单位影响较大，数量级较大的数据变异性也较大，相当于对这个变量赋予了更大的权重，从而导致聚类结果产生了很大的偏差。一般为了克服测量单位的影响，在计算相似测度前，要对变量进行标准化处理，将原始变量变成均值为 0、方差为 1 的标准化变量。

4.3　系 统 聚 类

系统聚类(hierarchical clustering)也叫层次聚类，由 n 个类最后聚成一类的做法称为"凝聚"。在进行系统聚类前，先要定义类与类之间的距离，采用不同的距离方法，就会有不同的系统聚类方法。

4.3.1　类间距离

1. 最短距离法(nearest neighbor 或 single linkage method)

定义类 G_p 与 G_q 之间的距离为两类最近样品的距离。

图 4.2 中类 G_p 与 G_q 的最短距离为 G_q 内点 2 到 G_p 内点 4 的距离。

图 4.2　最短距离法示意图

2. 最长距离法(farthest neighbor 或 complete linkage method)

图 4.3 中类 G_p 与 G_q 的最长距离为 G_q 内点 1 到 G_p 内点 3 的距离。

3. 类平均法(group average method)

未加权的类平均法将变量间的距离定义为一个群中所有个体与另一个群中的所有个体间距离的平均值，即

$$D_{pq} = \sum_{x_i \in G_p, y_i \in G_q} d_{ij} \Big/ (n_p n_q) \tag{4.4}$$

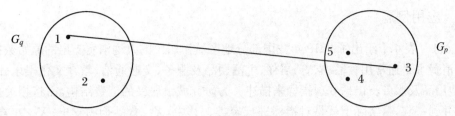

图 4.3 最长距离法示意

类平均法(图 4.4)充分利用已知信息,考虑了所有个体,克服了最短(长)距离法受异常值影响的最大的缺陷,是一种聚类效果好、应用较广的聚类方法。

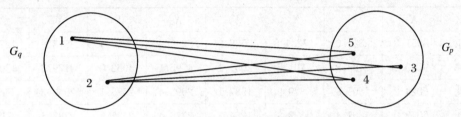

图 4.4 类平均法示意

而加权的类平均法将各自群中的规模作为权数,其余与未加权的类平均法相同。当群间的资料变异性较大时,加权的类平均法比未加权的平均法更优。

类平均法是聚类效果较好、应用比较广泛的一种聚类方法。它有两种形式:一种是组间联结法(between-groups linkage);另一种是组内联结法(within-groups linkage)。组间联结法在计算距离时只考虑两类之间样品距离的平均;组内联结法在计算距离时把两组所有个案之间的距离都考虑在内。

4. 类间重心法(centroid method)

未加权的类间重心法:从物理观点来看,一个群用它的重心(该群个体的均值)来代表是比较合理的。未加权的重心法就是将变量间的距离定义为两群重心间的距离。设 G_p 和 G_q 的重心分别是 $\bar{x}_p$ 和 $\bar{x}_q$,则两群间的距离 $D_{pq} = d(\bar{x}_p, \bar{x}_q)$。

重心法要求用欧氏距离每聚一次类,都要重新计算重心。它也是较少受到异常值的影响,但因为群间距离没有单调递增趋势,在树状聚类图上可能会出现图形逆转,限制了它的使用。

加权的类间重心法是将各自群中的规模作为权数,其余的与未加权的类间重心法相同。当群间的资料变异较大时,群的规模有显著差异,加权的类间重心法比未加权的重心法更优。

5. 离差平方和法(或称 Ward 方法)

这种方法与前几种方法明显不同,它利用了变异系数分析的思想。"好"的聚类方法是使群内的差异尽量小,而群间的差异尽量大,也就是说,类内的离差平方和尽量小,类间的离差平方和尽量大。当类数固定时,使整个类内离差平方和达到极小的分类即为最优。它要求采用平方欧氏距离,目前离差平方和法被认为是一种理论上和实际上都非常有效的聚类方法,应用广泛。

4.3.2 应用例题

例 4.1 表 4.1 给出了 2019 年我国部分地区城镇居民的人均消费支出的原始数据。城镇居民消费水平通常用食品、衣着、居住、生活用品及服务、交通通信、教育文化娱乐、医疗保健、其他用品及服务支出这 8 项指标来描述。为研究城镇居民的消费结构，需将相关性强的指标归并到一起，这实际上就是对指标进行聚类。其中，X_1:食品烟酒支出；X_2:衣着支出；X_3:居住支出；X_4:生活用品及服务支出；X_5:交通通信支出；X_6:教育文化娱乐支出；X_7:医疗保健支出；X_8:其他用品及服务支出。

表 4.1   2019 年我国部分地区城镇居民的人均消费支出 （单位:元）

地区	X_1	X_2	X_3	X_4	X_5	X_6	X_7	X_8
北京	8951.0	2391.0	17234.8	2568.9	5229.2	4738.4	3973.9	1271.0
天津	9719.2	2194.8	7701.5	2051.1	4596.1	4062.0	3179.3	1306.8
河北	6024.2	1805.8	5879.9	1537.1	2992.4	2588.1	2056.3	599.3
山西	5072.9	1801.4	4333.3	1264.7	2776.4	2937.9	2383.4	588.8
内蒙古	6688.4	2457.9	4844.7	1614.4	3797.1	2817.5	2348.6	813.9
辽宁	7355.7	2029.8	5445.9	1621.0	3394.5	3691.9	2827.8	988.4
吉林	5841.4	1979.2	4571.2	1358.4	3174.9	3147.7	2525.2	796.3
黑龙江	5814.0	1873.1	4319.3	1092.6	2612.4	2925.7	2840.9	686.9
上海	11272.5	2161.6	16253.1	2215.2	5625.9	5966.4	3331.6	1445.2
江苏	7981.4	1930.6	8787.2	1711.2	4051.5	3605.6	2419.9	841.8
浙江	10161.6	2258.8	9977.2	2075.2	5368.0	4342.2	2300.3	1024.5
安徽	7421.0	1763.5	5262.6	1465.8	2870.5	2802.4	1658.2	537.8
福建	9536.7	1659.4	8954.9	1556.8	3715.1	3066.3	1691.5	764.7
江西	6604.4	1568.9	5370.4	1507.0	2771.5	2781.4	1559.3	551.3
山东	6964.9	2042.4	5883.3	2083.4	3762.2	3171.3	2183.8	640.1
河南	5549.8	1706.5	5189.5	1528.8	2691.3	2673.9	2081.1	550.7
湖北	7334.3	1886.7	5929.4	1869.0	3283.9	2967.0	2471.4	680.2
湖南	7499.6	1843.7	5447.8	1660.4	3425.2	4172.2	2305.2	569.8
广东	10757.5	1480.8	8961.6	1894.8	4597.1	3984.5	1883.0	864.9
广西	6577.7	973.6	4468.2	1256.5	3176.0	2609.0	2071.0	459.1
海南	8690.5	968.8	5499.5	1237.1	3605.5	3135.3	1597.3	582.7
重庆	8035.1	2015.3	4734.2	1746.2	3317.8	2893.9	2359.1	683.8
四川	8279.4	1729.8	4741.9	1525.4	3453.4	2667.6	2293.3	677.1
贵州	6061.2	1610.6	3976.7	1305.1	3413.0	2635.3	1850.8	549.6
云南	6357.1	1415.7	5202.5	1416.8	3517.9	2917.6	2048.2	579.0

续表

地区	X_1	X_2	X_3	X_4	X_5	X_6	X_7	X_8
西藏	9682.1	2419.3	5226.1	1758.3	3621.8	1265.8	965.8	697.4
陕西	6376.3	1816.1	4641.2	1610.7	2890.8	3036.8	2528.5	613.8
甘肃	6996.0	1920.1	5621.8	1455.0	3050.2	2554.8	2224.2	631.7
青海	6904.2	1941.0	4654.4	1368.9	3295.0	2436.4	2509.8	689.7
宁夏	5858.9	2104.5	4326.5	1529.1	4077.0	3188.2	2342.2	734.6
新疆	7421.6	2234.8	4559.0	1708.5	3667.7	2724.1	2495.5	783.1

资料来源:《中国统计年鉴》(2020 年版)。

SPSS 操作步骤如下:

Step 1　将原始数据录入或导入 SPSS,注意"地区"在"变量视图"选择"类型"时,应选择"字符串"。另外,SPSS 目前大多数版本都有汉化版,但由于部分汉化翻译并不准确,建议"User Interface"选用英文,路径依次为"编辑"→"选项"→"用户界面"。

Step 2　在"Analyze"→"Classify"菜单中选择"Hierarchical Cluster"命令。在弹出的"Hierarchical Cluster Analysis"对话框中,将对话框左侧的变量列表框中选择"$X_1,X_2,\cdots,X_8$",将其添加到右边的"Variables(s)"列表框中。选择"地区"变量,将其添加到"Label Cases by"列表框中。选择标记变量将增强聚类分析结果的可读性。本例是对变量的聚类,因此在"Cluster"选项区选择"Variables"选项。在系统聚类分析中默认是样本型聚类。在"Display"选项区中,系统默认选中"Statistics"和"Plots"选项,表示输出结果将包含基本统计量和图。

Step 3　确定方法。单击"Method",弹出"Hierarchical Cluster Analysis:Method"对话框。该对话框中指定距离计算方法。其中在"Cluster Method"下拉列表框中指定的是小类之间距离的计算方法。SPSS 提供了 7 种方法供用户选择。

SPSS 默认的是组间联结法。本例保留默认方法。在"Measure"选项区中选择计算样本距离的方法,选项如下:

(1) Interval:适合于连续性变量,系统提供以下 8 种方法供用户选择:

① Euclidean distance:欧氏距离。

② Squared Euclidean distance(系统默认方式):欧氏距离平方。

③ Cosine:变量矢量的余弦,这是模型相似性的度量。

④ Pearson correlation:相关系数距离,适用于 R 型聚类。

⑤ Chebychev:Chebychev 距离。

⑥ Block:City-Block 或 Manhatan 距离。

⑦ Minkowski:Minkowski 距离。

⑧ Customized:用户自定义距离。

(2) Counts 适合于顺序或名义变量,统提供以下 2 种方式:

① Chi-square measure:SPSS 默认方式。

② Phi-square measure:这是 φ^2 统计量。

(3) Binary 适用于二值变量,系统提供多种选择方式,默认的是二元欧氏距离平方。

在该对话框中，还可以设置对不同数量级的变量进行标准化处理。在"Transform Values"选项区中指定对变量进行标准化处理的方法。SPSS 默认是不进行标准化处理的，如果需要，那么可以采用下面的处理方法：

① Scores：表示计算变量的 Z 分数。标准化后变量值的平均值为 0，标准差为 1。

② Range -1 to 1：表示将所需标准化处理的变量范围控制为 $[-1,1]$。变量中必须含有负数。由每个变量值除以该变量的全距得到标准化处理后的变量值。

③ Range 0 to l：表示将所需标准化处理的变量范围控制为 $[0,1]$。由每个变量值减去该变量的最小值再除以该变量的全距得到标准化处理后的变量值。

④ Maximum magnitude of 1：处理以后变量的最大值为 1，由每个变量值除以该变量的最大值得到。

⑤ Mean of 1：由每个变量值除以该变量的平均值得到，因此该变量所有取值的平均值将变为 1。

⑥ Standard deviation of 1：表示将所需标准化处理的变量标准差变成 1，由每个变量值除以该变量的标准差得到。

在"Transform Values"选项区中如果选择了上面的一种标准化处理方法，则需要指定标准化处理是针对变量的，还是针对样本的。By Variables 表示针对变量，By Cases 表示针对样本。

本例中是连续性变量，所以选择"Interval"选项区中的"Squared Euclidean distance"项，单击"Continue"返回"Hierarchical Cluster Analysis"对话框。

Step 4 指定 SPSS 分析的图形输出。单击对话框中的"Plots"，打开"Hierarchical Cluster Analysis：Plots"对话框。SPSS 系统聚类的图形结果有两种方式：一种是输出树形图（dendrogram），一种是输出冰柱图（icicle）。树形图以树的形式展现聚类分析的每次合并过程，SPSS 首先将各类间的距离重新转换到 0～25，然后再近似地表示在图上。树形图可以粗略地表现聚类的过程。SPSS 默认输出聚类全过程（all clusters）的冰柱图。

另外，还可以指定冰柱图显示的方向。在"Orientation"选项区中选择"Vertical"选项表示纵向输出，选择"Horizontal"选项表示横向输出。

在本例中选中"Dendrogram"选项，并选择纵向（vertical）输出聚类全过程的冰柱图。单击"Continue"返回"Hierarchical Cluster Analysis"对话框。

Step 5 显示凝聚状态表。单击对话框中的"Statistics"，打开"Hierarchical Cluster Analysis：Statistics"对话框。SPSS 默认选中"Agglomeration schedule"选项，输出系统聚类分析的凝聚状态表。在该对话框中还可以指定输出系统聚类分析的所属类成员情况。所属类成员输出能够非常清楚地显示每个样本属于哪个类。系统聚类分析是探索性的分析，因此 SPSS 会产生多个可能的类结果，每个类成员在聚类过程中会不断变化。例如，某个样本、观察量在样本聚类成两类时，属于第一类，当聚类成三类时，就归属为第二类，如果希望了解每个样本的归属情况，就应首先确定聚类的类数。

"Cluster Membership"选项区中的选项如下。None：表示不显示类成员构成。Single solution：选择并在后面的文本框中输入一个具体的数值 n（n 小于样本总数），表示仅显示聚类成 n 类时各个类的成员构成。Range of solution：选择并在下面的两个文本框中输入 n_1、n_2，指定显示聚成 n_1 类到 n_2 类时各个类的成员构成。

如果选中该对话框中的"Proximity matrix"选项，则 SPSS 还将显示各样本的距离矩阵。

在本例中选中"Agglomeration schedule"和"Proximity matrix"选项,选中"Cluster Membership"选项区中的"Single solution"选项,并在后面的文本框中输入"3",显示将样本分成三类时,各样本的归属情况。单击"Continue"返回"Hierarchical Cluster Analysis"对话框。

Step 6 在"Hierarchical Cluster Analysis"对话框中,单击"OK",SPSS自动完成计算并输出结果。

【结果分析】

由于结果分项较多,限于篇幅,选择相对重要的进行分析。

(1) 各变量的距离矩阵(图4.5)

Proximity Matrix

Case	Matrix File Input							
	x1	x2	x3	x4	x5	x6	x7	x8
x1	.000	1.072E9	2.110E8	1.144E9	5.177E8	6.468E8	9.344E8	1.495E9
x2	1.072E9	.000	9.174E8	4702260.310	1.088E8	7.469E7	1.391E7	4.162E7
x3	2.110E8	9.174E8	.000	9.579E8	4.392E8	5.151E8	7.702E8	1.253E9
x4	1.144E9	4702260.310	9.579E8	.000	1.303E8	8.830E7	2.123E7	2.559E7
x5	5.177E8	1.088E8	4.392E8	1.303E8	.000	1.558E7	6.901E7	2.638E8
x6	6.468E8	7.469E7	5.151E8	8.830E7	1.558E7	.000	3.568E7	1.968E8
x7	9.344E8	1.391E7	7.702E8	2.123E7	6.901E7	3.568E7	.000	8.031E7
x8	1.495E9	4.162E7	1.253E9	2.559E7	2.638E8	1.968E8	8.031E7	.000

图4.5 各变量的距离矩阵

可以看出各个变量之间的距离。因为在设置样本间距离计算公式时选择了Pearson相关分析,其值可能为负。

(2) 系统聚类分析的凝聚状态表

图4.6中,第一行表示:第二个变量和第四个变量首先进行了聚类;第二行表示:在第二步聚类时,第五个变量和第六个变量进行了聚类,以此类推。

Agglomeration Schedule

Stage	Cluster Combined		Coefficients	Stage Cluster First Appears		Next Stage
	Cluster 1	Cluster 2		Cluster 1	Cluster 2	
1	2	4	4702260.310	0	0	3
2	5	6	1.558E7	0	0	5
3	2	7	1.757E7	1	0	4
4	2	8	4.917E7	3	0	5
5	2	5	1.209E8	4	2	7
6	1	3	2.110E8	0	0	7
7	1	2	8.886E8	6	5	0

图4.6 凝聚状态表

(3) 变量的类归属情况表

图4.7结果显示,x_1、x_2、x_4、x_5、x_6、x_7属于第一类;x_3属于第二类;x_8属于第三类。

(4) 聚类树形图

图 4.8 为变量(指标)聚类树形图,从该图可以由分类个数得到分类情况。如果选择类数为 3,可以从距离大概为 15 的地方作为断面,类的归属结果同上。

Cluster Membership

Case	3 Clusters
x1	1
x2	2
x3	3
x4	2
x5	2
x6	2
x7	2
x8	2

图 4.7　变量的类归属

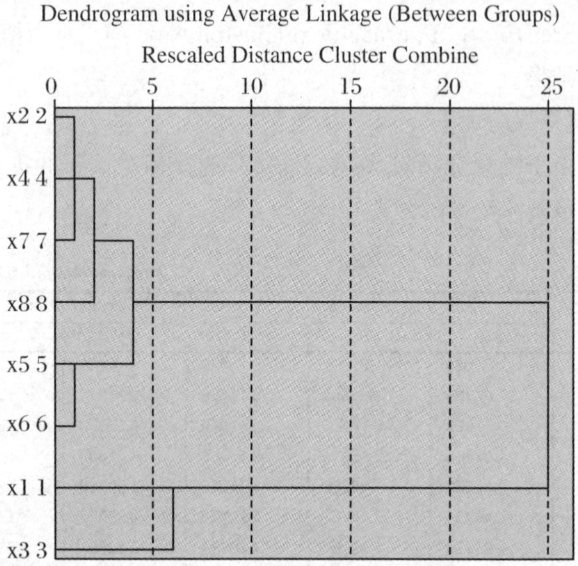

图 4.8　变量(指标)聚类树形图

(5) 聚类冰柱图

对于给定的类数,若要从冰柱图中得知每类所包含的变量(样品),只需找到长度小于对应该给定类数的冰柱。然后,以这些冰柱为分隔点,从左起至第一个分隔点之间的样品为一类,第一个与第二个分隔点之间的样品为第二类,以此类推,直至最后一个分隔点至最右边为最后一类。例如,对于图 4.9,若设定类数为 3,则需要找到冰柱长度对应类数小于 3 的冰柱,它们是 x_2 与 x_3 之间的冰柱和 x_3 与 x_1 之间的冰柱,因此变量(样品)被分为三类的结果是:x_1 为一类;x_3 为一类;其余为一类。

例 4.2　同例 4.1,要求对样品(地区)进行聚类。

SPSS 操作步骤如下:

Step 1　同上例。

Step 2　本例是对变量的聚类,因此在“Cluster”选项区选择“Cases”选项。其余同上例。

Step 3　本例中是连续性变量,所以选择“Interval”选项区中的“Squared Euclidean distance”项,其余同上例。

Step 4～Step 5　选项同上例。

Step 6　设定保存层次聚类分析的结果。单击对话框中的“Save”,打开“Hierarchical Cluster Analysis:Save New Var”对话框。在该对话框中可以将 SPSS 系统聚类分析的最终结果以变量的形式保存到 SPSS 数据编辑窗口中,各选项如下:

None:表示不保存到编辑窗口中。

Single solution:选中该选项,并在后面的文本框中输入一个具体的数值 n(n 小于样本总数),表示将聚类成 n 类时,各个样本的类归属保存到一个新的 SPSS 变量中。这个变量名为 cluN-M,其中 N 是类数,M 是表示尝试分析的次数。分析时,SPSS 可能会采用不同的

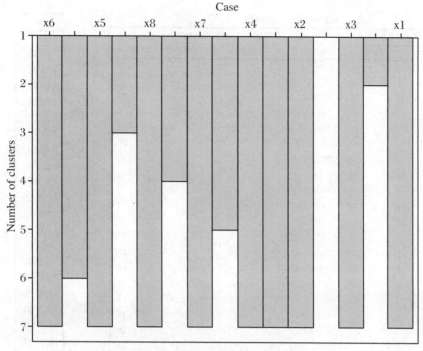

图 4.9 变量(指标)聚类冰柱图

方法。

Range of solutions：选择并在下面的两个文本框中输入 n_1、n_2，表示将聚成 n_1 类到 n_2 类时，所有样本的类归属情况保存到 SPSS 变量中。这些变量为 cluN-1，其中 N 的取值范围为 $[n_1, n_2]$。

在本例中选中"Single solution"选项，并在后面的文本框中输入"3"，显示将样本分成三类时，各个样本的归属情况，并保存为相应的变量。单击"Continue"返回"Hierarchical Cluster Analysis"对话框。

【结果分析】

凝聚状态表如图 4.10 所示，样品的类归属如图 4.11 所示。

限于篇幅，树形图和冰柱图略。有兴趣的读者可根据数据自行操作。结果显示：北京和上海为一类；天津、江苏、浙江、福建、广东为一类；其余为一类。

作为比较不同距离的选择方法不同而带来的聚类结果的差异，建议读者尝试选取"Cluster Method"下拉菜单中的选项分别进行聚类，比较分类的结果差异及合理性。界面如图 4.12 所示。

Agglomeration Schedule

Stage	Cluster Combined		Coefficients	Stage Cluster First Appears		Next Stage
	Cluster 1	Cluster 2		Cluster 1	Cluster 2	
1	22	23	264087.960	0	0	16
2	7	27	507603.670	0	0	7
3	15	17	563622.570	0	0	14
4	29	31	709055.150	0	0	8
5	6	18	736863.690	0	0	14
6	12	14	738293.230	0	0	10
7	7	8	753850.485	2	0	12
8	5	29	787411.805	0	4	16
9	3	16	812636.750	0	0	13
10	12	28	838725.945	6	0	15
11	20	24	1030014.440	0	0	18
12	4	7	1247285.273	0	7	17
13	3	25	1307546.475	9	0	15
14	6	15	1555539.670	5	3	19
15	3	12	1812963.304	13	10	21
16	5	22	1848191.610	8	1	19
17	4	30	2040368.840	12	0	18
18	4	20	2099857.220	17	11	21
19	5	6	2681917.705	16	14	23
20	11	19	2946215.880	0	0	24
21	3	4	3020715.893	15	18	23
22	10	13	3484990.600	0	0	25
23	3	5	3982192.766	21	19	26
24	2	11	5993851.070	0	20	25
25	2	10	6615730.750	24	22	29
26	3	21	7281808.163	23	0	28
27	1	9	8639075.010	0	0	30
28	3	26	1.519E7	26	0	29
29	2	3	2.949E7	25	28	30
30	1	2	1.506E8	27	29	0

图 4.10 凝聚状态表

Cluster Membership

Case	3 Clusters
1:北 京	1
2:天 津	2
3:河 北	3
4:山 西	3
5:内蒙古	3
6:辽 宁	3
7:吉 林	3
8:黑龙江	3
9:上 海	1
10:江 苏	2
11:浙 江	2
12:安 徽	3
13:福 建	2
14:江 西	3
15:山 东	3
16:河 南	3
17:湖 北	3
18:湖 南	3
19:广 东	2
20:广 西	3
21:海 南	3
22:重 庆	3
23:四 川	3
24:贵 州	3
25:云 南	3
26:西 藏	3
27:陕 西	3
28:甘 肃	3
29:青 海	3
30:宁 夏	3
31:新 疆	3

图 4.11 样品的类归属

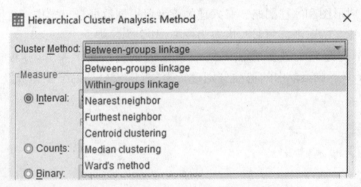

图 4.12 "Cluster Method"下拉菜单选项

4.4 快速聚类(K-均值法)

4.4.1 方法原理及过程

在大样本的情况下,可以采用快速聚类分析的方法。快速聚类分析是由用户指定类别数的大样本资料的逐步聚类分析。它先对数据进行初始分类,然后逐步调整,得到最终分类。快速聚类分析的实质是 K-Means 聚类。

快速聚类分析的计算过程如下:

① 由用户指定聚类成多少类(如 k 类)。

② SPSS 确定 k 个类的初始类中心。SPSS 会根据样本数据的实际情况,选择 k 个有代表性的样本数据作为初始类中心。初始类中心也可以由用户自行指定,需要指定 k 组样本数据作为初始类中心点。

③ 计算所有样本数据点到 k 个类中心点的欧氏距离,SPSS 按照距 k 个类中心点距离最短的原则把所有样本分派到各中心点所在的类中,形成一个新的 k 类,完成一次迭代过程。

④ SPSS 重新确定 k 个类的中心点。SPSS 计算每个类中各个变量的变量值均值,并以均值点作为新的类中心点。

⑤ 重复上述两步计算过程,直到达到指定的迭代次数或终止迭代的判断要求为止。

和系统聚类分析一致,快速聚类分析也以距离作为样本间亲疏程度的标志。但两者的不同之处在于:系统聚类可以对不同的聚类类数产生一系列的聚类解,而快速聚类只能产生固定类数的聚类解,类数需要由用户事先指定。

4.4.2 应用例题

例 4.3 同例 4.1,要求采用快速聚类法对样品(地区)进行聚类。

SPSS 操作步骤如下:

Step 1 在"Analyze"菜单中的"Classify"子菜单中选择"K-Means Cluster"命令。其余同前例。

Step 2 确定选项。在"Number of Clusters"(聚类分析的类别数)文本框中输入需要聚合的组数,本例分成三类,因此这里输入"3"。在"Method"选项区中选择类中心点的确定方法。有以下两种确定方法:① Iterate and classify(SPSS 默认),先定初始类别中心点,而后按 K-Means 算法进行迭代分类,在本例中选中此选项;② Classify only:指仅按初始类别中心点分类,仅进行一次迭代计算。

Step 3 在"K-Means Cluster Analysis"中单击"Options",弹出"K-Means Cluster Analysis:Options"对话框。在该对话框中可以选择输出其他哪些聚类分析的结果,并指定对缺失数据的处理方法。

Step 4 "Statistics"选项区,选择显示其他的分析结果。其中,Initial cluster centers:SPSS 默认项,表示显示有关初始类中心点的数据;ANOVA table:对快速聚类分析产生的类做单因素方差分析,并输入各个变量的方差分析表;Cluster information for each case:输入样本的分类信息和它们距所属类中心点的距离。

Step 5 "Missing Values"选项区,选择缺失值处理方法。其中,Exclude cases listwise:去除所有含缺失值的观察量后再进行分析;Exclude cases pairwise:当分析计算涉及含有缺失值的变量时,则去掉在该变量上是缺失值的观察量。

在本例中选中"Statistics"选项区中的 3 个选项,单击"Continue"返回。

Step 6 单击对话框中的"Iterate",打开"K-Means Cluster Analysis:Iterate"对话框。该对话框用于确定快速聚类分析的迭代终止条件,选项如下:

① Maximum Iterations:指定最大的迭代次数,迭代达到该次数时终止聚类分析过程。SPSS 默认为 10 次。

② "Convergence Criterion"文本框:迭代的距离收敛标准。当新一次迭代形成的若干个类中心点和上一次的类中心点间的最大距离小于指定数据时,终止聚类分析过程。在 SPSS 中默认为 0。

③ Use running means:选中该项,表示每当一个样本被分配到一类后重新计算新的类中心点,快速聚类分析的类中心点与样本进入的先后顺序有关;不选中该项,则完成所有样本分配后计算各类中心点,这种方式可以节省运算时间,尤其是在样本容量较大时。

在本例中指定最大的迭代次数为 10 次,不选"Use running means"选项。单击"Continue",返回"K-Means-Cluster analysis"对话框。

Step 7 单击对话框中的"Save"打开"K-Means Cluster:Save N"对话框,选择"Cluster membership"选项,分类结果情况将保存在数据文件中。单击"Continue"返回。单击"OK"。

【结果分析】

输出结果大多数可对照前文选项说明分析结果,此处不做赘述[①]。聚类情况在数据文件中用新变量(QCL_1)进行记录。下面就单因素方差分析的结果(图 4.13)进行分析。

ANOVA

	Cluster		Error		F	Sig.
	Mean Square	df	Mean Square	df		
x1	2.818E7	2	787560.979	28	35.788	.000
x2	2.818E7	2	787560.979	28	35.788	.000
x3	176057.089	2	122939.840	28	1.432	.256
x4	1.370E8	2	990008.340	28	138.371	.000
x5	759215.821	2	56616.002	28	13.410	.000
x6	6072722.009	2	210004.543	28	28.917	.000
x7	5540033.522	2	371868.986	28	14.898	.000
x8	2143099.090	2	192521.318	28	11.132	.000

The F tests should be used only for descriptive purposes because the clusters have been chosen to maximize the differences among cases in different clusters. The observed significance levels are not corrected for this and thus cannot be interpreted as tests of the hypothesis that the cluster means are equal.

图 4.13 单因素方差分析结果

---

① 杨晓明.SPSS 在教育统计中的应用[M].2 版.北京:高等教育出版社,2022.

其中的每一行对应相应变量的分析结果。

首先是 x_1 变量,它的平均组间平方和(mean square)为 2.81E7(表格中的第 2 列),平均组内平方和为 787560.979(表格中的第 4 列),F 统计量值为 35.788(表格中的第 6 列),F 统计量的相伴概率为 0.000。相伴概率小于显著性水平 0.05。因此可以认为对于 x_1 变量 3 个类之间存在着显著的差异。

类似地,可以分析其他变量。由图 4.13 可以看,除了 x_3 在三类地区之间不存在显著差异(相伴概率为 0.256),其他变量在三类地区之间都存在着显著的差异。

因此从三类的单因素方差分析看,将样本分成三类的快速聚类分析基本上是成功的,聚类效果比较理想。

需要说明的是,如果从单因素方差分析结果看,各类之间的差异不明显,则需要尝试其他的分析方法。例如分成四类或五类,而不是一开始的三类。这说明快速聚类分析是尝试性的分析,有时候需要反复快速聚类,以最终确定一个比较合理的聚类数目。

4.5 两步聚类法

样本数据聚类效果的好与坏,参与聚类的变量在其中的作用至关重要。而现实中,聚类变量可能是连续数据,也可能是类别数据,所以诸如系统聚类和 K 均值聚类这样的统计方法,它们在类别变量数据面前就显得不足够实用了。

采用两步聚类法,则可以完美解决这个问题。它的优势至少表现在以下几个方面:

① 可同时基于类别变量和连续变量进行聚类;

② 可自动确定最终的分类个数;

③ 可处理大型数据集。

两步聚类,顾名思义就是整个聚类过程分为前后两大板块来完成:第一步对所有记录进行距离考察,构建 CF 分类特征树[①],同一个树节点内的记录相似度高,相似度差的记录则会生成新的节点。第二步,在分类树的基础上,使用凝聚法对节点进行分类,每一个聚类结果使用 BIC 或者 AIC 进行判断,得出最终的聚类结果。

同其他统计方法一样,两步聚类也有严苛的适用条件,它要求模型中的变量独立,类别变量是多项式分布,连续变量须是正态分布[②]。

例 4.4 以 SPSS 软件自带的数据 car-sales.sav 为例。汽车生产厂商需要有效的方法评价当前市场情况,了解市场需要,找到受市场欢迎的、有市场竞争力的车型配置。本例将采用种类(type)、价格(price)、引擎型号(engine_s)、马力(horsepow)、轴距(wheelbas)、宽度(width)、长度(length)、限重(curb_wgt)、储油量(fuel_cap)、用油功效(mpg)共 10 个变量

---

① 关于 CF 分类特征树,请查阅或搜索相关资料。

② 网络资料:《SPSS 统计分析学习笔记 10:TwoStep 二阶聚类(两步聚类)》(http://blog.sina.com.cn/dtminer)。

对 152 条有效记录进行自动聚类。(本例主要展示二阶聚类过程,暂不考虑变量独立性检验)。图 4.14 为数据视图截图(部分)。

	manufact	model	sales	resale	type	price	engine_s	horsepow	wheelbas	width	length	curb_wgt	fuel_cap	mpg	lnsales
1	Acura	Integra	16.919	16.360	0	21.500	1.8	140	101.2	67.3	172.4	2.639	13.2	28	2.83
2	Acura	TL	39.384	19.875	0	28.400	3.2	225	108.1	70.3	192.9	3.517	17.2	25	3.67
3	Acura	CL	14.114	18.225	0		3.2	225	106.9	70.6	192.0	3.470	17.2	26	2.65
4	Acura	RL	8.588	29.725	0	42.000	3.5	210	114.6	71.4	196.6	3.850	18.0	22	2.15
5	Audi	A4	20.397	22.255	0	23.990	1.8	150	102.6	68.2	178.0	2.998	16.4	27	3.02
6	Audi	A6	18.780	23.555	0	33.950	2.8	200	108.7	76.1	192.0	3.561	18.5	22	2.93
7	Audi	A8	1.380	39.000	0	62.000	4.2	310	113.0	74.0	198.2	3.902	23.7	21	.32
8	BMW	323i	19.747		0	26.990	2.5	170	107.3	68.4	176.0	3.179	16.6	26	2.98
9	BMW	328i	9.231	28.675	0	33.400	2.8	193	107.3	68.5	176.0	3.197	16.6	24	2.22

图 4.14 数据视图截图(部分)

SPSS 操作步骤如下:

Step 1 在"Analyze"菜单中的"Classify"子菜单中选择"TwoStep Cluster",弹出对话框(或称主面板)。将唯一一个类别型变量"type"移入分类变量框,并将其余 9 个"价格""引擎等连续型变量移入连续变量框内;在距离测量选项卡中选择"对数似然",作为聚类变量相似度的测量形式;在聚类准则选项卡中选择"BIC",作为聚类个数的判断依据;其他选项默认设置。

Step 2 在主面板上点击"options",弹出对话框。本案例暂不进行噪声处理;模型构建的内存最大分配默认为 64 MB;重点看"To be Standardized(待标准化)"框,软件自动将 9 个连续型聚类变量纳入框内,表示软件将对这些变量自动进行标准化处理,以统一测量尺度。

Step 3 在主面板上点击"output",在弹出的对话框中,勾选"Chart and table",输出的结果出现在模型查看器(可视化程度高);勾选"Create cluster membership variable(创建聚类成员变量)",这是整个聚类的最终结果,要求软件为每一行记录输出对应的类;本例暂不演示"XML 模型导出"(便于模型更新,十分有用)。

Step 4 返回主面板,点击底部的"OK",软件开始执行二阶聚类。

【结果分析】

(1)在结果查看器中双击"模型摘要图"

打开模型浏览器,这一部分结果高度可视化,读取更直观。模型浏览器分为左右两个板块,左侧为主视图,右侧为辅助视图,主要结果解读如图 4.15 所示。

(2)主视图:模型摘要

展示模型的基本信息,基于 10 个聚类变量进行二阶聚类,最终确定的聚类个数为三类。总体上给予本次聚类质量尚可的评价,尚能接受,还未达到良好的程度,有待进一步测试和优化。点击"View"下拉菜单,选择"复式",则出现复式图 4.16 的结果。

聚类分析最终的目的就是要得到类,并且能足够清晰地描述类的特征,上表将类和聚类的各变量交叉分析,给出每一类在不同指标上的中心点或分布,有助于准确归纳类特征。点击其中一个单元格,比如第二类的"用油功效"单元格,在右侧软件将会输出辅助视图。可知,第二类车在油耗方面表现最佳,是三类车中比较实用的车型。

在模型浏览器左侧的主视图中按 Ctrl 键,同时选定两个或两个以上类,在右侧辅助视图中将出现两个类或两个以上类的特征对比。

以第一类和第三类为例,两类在价格方面差异较大,第三类价格偏高,而第一类价格较

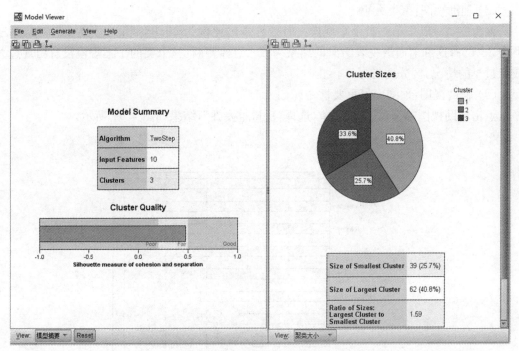

图 4. 15 Model Viewer 窗口界面

Feature Importance

Cluster	1	3	2
Label			
Description			
Size	40.8% (62)	33.6% (51)	25.7% (39)
Features	Vehicle type Automobile (98.4%)	Vehicle type Automobile (100.0%)	Vehicle type Truck (100.0%)
	Curb weight 2.84	Curb weight 3.58	Curb weight 3.97
	Fuel efficiency 27.24	Fuel efficiency 23.02	Fuel efficiency 19.51

图 4. 16 复式图结果(部分截图,聚类特征描述)

低;车的长度上,第三类同样较长,此外还可以看到,第三类车型在轴距、宽度、马力、储油量、限重等方面较第一类都高很多。

（3）辅助视图：聚类大小

聚为三类。其中第一类个案规模占有效样本的比例为 40.8%，第二类为 25.7%，第三类为 33.6%，这和前面透视表给出的结果一致。总体判断：三个类的个案规模没有出现过大或者过小的情况，区分度尚可。

（4）辅助视图：预测变量重要性

点击辅助视图"View"下拉菜单，选择"变量重要性"，结果如图 4.17 所示。

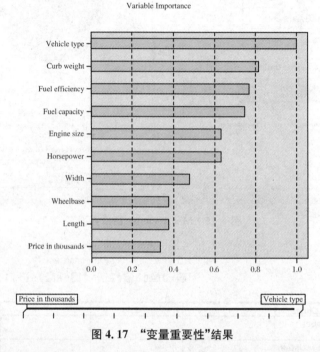

图 4.17 "变量重要性"结果

在区分不同类别的能力方面，"种类"变量效果最好，限重、用油功效排在第二和第三的位置。也可以理解为种类、限重、用油功效三个变量对聚类的贡献排在前三位。

（5）类成员

聚类之后，我们有必要就每一个记录对应的类有所了解，类成员变量（最终的聚类结果）非常重要，便于日后深入比对和分析。

软件将其自动保存在数据视图的最后一列，新生成变量"TSC_n"，其中 TSC 即表示二阶聚类，n 是一个正整数，表示本次过程执行的内部运行顺序。

（6）类特征总结

综合以上信息，三类车型可以描述如下：

第一类：价格便宜，体积、限重和马力较小，属于低端车型；

第二类：价格适中，体积、限重和马力较第一类明显提高，油耗低特征突出，属于实用车型；

第三类：价格较高，体积、限重和第二类相差较小，但马力在三类车中最高，油耗居中，属于高端车型；

在 SPSS 软件提供的三种聚类算法中，二阶聚类最为特殊，一是因为可以同时处理类别变量和连续变量，还有一点极为关键，二阶聚类可以自动确定最终的类的个数，算得上具备自动探索未知领域的能力,这是 SPSS 层次聚类和 K 均值聚类无法相比的。能自动聚类、允许类别变量,再加上善于处理大数据集,二阶聚类的优势十分明显,可以在各行业方便有效地使用,值得推荐。

4.6　聚类分析方法在指标评价体系的应用

如何科学地选择平均指标、构建指标体系,是综合评价中首先需要解决的问题。下面结合一个财务评价指标体系的案例,就聚类分析在指标聚类的应用进行分析以实现变量降维。

财务评价指标体系一般包括盈利能力、偿债能力、运营能力和发展能力四个方面的指标。具体来说,偿债能力指标包括流动比率(A1)、速动比率(A2)、资产负债率(A3)、产权比率(A4);运营能力指标包括存货周转率(B1)、流动资产周转率(B2)、固定资产周转率(B3)、总资产周转率(B4)、每股现金流量增长率(B5);盈利能力指标包括营业利润率(C1)、营业净利率(C2)、营业毛利率(C3)、成本费用利润率(C4)、总资产报酬率(C5)、加权净资产收益率(C6);发展能力指标包括营业收入增长率(D1)、总资产增长率(D2)、营业利润增长率(D3)、净利润增长率(D4)、净资产增长率(D5)[①]。

由于指标较多,一般根据主要综合评价指标的经济意义进行指标分类,对每类中的指标再进行 R 型聚类分析,将其分为若干子类,最后在子类中计算该子类中各个指标与其他指标的复相关系数,选择出代表性指标。

例 4.5　本例数据为我国新能源产业中的光伏行业上市公司 2021 年三季报相关指标数据(图 4.18),要求将光伏 50ETF(516880)持仓的 50 家成分股公司的财务评价指标进行筛选。

SPSS 操作步骤如下:

Step 1　在"Analyze"菜单中的"Classify"子菜单中选择"Hierarchical Cluster Analysis",弹出对话框(或称主面板)。将偿债能力指标的流动比率(A1)、速动比率(A2)、资产负债率(A3)、产权比率(A4)等连续型变量移入对话框左侧的变量列表框中。本例是对变量的聚类,因此在"Cluster"选项区选择"Variables"选项。在系统聚类分析中默认是样本型聚类。在"Display"选项区中,系统默认选中"Statistics"和"Plots"选项,表示输出结果将包含基本统计量和图。

Step 2　确定方法。单击"Method",弹出"Hierarchical Cluster Analysis:Method"对话框。在"Cluster method"本例选取"Ward's method",在"Measure"选项区中选择计算样本距离的方法,选项参照前文。本例"Interval"选择"Squared Euclidean distance"欧氏距离平方("Ward's method"对应此选项)。单击"Continue"返回"Hierarchical Cluster Analysis"对话框。

Step 3　指定 SPSS 分析的图形输出。单击对话框中的"Plots",打开"Hierarchical

[①]　本案例财务评价指标体系及四方面指标构成参考大智慧证券交易软件提供的上市公司财务报表中的财务指标部分。

| | | | File | Edit | View | Data | Transform | Analyze | Direct Marketing | Graphs | Utilities | Add-ons | Window | Help |

| 26：营业收入增长率 | -6.6532 |

	股票代码	公司名称	流动比率	速动比率	资产负债比率	产权比率	存货周转率	流动资产周转率	固定资产周转率	总资产周转率	每股现金流量增长率
1	300274	阳光电源	1.6863	1.1899	56.3695	129.1977	1.6859	.5584	4.4274	.4681	-858.9256
2	601012	隆基股份	1.3050	.9037	55.5029	124.7336	2.8170	.9369	2.2692	.5874	-25.2702
3	600438	通威股份	.9580	.8019	54.0099	117.4382	8.9672	1.6636	1.5446	.6326	66.4311
4	002129	中环股份	1.0122	.8232	55.2167	123.2974	7.9640	1.6211	1.0441	.4544	55.4565
5	300450	先导智能	1.4861	.8942	58.5509	141.2598	.7291	.4145	7.9014	.3493	22.4886
6	600089	特变电工	1.3905	1.1799	55.9456	126.9923	3.7730	.7086	1.0273	.3377	262.6164
7	603806	福斯特	7.2196	5.9320	11.0796	12.4601	4.9912	.9241	5.0373	.7358	-289.3511
8	601877	正泰电器	1.3085	1.0799	60.3475	152.1906	3.4825	.8098	1.0477	.3685	-19.4711
9	300316	晶盛机电	1.4018	.8118	55.6631	125.5456	.6704	.4132	3.2610	.3178	-7.6942
10	300751	迈为股份	1.5752	.8216	57.5803	135.7397	.5503	.4347	7.8790	.3921	334.7000
11	300724	捷佳伟创	1.7675	1.1086	52.3547	109.8841	.6809	.3678	13.5364	.3407	-10.7738
12	002459	晶澳科技	1.0614	.7288	71.0244	245.1184	2.8941	.9479	2.0687	.5642	-563.5561
13	603185	上机数控	1.6912	1.2853	39.6005	65.5643	4.6480	1.5802	3.7010	.9082	-267.2536
14	300118	东方日升	.9677	.7697	68.2937	215.3948	4.8862	.8456	1.2436	.4302	-27.5694
15	000012	南玻A	1.5957	1.2903	39.0183	63.9836	6.4646	1.9101	1.1654	.5493	57.5183

图 4.18　光伏 50ETF(516880)成分股财务评价指标数据(部分截图)

Cluster Analysis：Plots"对话框。在本例中选中"Dendrogram"选项，并选择纵向(Vertical)输出聚类全过程(all clusters)的冰柱图。单击"Continue"返回"Hierarchical Cluster Analysis"对话框。

Step 4　显示凝聚状态表。单击对话框中的"Statistics"，打开"Hierarchical Cluster Analysis：Statistics"对话框。选中该对话框中的"Proximity matrix"选项，选中"Cluster Membership"选项区中的"range of solution"选项，并在后面的文本框中分别输入"2" "4"，显示将样本分成 2～4 类。单击"Continue"返回"Hierarchical Cluster Analysis"对话框。

Step 5　在"Hierarchical Cluster Analysis"对话框中，单击"OK"，SPSS 自动完成计算并输出结果(图 4.19)。

结果显示，可将偿债能力指标分为两类：流动比率(A1)、速动比率(A2)、资产负债率(A3)为一类，产权比例(A4)为另一类。

Step 6　求出流动比率(A1)对其他 3 个指标的复相关系数 R_{A1}。在"Analyze"菜单中的"Regression"子菜单中选择"Linear"，弹出对话框。将流动比率(A1)导入应变量列表框，将速动比率(A2)、资产负债率(A3)、产权比率(A4)移入自变量列表框中。点击"Statistics…"，在弹出的对话框中选择"Descriptive"复选框，点击"Continue"，然后点击"OK"。得到结果(图 4.20)。

结果显示，$R_{A1}=0.980$。同样，计算出 $R_{A2}=0.982$，$R_{A3}=0.974$。根据复相关系数最大原则，在流动比率(A1)、速动比率(A2)、资产负债率(A3)三个指标中选择速动比率(A2)。因另一类中只有产权比例(A4)一个指标，故偿债能力指标中选取速动比率(A2)和产权比例(A4)。

类似地，对盈利能力、运营能力和发展能力也进行指标聚类及复相关系数计算。运营能力指标分为两类：存货周转率(B1)、流动资产周转率(B2)、固定资产周转率(B3)、总资产周转率(B4)为一类，每股现金流量增长率(B5)为另一类；盈利能力指标分为两类：营业利润率(C1)、营业净利率(C2)、营业毛利率(C3)、成本费用利润率(C4)为一类，总资产报酬率

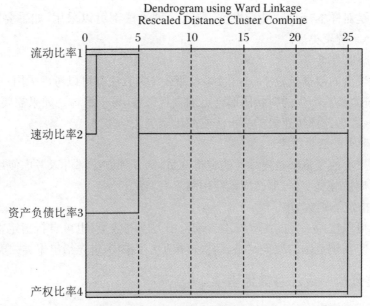

图 4.19 偿债能力指标的聚类结果

Model Summary

Model	R	R Square	Adjusted R Square	Std. Error of the Estimate
1	.980[a]	.961	.959	.2321958

a. Predictors: (Constant), A4, A2, A3

图 4.20 复相关系数 R_{A1} 计算结果

(C5)、加权净资产收益率(C6)为另一类；发展能力指标分为两类：营业收入增长率(D1)、总资产增长率(D2)、净利润增长率(D4)、净资产增长率(D5)为一类，营业利润增长率(D3)为另一类。

　　经过复相关系数计算比较，在运营能力指标中选取总资产周转率(B4)、每股现金流量增长率(B5)作为代表性指标；在盈利能力指标中选取营业净利率(C2)、加权净资产收益率(C6)作为代表性指标；在发展能力指标中选取营业利润增长率(D3)、净利润增长率(D4)作为代表性指标。

4.7　聚类分析方法总结

4.7.1　聚类方法的选择

　　聚类分析是一种探索性的数据分析方法，针对不同的数据可能有不同的适合方法，无绝对的好坏。能否得到聚类结果区分度足够大是判断方法好坏的最重要标准。

（1）从聚类类型考虑

如果聚类是对样本（记录）进行聚类，那么3种方法都可以采用；如果要对变量进行聚类，则只能选择系统聚类法。

（2）从数据量考虑

如果需要聚类的数据量较小（小于100），那么3种方法都可以考虑采用。优先考虑系统聚类，因为系统聚类法产生的树状图形会更加直观形象，易于解释。如果需要聚类的数据量较大，那么应该考虑选择快速聚类分析法或两步聚类法。

（3）参加聚类的变量类型

如果参加聚类的变量都是连续性的定量变量，则3种方法都可以考虑使用；如果参加聚类的变量包含离散分类变量，那么应该使用两步聚类法。

（4）是否指定类别数量

两阶段法可以按照一定的统计标准自动给出类别的数量，也可自行指定别数；层次聚类法可以产生一定类别范围的聚类结果，而快速聚类法则要求事先给出聚类的类别数。

4.7.2　聚类分析中应注意其他事项

① 对于参加聚类的变量之间大小差异比较大的情况，应该考虑对原始数据做标准化处理以后再进行聚类。在层次聚类法和两步聚类法中，都有是否对变量进行标准化的选项。

② 在进行样本聚类时，选取聚类变量应该尽可能考虑变量之间的相关性。如果两个强相关的变量同时进入聚类分析，就相当于它们所代表的这一因素的权重远远高于其他变量，这样做容易造成聚类结果的区分度不强或者意义不大。因此如果存在共线性问题，最好先对变量预处理（剔除或者提取主成分），之后再进行聚类分析。

关于聚类结果的检验，有兴趣的读者可参阅相关资料[①]。

思考题

1. 如果聚类方法采用默认的组间平均，选择皮尔逊相关系数，怎样进行财务指标的筛选？以例4.5中的数据为例，完成偿债能力指标的筛选。

2. Q型聚类与R型聚类在操作过程中的主要区别在哪里？

3. 系统聚类分析与快速聚类分析有什么不同？

---

① 推荐参阅：杨晓明.SPSS在教育统计中的应用[M].2版.北京：高等教育出版社,2022.

第5章 判 别 分 析

5.1 判别分析概念及方法原理

判别分析是判别样品所属类型的一种统计方法,其应用广泛,可以与回归分析媲美。

在生产、科研和日常生活中经常需要根据观测到的数据资料,对所研究的对象进行分类。例如在经济学中,根据人均国民收入、人均工农业产值、人均消费水平等多种指标来判定一个国家的经济发展程度所属类型;在市场预测中,根据以往调查所得的种种指标,判别下季度产品是畅销、平常或滞销;在地质勘探中,根据岩石标本的多种特性来判别地层的地质年代,由采样分析出的多种成分来判别此地是有矿或无矿,是铜矿或铁矿等;在油田开发中,根据钻井的电测或化验数据,判别是否遇到油层、水层、干层或油水混合层;在农林害虫预报中,根据以往的虫情、多种气象因子来判别一个月后的虫情是大发生、中发生或正常;在体育运动中,判别某游泳运动员的"苗子"是适合练蛙泳、仰泳,还是自由泳等;在医疗诊断中,根据某人多种体验指标(如体温、血压、白细胞等)来判别此人是有病还是无病。总之,在实际问题中需要判别的问题几乎到处可见。

判别分析与聚类分析不同。判别分析是在已知研究对象分成若干类型(或组别)并已取得各种类型的一批已知样品的观测数据,在此基础上根据某些准则建立判别式,然后对未知类型的样品进行判别分类。对于聚类分析来说,一批给定样品要划分的类型事先并不知道,需要通过聚类分析来给以确定类型的。

正因如此,判别分析和聚类分析往往联合起来使用,例如判别分析是要求先知道各类总体情况才能判断新样品的归类,当总体分类不清楚时,可先用聚类分析对原来的一批样品进行分类,然后再用判别分析建立判别式以对新样品进行判别。

判别分析内容很丰富,方法很多。判别分析按判别的组数来区分,有两组判别分析和多组判别分析;按区分不同总体所用的数学模型来分,有线性判别和非线性判别;按判别时所处理的变量方法来分,有逐步判别和序贯判别等。判别分析可以从不同的角度提出问题,因此有不同的判别准则,如马氏距离最小准则、Fisher 准则、平均损失最小准则、最小平方准则、最大似然准则、最大概率准则等等,按判别准则的不同又提出多种判别方法。本章仅介绍 4 种常用的判别方法,即距离判别法、Fisher 判别法、Bayes 判别法和逐步判别法。在软件运用方面,本章将介绍 SPSS 在判别分析方法上的应用。

5.2　SPSS 在判别分析方法应用的菜单说明

打开 SPSS 主窗口，依次点击"Analyze"→"Classify"→"Discriminat…"，弹出"Discriminat Analysis"判别分析对话框。

① Grouping Variables 分类变量：将 group 移到框中，并单击"Define Range"定义范围以指定预先设定的类别 Minimum 最小值和 Maximum 最大值（通常是整数）。

② Independents 自变量：将所要选取的变量移到框中。

③ Enter independents together（系统默认）：依据选取的自变量建立全模型判别模型。

④ Use stepwise method 逐步判别分析：如单击此选项，则右侧的"method"会点亮，进一步单击"method"，会弹出如图 5.1 所示的对话框。

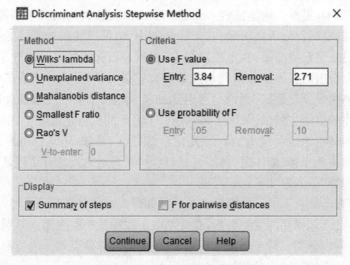

图 5.1　Stepwise Method 对话框

a. Method 单选项：Wilks' lambda 最小 λ 值（系统默认）、Unexplained Variance 不可解释的方差之和最小，Mahalanobis' distance 靠得最近的两类间马氏距离最大、Smallest F ratio 两类间最小的 F 值最大、Rao's V 最大增量。

b. Criteria 判别中止的临界值单选项：Use F value 设定 F 值（系统默认）和 Use probability of F 设定显著性水平。

c. Display 显示多选项：Summary of steps 每一步的统计量（系统默认）、F for pairwise distances 每两类间的 F 比矩阵。

⑤ Selection Variable 选择一个观测变量：单击"Value"以输入整数作为选择值。希望使用选择变量具有指定值的个案来推导判别函数。同时为选定的和未选定的个案生成统计量和分类结果。此过程提供一种机制，通过这种机制可以基于以前存在的数据对新个案进行分类，或将您的数据划分成为训练子集和检验子集，以执行对所生成模型的验证。

⑥ Statistics 输出统计量多选栏（图 5.2）：

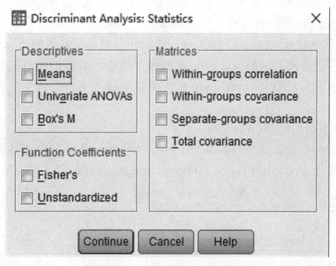

图 5. 2 Statistics 对话框

a. Descriptives 描述性多选项：Means（包括标准差）、Univariate ANOVA 类中变量均值相等检验、Box's M 类间协方差矩阵的等同性检验。

b. Function Coefficients 分类函数系数多选项：Fishers、Unstandaridized。

c. Matrices 自变量系数矩阵多选项：Within-groups correlation 组内相关阵、Within-groups covariance 组内协方差阵、Separate-groups covariance 分组协方差阵和 Total covariance 总体协方差阵。

⑦ Classify 分类多选栏（图 5.3）：

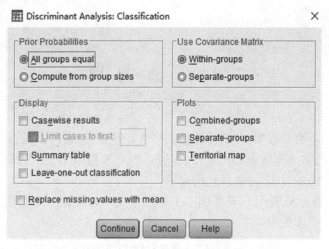

图 5. 3 Classification 对话框

a. Prior Probabilities 先验概率多选项：All groups equal 假设所有组的先验概率相等（系统默认），Compute from group sizes 根据类中样品数所占比例计算先验概率。

b. Display 显示多选项：Casewise results 每个观测量结果、Summary table 分类小结表、Leave-one-out classification 不考虑某一观测量导出判别函数进行判别分析结果。

c. Replace missing value with mean 在分类阶段用自变重的均值代替缺失值。

数据分析方法与应用

d. Use Covariance Matrix 使用协方差阵进行分类单选项：Within-groups 组内协方差阵（系统默认）、Separate-group 组间内协方差阵。

e. Plot 作图多选项：Combined-groups 一张前两个判别函数值的所有组的散点图（若只有一个函数则显示直方图）、Separate-groups 前两个判别函数值的所有组的散点图（若只有一个函数则显示直方图）、Territorial map 基于函数值将个案分类到组的区城图（若只有一个函数则不作图）。

⑧ Save 保存多选栏（图 5.4）：

向活动数据文件添加新变量：Predicted group membership 预测组成员类别、Discriminant Score 判别得分、Probabilities of group membership 样品归入某类的概率。

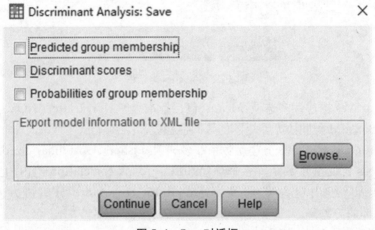

图 5.4　Save 对话框

5.3　距　离　判　别

首先根据已知分类的数据，分别计算各类的重心即分组（类）的均值，判别准则是对任给的一次观测，若它与第 i 类的重心距离最近，就认为它来自第 i 类。需要说明的是，距离判别法对各类（或总体）的分布，并无特定的要求。

例 5.1　案例数据见表 4.1，根据例 4.1 地区聚类结果将地区划分为三类，将宁夏和新疆作为待判省区。具体见表 5.1。

表 5.1　2019 年我国部分地区（不含港澳台）城镇居民的人均消费支出聚类结果

地区	group	地区	group	地区	group	地区	group	地区	group
北京	1	黑龙江	3	山东	3	重庆	3	青海	3
天津	2	上海	1	河南	3	四川	3	宁夏	待判
河北	3	江苏	2	湖北	3	贵州	3	新疆	待判
山西	3	浙江	2	湖南	3	云南	3		

· 136 ·

地区	group	地区	group	地区	group	地区	group	地区	group
内蒙古	3	安徽	3	广东	2	西藏	3		
辽宁	3	福建	2	广西	3	陕西	3		
吉林	3	江西	3	海南	3	甘肃	3		

SPSS 操作步骤如下：

Step 1　打开 SPSS 主窗口，依次点击"Analyze"→"Classify"→"Discriminant…"，弹出"Discriminant Analysis"判别分析对话框。将 group 移到 Grouping Variables 框中，并单击"Define Range"定义范围以指定预先设定的类别 Minimum 最小值 1 和 Maximum 最大值 3。将 $X_1 \sim X_8$ 移入 Independents 框中。

Step 2　点击"Statistics"，在 Descriptives 描述性多选项选择"Means""Univariate""ANOVA""Box's M"。在 Function Coefficients 中选择"Fishers""Unstandaridized"。在 Matrices 中选择"Within-groups correlation"。

Step 3　点击"Classify"，在 Prior Probabilities 框中选择"Compute from group sizes"（根据类中样品数所占比例计算先验概率）。在 Display 框中选择"Casewise results""Summary table""Leave-one-out classification"。在 Use Covariance Matrix 框中选择"Within-groups"。在 Plot 框中选择"Combined-groups"。

Step 4　点击"Save"，可选择 3 个复选框选项。

Step 5　返回 Discriminat Analysis 判别分析对话框，点击"OK"，得到结果。

【结果分析】

判别分析的结果有多张图表，下面只介绍比较重要的几个结果。

图 5.5 显示，在 0.01 的显著性水平上拒绝 $x_1 \sim x_8$ 在 3 组的均值相等的假设，即有显著差异。图 5.6 显示判别函数在 group＝1 这一组的重心为 $(9.967,-0.667)$，在 group＝2 这一组的重心为 $(1.203,1.248)$，在 group＝3 这一组的重心为 $(-1.179,-0.223)$。

Tests of Equality of Group Means

	Wilks' Lambda	F	df1	df2	Sig.
x1	.560	10.199	2	26	.001
x2	.872	1.915	2	26	.168
x3	.118	97.599	2	26	.000
x4	.462	15.158	2	26	.000
x5	.346	24.560	2	26	.000
x6	.377	21.473	2	26	.000
x7	.581	9.367	2	26	.001
x8	.359	23.169	2	26	.000

图 5.5　各组均值是否相等的检验结果图

图 5.7 是判别分析结果中非常重要的输出结果。从中反映出每组的分类函数（区别于判别函数），也称费歇线性判别函数。

Functions at Group Centroids

group	Function	
	1	2
1	9.967	-.667
2	1.203	1.248
3	-1.179	-.223

Unstandardized canonical
discriminant functions
evaluated at group means

图 5.6 判别函数在各组的重心

Classification Function Coefficients

	group		
	1	2	3
x1	.010	.011	.011
x2	.032	.030	.030
x3	.012	.003	.001
x4	-.021	-.013	-.012
x5	.007	.010	.009
x6	.006	.007	.006
x7	.039	.031	.031
x8	-.112	-.108	-.113
(Constant)	-196.733	-102.138	-80.015

Fisher's linear discriminant functions

图 5.7 判别函数在各组的重心

group=1 这一组的分类函数为

$$F_1 = 0.010 \cdot X_1 + 0.032 \cdot X_2 + 0.012 \cdot X_3 - 0.021 \cdot X_4 + 0.007 \cdot X_5 + 0.006 \cdot X_6 + 0.039 \cdot X_7 - 0.112 \cdot X_8 - 196.733$$

group=2 这一组的分类函数为

$$F_2 = 0.011 \cdot X_1 + 0.030 \cdot X_2 + 0.003 \cdot X_3 - 0.013 \cdot X_4 + 0.010 \cdot X_5 + 0.007 \cdot X_6 + 0.031 \cdot X_7 - 0.108 \cdot X_8 - 102.138$$

group=3 这一组的分类函数为

$$F_3 = 0.011 \cdot X_1 + 0.030 \cdot X_2 + 0.001 \cdot X_3 - 0.012 \cdot X_4 + 0.009 \cdot X_5 + 0.006 \cdot X_6 + 0.031 \cdot X_7 - 0.113 \cdot X_8 - 80.015$$

图 5.8 是分类矩阵表。可以看出,通过判别函数预测,有 2 个省区是判断有误的。group=1 组 2 个观测都被判对,group=2 组有 1 个观测被判错,group=3 组有 1 个观测被判错。

图 5.9 为分类结果图。可以看出,group=1 组可以很清晰地单独区分开,而 group=2 组和 group=3 组有重合,即存在误判。

图 5.10 中的 Data View 窗口,Dis_1 为判别分析预测结果。宁夏和新疆被预测为 group=3 组,这和例 4.1 的聚类结果是一致的。

Classification Results[b,c]

	group		Predicted Group Membership			Total
			1	2	3	
Original	Count	1	2	0	0	2
		2	0	4	1	5
		3	0	1	21	22
		Ungrouped cases	0	0	2	2
	%	1	100.0	.0	.0	100.0
		2	.0	80.0	20.0	100.0
		3	.0	4.5	95.5	100.0
		Ungrouped cases	.0	.0	100.0	100.0
Cross-validated[a]	Count	1	2	0	0	2
		2	0	3	2	5
		3	0	2	20	22
	%	1	100.0	.0	.0	100.0
		2	.0	60.0	40.0	100.0
		3	.0	9.1	90.9	100.0

a. Cross validation is done only for those cases in the analysis. In cross validation, each case is classified by the functions derived from all cases other than that case.

b. 93.1% of original grouped cases correctly classified.

c. 86.2% of cross-validated grouped cases correctly classified.

图 5.8　分类矩阵表

Canonical Discriminant Functions

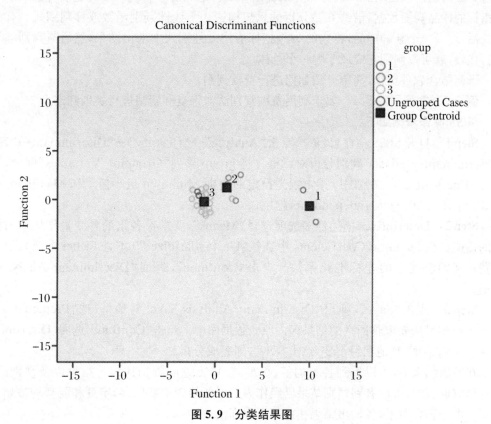

图 5.9　分类结果图

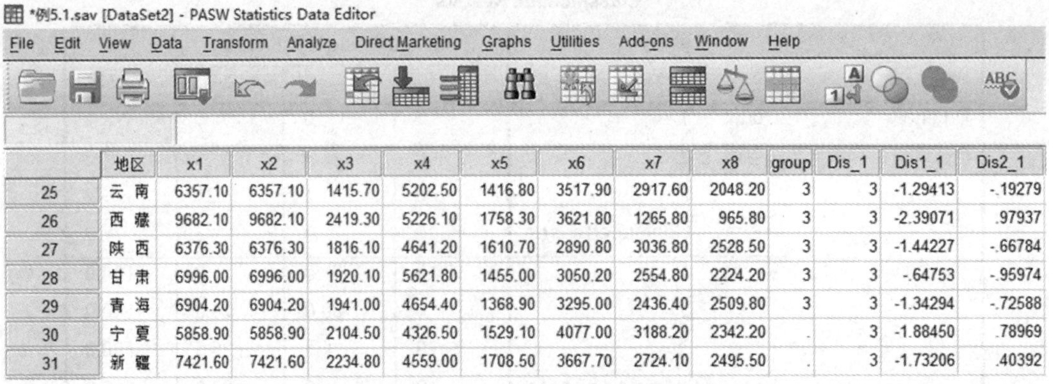

	地区	x1	x2	x3	x4	x5	x6	x7	x8	group	Dis_1	Dis1_1	Dis2_1
25	云 南	6357.10	6357.10	1415.70	5202.50	1416.80	3517.90	2917.60	2048.20	3	3	-1.29413	-.19279
26	西 藏	9682.10	9682.10	2419.30	5226.10	1758.30	3621.80	1265.80	965.80	3	3	-2.39071	.97937
27	陕 西	6376.30	6376.30	1816.10	4641.20	1610.70	2890.80	3036.80	2528.50	3	3	-1.44227	-.66784
28	甘 肃	6996.00	6996.00	1920.10	5621.80	1455.00	3050.20	2554.80	2224.20	3	3	-.64753	-.95974
29	青 海	6904.20	6904.20	1941.00	4654.40	1368.90	3295.00	2436.40	2509.80	3	3	-1.34294	-.72588
30	宁 夏	5858.90	5858.90	2104.50	4326.50	1529.10	4077.00	3188.20	2342.20	.	3	-1.88450	.78969
31	新 疆	7421.60	7421.60	2234.80	4559.00	1708.50	3667.70	2724.10	2495.50	.	3	-1.73206	.40392

图 5.10　分类预判结果变量序列(部分)

5.4　费 歇 判 别

费歇(Fisher)判别方法于 1936 年提出,其基本思想是通过将多维数据投影到某个方向上,投影的原则是将总体与总体之间尽可能分开,然后再选择合适的判别规定,将新的样品进行分类判别。该法对总体的分布并未提出什么特定的要求。现从 k 个总体中抽取具有 p 个指标的样品观测数据,借助方差分析的思想构造一个线性判别函数或称判别式。有了判别式后,对于一个新的样品,将它的 p 个指标值代入判别式中求出结果,然后与判别临界值进行比较,就可以判别它应属于哪一个总体。

下面结合软件操作,简单介绍如何进行费歇判别。

例 5.2　案例同例 5.1。要求利用费歇判别法对宁夏和新疆进行类别判定。

SPSS 操作步骤如下:

Step 1　打开 SPSS 主窗口,依次点击"Analyze"→"Classify"→"Discriminant…",弹出"Discriminant Analysis"判别分析对话框。将 group 移到"Grouping Variables"框中,并单击"Define Range"定义范围以指定预先设定的类别 Minimum 最小值 1 和 Maximum 最大值 3。将 $X_1 \sim X_8$ 移入 Independents 框中。

Step 2　Descriptives 描述性多选项选择"Means",要求对各组的各变量作均值与标准差的描述。在 Function Coefficients 中选择"Unstandaridized"(不是 Fisher's 项),要求显示费歇判别法建立的非标准化系数。点击"Continue",返回"Discriminant Analysis"对话框。

Step 3　点击"Save",弹出"Discriminant Analysis Save"对话框,选"Predicted group member ship"项要求将回判的结果存入原始数据库中。点击"Continue"返回"Discriminant Analysis"对话框,其他项目不变,点击"OK",即完成分析。

在输出结果中,可以看到各组均值、标准差、协方差阵等描述统计结果以及判别函数。在返回数据表中,可以看到判别结果已经作为一个新的变量被保存,宁夏和新疆均被划分第三组。由于篇幅所限,各输出结果在此不再罗列。

5.5 贝叶斯判别法

距离判别法直观简单,其不足之处是没有考虑各个总体出现的概率问题。当人们出现头晕咳嗽时,通常首先想到的是可能患了(普通的)感冒,只有在多方吃药打针而无法治愈时才会考虑可能患其他疾病。这是为什么呢? 因为普通感冒的发病率太高了。如果各总体出现的概率差异明显,那么进行判别时选择势必受其影响,这正是贝叶斯统计思想的出发点[①]。

贝叶斯(Bayes)判别法的基本思想是建立在对象有一定的先验认识基础上,利用样本来修正先验认识,以确定后验特征,然后用其做统计分析。

在 SPSS 中进行贝叶斯判别分析时,操作步骤与费歇判别基本相同,不同之处是在Discriminant Analysis:Statistics 对话框的 Function Coefficients 栏中要选"Fisher's"项而不是"Unstandardized"项(因为贝叶斯判别思想是由费歇提出来的,故 SPSS 以此命名)。Save 部分增加"Probabilities of group membership"选项,点击"OK"后得到分析结果[②]。

5.6 逐步判别法

前面介绍的判别方法都是用已给的全部 p 个变量来构建判别式,但这些变量在判别式中所起的作用,一般来说是不同的。有些可能起重要作用,有些可能作用很小。逐步判别法就是设计通常迭代筛选出具有显著判别能力的变量来建立判别式。逐步判别法与逐步回归法的基本思想类似。都是采用"有进有出"的算法,每次引入一个最重要的变量进入判别式,同时也考虑较早引入判别式的某些变量,如果其判别能力随新引入变量而变为不显著了,则从判别式中把它剔除,直到不能再引入新变量和剔除旧变量为止。具体算法可参考相关文献。需要注意的是,逐步判别法要求各总体数据近似正态分布,最后的判别函数不一定最优。

逐步判别法也可以在 SPSS 中实现。操作步骤也与费歇判别类似,不同之处在于打开Discriminant Analysis 对话框后,将 Independents 文本框下的 Enter independents together项改选为 Use stepwise method,此时窗口右侧的 Method 按钮被激活,点击后进入 Discriminant Analysis:Stepwise Method 对话框。在 Method 栏中选中"Mahalanobis distance"项,即采用马氏距离,其他选项保持不变,返回主对话框,其他操作相同。

---

① 管宇.实用多元统计分析[M].杭州:浙江大学出版社,2011:141.

② 何晓群.多元统计分析[M].5 版.北京:中国人民大学出版社,2019:103.

5.7　应用判别分析需注意的几个问题

① 应用判别分析进行样品归类,不管用哪种方法,都不可能 100% 准确,因为其遵循的是概率原则。故此,一般也是用判错概率来衡量结果好坏。

② 当 k 个总体的均值向量共线性程度较高时,Fisher 判别法可用较少的判别函数进行判别,因而比贝叶斯判别法简单。

③ 在正态等协差阵的条件下,贝叶斯线性判别函数在不考虑先验概率影响时等价于距离判别法。

④ 不加权的 Fisher 判别法等价于距离判别法,因此在等协差阵条件下,贝叶斯线性判别法、Fisher 线性判别法与距离判别法三者是等价的。理论上可以说明贝叶斯线性判别函数在总体是非正态时也适用,只不过丧失正态性后,贝叶斯判别法具有的平均误判率最小的性质就不一定存在了。

⑤ 判别分析中各种误判的后果允许看作是相同的,而在假设检验中,犯两类错误的后果一般是不同的,通常将犯第一类错误的后果看得更严重些。

思考题

1. 简述距离判别法的基本思路和方法。
2. 简述贝叶斯判别法的基本思路和方法。
3. 试述判别分析的实质。

第6章 主成分分析

在建立数据模型时,往往会引入较多的相关变量(指标或因素)。在大多数情形下,变量间会存在不同程度的相关性(信息重叠/共线性)。当变量较多时,在高维空间中研究样本的分布规律就更麻烦。主成分分析(principal component analysis,PCA)采取一种降维的方法,将多个变量通过线性变换以选出较少个数的综合因子来代表原来众多的变量,使这些综合因子尽可能地反映原来变量的信息量,而且彼此之间互不相关,这样在研究复杂问题时就可以只考虑少数几个主成分而不至于损失太多信息,从而更容易抓住主要矛盾,揭示事物内部变量之间的规律性,同时使问题得到简化,提高分析效率。主成分分析,又称主分量分析,这个概念由卡尔·皮尔逊(Karl Pearson)在1901年提出,但当时只进行了非随机变量的讨论,1933年霍特林(H.Hotelling)则将此概念推广到了随机变量中。

主成分分析广泛应用于综合评价、主成分聚类、主成分判别、主成分回归等。

6.1 主成分分析的基本思想及方法

6.1.1 主成分分析的基本思想

主成分分析是设法将原来众多譬如 p 个具有一定相关性指标,重新组合成一组新的互相无关的综合指标来代替原来的指标。数学上的处理通常是将原来的 p 个指标做线性组合,作为新的综合指标(非线性组合固然更好,但操作难度较大)。最经典的做法就是用选取的第一个线性组合 F_1(即第一个综合指标)的方差来表达,即 $\mathrm{Var}(F_1)$ 越大,表示 F_1 包含的信息越多[①]。因此,在所有的线性组合中选取的 F_1 应该是方差最大的,故称 F_1 为第一主成分。如果第一主成分不足以代表原来 p 个指标的信息,再考虑选取 F_2 即选第二个线性组合,为了有效地反映原来信息,F_1 已有的信就不需要再出现在 F_2 中,用数学语言表达就是要求 $\mathrm{Cov}(F_1,F_2))=0$,则称 F_2 为第二成分,依此类推可以构造出第三、第四……第 p 个主

---

① 很多数据是无法直接用概率描述的,通常用方差或离差平方和来衡量。多元统计分析的信息量通常指方差,在抽样调查里估计精度通常就是方差或标准差。考虑到随机误差项无处不在,方差的大小在某种意义上反应了误差的大小,人们希望尽可能准确地描述事物,必然是将精力放在数据波动大,即方差大的指标上;方差小意味着差异小,差异小自然是不确定性就小,也就无需特别关注。详见管宇的《实用多元统计分析》。

成分。

进行主成分分析的目的就是试图在保证数据信息丢失最少的原则下,对这种多变量的综合数据进行最佳的简化,也就是说,对高维变量空间进行降维处理。很显然,任何系统在一个低维空间运行要比在一个高维空间运行容易得多。假设在我们所讨论的实际问题中有 k 个指标,我们把这 k 个指标看作 k 个随机变量,记为 $X_1,X_2,\cdots,X_k$。主成分分析就是把这 k 个指标的问题转变为讨论 k 个指标的线性组合的问题,而这些新的指标 $F_1,F_2,\cdots,$ F_k,按照保留主要信息量的原则可充分反映原指标的信息,并且相互独立。这种由多个指标(假如是 k 个)降为少数几个综合指标(假如为 p 个,$p<k$)的过程在数学上就叫作降维。

6.1.2　主成分分析的方法

① 主成分分析通常的做法就是寻求原来指标的线性组合 F_i,并使得

$$F_1 = \mu_{11}X_1 + \mu_{21}X_2 + \cdots + \mu_{k1}X_k$$
$$F_2 = \mu_{12}X_1 + \mu_{22}X_2 + \cdots + \mu_{k2}X_k$$
$$\cdots$$
$$F_k = \mu_{1k}X_1 + \mu_{2k}X_2 + \cdots + \mu_{kk}X_k \tag{6.1}$$

② 主成分满足如下条件:

a. 每个主成分的系数平方和为 1,即 $\mu_{1i}^2 + \mu_{2i}^2 + \cdots + \mu_{ki}^2 = 1$　$(i=1,2,\cdots,k)$;

b. 主成分的方差依次递减;

c. 主成分之间相互独立。

③ 主成分个数的确定过程如下:

一般可以依据每个主成分的方差确定。通常将第 i 个主成分的方差在全部方差中所占的比重 $\lambda_i / \sum_{i=1}^{k} \lambda_i$ 称为贡献率,贡献率的大小反映了原来 k 个变量中的第 i 个变量有多大的综合能力。前 p 个主成分的方差之和在全部方差中所占的比重 $\sum_{i=1}^{p} \lambda_i / \sum_{i=1}^{k} \lambda_i$ 称为累积贡献率。在实际工作中,主成分个数以能够反映原来变量 85% 以上的信息量为依据,即当累积贡献率≥85%时,主成分个数就足够了,最常见的情况是主成分有 2~3 个。

6.1.3　主成分分析的几何意义

为了加深理解,我们现在在二维空间中讨论主成分的几何意义。设有 n 个样本点,每个样本点由两个观测变量 x_1 和 x_2 确定,n 个样本点分布的情况如椭圆状,如图 6.1 中的两种情况所示。可以看出,样本点无论是沿着 x_1 轴方向看还是 x_2 轴方向看,都具有较大的离散性,其离散程度可以分别用观测变量 x_1 和 x_2 的方差定量表示。显然,如果只考虑 x_1 和 x_2 中的任何一个,那么包含在原始数据中的信息将会有较大的损失。

然而,如果将 x_1 轴和 x_2 轴先平移(轴的平移不会改变方差),再同时按逆时针方向旋转 θ 度,即可得到新坐标轴 y_1 和 y_2。

旋转变换的公式为

$$\begin{cases} y_1 = x_1\cos\theta + x_2\sin\theta \\ y_2 = -x_1\sin\theta + x_2\cos\theta \end{cases} \tag{6.2}$$

旋转变换的目的是使 n 个样本点在 y_1 轴上的离散程度最大,即 y_1 的方差最大。变量

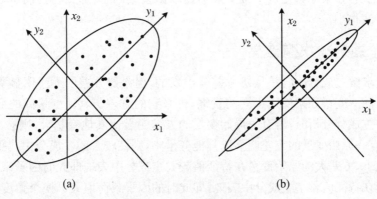

图 6.1　旋转变换示意图

y_1 代表了原始数据的绝大部分信息,在研究具体的问题时,即使不考虑变量 y_2 也影响不大。经过上述旋转变换,原始数据的大部分信息就集中到了 y_1 轴,从而对数据包含的信息起到了浓缩的作用。这样,我们就对主成分分析的几何意义有了一个充分的了解:主成分分析的过程无非就是坐标系旋转的过程,各主成分表达式就是新坐标与原坐标系的转换关系,在新坐标系中,各坐标轴的方向就是原始数据变差最大的方向。

6.1.4　使用主成分分析的前提条件

主成分分析的前提条件是原始变量之间具备某种程度的相关。

(1) 计算相关系数矩阵(correlation matrix)

在进行提取因子分析步骤之前,应对相关矩阵进行检验,如果相关矩阵中的相关系数小于 0.3,则不适合作因子分析;当原始变量个数较多时,所输出的相关矩阵大,观察起来不是很方便,所以一般不会采用此方法。

(2) 巴特利特球形检验(Bartlett test of sphericity)

巴特利特(Bartlett)于 1950 年提出了关于变量间相关系数矩阵的球形检验法,球形检验的目的是检验相关矩阵是否是单位矩阵(identity matrix),如果是单位矩阵,则认为因子模型不合适。Bartlett 检验统计量近似服从 χ^2 分布:

$$\chi^2 = -\left[(n-1) - \frac{(2p+5)}{6}\right]\ln|R| \text{ 服从 } \chi^2\left(\frac{p^2-p}{2}\right)$$

其中,$|R|$ 是相关系数矩阵的行列式,n 是样本容量,p 是变量个数。假设所有变量间都互不相关,χ^2 统计量的值越大变量间的相关性越显著。行列式 $|R|$ 的值等于所有特征值的乘积。如果原始变量间相互独立,则相关系数矩阵为单位矩阵;如果原始变量间接近相互独立,则相关系数矩阵也近似单位矩阵;如果原始变量间相关性明显,则相关系数矩阵的特征值部分大于 1 同时部分靠近 0,其行列式的值就接近 0。但是,χ^2 分布对样本容量大小非常敏感,在大多数情形下,Bartlett 球形检验总是拒绝零假设。

(3) KMO 检验(抽样适度性测度)

KMO 取值范围为 0~1,越接近 1,变量间的相关性越显著,越适合于作主成分分析。如果 KMO 测度的值低于 0.5 时,表明样本偏小,需要扩大样本。这里,需要对 KMO 检验中涉及的偏相关系数作一定义:偏相关系数是关于某两个变量之间在控制了其他变量对它们影响的条件下,计算出来的净相关系数。如果原有变量之间确实存在较强的相互重叠以及传递影响,也就是说,如果原有变量中确实能够提取出公共因子,那么在控制了这些影响后的偏相关系数必然很小。

6.1.5 求解主成分的矩阵选择

前面讨论求解主成分问题是从协方差阵出发的,但是协方差的大小明显受变量的单位(量纲)影响。同一变量如果使用不同的量纲,带来它的方差与其他变量间的协方差值会成比例变化。在主成分分析时,若有一原始变量的方差明显比其他变量大,则必然反映到第1主成分上;若有一原始变量的方差明显比其他变量小,则在较大的主成分中几乎没有它的地位。通常情况下,方差大的原始变量在特征值较大主成分中表现即此时因子载荷值大,方差小的原始变量在特征值较小主成分中表现,即此时的因子载荷值大。换个角度说,单位取得越小数值应越大,相对应的方差和协方差就越大,越会在特征值大的主成分上起作用。这样对主成分分析可能会带来某些人为的影响。

为了消除量纲不同造成的影响,人们常对原有变量先做标准化处理,处理后变量的均值为0,方差为1,变量没有了单位,此时的协方差就变成了相关系数。应该注意,由协方差矩阵和相关系数阵出发求解主成分得到的结果是不同的,而且两者不存在必然的联系。因此,选取哪种矩阵是做主成分分析必须考虑的。需要指出的是,相关系数矩阵就是将原始变量标准化后的协方差矩阵。

一般对于度量单位不同的变量或取值范围彼此差异非常大的变量,通常考虑数据标准化;否则尽量不要标准化,即直接用协方差求解主成分。因为主成分分析本身就是要突出数据波动大的变量,标准化将方差都变成1,所以许多时候由此得到的特征值之间差异变小,违背了做主成分分析的初衷[①]。

求解主成分还可以从其他矩阵出发,只要能反映原始变量之间某种相关性的矩阵都有其适用场合,如偏相关系数阵、偏协差阵之类。另外,对原始数据除以相应的平均值达到无量纲处理,然后计算协方差阵,再求解主成分,也是一种办法。

6.1.6 主成分分析的应用

(1) 综合评价

主成分分析的最主要应用是对某类具有众多变量的对象进行综合评价。根据提取出的前几个主成分,当某主成分明显与某几个变量相关联,而这些变量刚好能说明主成分含义,那么我们就可以通过所有样品在该主成分上的得分排序。当然,也可以将前几个主成分进行综合,通常是将各主成分得分系数乘以贡献率再相加,计算出所有样品的综合得分,再进行综合评价。

(2) 主成分聚类分析

先利用主成分分析选择合适的主成分,计算每个样品的每个主成分分值,根据样品的分值(作为变量)进行聚类分析。

(3) 主成分判别分析

先利用主成分分析选择合适的主成分,计算每个样品的每个主成分分值,根据样品的分

---

① 对原始数据进行标准化后抹杀了一部分重要信息,因此才使得标准化后各变量在对主成分构成中的作用趋于相等。

值(作为变量)进行判别分析。

(4) 主成分回归分析

在进行多元回归分析时,自变量之间是不允许存在多重共线性的。如果先对原始自变量进行主成分分析,将主成分作为新的变量,这些新自变量不会再有共线性,再做原有因变量对这些主成分求回归方程,就是主成分回归分析。

6.2　主成分分析应用案例

例 6.1　同例 4.1。试对 2019 年我国分地区(不含港澳台)城镇居民的人均消费支出进行主成分分析,并同例 4.1 的聚类分析进行对比。

SPSS 操作步骤如下:

SPSS 将主成分分析放在因子分析中。读取数据文件,按"Analyze"→"Dimension Reduction"→"Factor"的顺序单击菜单项,展开 Factor Analyze 对话框,将需要分析的变量移到 Variables 框中。

Step 1　点击"Descriptives…",展开 Factor Analyze:Descri…描述性统计对话框。Statistics 统计量多选栏:UniVariate descriptives 输出原始变量的均值、标准差和样本量;Initial solution 输出初始分析结果 Communalities,包括原始变量的方差和提取若干主成分中含有原始变量的方差。

Correlation Matrix 相关矩阵多选栏:Coefficients 输出原始变量间的相关系数矩阵;Significance levels 输出每个相关系数等于 0 的单侧假设检验的 p 值;Determinant 输出协方差阵的行列式;Inverse 输出协方差阵的逆矩阵;Reproduced 输出提取主成分中原始变量的协方差阵,以及与原有协方差之间的残差;Anti-image 输出反映像协方差阵和相关系数阵,包括偏协方差和偏相关系数的负数,其中反映像相关系数阵的对角元为抽样适合性测度(Measure of Sampling Adequacy);KMO and Bartlett's test of sphericity 输出 KMO 检验和 Bartlett 球形检验,当样本量少于变量个数时没有输出。

Step 2　点击"Extraction…"展开 Factor Analyze:Extraction 提取因子对话框。

Method 方法参数框,默认为 Principal components 主成分,其他还有 6 种可供选择,做主成分分析时默认即可。

Analyze 分析单选栏:Correlation Matrix 和 Covariance Matrix 二选一,前者为默认选项,即从相关系数矩阵出发做主成分分析。

Extract 提取单选项:Eigenvalues over 只提取大于矩形框中设定值的特征值,可自主给定,默认值是 1;Number of factor 提取矩形框中设定值个数的主成分。

Display 显示多选栏:Unrotation factor solution 显示未经旋转的因子提取结果,为系统默认输出方式;Scree plot 显示特征值散点图。

Maximum Iterations for Convergence 矩形框给出了最大迭代运算次数,默认值为 25,通常无需变更。

Step 3　由于是主成分分析,不做因子旋转,故无需点击"Rotation…",系统默认不做因子旋转。

Step 4 点击"Scores…"，展开 Factor Analyze：Factor…输出得分信息对话框（系统默认不做任何选择，实际上通常要全选）。Save as variables 作为新变量保存到 data 页面单选栏，输出各样品在各提取出的主成分上的得分值；Method（方法）有 Regression 回归法、Bartlett 法和 Anderson-Rubin 法三选一，系统默认回归法。

Display factor score coefficient matrix 显示因子得分系数矩阵。

Step 5 点击"Options…"展开 Factor Analyze：Options 选项对话框。

Missing Values 缺失数据单选栏：Exclude cases listwise 有缺失值的样品整个剔除，不参与分析，系统默认；Exclude cases pairwise 在计算协方差时仅剔除有缺失的部分变量，而无缺失的部分继续计算；Replaced with mean 用变量的均值代替缺失值。

Coefficient Display Format 载荷系数显示格式多选栏（系统默认不选）：Sorted by size 按数值大小顺序排列；Suppress absolute values less than 不显示绝对值小于设定值的系数，默认值为 0.1。

本例选项步骤，在 Step 2 的 Analyze 分析单选栏中选择"Covariance Matrix"，在 Extract 提取单选项选择"Eigenvalues over"，其余按前面步骤选项进行。主成分分析输出主要结果如图 6.2 所示。

Communalities

	Raw		Rescaled	
	Initial	Extraction	Initial	Extraction
x1	2614052.212	2611662.544	1.000	.999
x2	2614052.212	2611662.544	1.000	.999
x3	126480.990	12850.538	1.000	.102
x4	1.006E7	1.002E7	1.000	.997
x5	103455.990	67200.151	1.000	.650
x6	600852.374	468729.113	1.000	.780
x7	716413.289	484758.130	1.000	.677
x8	322559.837	167715.050	1.000	.520

Extraction Method: Principal Component Analysis.

图 6.2 输出结果

图 6.2 给出了分析所保留的主成分从每个原始变量中提取的信息。表中 Raw 所对应的两列分别表示各原始变量的方差和保留的主成分所提取的方差，而 Rescaled 所对应的两列分别表示将各变量的方差转化为 1（除以自身方差）和前 m 个主成分对各原始变量的方差贡献率。例如对 x_1 的方差贡献率为 0.999，即主成分包含 x_1 的 99.9% 的信息。

图 6.3 给出了主成分解释原始变量总方差的情况。此例选择保留大于特征根均值的特征根（特征根也是对应主成分的方差），取得两个主成分，对原始变量总方差的贡献率为 95.876%。本例中，保留了 2 个特征根，即 1.419E7 和 2257230.360，分别是第一主成分和第二主成分的方差。第一主成分的方差贡献率是 82.718%，第二主成分的方差贡献率是 13.158%。对应的 Rescaled 部分所显示的是该主成分对原始各变量方差贡献率的和，即 $0.999 + 0.999 + 0.102 + 0.997 + 0.650 + 0.780 + 0.677 + 0.520 = 5.724$，以及这两个主成分占所有主成分对原始变量方差贡献率总和 8 的比值为 $5.724/8 = 0.71533$。

Total Variance Explained

	Component	Initial Eigenvalues[a]			Extraction Sums of Squared Loadings		
		Total	% of Variance	Cumulative %	Total	% of Variance	Cumulative %
Raw	1	1.419E7	82.718	82.718	1.419E7	82.718	82.718
	2	2257230.360	13.158	95.876	2257230.360	13.158	95.876
	3	350543.353	2.043	97.920			
	4	179882.732	1.049	98.968			
	5	106999.796	.624	99.592			
	6	49445.267	.288	99.880			
	7	20519.457	.120	100.000			
	8	-4.396E-13	-2.563E-18	100.000			
Rescaled	1	1.419E7	82.718	82.718	4.680	58.496	58.496
	2	2257230.360	13.158	95.876	1.043	13.037	71.533
	3	350543.353	2.043	97.920			
	4	179882.732	1.049	98.968			
	5	106999.796	.624	99.592			
	6	49445.267	.288	99.880			
	7	20519.457	.120	100.000			
	8	-4.396E-13	-2.563E-18	100.000			

Extraction Method: Principal Component Analysis.

a. When analyzing a covariance matrix, the initial eigenvalues are the same across the raw and rescaled solution.

图 6.3　输出结果

Step 6　图 6.4 Component Matrix 给出了可以计算主成分关于原始变量的线性表达式的系数向量(在因子分析中称为因子载荷阵)。为写出第一主成分关于原始变量的线性表达式,需要将 Component Matrix 表中 Raw1 所对应的列向量分别除以第一特征根,得到变换系数向量(特征向量),以 X_1 为例,其变换系数为 $1348.323/\sqrt{1.41E7} = 0.358$,$X_2$ 的变换系数为 $1348.323/\sqrt{1.41E7} = 0.358$,$X_3$ 的变换系数为 $107.552/\sqrt{1.41E7} = 0.029$。类似的计算出其余变量的变换系数,得到第一主成分的表达式:

$$F_1 = 0.358X_1 + 0.358X_2 + 0.029X_3 + 0.818X_4 + 0.068X_5$$
$$+ 0.181X_6 + 0.177X_7 + 0.070X_8 \tag{6.3}$$

同样,将 Component Matrix 表中 Raw2 所对应的列向量分别除以第二特征根,得到变换系数向量(特征向量),得到第二主成分的表达式:

$$F_2 = 0.593X_1 + 0.593X_2 - 0.024X_3 - 0.481X_4 - 0.008X_5$$
$$+ 0.050X_6 - 0.134X_7 - 0.209X_8 \tag{6.4}$$

根据 Component Matrix 表中第一主成分对应的因子负荷量可以看到,第一主成分和大部分变量都密切相关,反映的是总体的消费水平;第二主成分主要与 X_1:食品烟酒支出和 X_2:衣着支出正相关,而与 X_4:生活用品及服务支出、X_7:医疗保健支出、X_8:其他用品及服务支出负相关,反映的是特殊的消费结构。第一主成分、第二主成分得分在 Data View 窗口以变量 FAC1_1 和 FAC2_1 列出。

上述结果是从协方差阵出发计算主成分所得,如果选择从相关阵出发,那么输出结果会没有 Rescaled 部分。需要说明的是,也可以在 Extraction 中设定合适的主成分个数。在实际进行主成分分析时,可以先按默认设置做一次,再根据输出结果确定应保留主成分的个数重新做分析。

Component Matrix[a]

	Raw		Rescaled	
	Component		Component	
	1	2	1	2
x1	1348.323	890.891	.834	.551
x2	1348.323	890.891	.834	.551
x3	107.552	-35.820	.302	-.101
x4	3082.081	-723.340	.972	-.228
x5	258.975	-11.497	.805	-.036
x6	680.490	75.245	.878	.097
x7	666.171	-202.420	.787	-.239
x8	262.924	-313.984	.463	-.553

Extraction Method: Principal Component Analysis.

a. 2 components extracted.

图 6.4　输出结果

Step 7　主成分得分排序。以 FAC_1 为例,依次点击"Data"→"Sort Cases",在弹出的对话框中将左侧变量栏中的 REGR factor score 1 for analysis 1 导入右侧 Sort by 文本框,在 Sort order 选择"Descending",点击"OK",得到 FAC1_1 排序。FAC2_1 类似处理。

Step 8　综合得分。用每个主成分 F_k 的方差贡献率 α_k 作为权数,对主成分 $F_1,F_2,\cdots,F_m$ 进行线性组合,得到一个综合评价函数 $F = \alpha_1 F_1 + \alpha_1 F_1 + \cdots + \alpha_m F_m$,从而得到排序或分类划级。在本例中,FAC1_1 的方差贡献率为0.82718,FAC2_1 的方差贡献率为0.13158,则上海的综合得分为(82.718×3.1116 + 13.158×(-0.55044))/95.876 = 2.61(此处方差贡献率直接取其百分比,计算方便)。可利用 SPSS 函数计算功能方便地得到结果。点击"Transform"→"Compute Variable…",弹出如图 6.5 所示的对话框,按照图示输入变量 F 及函数表达式:(FAC1_1×0.82718 + FAC2_1×0.13158)/0.95876,点击"OK",得到 F 得分,且在 Data View 窗口以变量 F 列出。

Step 9　综合得分排名。点击依次"Data"→"Sort Cases",在弹出的对话框中将左侧变量栏中的 F 导入右侧 Sort by 文本框,在 Sort order 选择"Descending",点击"OK",得到 F 排序。结果如图 6.6 所示。结果显示,上海排名最高,而山西排名最后。

Step 10　参见例 4.2 的聚类结果,如果聚为三类,上海、北京为一类,天津、江苏、浙江、福建和广东为一类,剩余省份为一类。参照图 6.6 的 FAC1_1 的结果,则发现结果有很高的一致性。

Step 11　利用各省市在提取的两个主成分上的得分进行样品聚类,即每个省市都有两个指标 FAC1_1 和 FAC2_1,聚类结果如图 6.7 所示。比较发现,主成分聚类比直接样品聚类效果更好。第一主成分代表总体消费水平,第二主成分代表特殊消费,两者有机结合变换出经济发展加地理位置的综合聚类。主成分聚类反映出地域相邻,消费相近;直接聚类时,明显主要与消费总体水平现状密切相关,而不是消费结构。

Stata 操作步骤如下:

Stata 可以通过变量进行主成分分析,也可以直接通过相关系数矩阵或协方差矩阵进

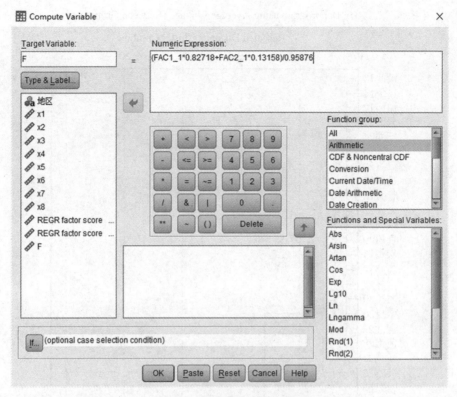

图 6.5　综合得分计算对话框

	地区	x1	x2	x3	x4	x5	x6	x7	x8	FAC1_1	FAC2_1	F
1	上 海	11272.50	11272.50	2161.60	16253.10	2215.20	5625.90	5966.40	3331.60	3.11166	-.55044	2.61
2	北 京	8951.00	8951.00	2391.00	17234.80	2568.90	5229.20	4738.40	3973.90	2.82713	-2.69543	2.07
3	浙 江	10161.60	10161.60	2258.80	9977.20	2075.20	5368.00	4342.20	2300.30	1.42784	.86347	1.35
4	广 东	10757.50	10757.50	1480.80	8961.60	1894.80	4597.10	3984.50	1883.00	1.24981	1.73700	1.32
5	福 建	9536.70	9536.70	1659.40	8954.90	1556.80	3715.10	3066.30	1691.50	.92259	.85395	.91
6	天 津	9719.20	9719.20	2194.80	7701.50	2051.10	4596.10	4062.00	3179.30	.81467	1.12178	.86
7	江 苏	7981.40	7981.40	1930.60	8787.20	1711.20	4051.50	3605.60	2419.90	.65041	-.46357	.50
8	西 藏	9682.10	9682.10	2419.30	5226.10	1758.30	3621.80	1265.80	965.80	.04730	2.40985	.37
9	海 南	8690.50	8690.50	968.80	5499.50	1237.10	3605.50	3135.30	1597.30	-.00358	1.30914	.18
10	四 川	8279.40	8279.40	1729.60	4741.60	1525.40	3453.40	2667.60	2293.30	-.25166	1.15402	-.06
11	重 庆	8035.10	8035.10	2015.30	4734.20	1746.20	3317.80	2893.90	2359.10	-.28815	.92392	-.12
12	湖 南	7499.60	7499.60	1843.70	5447.80	1660.40	3425.20	4172.20	2305.20	-.17363	.17215	-.13
13	湖 北	7334.30	7334.30	1886.70	5929.40	1869.00	3283.90	2967.00	2471.40	-.15658	-.03416	-.14

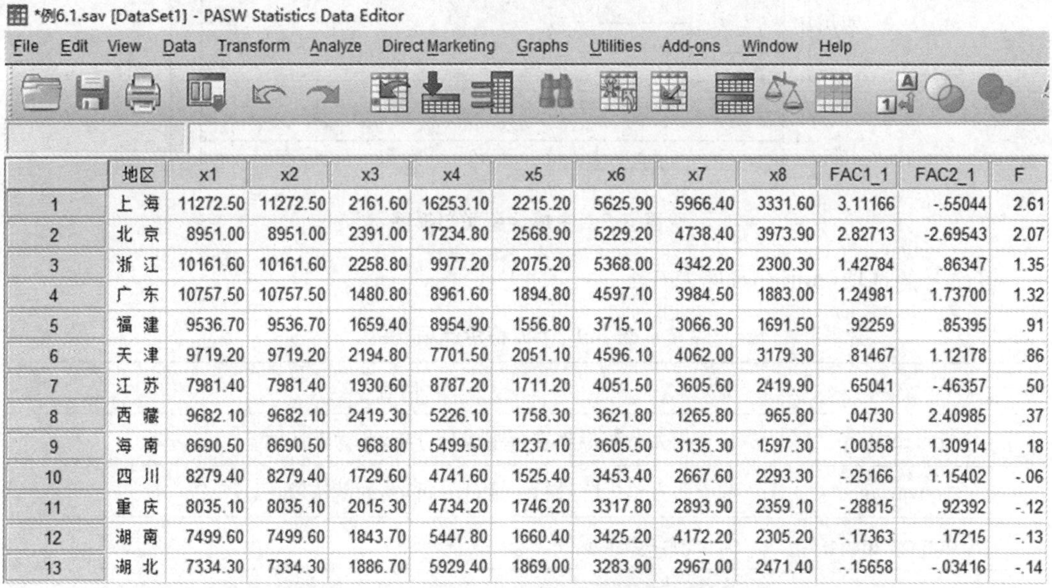

图 6.6　主成分得分及综合得分计算结果

行。Pac 命令通过变量进行主成分分析，pacmat 命令通过相关系数矩阵进行主成分分析。PAC 命令格式如下：

. pca varlist [if] [in] [weight] [,options]

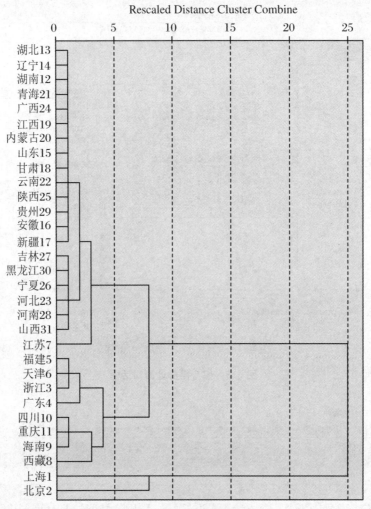

图 6.7　主成分聚类树形图

该命令的选项(options)见表 6.1。

表 6.1　pac 命令选项

选项	内容
correlation	基于相关系数矩阵进行主成分分析,此为默认值
covariance	基于协方差矩阵进行主成分分析,此为默认值
Components(♯)	保留前♯个主成分
Factors((♯)	等价于 Components(♯)
Mineigen(♯)	保留特征值大于♯的主成分
Vce(none)	不计算特征值和特征向量的协方差矩阵
Vce(normal)	假定多元正态分布,计算特征值和特征向量的协方差矩阵

Step 1　本例中,选用协方差矩阵进行主成分分析,键入如下命令:

.pca x1 – x8,cov

结果如图 6.8 所示。

```
Principal components/covariance              Number of obs     =        31
                                             Number of comp.   =         7
                                             Trace             =   1.72e+07
        Rotation: (unrotated = principal)    Rho               =    1.0000
```

Component	Eigenvalue	Difference	Proportion	Cumulative
Comp1	14189794	11932563	0.8272	0.8272
Comp2	2257230	1906687	0.1316	0.9588
Comp3	350543	170661	0.0204	0.9792
Comp4	179883	72882.9	0.0105	0.9897
Comp5	107000	57554.5	0.0062	0.9959
Comp6	49445.3	28925.8	0.0029	0.9988
Comp7	20519.5	20519.5	0.0012	1.0000
Comp8	0	.	0.0000	1.0000

```
Principal components (eigenvectors)
```

Variable	Comp1	Comp2	Comp3	Comp4	Comp5	Comp6	Comp7	Unexplained
x1	0.3579	0.5930	0.0305	-0.0133	0.1376	-0.0092	-0.0121	0
x2	0.3579	0.5930	0.0305	-0.0133	0.1376	-0.0092	-0.0121	0
x3	0.0286	-0.0238	0.1369	0.6938	0.0695	0.5830	-0.3922	0
x4	0.8182	-0.4815	-0.3116	-0.0135	0.0111	0.0033	-0.0371	0
x5	0.0687	-0.0077	0.0732	0.2714	-0.0370	0.2766	0.9156	0
x6	0.1806	0.0501	0.3576	0.3062	-0.7656	-0.3938	-0.0444	0
x7	0.1768	-0.1347	0.7029	-0.5233	-0.0617	0.4205	-0.0450	0
x8	0.0698	-0.2090	0.5049	0.2774	0.6049	-0.5015	0.0464	0

图 6.8　主成分分析结果

图 6.8 中第一张表是特征根和方差贡献率表。具体解释同 SPPS 结果,此处不再重复。第二张表称为主成分载荷。每一列代表一个主成分作为原来变量线性组合的相关系数。例如,第一个主成分作为 $x_1 \sim x_8$ 这 8 个变量的线性组合,系数为 0.3579、0.3579、0.0286 等。相关系数(绝对值)越大,表明主成分对该变量的代表性也越大。从结果来看,第二个主成分的贡献率和用 SPPS 的结果是完全一致的。同时,第二个主成分的线性组合表达式同式(6.3)和式(6.4)也是一致的,但 Stata 可以从给出的结果直接得到,而 SPSS 需要计算得到。

Step 2　在进行主成分分析之前,需要判断原始变量数据是否适合做主成分分析,以及提取几个主成分合适、计算主成分得分、不同主成分得分的散点图、载荷图等,限于篇幅,本例中就不再逐一列出,读者可结合 Stata 相关命令进行操作。

6.3　主成分回归

主成分回归(principal components regression,PCR)是对普通最小二乘估计的一种改进,它的参数估计是一种有偏估计。马西(W. E. Massy)于 1965 年根据多元统计分析中的主成分分析提出了主成分回归。其基本原理是根据多元统计分析中的主成分分析将解释变量转换成若干个主成分,这些主成分从不同侧面反映了解释变量的综合影响,并且互不相关。因此,可以将被解释变量关于这些主成分进行回归,再根据主成分与解释变量之间的对应关系,求得原来回归模型的估计方程。

关于主成分回归的基本思路原理请参阅相关教材或文献,此处结合案例说明统计软件在主成分回归方面的应用。

例 6.2 案例数据同例 2.1,应用主成分回归建立国内旅游市场收入的多元线性回归模型。

SPSS 操作步骤如下:

Step 1 对 5 个解释变量提取主成分,依次点击"Analyze Dimension Reduction"→"Factor"进入主成分对话框。把 $x_1 \sim x_5$ 这 5 个变量选入 Variables 变量框条中,点击"Extraction"把抽取因子(主成分)数目设为 5,也就是原始变量数目。点击"Scores"按钮保存主成分得分。返回主对话框,其他设置都用默认值,点击"OK"运行。结果如图 6.9 所示。

Total Variance Explained

Component	Initial Eigenvalues			Extraction Sums of Squared Loadings		
	Total	% of Variance	Cumulative %	Total	% of Variance	Cumulative %
1	4.461	89.214	89.214	4.461	89.214	89.214
2	.383	7.661	96.875	.383	7.661	96.875
3	.086	1.727	98.602	.086	1.727	98.602
4	.039	.785	99.387	.039	.785	99.387
5	.031	.613	100.000	.031	.613	100.000

Extraction Method: Principal Component Analysis.

图 6.9 主成分提取结果

结果显示,第一主成分的方差百分比为 89.124,前两个主成分含有原始变量 96% 以上的信息,按照主成分提取要求,提取第一主成分就可满足要求。

Step 2 用 y 对 FAC1_1 做普通最小二乘回归,得到主成分回归方程:

$$\hat{y} = 2539.200 + 975.504\text{FAC1\_1} \tag{6.5}$$

Step 3 以 FAC1_1 为因变量,以 $x_1 \sim x_5$ 为自变量做回归,得到如图 6.10 所示的回归结果。

Coefficients[a]

Model		Unstandardized Coefficients		Standardized Coefficients	t	Sig.
		B	Std. Error	Beta		
1	(Constant)	-7.318	.000		-2.567E7	.000
	x1	1.952E-5	.000	.217	7103856.038	.000
	x2	.002	.000	.219	6885461.417	.000
	x3	.003	.000	.194	1.279E7	.000
	x4	.008	.000	.208	8750408.886	.000
	x5	.472	.000	.220	6790321.423	.000

a. Dependent Variable: REGR factor score 1 for analysis 1

图 6.10 FAC1_1 主成分回归结果

Step 4　代回式(6.5),得到 y 对 5 个原始自变量的主成分回归方程为

$$\hat{y} = 2530.200 + 975.50 \times (-7.318 + 0.00001952 \times X_1 + 0.002 \times X_2$$
$$+ 0.003 \times X_3 + 0.008 \times X_4 + 0.472 \times X_5)$$

化简后方程为

$$\hat{y} = 4608.509 + 0.019 \times X_1 + 1.951 \times X_2 + 2.927 \times X_3 + 7.804 \times X_4 + 460.436 \times X_5$$

$$(6.6)$$

式(6.6)与第二章用岭回归方法得到的方程接近。

有兴趣的读者可以尝试再做包含第二主成分的主成分回归。可以发现,常数项及 FAC1_1 的系数都没有变化,这是因为 FAC1_1 和 FAC2_1 线性无关。其余步骤同 Step 3 和 Step 4。

需要说明的是,对原始样本数据做标准化处理,这样矩阵 $X'X$ 即为解释变量的相关系数矩阵 R。也有学者指出,主成分回归时,应对原始样本数据做标准化处理[①]。

6.4　主成分分析中应注意的问题

① 主成分分析的关键在于能否对主成分赋予新的意义并给出合理的解释。这个解释应根据主成分的计算结果并结合理论定性分析来进行。主成分分析是原来变量(标准化的)线性组合,在这个组合中各变量的系数有大小正负之分,因而不能简单地认为这个主成分是某个原始变量的属性的作用。线性组合中某变量的系数的绝对值大则表明该主成分主要综合了该变量的信息。如果有几个变量的系数大小相当,则认为这一主成分是这几个变量的总和,这几个变量综合在一起具有怎样的经济意义,要结合经济理论或常识判断,给出合理的解释,才能达到深刻分析经济成因的目的。

② 主成分分析不要求数据来自正态总体。无论是从原始变量协方差矩阵出发求解主成分,还是从相关系数矩阵出发求解主成分,均不涉及总体分布的问题。这与很多多元统计方法不同,主成分分析不要求数据来自正态总体。这一特性大大扩展了其应用范围,对多维数据,如果涉及降维处理,都可尝试主成分分析,而不用考虑其分布情况。

③ 主成分分析与多重共线性之间的关系。很多研究者在运用主成分分析方法时,都或多或少地存在对主成分分析消除原始变量信息交集(共线性)的期望。这样,在实际建模时,就可以把与某一研究问题相关而可能得到变量(指标)都纳入分析过程,再用少数几个主成分浓缩这些有用信息(假定已剔除了重叠信息),然后对主成分进行深入分析。在对待重叠信息方面,生成的新的综合变量(主成分)是有效剔除了原始变量中的重叠信息,还是仅按原来的模式将原始信息中的绝大部分用几个不相关的新变量表示出来,这一点还有待讨论。因此,在选择初始变量时,还是应该有选择性,考虑是否合适,尽可能避免随意选入。但有一点,虽然主成分分析不能有效剔除重叠信息,但它至少可以发现原始变量间是否存在重叠信

---

① 　孙敬水.计量经济学[M].4 版.北京:清华大学出版社,2018:196-197.

息(共线性),这对减少分析中的失误是有帮助的[①]。

④ 为了分析各样品在主成分上所反映的经济意义方面的情况,还需将原始数据代入主成分表达式计算出各样品的主成分得分,根据各样品的主成分得分就可以对样品进行大致分类或排序。对于此排序,目前常用的方法是用每个主成分 F_k 的方差贡献率 α_k 作为权数,详见前文介绍,从而得到排序或分类划级。这一方法,目前在一些专业文献中都有介绍,但在实践中有时应用效果并不理想,一直以来存在较大争议,主要原因是生成主成分的特征向量的各分量符号不一致,很难进行排序评价。一个较为可行的办法是只用第一主成分作评价指标,理由是第一主成分与原变量综合相关度最高,并且第一主成分对应于数据变异最大的方向,也就是使数据信息损失最小、精度最高的一维综合变量[②]。

⑤ 在主成分得分中,有的得分为负值,应该说明的是,这里的正负仅表明与平均水平的位置关系。

思考题

1. 试述主成分分析的基本思路及主要应用。
2. 由协方差矩阵和由相关系数矩阵出发进行主成分分析有什么区别?
3. 找一个实际问题的数据,应用 SPSS 及 Stata 软件试做主成分分析。
4. 试总结主成分回归建模的思想与步骤。

---

① 何晓群.多元统计分析[M].5 版.北京:中国人民大学出版社,2019:118-119.
② 何晓群.多元统计分析[M].5 版.北京:中国人民大学出版社,2019:127-128.

第 7 章 因 子 分 析

主成分分析通过线性组合将原变量综合成几个主成分,用较少的综合指标来代替原来较多的指标(变量)。在大多数情况下,原始变量间往往存在一定的相关性,并非相互独立。例如,一个地区的学校数量、在校学生数、在校教师数量、教育经费等明显相关;再如对城镇发展水平进行评价时,引入原始变量(指标)较多,直接处理会产生诸多问题(如共线性、自由度损失较多等问题),能否找出少数几个综合性指标来反映原有指标的主要信息,将问题简化呢? 这些综合指标不能直接观测到,能否有一种方法找到呢? 反映原来指标信息的综合指标称为因子,因子分析就是用少数几个因子来描述原来诸多指标或因素之间的联系,以较少的几个因子反映原变量的大部分信息的统计学方法。因子分析在某种程度上可以看作是主成分分析的推广和扩展。

因子分析主要用途在两个方面:一是降维,即减少分析变量个数;二是通过对变量间相关关系的探测将原始变量进行分类,即将相关性高的变量分为一组,用共性因子代替该组变量。

7.1 因子分析的基本思想及模型

7.1.1 因子分析的基本思想

因子分析思想最早由英国心理学家查尔斯·斯皮尔曼(Charles Spearman)在 1904 年正式提出。他发现学生的各科成绩之间存在一定的相关性,一科成绩好的学生往往其他各科成绩也比较好,从而推想是否存在某些潜在的公共因子或某些一般智力条件影响着学生的学习成绩;在餐饮业总体评价中,消费者可以通过一系列指标构成的一个评价指标体系。主要包括就餐环境、服务及价格。这三个方面除了价格,就餐环境、服务都是客观存在、抽象的影响因素,都不便于直接测量,只能通过其他具体指标进行间接反映。因子分析就是一种通过显在变量找出和测评潜在变量,通过具体指标测评抽象因子的过程。

在找寻潜在变量(公共因子)过程中,未被公共因子概括的部分,是与公共因子无关的特殊因子。因子分析提取主要信息,在保留主要信息的前提下,避开变量之间的相关性,以达到对事物进行分类和综合评价。

7.1.2 因子分析的基本模型

因子分析的数据结构与主成分分析的数据结构相同,有 n 个样本,每个样本有有 p 个观测变量,这 p 个观测变量之间有较强的相关性(提取公共因子的条件),由此构成一个 $n \times p$ 阶的数据矩阵 $\boldsymbol{X}$:

$$\boldsymbol{X} = \begin{bmatrix} x_{11} & x_{12} & \cdots & x_{1p} \\ x_{21} & x_{22} & \cdots & x_{2p} \\ \vdots & \vdots & \vdots & \vdots \\ x_{n1} & x_{n2} & \cdots & x_{np} \end{bmatrix}$$

为了便于变量比较,并消除由于观测量纲的差异和数量级不同所造成的影响,对样本观测数据进行了标准化处理。为方便把原始变量及标准化之后的变量均用 X 表示,用 F_1,F_2,$\cdots$,F_m($m < p$)表示标准化后的公共因子。如果:

① $X = (X_1, X_2, \cdots, X_p)'$ 是可观测的随机变量,且均值向量 $E(X) = 0$,协方差矩阵 $\mathrm{Cov}(X) = \sum$,且协方差矩阵和相关阵相等;

② $F = (F_1, F_2, \cdots, F_m)'$($m < p$)是不可观测的变量,且均值向量 $E(F) = 0$,协方差矩阵 $\mathrm{Cov}(F) = I$,且向量 F 的各分量是相互独立的;

③ $\varepsilon = (\varepsilon_1, \varepsilon_2, \cdots, \varepsilon_m)'$ 与 F 相互独立,且 $E(\varepsilon) = 0$,ε 的协方差矩阵是对角方阵,即 ε 的各分量之间也是相互独立的,则模型:

$$\begin{cases} X_1 = \alpha_{11} F_1 + \alpha_{12} F_2 + \cdots + \alpha_{1m} F_m + \varepsilon_1 \\ X_2 = \alpha_{21} F_1 + \alpha_{22} F_2 + \cdots + \alpha_{2m} F_m + \varepsilon_2 \\ \cdots \\ X_p = \alpha_{p1} F_1 + \alpha_{p2} F_p + \cdots + \alpha_{pm} F_m + \varepsilon_p \end{cases} \tag{7.1}$$

称为因子模型。模型(7.1)的矩阵形式为

$$\boldsymbol{X} = \boldsymbol{A}\boldsymbol{F} + \varepsilon \tag{7.2}$$

式中

$$\boldsymbol{A} = \begin{bmatrix} \alpha_{11} & \alpha_{12} & \cdots & \alpha_{1m} \\ \alpha_{21} & \alpha_{22} & \cdots & \alpha_{2m} \\ \vdots & \vdots & \vdots & \vdots \\ \alpha_{p1} & \alpha_{p2} & \cdots & \alpha_{pm} \end{bmatrix}$$

由模型(7.1)及其假设可知公共因子之间相互独立且不可测,是在原始变量的表达式中都出现的因子。公共因子的含义必须结合实际问题的具体意义确定,ε 为特殊因子。各特殊因子之间以及特殊因子与所有公共因子之间也都是相互独立的。矩阵 $\boldsymbol{A}$ 中的元素 α_{ij} 称为因子载荷,α_{ij} 的绝对值越大,表明 X_i 与 F_j 的相依程度越大,或称公共因子 F_j 对 X_i 的载荷量越大,进行因子分析的目的之一就是要求各个因子载荷的值。经过后面的分析会看到,因子载荷的概念与前面主成分分析中的因子负荷量相对等。

为了更好地理解因子分析方法,下面讨论载荷矩阵 $\boldsymbol{A}$ 的统计意义以及公共因子与原始变量之间的关系。

① 因子载荷 α_{ij} 的统计意义。由模型(7.1)可得 $\mathrm{Cov}(X_i, F_j) = \alpha_{ij}$,即 α_{ij} 是 X_i 与 F_j 的协方差,同时 α_{ij} 也是 X_i 与 F_j 的相关系数。

② 变量共同度与剩余方差。定义 $\alpha_{i1}^2 + \alpha_{i2}^2 + \cdots + \alpha_{im}^2$ 为变量 X_i 的共同度,记为 $h_i^2(i = 1,2,\cdots,p)$。由因子分析模型的假设前提,易得

$$\text{Var}(X_i) = 1 = h_i^2 + \text{Var}(\varepsilon_i) \tag{7.3}$$

记 $\text{Var}(\varepsilon_i) = \sigma_i^2$,则

$$\text{Var}(X_i) = 1 = h_i^2 + \sigma_i^2 \tag{7.4}$$

上式表明共同度 h_i^2 与剩余方差 σ_i^2 有互补的关系,h_i^2 越大,表明 X_i 对公共因子的依赖程度越大,公共因子能解释 X_i 方差的比例越大,因子分析的效果也就越好。

③ 公共因子 F_j 的方差贡献。共同度考虑的是所有公共因子 $F_1, F_2, \cdots, F_m (m < p)$ 与某一个原始变量的关系,与此类似,考虑某一个公共因子 F 与所有原始变量 $X_1, X_2, \cdots, X_p$ 的关系。

记 $g_j^2 = \alpha_{1j}^2 + \alpha_{2j}^2 + \cdots + \alpha_{pj}^2 (j = 1,2,\cdots,m)$,则 g_j^2 表示的是公共因子 F_j 对于 X 的每一分量所提供的方差的总和,称为公共因子 F_j 对原始变量向量的方差贡献,它是衡量公共因子相对重要性的指标。g_j^2 越大,表明公共因子 F_j 对 X 的贡献越大,或者说对 X 的影响和作用就越大。如果将因子载荷矩阵 A 的所有 $g_j^2(j = 1,2,\cdots,m)$ 都计算出来,并按其大小排序,就可以依此提取出最有影响的公共因子[①]。

7.2 因子分析的步骤

因子分析主要包括以下几步:

① 对原始变量进行标准化处理并求出所有变量的相关矩阵和相关检验统计量,从矩阵确定因子载荷、因子旋转及计算因子得分。

② 确定描述数据所需要的因子计算方法和数量。

③ 因子旋转,使之含义更加明确。

④ 计算每个个体的因子得分。

⑤ 根据因子得分,进行综合评价或其他分析。

7.2.1 因子载荷矩阵的确定

确定因子载荷矩阵的方法较多,如主成分法、主轴因子法、最小二乘法、极大似然法等。这些方法求解因子载荷的出发点不同,所得结果也不完全相同。下面将主要介绍常用的主成分法。

用主成分法确定因子载荷是在进行因子分析之前先对数据进行一次主成分分析,然后把前几个主成分作为未旋转的公共因子。相对于其他方法,主成分法比较简单。具体方法如下:假定从相关系数矩阵出发求解主成分,设有 p 个变量,则我们可以找出 p 个主成分。将这 p 个主成分按由大到小的顺序排列,记为 $Y_1, Y_2, \cdots, Y_p$,则主成分与原始变量之间存在以下关系:

---

① 何晓群.多元统计分析[M].5 版.北京:中国人民大学出版社,2019.

$$\begin{cases} Y_1 = \gamma_{11}X_1 + \gamma_{12}X_2 + \cdots + \gamma_{1p}X_p \\ Y_2 = \gamma_{21}X_1 + \gamma_{22}X_2 + \cdots + \gamma_{2p}X_p \\ \cdots \\ Y_p = \gamma_{p1}X_1 + \gamma_{p2}X_2 + \cdots + \gamma_{pp}X_p \end{cases} \tag{7.5}$$

上式中 γ_{ij} 为随机向量 $\boldsymbol{X}$ 的相关矩阵的特征值所对应的特征向量的分量,由于特征向量间彼此正交,X 到 Y 之间的转换关系是可逆的,可得

$$\begin{cases} X_1 = \gamma_{11}Y_1 + \gamma_{21}Y_2 + \cdots + \gamma_{p1}Y_p \\ X_2 = \gamma_{12}Y_1 + \gamma_{22}Y_2 + \cdots + \gamma_{p2}Y_p \\ \cdots \\ X_p = \gamma_{1p}Y_1 + \gamma_{2p}Y_2 + \cdots + \gamma_{pp}Y_p \end{cases} \tag{7.6}$$

对上面每一等式值保留前 m 个主成分而把后面的部分用 ε_i 代替,则上式变为

$$\begin{cases} X_1 = \gamma_{11}Y_1 + \gamma_{12}Y_2 + \cdots + \gamma_{m1}Y_m + \varepsilon_1 \\ X_2 = \gamma_{12}Y_1 + \gamma_{22}Y_2 + \cdots + \gamma_{m2}Y_p + \varepsilon_2 \\ \cdots \\ X_p = \gamma_{1p}Y_1 + \gamma_{2p}Y_2 + \cdots + \gamma_{mp}Y_m + \varepsilon_p \end{cases} \tag{7.7}$$

上式中 Y_i 之间相互独立。为将 Y_i 转换成合适的公共因子,只需把主成分 Y_i 变成方差为 1 的变量,即将 Y_i 除以其标准差即可。由主成分的知识可知其标准差就是特征值的平方根 $\sqrt{\lambda_i}$,于是令 $F_i = Y_i / \sqrt{\lambda_i}$,$\alpha_{ij} = \sqrt{\lambda_i}\gamma_{ji}$,上式转化为

$$\begin{cases} X_1 = \alpha_{11}F_1 + \alpha_{12}F_2 + \cdots + \alpha_{1m}F_m + \varepsilon_1 \\ X_2 = \alpha_{21}F_1 + \alpha_{22}F_2 + \cdots + \alpha_{2m}F_p + \varepsilon_2 \\ \cdots \\ X_p = \alpha_{p1}F_1 + \alpha_{p2}F_2 + \cdots + \alpha_{pm}F_m + \varepsilon_p \end{cases} \tag{7.8}$$

这与式(7.1)完全一致,这样就得到了载荷矩阵和一组初始公共因子(未旋转)。设 $\lambda_1 \geqslant \lambda_2 \geqslant \cdots \geqslant \lambda_p > 0$ 为样本相关矩阵的特征根,$\gamma_1, \gamma_2, \cdots, \gamma_p$ 为各特征根对应的标准正交化特征向量。设 $m < p$,则因子载荷矩阵 $\boldsymbol{A}$ 的一个解为

$$\hat{\boldsymbol{A}} = (\sqrt{\lambda_1}\gamma_1, \sqrt{\lambda_2}\gamma_2, \cdots, \sqrt{\lambda_m}\gamma_m)$$

共同度估计为

$$\hat{h}_i^2 = \sum_{j=1}^{m} \hat{\alpha}_{ij}^2 \tag{7.9}$$

公共因子数目 m 的确定一般取决于研究者本人和所研究的问题,当用主成分法进行因子分析时,可以借鉴主成分个数的确定准则,如所选公共因子的信息量之和达到总体信息量的一个合适比例为止。不同的研究者对问题可能会给出不同的公共因子数,但总要使所选的公共因子能够合理地描述原始变量相关矩阵的结构,同时要有利于因子模型的解释。

7.2.2　因子旋转

建立因子分析数学模型的目的是不仅要找出公共因子以及对变量进行分组,更重要的是要知道每个公因子的意义,以便对实际问题做出科学的分析,如果每个公因子的含义不清,不便于进行实际背景的解释,那么此时根据因子载荷矩阵的不唯一性,可以对因子载荷矩阵进行旋转,即对初始公因子进行线性组合,以期找到意义更为明确、实际意义更明显的

公共因子。经过旋转后,公共因子对 X_i 的贡献 h_i^2 并不改变,但由于载荷矩阵发生了变化,公因子本身就可能发生很大的变化,每个公因子对原始变量的贡献不再与原来相同,从而经过适当的旋转可以得到比较令人满意的公共因子。

因子旋转通常分为正交旋转和斜交旋转,无论哪种旋转方式,都应使新的因子载荷系数要么尽可能接近零,要么尽可能远离零。也就是要尽量使得任一原始变量都与某些公因子存在较强的相关关系,而与另外的公因子之间几乎不相关,这样的公因子的实际意义会比较容易确定。

7.2.3 因子得分

因子模型建立起来以后,就可以反过来考察每一个样品的性质和样品之间的相互关系。通过求出各个样品在各个公共因子上的取值,就能根据因子取值将样品分类,研究各个样品间的差异等。我们将样品在公共因子上的取值称为因子得分。

在因子模型中,求因子得分是用回归的思想。假设公共因子 F 由变量 X 表示的线性组合为

$$F_j = \beta_{j1} X_1 + \beta_{j2} X_2 + \cdots + \beta_{jp} X_p \tag{7.10}$$

此处 F 和 X 均为标准化向量,因此回归模型中不存在常数项,β_{ji} 称为因子得分系数。这样,利用一组样本值,通过最小二乘法或极大似然法可以估计出 β_{ji}。用估计出的因子得分系数和原始变量的取值代入上式就可以求得因子得分,从而作出进一步的分析研究,比如样本点之间的比较分析,对样本点的聚类分析等。需要注意的是,所取的公共因子个数不同,因子得分也就不同。

7.3 因子分析应用案例

例 7.1 服务业竞争力是一个复杂系统,要从多维多角度对地区服务业竞争力进行综合评价。参考地区服务业竞争力的影响因素,从四个方面进行分析:一是经济基础;二是服务业总体情况;三是主要服务行业发展状况;四是科技实力,具体指标见表 7.1。

表 7.1 地区服务业竞争力评价指标体系

影响因素	具体指标	单位
经济基础	X_1 人均 GDP	元
	X_2 人均城镇居民消费性支出	元
	X_3 服务业全社会固定资产投资额	亿元
服务业总体情况	X_4 服务业增加值占 GDP 比重	%
	X_5 服务业从业人员比率	%
	X_6 服务业从业人员年工资总额	亿元

续表

影响因素	具体指标	单位
主要服务行业发展状况	X_7 人均批发零售及住宿餐饮	元
	X_8 人均交通运输仓储及邮电	元
	X_9 人均金融保险及房产	元
科技实力	X_{10} 服务业城镇专业技术人员数	万人

资料来源:胡凯丽.基于因子分析法的西部地区服务业竞争力评价[J].中国科技论文在线,2008.

表 7.2 为 2005 年我国西部 12 省区服务业发展状况相关数据。要求采用因子分析法评价西部 12 省区服务业竞争力。

表 7.2 2005 年我国西部 12 省区服务业发展状况

地区	X_1	X_2	X_3	X_4	X_5	X_6	X_7	X_8	X_9	X_{10}
重庆	10982	8623.29	1158.60	43.90	33.16	193.10	1230.31	782.59	846.53	43.00
四川	9060	6891.01	1802.00	38.41	31.02	458.30	848.25	463.08	667.91	116.80
贵州	5052	6158.27	473.80	39.59	32.28	170.80	457.53	310.51	403.75	53.10
云南	7835	6996.90	936.30	39.46	20.60	237.70	776.58	366.47	619.17	67.60
西藏	9114	8615.00	104.60	55.59	29.34	41.60	1112.27	400.72	600.36	3.50
陕西	9899	6656.00	1001.00	37.83	30.71	282.60	990.59	650.86	544.54	72.10
甘肃	7477	6529.20	365.70	40.71	29.11	164.60	710.52	557.83	418.31	41.70
青海	10045	6245.26	119.40	39.27	33.47	54.10	828.91	587.11	634.62	10.90
宁夏	10239	6404.31	193.10	41.71	29.30	53.60	838.59	768.62	916.28	13.30
新疆	13108	6207.52	564.90	35.69	33.42	209.00	949.25	744.43	677.26	51.50
内蒙	16331	6929.00	895.20	39.35	30.53	224.30	2004.32	1509.6	695.05	53.00
广西	8788	6426.20	883.80	40.55	32.64	267.80	1075.64	483.26	547.40	77.40

资料来源:《中国统计年鉴》(2006 年版).

思路:在众多评价方法中,因子分析法可以较大限度地克服指标之间的相关性对评价结果的影响。采用主成分分析法提取公因子,计算出相关系数阵的特征值、贡献率、累计贡献率、因子载荷矩阵等,最终求得综合评价值,并据此进行排序。

SPSS 操作步骤如下:

Step 1 读取数据文件例 7.1,按"Analyze"→"Dimension Reduction"→"Factor"顺序单击菜单项,展开 Factor Analysis 对话框,将 10 个指标变量移到 Variables 框中。点击对话框中的"Extraction…",展开 Factor Analyze:Extraction 提取因子对话框。在 Method 选项框中,默认选择为 Principal components(主成分法提取因子),在 Analyze 选项框中默认选择从相关系数矩阵出发求解公共因子。Extract 提取单选项:Eigenvalues over 只提取大于矩形框中设定值的特征值,可自主给定,默认值是 1(本例选择此项);Number of factor 提取矩形框中设定值个数的主成分。Display 显示多选栏:Unrotation factor solution 显示未经旋转的因子提取结果,为系统默认输出方式;Scree plot 显示特征值散点图。Maximum Iterations for Convergence 矩形框给出最大迭代运算次数,默认值为 25,通常无需变更。点击"Continue"按钮返回 Factor Analysis 对话框。

Step 2 点击"Descriptives…",展开 Factor Analyze:Descri…描述性统计对话框。Statistics 统计量多选栏:UniVariate descriptives 输出原始变量的均值、标准差和样本量;Initial solution 输出初始分析结果 Communalities,包括原始变量的方差和提取若干主成分中含有原始变量的方差(必选)。

Correlation Matrix 相关矩阵多选栏:Coefficients 输出原始变量间的相关系数矩阵;Significance levels 输出每个相关系数等于 0 的单侧假设检验的 p 值;Determinant 输出协方差阵的行列式;Inverse 输出协方差阵的逆矩阵;Reproduced 输出提取主成分中原始变量的协方差阵,以及与原有协方差之间的残差;Anti-image 输出反映像协方差阵和相关系数阵,包括偏协方差和偏相关系数的负数,其中反映像相关系数阵的对角元为抽样适合性测度(measure of sampling adequacy);KMO and Bartlett's test of sphericity 输出 KMO 检验和 Bartlett 球形检验,当样本量少于变量个数时没有输出(必选)。读者可根据需要自行选择,建议多选(因为是描述性统计及检验结果)。

Step 3 点击"Rotation…",系统弹出 Factor Analysis:Rotation 对话框。常用的旋转方法有最大方差法(varimax)、四次方最大值法(quartimax)、相等最大值法(equamax)、直接斜交旋转法(direct oblimin)、最优斜交旋转法(ptomax),其中前三者属于"正交转轴法"(orthogonal rotations),在正交转轴法中,变量与变量间不相关,变量轴间夹角为 90°;而后两者属"斜交旋转"(oblique rotations),采用斜交转轴法,表示变量与变量间彼此有某种程度的相关,亦即因素轴间的夹角不是 90°。

正交旋转法的优点是变量间提供的信息不会重叠,观察体在某一个变量的分值与在其他变量的分值,彼此独立不相关;而其缺点是强求变量间不相关,但在实际情况中,它们彼此相关的可能性很高。所谓正交旋转法,就是要求各个因子在旋转时都要保持直角关系,即不相关。在正交应转时,每个变量的共同性是不变的。不同的正交旋转方法有不同的作用。斜交旋转方法是要求在旋转时各个因子之间呈斜交的关系,表示允许该因子与其他因子之间有某种程度上的相关。斜交旋转中,因子之间的夹角可以是任意的,所以用斜交因子描述变量可以使因子结构更为简洁。

不同的因子旋转方式各有其特点。因此,究竟选择何种方式进行因子旋转取决于研究问题的需要。如果因子分析的目的只是进行数据简化,而因子的确切含义是什么并不重要,就应该选择正交旋转。如果因子分析的目的是要得到理论上有意义的因子,则应该选择斜交旋转。事实上,研究中很少有完全不相关的变量。所以,从理论上看来斜交旋转优于直交旋转。但是斜交旋转中因子之间的斜交程度受研究者定义的参数的影响,而且斜交旋转中所允许的因子之间的相关程度是很小的,因为没有人会接受两个高度相关的共同因子。如果两个因子确实高度相关,那么大多数研究者会选取更少的因子重新进行分析。因此,斜交旋转的优越性大打折扣。在实际研究中,正交旋转(尤其是 Varimax 旋转法)得到更广泛的运用[1]。

本例选择 Varimax 旋转法。

---

[1] 具体的旋转方法介绍可参见:管宇.实用多元统计分析[M].杭州:浙江大学出版社,2011:219-221.

Step 4　点击"Scores…",展开 Factor Analysis:Factor Scores 因子得分对话框(系统默认不做任何选择,实际上通常要全选,本例也全选)。Save as variables 作为新变量保存到 Data 页面单选栏,输出各样品在各提取出的主成分上的得分值;Method 有 Regression 回归法、Bartlett 法和 Anderson-Rubin 法三选一,系统默认回归法(本例选择此项)。Display factor score coefficient matrix 显示因子得分系数矩阵。

Step 5　点击"Options…"展开 Factor Analysis:Options 选项对话框。选项介绍参见主成分章节内容,此处不再重复。本例保留默认项即可。点击"Continue"返回 Factor Analysis 对话框。

Step 6　点击"OK",运行后得到结果。

【结果分析】

从图 7.1 结果可以看出多个变量之间标准化相关系数较高,具有进行因子分析的条件。

Correlation Matrix

		x1	x2	x3	x4	x5	x6	x7	x8	x9	x10
Correlation	x1	1.000	.114	.116	-.144	.234	.023	.858	.904	.557	-.083
	x2	.114	1.000	.137	.772	-.110	-.125	.364	.027	.320	-.218
	x3	.116	.137	1.000	-.366	-.043	.935	.207	.083	.115	.895
	x4	-.144	.772	-.366	1.000	-.106	-.502	.128	-.198	.077	-.542
	x5	.234	-.110	-.043	-.106	1.000	-.032	.121	.203	.042	-.074
	x6	.023	-.125	.935	-.502	-.032	1.000	.072	-.014	-.137	.986
	x7	.858	.364	.207	.128	.121	.072	1.000	.859	.379	-.020
	x8	.904	.027	.083	-.198	.203	-.014	.859	1.000	.451	-.097
	x9	.557	.320	.115	.077	.042	-.137	.379	.451	1.000	-.215
	x10	-.083	-.218	.895	-.542	-.074	.986	-.020	-.097	-.215	1.000

图 7.1　标准化变量相关系数

图 7.2 的结果显示,KMO 结果为 0.262,并不理想,但 Bartlett's 的显著性检验通过,说明适合做因子分析。

KMO and Bartlett's Test

Kaiser-Meyer-Olkin Measure of Sampling Adequacy.		.262
Bartlett's Test of Sphericity	Approx. Chi-Square	126.153
	df	45
	Sig.	.000

图 7.2　KMO 和 Bartlett's 检验结果

图 7.3~图 7.5 的结果和主成分分析结果形式相同,结果分析参见主成分分析的相应内容,此处不再重复。3 个满足条件的特征值对样本方差的累计贡献率达到了 81.687%,代表了绝大部分信息,提取的 3 个因子能够对所分析问题进行很好的解释。图 7.4 为因子载荷矩阵(用标准化的公共因子近似表示标准化原始变量的系数矩阵),反映出各公共因子的典型代表变量不是很突出,各指标前几个公共因子上均有相当程度的载荷值,解释其实际意义有一定困难,有必要进一步进行旋转。

图 7.6 为旋转后的因子载荷矩阵,根据结果可提取 3 个主因子,第一主因子在人均 GDP(X_1)、服务业从业人员比率(X_5)、人均批发零售及住宿餐饮(X_7)、人均交通运输仓储

及邮电(X_8)、人均金融保险及房产(X_9)上具有很大载荷,从各指标的经济含义可知反映了地区服务业发展的经济基础,将其定义为服务业发展动力因子;第二主因子在服务业全社会固定资产投资额(X_3)、服务业从业人员年工资总额(X_6)、服务业城镇专业技术人员数(X_{10})上有较大载荷,从各指标的经济含义可知反映了服务业在资本、人力等方面的投入,将其定义为服务业发展投入因子;第三主因子在人均城镇居民消费性支出(X_2)、服务业增加值占 GDP 比重(X_4)上载荷较大,从各指标的经济含义可知是反映服务业竞争力提高的潜力指标,将其定义为服务业发展潜力因子。

Communalities

	Initial	Extraction
x1	1.000	.941
x2	1.000	.925
x3	1.000	.970
x4	1.000	.899
x5	1.000	.223
x6	1.000	.983
x7	1.000	.863
x8	1.000	.915
x9	1.000	.463
x10	1.000	.986

Extraction Method: Principal Component Analysis.

图 7.3 Communalities

Component Matrix[a]

	Component		
	1	2	3
x1	-.189	.932	-.194
x2	-.413	.222	.840
x3	.797	.400	.419
x4	-.692	-.161	.627
x5	-.059	.223	-.413
x6	.930	.252	.236
x7	-.203	.899	.118
x8	-.178	.898	-.277
x9	-.304	.595	.128
x10	.964	.145	.188

Extraction Method: Principal Component Analysis.

a. 3 components extracted.

图 7.4 因子载荷矩阵

Total Variance Explained

Component	Initial Eigenvalues			Extraction Sums of Squared Loadings			Rotation Sums of Squared Loadings		
	Total	% of Variance	Cumulative %	Total	% of Variance	Cumulative %	Total	% of Variance	Cumulative %
1	3.283	32.833	32.833	3.283	32.833	32.833	3.202	32.023	32.023
2	3.206	32.059	64.892	3.206	32.059	64.892	3.089	30.887	62.910
3	1.679	16.794	81.687	1.679	16.794	81.687	1.878	18.776	81.687
4	.892	8.918	90.604						
5	.703	7.026	97.630						
6	.113	1.134	98.765						
7	.086	.865	99.630						
8	.032	.317	99.946						
9	.005	.048	99.994						
10	.001	.006	100.000						

Extraction Method: Principal Component Analysis.

图 7.5 特征值和方差贡献率

如图 7.7 所示为因子得分系数矩阵。据此可计算出第一主成分的得分,计算公式如下:

$$F_1 = 0.303X_1 + 0.061X_2 + 0.038X_3 - 0.022X_4 + 0.090X_5 - 0.009X_6$$
$$+ 0.280X_7 + 0.296X_8 + 0.197X_9 - 0.042X_{10}$$

类似可得 F_2、F_3 的计算表达式。将各地区的相应变量值代入,可得该地区各主成分的得分值。当然,SPSS 也提供了因子得分,如图 7.8 所示。

Rotated Component Matrix^a

	Component		
	1	2	3
x1	.961	.017	-.134
x2	.258	-.023	.926
x3	.145	.969	.104
x4	-.022	-.451	.834
x5	.261	-.134	-.370
x6	-.019	.985	-.111
x7	.909	.102	.162
x8	.932	-.011	-.216
x9	.642	-.067	.214
x10	-.128	.971	-.166

Extraction Method: Principal Component Analysis.
Rotation Method: Varimax with Kaiser Normalization.

a. Rotation converged in 4 iterations.

图 7.6　旋转后的因子载荷矩阵

Component Score Coefficient Matrix

	Component		
	1	2	3
x1	.303	-.012	-.094
x2	.061	.077	.511
x3	.038	.338	.146
x4	-.022	-.075	.425
x5	.090	-.082	-.225
x6	-.009	.324	.030
x7	.280	.045	.081
x8	.296	-.029	-.141
x9	.197	-.007	.100
x10	-.042	.315	.001

Extraction Method: Principal Component Analysis.
Rotation Method: Varimax with Kaiser Normalization.
Component Scores.

图 7.7　因子得分系数矩阵

*例7.1.sav [DataSet5] - PASW Statistics Data Editor

File　Edit　View　Data　Transform　Analyze　Direct Marketing　Graphs　Utilities　Add-ons　Window　Help

	地区	x1	x2	x3	x4	x5	x6	x7	x8	x9	x10	FAC1_1	FAC2_1	FAC3_1
1	重庆	10982	8.62E…	1.16E…	43.90	33.16	193.10	1.23E…	782.59	846.53	43.00	.94914	.27265	1.32876
2	四川	9060	6.89E…	1.80E…	38.41	31.02	458.30	848.25	463.08	667.91	116.80	-.29610	2.14560	.22884
3	贵州	5052	6.16E…	473.80	39.59	32.28	170.80	457.53	310.51	403.75	53.10	-1.51906	-.29021	-.71001
4	云南	7835	7.00E…	936.30	39.46	20.60	237.70	776.58	366.47	619.17	67.60	-.88174	.71026	.77675
5	西藏	9114	8.62E…	104.60	55.59	29.34	41.60	1.11E…	400.72	600.36	3.50	-.18111	-1.29281	2.25551
6	陕西	9899	6.66E…	1.00E…	37.83	30.71	282.60	990.59	650.86	544.54	72.10	-.09771	.67415	-.38215
7	甘肃	7477	6.53E…	365.70	40.71	29.11	164.60	710.52	557.83	418.31	41.70	-.87626	-.40617	-.34942
8	青海	10045	6.25E…	119.40	39.27	33.47	54.10	828.91	587.11	634.62	10.90	-.07467	-1.29740	-.95009
9	宁夏	10239	6.40E…	193.10	41.71	29.30	53.60	838.59	768.62	916.28	13.30	.38798	-1.17936	-.25733
10	新疆	13108	6.21E…	564.90	35.69	33.42	209.00	949.25	744.43	677.26	51.50	.52271	-.13146	-1.21918
11	内…	16331	6.93E…	895.20	39.35	30.53	224.30	2.00E…	1.51E…	695.05	53.00	2.36590	.26450	-.40217
12	广西	8788	6.43E…	883.80	40.55	32.64	267.80	1.08E…	483.26	547.40	77.40	-.29909	.53026	-.31951

图 7.8　因子得分

　　用每个主成分 F_k 的方差贡献率 α_k 作为权数,对主成分 $F_1,F_2,\cdots,F_m$ 进行线性组合,得到一个综合评价函数 $F=\alpha_1 F_1+\alpha_1 F_1+\cdots+\alpha_m F_m$,从而得到排序或分类划级。具体操作可参见主成分分析章节的例 6.1 的 Step 8 和 Step 9。结果如图 7.9 所示。

　　如图 7.9 所示的中西部十二省区的因子得分与综合得分只代表各省区的相对差别,得分数值越大,代表竞争力越强,正值表示其竞争力高于平均水平之,负值则表示低于平均水平。

　　从综合得分和排名来看,西部十二省区服务业发展很不平衡,竞争力水平差异较大。十二个省区服务业竞争力的排名依次为内蒙古、四川、重庆、广西、陕西、云南、新疆、西藏、宁夏、甘肃、青海、贵州。综合得分在西部地区平均水平之上的只有 6 个省区,仅占 50%。其

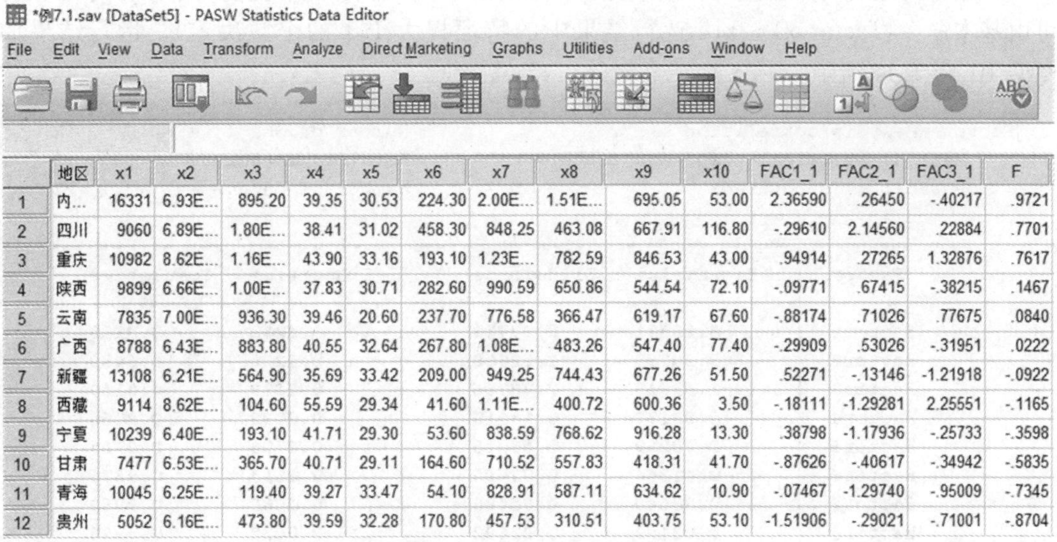

图 7.9　主因子得分及排序

中，内蒙古的服务业竞争力最强，主要得益于它在服务业发展动力方面的绝对优势。四川虽名列第二，但其在 F_1 上的得分为负值，处于西部平均水平之下。与四川综合得分相差无几的重庆在三个主因子上的得分均为正值，这说明重庆在服务业发展的动力、服务业发展的投入和服务业发展的潜力方面在西部地区表现突出但略显平均，其服务业竞争力在西部地区处于相对优势的地位。综合得分在平均水平之下的其余 6 个省区之间的差距也很大，三个主因子得分均处于全国平均水平之下的省区就有 3 个：甘肃、青海和贵州，也因此决定它们的综合得分排在最后三位。三个主因子的得分至少有一个为负值的省区有 8 个，这说明西部大多数省区的服务业在发展的动力、投入和潜力方面发展不平衡，竞争力水平不高。从三个主因子的得分和各自排名来看，在第一个主因子上得分最高的是内蒙古，其得分远远高于其他省区，得分为正值的只有 4 个省区，即排名前四的内蒙古、重庆、新疆和宁夏，说明它们的服务业发展动力强大，这主要得益于这四省的人均 GDP 位于西部十二省区中的前 4 名，反映了经济发展水平是制约服务业发展的重要因素。四川在第二个主因子上的得分排名第一，是排名第二的云南得分的近 3 倍，这说明四川对服务业的投入远比其他省区多，而四川凭借其在服务业投入方面的优势使其综合排名位居第二，这充分说明服务业投入的多少直接影响该省区服务业的综合竞争力。在反映服务业发展潜力的第三个主因子上只有西藏、重庆、云南、四川在地区平均水平之上，其中西藏的得分以高出第二名 69.55% 的优势排在首位，说明西藏的服务业消费水平高且服务业在该省区经济发展中所处地位显著，服务业竞争力得以改善和提高的空间很大。

另外，为了更加直观地分析各地区服务业竞争力水平，可以选取贡献率前两位的 F_1、F_2，以 F_1 因子的得分为 x 轴，F_2 因子得分为 y 轴画散点图，读者可结合图形进行分析。

Stata 操作步骤如下：

思路：Stata 因子分析采用命令形式，相关命令格式的使用方法及选项介绍建议参阅相关 Stata 使用手册或点击"Help"查阅。下面介绍最常用的命令及选项使用。

Step 1　输入如下命令：

.factor x1～x10,factor(3) pcf

命令含义是对初始变量进行因子分析,采用主成分法提取因子,提取因子数目为3(数目可由基本命令:factor x1~x10 运行结果中的特征根大于 1 的个数决定)。运行结果如图 7.10、图 7.11 所示。

```
Factor analysis/correlation                Number of obs    =        12
    Method: principal-component factors    Retained factors =         3
    Rotation: (unrotated)                  Number of params =        27
```

Factor	Eigenvalue	Difference	Proportion	Cumulative
Factor1	3.28331	0.07738	0.3283	0.3283
Factor2	3.20593	1.52650	0.3206	0.6489
Factor3	1.67943	0.78766	0.1679	0.8169
Factor4	0.89177	0.18918	0.0892	0.9060
Factor5	0.70259	0.58915	0.0703	0.9763
Factor6	0.11344	0.02695	0.0113	0.9876
Factor7	0.08649	0.05480	0.0086	0.9963
Factor8	0.03169	0.02692	0.0032	0.9995
Factor9	0.00477	0.00419	0.0005	0.9999
Factor10	0.00058	.	0.0001	1.0000

```
LR test: independent vs. saturated:  chi2(45) =  144.61 Prob>chi2 = 0.0000
```

图 7.10　主因子分析结果

Factor loadings (pattern matrix) and unique variances

Variable	Factor1	Factor2	Factor3	Uniqueness
x1	-0.1890	0.9316	-0.1936	0.0589
x2	-0.4131	0.2221	0.8396	0.0751
x3	0.7966	0.4005	0.4187	0.0298
x4	-0.6924	-0.1611	0.6274	0.1010
x5	-0.0592	0.2225	-0.4127	0.7766
x6	0.9295	0.2522	0.2355	0.0169
x7	-0.2032	0.8986	0.1176	0.1374
x8	-0.1784	0.8981	-0.2774	0.0847
x9	-0.3039	0.5952	0.1278	0.5371
x10	0.9644	0.1449	0.1876	0.0138

图 7.11　因子载荷矩阵

Step 2　因子旋转。输入如下命令:

. rotate

运行结果如图 7.12 所示。

Step 3　计算因子得分系数矩阵。输入如下命令:

. predict f1 f2 f3

运行结果如图 7.13 所示。

Step 4　计算因子得分。输入如下命令:

. list region f1 f2 f3

```
Factor analysis/correlation                    Number of obs    =      12
    Method: principal-component factors        Retained factors =       3
    Rotation: orthogonal varimax (Kaiser off)  Number of params =      27
```

Factor	Variance	Difference	Proportion	Cumulative
Factor1	3.16319	0.11145	0.3163	0.3163
Factor2	3.05174	1.09799	0.3052	0.6215
Factor3	1.95374	.	0.1954	0.8169

```
LR test: independent vs. saturated:  chi2(45) =  144.61 Prob>chi2 = 0.0000
Rotated factor loadings (pattern matrix) and unique variances
```

Variable	Factor1	Factor2	Factor3	Uniqueness
x1	0.9696	0.0090	-0.0308	0.0589
x2	0.1563	0.0081	0.9489	0.0751
x3	0.1396	0.9712	0.0861	0.0298
x4	-0.1145	-0.4220	0.8413	0.1010
x5	0.2985	-0.1479	-0.3353	0.7766
x6	0.0003	0.9808	-0.1456	0.0169
x7	0.8867	0.1045	0.2558	0.1374
x8	0.9497	-0.0220	-0.1138	0.0847
x9	0.6152	-0.0624	0.2838	0.5371
x10	-0.1020	0.9650	-0.2113	0.0138

```
Factor rotation matrix
```

	Factor1	Factor2	Factor3
Factor1	-0.2162	0.8873	-0.4073
Factor2	0.9607	0.2677	0.0735
Factor3	-0.1743	0.3754	0.9103

图 7.12　旋转后的因子相关结果

```
Scoring coefficients (method = regression)
```

Variable	Factor1	Factor2	Factor3	Factor4	Factor5	Factor6	Factor7	Factor8
x1	-0.22080	0.56813	0.01420	-1.70595	5.26329	-1.13952	-0.14776	-1.3e+01
x2	0.01039	-0.21985	0.46674	0.74764	-3.99548	0.18116	-2.93915	5.15413
x3	-0.14025	0.82496	0.52874	-3.03817	11.06966	-5.12187	6.08229	-2.1e+01
x4	-0.34008	0.14723	0.57365	-1.04620	4.22029	0.20959	2.23229	-8.42342
x5	0.00866	-0.01602	-0.03080	0.07597	0.01174	0.13381	-0.00750	0.21278
x6	0.71603	-0.31104	-0.54779	4.79808	-7.61751	4.49519	-4.34290	38.02719
x7	0.08207	0.21752	-0.16400	2.20942	-4.41749	1.45955	-0.37919	10.70747
x8	-0.02474	0.12795	-0.04987	-0.32256	0.08103	-0.48595	0.79359	-1.76017
x9	0.02377	0.02334	-0.00468	-0.14471	-2.95560	1.63717	-0.77030	5.94661
x10	0.19666	-0.25517	0.65823	-2.51564	-1.29896	0.64425	-0.69967	-2.2e+01

图 7.13　因子得分系数矩阵

运行结果如图 7.14 所示。

Step 5　计算因子间相关系数。输入如下命令：

.correlate f1 f2 f3

region	f1	f2	f3
1. 内蒙古	-.0945652	2.397059	-.5938265
2. 四川	1.936083	.1940534	1.076268
3. 重庆	-.3739784	.8984792	1.462108
4. 陕西	.7742181	.0535983	-.1407037
5. 云南	.5058591	-.5283397	.4944567
6. 广西	.6846643	-.2520949	.0671352
7. 新疆	.219863	.4131626	-1.17814
8. 西藏	-1.94335	-.3842107	1.721649
9. 宁夏	-1.045614	.0772924	-.7754731
10. 甘肃	-.0451837	-1.009571	-.4824466
11. 青海	-.8805616	-.2368823	-1.266811
12. 贵州	.2625648	-1.622546	-.384216

图 7.14 因子得分

运行结果如图 7.15 所示。

	f1	f2	f3
f1	1.0000		
f2	-0.0000	1.0000	
f3	0.0021	0.0014	1.0000

图 7.15 因子相关系数矩阵

结果显示主因子之间相关系数非常低,说明对因子进行旋转采用最大方差正交法是合适的。综合得分计算参照前文 SPSS 相关介绍,此处不再赘述。

例 7.2 本例数据为我国新能源产业中的光伏 50ETF(代码:516880)持仓的 50 家成分股公司 2021 年三季报相关公司经营指标数据,要求研究因子分析方法在公司经营业绩评价分析中的应用。(指标选取同例 4.5,只是变量格式略有不同)

SPSS 操作步骤如下:

读取数据文件例 7.2,读者可参照例 7.1 操作步骤进行,在此不再重复,下面重点对运行结果进行分析。

【结果分析】

图 7.16 中 KMO 和 Bartlett's 检验结果显示 KMO 值为 0.648,说明适合做因子分析。Bartlett's 显著性检验通过,也说明适合做因子分析。

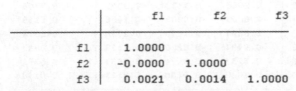

KMO and Bartlett's Test

Kaiser-Meyer-Olkin Measure of Sampling Adequacy.		.648
Bartlett's Test of Sphericity	Approx. Chi-Square	1296.928
	df	190
	Sig.	.000

图 7.16 KMO 和 Bartlett's 检验结果

如图 7.17 所示的结果显示提取出 6 个公共因子,它们对样本方差的累积贡献率达到87.156%,代表了绝大部分信息,因此提取 6 个公共因子可以较好地对所分析的问题进行解释。

Total Variance Explained

Component	Initial Eigenvalues			Extraction Sums of Squared Loadings			Rotation Sums of Squared Loadings		
	Total	% of Variance	Cumulative %	Total	% of Variance	Cumulative %	Total	% of Variance	Cumulative %
1	6.539	32.696	32.696	6.539	32.696	32.696	5.158	25.790	25.790
2	4.055	20.277	52.973	4.055	20.277	52.973	3.586	17.932	43.722
3	2.543	12.717	65.690	2.543	12.717	65.690	3.474	17.372	61.094
4	2.082	10.412	76.102	2.082	10.412	76.102	2.766	13.828	74.922
5	1.185	5.926	82.028	1.185	5.926	82.028	1.238	6.188	81.110
6	1.026	5.128	87.156	1.026	5.128	87.156	1.209	6.045	87.156
7	.760	3.798	90.953						
8	.559	2.793	93.746						
9	.345	1.724	95.470						
10	.302	1.509	96.979						
11	.181	.905	97.883						
12	.113	.563	98.447						
13	.106	.532	98.979						
14	.067	.337	99.316						
15	.057	.285	99.601						
16	.039	.196	99.798						
17	.020	.098	99.896						
18	.011	.053	99.949						
19	.006	.032	99.981						
20	.004	.019	100.000						

Extraction Method: Principal Component Analysis.

图 7.17 特征值和方差贡献率

如图 7.18 中因子载荷矩阵的结果可以看出,反映出各公共因子的典型代表变量不是很突出,各指标前几个公共因子上均有相当程度的载荷值,解释其实际意义有一定困难,有必要进一步进行旋转。

Component Matrix³

	Component					
	1	2	3	4	5	6
流动比率	.511	-.528	-.348	.473	.160	-.043
速动比率	.458	-.567	-.311	.520	.085	.008
资产负债比率	-.542	.505	.393	-.409	.256	.064
产权比率	-.599	.438	.324	-.275	.305	.011
存货周转率	-.307	.118	-.065	.137	-.403	.638
流动资产周转率	-.076	.609	-.492	-.071	-.206	.359
固定资产周转率	.214	.071	-.210	.090	.835	.267
总资产周转率	.019	.589	-.711	.035	.197	.102
每股现金流量增长率	.241	.317	.539	.413	-.008	.271
营业利润率	.916	-.125	.236	-.211	.018	.104
营业净利率	.928	-.064	.219	-.231	.008	.122
营业毛利率	.742	-.253	.456	-.218	-.009	.148
成本费用利润率	.898	-.116	.228	-.249	.089	.143
总资产报酬率	.875	.234	-.255	-.142	-.068	.090
加权净资产收益率	.814	.344	-.118	-.255	-.058	.043
营业收入增长率	.322	.773	-.301	.130	-.023	-.054
总资产增长率	.452	.765	-.036	.099	.024	-.262
营业利润增长率	.193	.547	.443	.612	.000	-.100
净利润增长率	.237	.551	.450	.598	-.038	-.071
净资产增长率	.569	.343	-.215	-.301	-.183	-.405

Extraction Method: Principal Component Analysis.

a. 6 components extracted.

图 7.18 因子载荷矩阵

根据图 7.19 所示的旋转后的因子载荷矩阵,可将指标集分为六个主因子:第一主因子在营业利润率(X_{10})、营业净利率(X_{11})、营业毛利率(X_{12})、成本费用利润率(X_{13})、总资产报酬率(X_{14})及加权净资产收益率(X_{15})上具有较大载荷,从各指标含义可知反映了企业盈利能力,故定义其为公司盈利能力因子;第二主因子在营业收入增长率(X_{16})、总资产增长率(X_{17})、净资产增长率(X_{20})、流动资产周转率(X_6)、总资产周转率(X_8)上具有较大载荷,从各指标含义可知反映了企业运营能力及发展能力,故定义其为公司运营能力及发展因子;第三主因子在流动比率(X_1)、速动比率(X_2)、资产负债率(X_3)、产权比率(X_4)上具有较大载荷,从各指标含义可知反映了企业偿债能力,故定义其为公司偿债能力因子;第四主因子在营业收入增长率(X_{16})、总资产增长率(X_{17})、营业利润增长率(X_{18})、净利润增长率(X_{19})上具有较大载荷,从各指标含义可知反映了企业发展能力,故定义其为公司发展能力因子;第五和第六主因子贡献率较低,第五主因子相对来说较多体现出企业运营能力,第六主因子相对来说则较多体现出企业的偿债能力和运营能力。

Rotated Component Matrix[a]

	Component					
	1	2	3	4	5	6
流动比率	.141	-.064	.899	-.019	-.139	.244
速动比率	.104	-.131	.915	.005	-.055	.194
资产负债比率	-.186	-.027	-.939	.069	.000	.139
产权比率	-.318	-.054	-.823	.083	-.041	.186
存货周转率	-.184	.023	-.063	.047	.806	-.106
流动资产周转率	-.124	.722	-.162	-.059	.477	.017
固定资产周转率	.113	.147	.076	.007	-.099	.907
总资产周转率	-.221	.852	.008	-.097	.101	.331
每股现金流量增长率	.234	-.087	-.070	.757	.217	.079
营业利润率	.947	.000	.217	.087	-.116	.029
营业净利率	.961	.059	.187	.094	-.096	.028
营业毛利率	.887	-.276	.110	.113	-.062	-.019
成本费用利润率	.951	.001	.175	.056	-.109	.104
总资产报酬率	.721	.562	.284	.023	-.024	.027
加权净资产收益率	.741	.549	.077	.061	-.075	-.015
营业收入增长率	.076	.831	-.045	.333	-.018	.038
总资产增长率	.227	.707	-.115	.480	-.269	-.035
营业利润增长率	-.011	.145	-.030	.943	-.071	-.017
净利润增长率	.042	.157	-.021	.946	-.039	-.042
净资产增长率	.432	.592	.030	-.058	-.381	-.300

Extraction Method: Principal Component Analysis.
Rotation Method: Varimax with Kaiser Normalization.
a. Rotation converged in 8 iterations.

图 7.19 旋转后的因子载荷矩阵

根据如图 7.20 所示的结果可计算因子得分,当然,SPSS 也提供了因子得分,在数据窗口界面的 FAC1_1~FAC6_1 序列。

Component Score Coefficient Matrix

	Component					
	1	2	3	4	5	6
流动比率	-.075	-.007	.278	.034	-.077	.153
速动比率	-.073	-.025	.292	.051	-.005	.115
资产负债比率	.059	-.041	-.314	-.009	-.042	.173
产权比率	.006	-.040	-.262	.012	-.095	.201
存货周转率	.072	.000	.026	.025	.708	-.061
流动资产周转率	.022	.215	-.013	-.069	.403	.001
固定资产周转率	.023	-.006	-.040	-.011	-.040	.755
总资产周转率	-.077	.259	.032	-.078	.054	.232
每股现金流量增长率	.067	-.097	-.015	.288	.238	.090
营业利润率	.209	-.048	-.033	-.010	.041	.032
营业净利率	.216	-.033	-.042	-.013	.060	.031
营业毛利率	.226	-.134	-.067	.015	.085	.014
成本费用利润率	.220	-.052	-.054	-.024	.051	.099
总资产报酬率	.128	.141	.034	-.053	.082	-.006
加权净资产收益率	.147	.130	-.038	-.049	.032	-.030
营业收入增长率	-.040	.227	.017	.074	-.022	-.010
总资产增长率	-.033	.179	-.022	.127	-.232	-.066
营业利润增长率	-.074	-.011	.044	.364	-.071	-.025
净利润增长率	-.057	-.010	.044	.362	-.035	-.045
净资产增长率	.019	.187	-.012	-.082	-.309	-.291

Extraction Method: Principal Component Analysis.
Rotation Method: Varimax with Kaiser Normalization.
Component Scores.

图 7.20 因子得分系数矩阵

综合得分及排序,请参照例 7.1,限于篇幅,在此不再展开,读者可自行操作联系。

7.4 主成分分析与因子分析的区别

因子分析与主成分分析都用于降维、简化数据,都是要将可观测的众多原始变量变成尽可能少的综合变量的统计技术,能够进行因子分析和主成分分析的相关性检验完全相同。同样利用方差累积贡献率或特征值下限来确定提取公共因子或主成分数量,但是两者的最终目标并不完全一致,导致操作过程和应用的差异。

① 因子分析中是把变量表示成各因子的线性组合,而主成分分析中则是把主成分表示成各变量的线性组合。

② 主成分分析的重点在于解释各变量的总方差,而因子分析则把重点放在解释各变量之间的协方差。

③ 主成分分析中不需要有假设（assumptions），因子分析则需要一些假设。因子分析的假设包括各个公共因子之间不相关，特殊因子之间也不相关，公共因子和特殊因子之间也不相关。

④ 主成分分析中，当给定的协方差矩阵或者相关矩阵下的特征值是唯一的时候，因此主成分一般是唯一的（不考虑倍数关系）；而因子分析中因子不是唯一的，可以旋转得到不同的因子。

⑤ 因子分析与主成分分析都需要指定提取因子或主成分的条件。如因子或主成分入选的特征值下限（通常取 1），也可指定提取因子或成主成分的数目。在主分分析时，提取三个主成分与提取两个主成分的区别是前者的第一、第二主成分完全等同于后者，只是多出一个第三主成分。在因子分析时，提取三个因子与提取两个因子的式子会不一样。

⑥ 和主成分分析相比，由于因子分析可以使用旋转技术帮助解释因子，在解释方面更加有优势。大致说来，当需要寻找潜在的因子，并对这些因子进行解释的时候，更倾向于使用因子分析，并且借助旋转技术可以进行更好的解释。而如果想把现有的变量变成少数几个新的变量（新的变量几乎带有原来所有变量的信息）来进入后续的分析，则可以使用主成分分析。当然，此情形也可以使用因子得分做到，所以这里的区分也不是绝对的。

总体来说，主成分分析主要是作为一种探索性的纯数学上的某种优化技术，在研究者进行多元数据分析之前，用主成分分析来分析数据，让自己对数据有一个大致的了解是非常重要的。主成分分析通常与聚类、判别、回归分析等方法合用。主成分可以不需要实际意义，公共因子必须要能进行实际解释的。对因子进行命名解释是因子分析的非常重要环节，如果无法对因子作出合乎实际的解释，整个分析只能算无效的，则必须更换条件重新运算。

在算法上，主成分分析和因子分析很类似，不过，在因子分析中所采用的协方差矩阵的对角元素不再是变量的方差，而是和变量对应的共同度[①]。

思考题

1. 试述主成分分析与因子分析的联系和区别。
2. 简述因子分析的基本思想。
3. 因子分析模型 $X = AF + \varepsilon$ 中载荷矩阵 A 的统计意义是什么？它在实际问题分析中的作用是什么？
4. 在因子分析时，为什么要进行因子分析？
5. 什么是共同度？因子旋转前后的共同度有何变化？

---

① 管宇.实用多元统计分析[M].杭州:浙江大学出版社,2011.

第8章 相 关 分 析

　　任何事物的变化都与其他事物是相互联系和相互影响的,用于描述事物数量特征的变量之间也存在一定的关系。变量之间的关系归纳起来可以分为两种类型,即函数关系和统计关系(相关关系)。函数关系是一一对应的确定性关系,而当一个变量发生变化时,另一个变量也发生变化,但其关系值是不固定的,往往在一定的范围内变化,这样两个随机变量之间的关系称为相关关系。

8.1　相关分析相关基础知识

　　在一般情况下,当两个变量之间为相关关系时,就要研究它们之间的相关程度和相关方向。所谓相关程度,是指它们之间的相关关系是否密切;所谓相关方向,就是两种要素之间相关的正负。相关程度和相关方向,可以用相关系数来衡量。从所处理的变量多少来看,如果研究的是两个变量之间的关系,那么称为简单相关与简单回归分析;如果研究的是两个以上变量之间的关系,则称为多元相关与多元回归分析。从变量之间的形态上看,有线性相关与非线性相关。在进行简单相关分析时,对总体主要有以下两个假定:

　　① 两个变量间是线性关系;

　　② 两个变量都是随机变量。

8.1.1　散点图

　　在考虑两个量的关系时,为了对变量之间的关系有一个大致的了解,人们常将变量所对应的点描出来,这些点就组成了变量之间的一个图,通常称这种图为变量之间的散点图。

　　从散点图可以看出如果变量之间存在着某种关系,这些点会有一个集中的大致趋势,这种趋势通常可以用一条光滑的曲线来近似,这种近似的过程称为曲线拟合。对于相关关系的两个变量,如果一个变量的值由小变大时,另一个变量的值也由小变大,这种相关称为正相关,正相关时散点图的点散布在从左下角到右上角的区域内。如果一个变量的值由小变大时,另一个变量的值由大变小,这种相关称为负相关,负相关时散点图的点散步在从左上角到右下角的区域。

8.1.2　相关系数

　　相关系数是根据样本数据计算的度量两个变量之间线性关系强度的统计量。若相关系数是根据总体全部数据计算的,称为总体相关系数,记为 ρ,若是根据样本数据计算的,则称为样本相关系数,记为 r。常用相关系数的种类有以下几种:

1. Pearson 相关系数

样本相关系数的计算公式为

$$r = \frac{n \sum xy - \sum x \sum y}{\sqrt{n \sum x^2 - (\sum x)^2} \cdot \sqrt{n \sum y^2 - (\sum y)^2}} \tag{8.1}$$

按上式计算的相关系数也称为线性相关系数,或称为 Pearson 相关系数。根据实际数据计算出的 r,其取值一般为 $-1 \sim 1$,越接近 -1 或 $+1$,说明两个变量之间线性关系越强,越接近 0,说明两个变量之间线性关系越弱。

由于样本相关系数是根据样本观测值计算而来,是否能将其视为总体相关系数需要进一步的检验。其过程实质就是一个假设检验,假设条件为:$H_0 : \rho = 0; \rho \neq 0$。检验统计量为

$$t = |r| \sqrt{\frac{n-2}{1-r^2}} \tag{8.2}$$

2. Spearman 等级相关系数

Spearman 等级相关系数又称秩相关系数,是利用两变量的秩次大小作线性相关分析,属于非参数统计方法。对于服从 Pearson 相关系数的数据也可计算 Spearman 等级相关系数但统计效能要低一些,并且公式中的 x 和 y 用相应的秩次来代替。其计算公式为

$$r_s = 1 - \frac{6 \sum D^2}{n(n^2 - 1)} \tag{8.3}$$

式中,n 为样本容量,D 为序列等级之差。

3. Kedall's tua-b 相关系数

Kedall's tua-b 相关系数是用于反映分类变量相关性的指标,适用于两个分类变量均为有序分类的情况,也属于一种非参数相关检验,取值范围为 $-1 \sim 1$ 用 τ 来表示。其计算公式为

$$\tau = (U - V) \frac{2}{n(n-1)} \tag{8.4}$$

式中,U 为两个相关变量秩的一致对数目,V 为两个相关变量秩非一致对数目。

4. 偏相关系数

偏相关分析是指在研究两个变量之间的相关关系时,将与两个变量有联系的其他变量进行控制使其保持不变的统计方法,采用的是偏相关系数。把研究的变量称为检验变量,而控制不变的叫控制变量,控制变量的个数称为偏相关的阶数,当控制变量为 1 个时称为一阶偏相关系数,为 2 个时称为二阶偏相关系数,没有控制变量时,称为零阶偏相关系数,也就是 Pearson 简单相关系数。

在两个自变量的情况下,当控制了 X_2 时,X_1 和 Y 之间的一阶偏相关系数公式为

$$r_{y1,2} = \frac{r_{y1} - r_{y2} r_{12}}{\sqrt{(1 - r_{12}{}^2)(1 - r_{12}{}^2)}} \tag{8.5}$$

式中,r_{y1} 为 y 和 x_1 的相关系数;r_{y2} 为 y 和 x_2 的相关系数;r_{12} 为 x_2 和 x_1 的相关系数。

8.2　连续变量的相关分析

例 8.1　下面是 7 个地区 2000 年的人均 GDP 和人均消费水平的统计数据（表 8.1），绘制散点图，判断二者之间是否相关。

表 8.1　GDP 和人均消费水平的统计数据[①]

地区	人均 GDP（元）	人均消费水平（元）
北京	22460	7326
辽宁	11226	4490
上海	34547	11546
江西	4851	2396
河南	5444	2208
贵州	2662	1608
陕西	4549	2035

SPSS 操作步骤如下（绘制散点图）：

Step 1　打开数据文件"例 8.1"，依次选择"图形（G）"→"旧对话框（L）"→"散点/点状（S）"，进入如图 8.1 所示"图形选择"对话框。共有 5 种散点图可供选择。

图 8.1　散点图"图形选择"对话框

Step 2　在上面对话框中选择"简单分布"图形类型，单击"定义"，进入"简单散点图"对话框（图 8.2），从左边变量框中将"人均 GDP"移入"X 轴（X）"，将"人均消费水平"移入"Y 轴（Y）"。注意："矩阵分布散点图"通常在变量个数大于等于 3 个时选用。

Step 3　单击"确定"。系统输出结果如图 8.3 所示。

例 8.2　一家房地产评估公司想对某城市的房地产销售价格（y）与地产估价（x_1）、房产估价（x_2）和使用面积（x_3）建立一个模型，以便对销售价格作出合理预测。为此，收集了 20

---

① 贾俊平，何晓群，金勇进.统计学[M].6 版.北京：中国人民大学出版社，2015.（习题 11.6。）

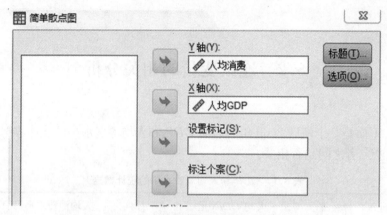

图 8.2 "简单散点图"设置对话框

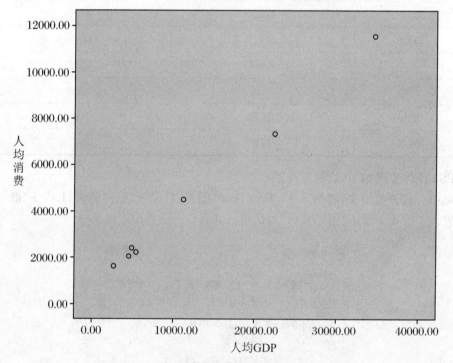

图 8.3 "简单散点图"结果

栋住宅的房地产评估数据(表 8.2)。要求绘制散点图。

表 8.2 20 栋住宅的房地产评估数据

房地产编号	销售价格 y(元/平方米)	地产估价 x_1(万元)	房产估价 x_2(万元)	使用面积 x_3(平方米)
1	6890	596	4497	18730
2	4850	900	2780	9280
3	5550	950	3144	11260
4	6200	1000	3959	12650
5	11650	1800	7283	22140

房地产编号	销售价格 y(元/平方米)	地产估价 x_1(万元)	房产估价 x_2(万元)	使用面积 x_3(平方米)
6	4500	850	2732	9120
7	3800	800	2986	8990
8	8300	2300	4775	18030
9	5900	810	3912	12040
10	4750	900	2935	17250
11	4050	730	4012	10800
12	4000	800	3168	15290
13	9700	2000	5851	2455
14	4550	800	2345	11510
15	4090	800	2089	11730
16	8000	1050	5625	19600
17	5600	400	2086	13440
18	3700	450	2261	9880
19	5000	340	3595	10760
20	2240	150	578	9620

Stata 操作步骤如下(绘制散点图):

Step 1 打开数据文件"例 8.2. dta",或将"例 8.2. xlsx"导入 Stata。

Step 2 在"command"区域输入如下命令之一:

scatter y x1

graph twoway scatter y x1

twoway scatter y x1

可得到 y 和 x_1 的散点图(图 8.4)。如命令后有两个变量名,则前一个变量会被默认为 Y 轴变量,后一个变量为 X 轴变量。

Step 3 若要同时绘制 x_1、x_2、x_3 与 y 的散点图,在"command"区域输入如下命令:

scatter x1 x2 x3 y

输出结果如图 8.5 所示。

一般来说,如命令后有两个以上变量名,那么 Stata 会将除最后一个以外的变量作为 Y 轴变量,而将最后一个变量为 X 轴变量。

Step 4 若要绘制 x_1 与 y、x_2 与 y、x_3 与 y 的散点图,要求第一个图形使用实心圆,第二个图形使用大写字母 X,第三个图形使用小实心圆;散点颜色依次为绿色、蓝色和黑色;前两个图形的散点为中等大小,最后一个图形的散点最小。在"command"区域输入如下命令:

scatter x1 x2 x3 y,msymbol(o x p) mcolor(green blue black) msize(medium medium small),回车后,得到如图 8.6 所示的散点图。

注:散点显示选项(marker_options)设定,包括散点的形状、颜色、大小等。有兴趣的同学还可关注散点标签选项(marker_lable_options),可以用于设定散点图标签,来说明该散点所代表的文字。具体可查阅相关 Stata 命令集。

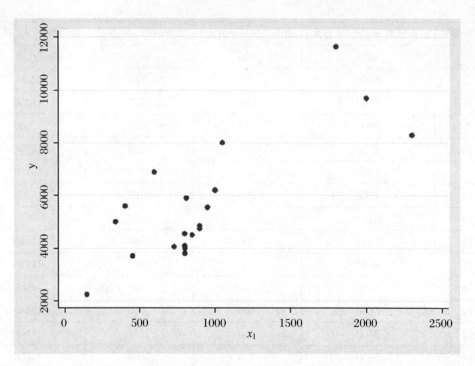

图 8.4　y 和 x_1 的散点图

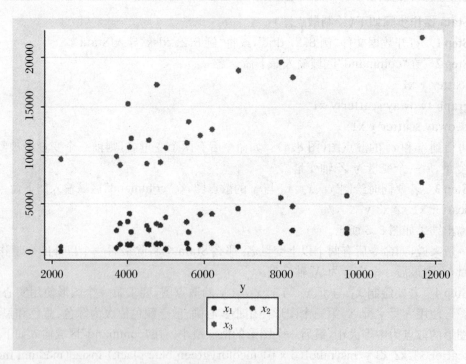

图 8.5　x_1、x_2、x_3 与 y 的散点图

SPSS 操作步骤如下（Pearson 相关系数）：

Step 1　在数据视图输入数据，选择"分析（A）"→"相关（C）"→"双变量（B）"弹出"双变量相关"对话框，将"人均 GDP"和"人均消费水平"两个变量添加到"变量"列表框中。

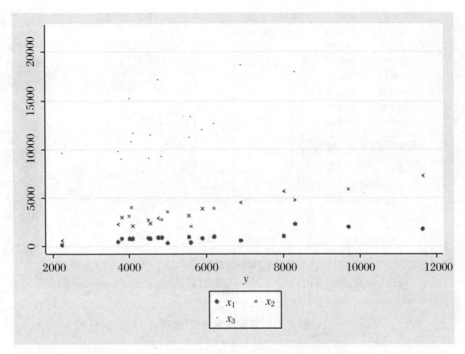

图 8.6 x_1、x_2、x_3 与 y 的散点图(有散点显示选项)

注:① 在相关系数选项区中有三种检验方法,"Pearson""Spearman"和"Kedall's tua-b",系统默认为"Pearson"方法。② 在显著性检验选项区中有"单侧检验"和"双侧检验",系统默认为双侧。双侧检验可以检验两个变量之间相关取向,如果在运算之前已知两个变量相关取向,可直接选择单侧检验。③ 选择"标记显著性相关(F)",表示相关分析结果将不显示统计检验的显著性概率,而以(*)表示,一个星表示指定显著性水平为 0.05 时,统计检验的显著性概率小于等于 0.05,即两个变量无显著线性相关的可能性小于或等于0.05;两个星表示显著性水平为 0.01,解释同上。

本例选择"Pearson"和"双侧检验"以及"标记显著性相关(F)"选项。

Step 2 单击"选项(O)",弹出"双变量相关性:选项"对话框,在统计量选项区中选择"均值和标准差"选项;在缺失值选项区中"按对排除个案"选项表示如果参与计算的两个变量中有缺失值,则暂时剔除那些在这两个变量上取缺失值的样本;"按列表排除个案"选项表示剔除所具有缺失值的观察量后再计算。本例选择"按对排除个案"。单击"继续",返回"双变量相关"对话框。如图 8.7 所示。

Step 3 单击"确定",输出结果如图 8.8 所示。

【结果分析】

可以看出人均 *GDP* 和人均消费水平自身的相关系数为 1,而两者之间的相关系数为 0.998。在这个数据旁边有两个星,表示指定的显著性水平为 0.01 时,统计检验的显著性概率小于或等于 0.01,即人均 *GDP* 与人均消费水平选择高度正相关。

Excel 操作步骤如下(Pearson 相关系数):

Step 1 点击"数据分析"中的"相关系数"工具计算相关矩阵(图 8.9)。

Step 2 点击"确定",弹出"相关系数"对话框,选择相应条目,点击"确定"。结果显示如

图 8.7 "双变量相关性"选项

描述性统计量

	均值	标准差	N
人均GDP	12248.4286	11935.59697	7
人均消费水平	4515.5714	3691.22301	7

相关性

		人均GDP	人均消费水平
人均GDP	Pearson 相关性	1	.998**
	显著性（双侧）		.000
	N	7	7
人均消费水平	Pearson 相关性	.998**	1
	显著性（双侧）	.000	
	N	7	7

**.在 .01 水平（双侧）上显著相关。

图 8.8 双变量相关分析的输出结果

图 8.10 所示。

Stata 操作步骤如下（Pearson 相关系数）：

例题同例 8.2，计算相关系数矩阵、协方差矩阵、相关系数显著性检验及散点图矩阵。

Step 1 打开数据文件"例 8.2. dta"，或将"例 8.2. Xlsx"导入 Stata。

Step 2 在"command"区域输入如下命令：

Correlate y x1 x2 x3

执行结果如图 8.11 所示。

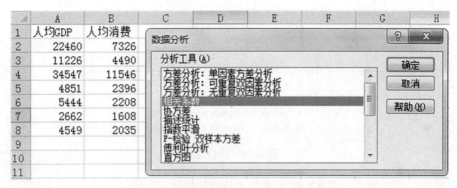

图 8.9 双变量相关分析的"数据分析"窗口

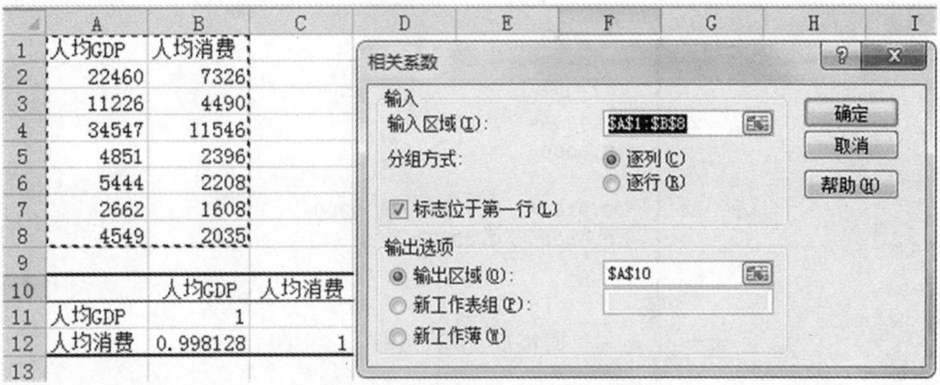

图 8.10 双变量相关分析的输出结果

```
. . correlate y x1 x2 x3
(obs=20)

              y       x1       x2       x3

     y   1.0000
    x1   0.7898   1.0000
    x2   0.9158   0.7289   1.0000
    x3   0.4100   0.1909   0.4166   1.0000
```

图 8.11 执行结果

相关系数矩阵显示下三角,两个变量交叉数值即为对应变量的相关系数,例如 0.7898 就是 y 与 x_1 的相关系数。

Step 3 输入如下命令:

correlate y x1 x2 x3,covariance

执行结果如图 8.12 所示。

Step 4 输入如下命令:

. pwcorr y x1 x2 x3,sig star(0.05)print(0.05)

执行结果如图 8.13 所示。

注:sig 选项给每一个相关系数做显著性检验,每一相关系数下面标注了检验的 p 值。star(0.05)是为显著性超过 0.05 的相关系数打上星号。print(0.05)表明仅显示那些显著

```
. correlate y x1 x2 x3,covariance
(obs=20)
```

	y	x1	x2	x3
y	5.1e+06			
x1	964775	289813		
x2	3.2e+06	603412	2.4e+06	
x3	4.3e+06	472944	2.9e+06	2.1e+07

图 8.12　执行结果

```
. pwcorr y x1 x2 x3,sig star(0.05)print(0.05)
```

	y	x1	x2	x3
y	1.0000			
x1	0.7898*	1.0000		
	0.0000			
x2	0.9158*	0.7289*	1.0000	
	0.0000	0.0003		
x3				1.0000

图 8.13　执行结果

的相关系数。

Step 5　输入如下命令：

graph matrix y x1 x2 x3

可得到散点图矩阵，执行结果如图 8.14 所示。

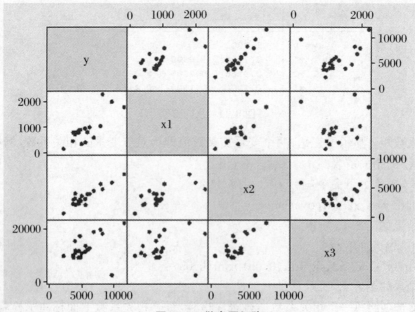

图 8.14　散点图矩阵

8.3　等级变量相关分析

等级变量又称有序变量、定序变量、顺序变量,其取值的大小能够表示观测对象的某种顺序关系,如等级、方位或大小等。等级相关系数主要有斯皮尔曼(Spearman)等级相关系数和肯德尔(Kendall)和谐系数。

例 8.3　3 名教授对 9 篇学术论文进行评分。被评论文分为 6 个级别:1 为特等、2 为优秀、3 为良好、4 为一般、5 为较差、6 为非常差。根据表 8.3 中的评分结果,试分析 3 名教授的评分结果是否一致。

表 8.3　评分情况

评分　　论文编号 评分教授	一	二	三	四	五	六	七	八	九
A	2	2	2	4	5	3	5	2	5
B	4	1	1	5	4	4	5	2	6
C	3	2	3	5	4	3	6	3	6

SPSS 操作步骤如下:

Step 1　选择"分析(A)"→"相关(C)"→"双变量(B)",打开"双变量相关"对话框。将 A、B、C 3 个变量添加到右侧变量列表框中。在相关系数框中选择"Spearman"和"Kendall's tua-b"选项。其他为默认选项。如图 8.15 所示。

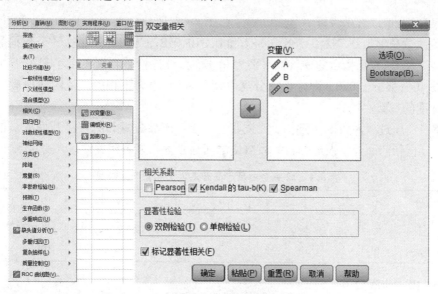

图 8.15　双变量相关分析选择过程及其对话框

Step 2 单击"选项(O)",弹出"双变量相关性:选项"对话框在缺失值中选择"按对排除个案(P)",点击"继续"返回双变量相关对话框。

Step 3 单击"确定",输出结果如图 8.16 所示。

相关系数

			A	B	C
Kendall 的 tau_b	A	相关系数	1.000	.726*	.786**
		Sig.（双侧）	.	.016	.009
		N	9	9	9
	B	相关系数	.726*	1.000	.834**
		Sig.（双侧）	.016	.	.005
		N	9	9	9
	C	相关系数	.786**	.834**	1.000
		Sig.（双侧）	.009	.005	.
		N	9	9	9
Spearman 的 rho	A	相关系数	1.000	.810**	.879**
		Sig.（双侧）	.	.008	.002
		N	9	9	9
	B	相关系数	.810**	1.000	.897**
		Sig.（双侧）	.008	.	.001
		N	9	9	9
	C	相关系数	.879**	.897**	1.000
		Sig.（双侧）	.002	.001	.
		N	9	9	9

*. 在置信度（双侧）为 0.05 时，相关性是显著的。

**. 在置信度（双侧）为 0.01 时，相关性是显著的。

图 8.16 输出结果

结果分析：可以看出教授 A 与 B、A 与 C、B 与 C 评分的 Kendall's tua-b 和 Spearman 等级相关系数分别为 0.762、0.786、0.834 和 0.810、0.879、0、897。在这 6 个数据旁边的有一个或两个星号，表示指定的显著性水平为 0.05 时，统计检验判别概率小于等于 0.05。表中显示的 p 值都小于 0.05，即两次评分显著相关，可看出为正相关。说明 3 位教授彼此之间评分标准的一致性较高。

例 8.4 通过深入访谈，得到 12 家企业近 5 年新产品数量和新产品开发人员的数据见表 8.4。分析新产品开发人员和新产品数量之间是否存在显著相关性。

表 8.4 12 家企业新产品开发人员和新产品数量

企业编号	1	2	3	4	5	6	7	8	9	10	11	12
新产品/件	4	7	13	2	2	10	1	8	4	3	9	12
开发人员/人	5	12	18	2	6	23	8	9	6	10	14	31

SPSS 操作步骤如下：

Step 1 录入变量名及数据。选择"分析(A)"→"相关(C)"→"双变量(B)"，打开"双变量相关"对话框。将"新产品数目""开发人员数"2 个变量添加到右侧"变量"列表框中。如

图 8.17 所示。

图 8.17 变量和相关系数选择对话框

Step 2 在"相关系数"复选框中选择"Kendall's tua-b"表示计算 Kendall 秩相关系数,单击"确定"。结果如图 8.18 所示。

			新产品数目	开发人员数
Kendall 的 tau_b	新产品数目	相关系数	1.000	.594**
		Sig. (双侧)	.	.009
		N	12	12
	开发人员数	相关系数	.594**	1.000
		Sig. (双侧)	.009	.
		N	12	12

**. 在置信度(双测)为 0.01 时,相关性是显著的。

图 8.18 相关系数

从上述结果可以看出,Kendall 秩相关系数为 0.594,相伴概率为 0.009,小于 0.05,因此新产品数目和开发人员数的 Kendall 秩相关系数显著。

8.4 偏相关分析

例 8.5 某商品 1998—2007 年的销售量及其相关因素的统计数据见表 8.5,要求绘制散点图并计算偏相关系数。

表 8.5 某商品销售量及相关因素资料

年份	销售数量 y(百件)	居民人均收入 x_1(百元)	销售单价 x_2(元)
1998	1000	500	20
1999	1000	700	30
2000	1500	800	20
2001	1300	900	50
2002	1400	900	40
2003	2000	1000	30
2004	1800	1000	40
2005	2400	1200	30
2006	1900	1300	50
2007	2300	1500	40

SPSS 操作步骤如下(散点图):

Step 1 打开数据文件例 8.5,依次选择"图形(G)"→"旧对话框(L)"→"散点/点状(S)",进入图形选择对话框。共有 5 种散点图可供选择。

Step 2 在上面的对话框中选择"矩阵分布"图形类型,单击"定义",进入"散点图矩阵"对话框,从左边变量框中将"销售量""居民人均收入""单价"全部移入"矩阵变量"框中。

Step 3 单击"确定"。系统输出结果如图 8.19 所示。

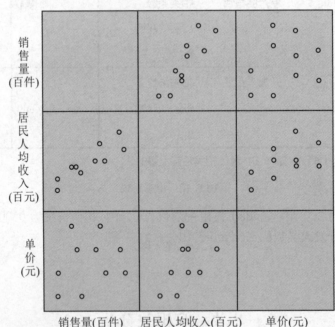

图 8.19 散点图矩阵

SPSS 操作步骤如下(偏相关系数):

Step 1 依次选择"分析(A)"→"相关(C)"→"偏相关(R)",进入 偏相关系数对话框。

将变量"销售量""居民人均收入"移入变量框,将"单价"移入控制框中。选择"双侧检验(T)"和"显示实际显著水平(F)"。如图 8.20 所示。

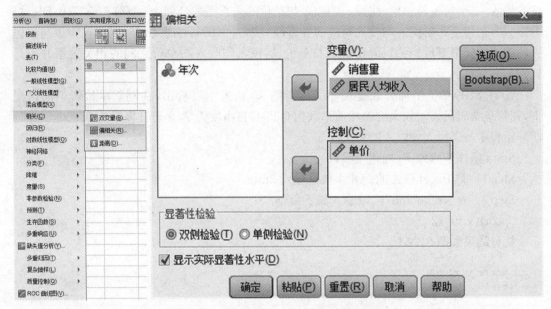

图 8.20　偏相关分析选择过程及其对话框

Step 2　单击"选项(O)",弹出"偏相关性:选项"选择"零阶相关系数(Z)"和"按对排除个案(P)"。单击"继续"返回偏相关对话框。

Step 3　单击"确定",结果如图 8.21 所示。

相关性

控制变量			销售量	居民人均收入	单价
无-a	销售量	相关性	1.000	.881	.227
		显著性（双侧）	.	.001	.529
		df	0	8	8
	居民人均收入	相关性	.881	1.000	.561
		显著性（双侧）	.001	.	.092
		df	8	0	8
	单价	相关性	.227	.561	1.000
		显著性（双侧）	.529	.092	.
		df	8	8	0
单价	销售量	相关性	1.000	.934	
		显著性（双侧）	.	.000	
		df	0	7	
	居民人均收入	相关性	.934	1.000	
		显著性（双侧）	.000	.	
		df	7	0	

a. 单元格包含零阶 (Pearson) 相关。

图 8.21　偏相关分析输出结果

【结果分析】

① 图 8.20 的上半部分输出的是变量两两之间的 Pearson 简单相关系数。销售量与居民人均收入、销售量与单价、居民人均收入与单价的关系系数分别为 0.881、0.227、0.561,可看出只有销售量与居民人均收入对应的显著性概率为 0.001,小于 0.05,因此销售量与居民人均收入之间显著性相关。但销售量与单价、居民人均收入与单价之间的相关关系并不是特别显著。

② 图 8.20 的下半部分表是偏相关分析结果,从表中可看出,在剔除单价影响的情况下,销售量与居民人均收入的偏相关系数为 0.934,自由度为 7,显著性概率为 0.000<0.05,所以销售量与居民人均收入的相关性显著。

Stata 操作步骤如下(偏相关系数):

Step 1   将 Excel 格式的例 8.4 数据导入 Stata。

Step 2   在"command"区域输入如下命令:

. pcorr y x1 x2

执行结果如图 8.22 所示。

```
. pcorr y x1 x2
(obs=10)

Partial and semipartial correlations of y with
```

Variable	Partial Corr.	Semipartial Corr.	Partial Corr.^2	Semipartial Corr.^2	Significance Value
x1	0.9342	0.9099	0.8728	0.8280	0.0002
x2	-0.6802	-0.3224	0.4627	0.1039	0.0438

图 8.22   执行结果

【结果分析】

① 从表中可看出,在剔除单价影响的情况下,销售量与居民人均收入的偏相关系数为 0.9342,显著性概率为 0.0002<0.05,所以销售量与居民人均收入在 0.05 的显著性水平下相关显著。

② 在剔除居民人均收入影响的情况下,销售量与单价的偏相关系数为 -0.6802,显著性概率为 0.0438<0.05,所以销售量与单价在 0.05 的显著性水平下显著相关。

需要注意的是,偏相关系数值的大小与多元线性回归的系数成正比,在实际中操作性不如回归分析,故使用较少。

8.5 对 应 分 析

对应分析(correspondence analysis)也称相应分析、关联分析、R-Q 型因子分析,是一种多元相依变量统计分析技术,通过分析由定性变量构成的交互汇总表来揭示变量间的联系。可以揭示同一变量的各个水平之间的差异,以及不同变量各个水平类别之间的对应关系。

8.5.1　对应分析的基本思想

在进行数据分析时遇到分类型数据,并且要研究两个分类变量之间的相关关系,基于均值、方差的分析方法不能使用,所以通常从编制两变量的交叉表入手,使用卡方检验和逻辑回归等方法;但是当变量的类别或者变量数量为两个以上时,再使用以上方法就很难直观揭示变量之间的关系,由此引入对应分析。

对应分析的实质就是将交叉表里面的频数数据作变换(通过降维的方法)以后,利用图示化(散点图)的方式,将抽象的交叉表信息形象化,直观地解释变量的不同类别之间的联系,适合于多分类型变量的研究。

8.5.2　对应方法的分类

(1) 简单对应分析(一般只涉及两个分类变量)

简单对应分析是分析某一研究事件两个分类变量间的关系,其基本思想以点的形式在较低维的空间中表示联列表的行与列中各元素的比例结构,可以在二维空间更加直观地通过空间距离反映两个分类变量间的关系。属于分类变量的典型相关分析。

(2) 多重对应分析(多于两个分类变量)

简单对应分析是分析两个分类变量间的关系,而多重对应分析则是分析一组属性变量之间的相关性。与简单的对应分析一样,多重对应分析的基本思想也是以点的形式在较低维的空间中表示联列表的行与列中各元素的比例结构。

(3) 数值变量对应分析或均值对应分析(前两种均为分类变量的对应分析,较为常用)

与简单对应分析不同,由于单元格内的数据不是频数,因此不能使用标准化残差来表示相关强度,而只能使用距离(一般使用欧氏距离)来表示相关强度。

8.5.3　案例分析

例 8.6　将由 1660 个人组成的样本按心理健康状况和社会经济状况进行交叉分组。分组结果见表 8.6。试对这组数据实施对应分析,解释所得结果,判断数据间的联系能否很好地在二维图中反映。

表 8.6　心理健康状况与社会经济状况数据[①]

心理健康状况	父母社会经济状况				
	高	中高	中	中低	低
好	121	57	72	36	21
轻微症状	188	105	141	97	71
中等症状	112	65	77	54	54
受损	86	60	94	78	71

数据来源:SROLE L,et al. Mental health in the metropolis:the midtown manhatten study. New York:NYU Press,1978.

---

① 王斌会.多元统计分析及 R 语言建模[M].4 版.广州:暨南大学出版社,2016.

SPSS 操作步骤如下：

Step 1 录入数据。先在 Variable View 窗口输入变量名，如图 8.23 所示。在 Values 栏，点击"心理健康状况"对应的单元格，在弹出的对话框中按照图 8.24 设置 4 个取值的标签。"父母社会经济状况"变量进行类似的处理。在 Data View 窗口输入变量数据，其中"心理健康状况"和"父母社会经济状况"为 Values 栏对应的分类数据，具体如图 8.25 所示。

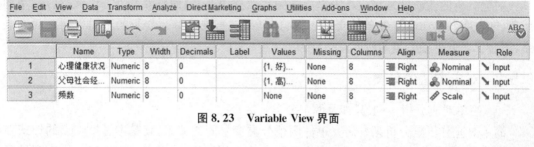

图 8.23　Variable View 界面

图 8.24　Value Labels 对话框　　　　　　图 8.25　Data View 界面

Step 2 依次点去"Data"→"Weight Cases"进入 Weight Cases 对话框，系统默认是对观测不使用权重。本例选中 Weight Cases by 选项，将"频数"导入文本框（不导入将无法分析，因为行列变量相互独立）。

Step 3 按"Analyze"→"Dimension Reduction"→"Correspondence Analysis…"顺序单击菜单项，展开 Correspondence Analysis 对应分析主对话框。从变量表中选择行、列变量，分别将"心理健康状况"和"父母社会经济状况"移入 Row 行和 Column 列框中。它们都需要定义取值范围，点击"Define Range…"展开 Correspondence Analysis：Define Row…定义对话框。分别在 Minimum value 和 Maximum value 框中填入分类的最小和最大值（要求整数，否则会删除小数部分），单击"Update"，将定义的分类数据上传到 Category Constrains 分类约束框中。Category Constrains 分类约束框有一组单选项，None 不作任何约束（系统默认）、Categories must be equal（选中类号，点击"Categories must be equal"，类号边显示 Equal，凡加上 Equal 的类作相同类处理；若要多组等同约束需编程）、Category is supplemental 增补类（选中类号，点击"Category is supplemental"；增补类在类定义空间里被描述）三选一。本例 Correspondence Analysis 对话框如图 8.26 所示。

Step 4 点击"Model…"，展开 Correspondence Analysis：Model 模型对话框。Dimensions in solution 指定对应分析解的维度数（解释大多数变差所需的较少的维度数），系统

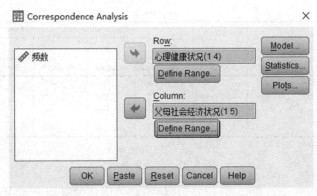

图 8.26　Correspondence Analysis 对话框

默认值为 2。Distance Measure 对应表行间和列间的距离度量单选栏,Chi square 卡方(以行或列的边缘比例作为权的加权指标轮廓的距离,系统默认)、Euclidean 两行或两列间的欧氏距离二选一。Standardization Method 标准化方法单选栏,Row and column means are removed 行和列都中心化(系统默认)、Row means are removed 行中心化、column means are removed 列中心化、Row totals are equalized and means are removed 先行和一致化再中心化、Column totals are equalized and means are removed 先列和一致化再中心化。Normalization Method 正规化方法单选栏,Symmetrical 对称法(系统默认)、Principal、Row principal、Column principal、Custom 五选一。本例均选默认。

Step 5　点击"Statistics…",展开 Correspondence Analysis:Statistics 统计量对话框。Correspondence table(系统默认)输出交叉分组列表、Overview of row points（系统默认）输出行综合表、Overview of column points(系统默认)输出列综合表、Permutations of the correspondence table 输出按第一维上得分的递增顺序排列行列对应表、Row profiles 行轮廓、Column profiles 列轮廓。Confidence Statistics for 置信统计量多选项,Row points 行相关表格、Column points 列相关表格。本例均选默认。

Step 6　点击"plots…",展开 Correspondence Analysis…图形对话框。Scatterplots 产生所有维度间的矩阵散点图多选栏:Biplot 行类、列类联合图、Row points 按行类、Column points 按列类。ID label width for scatterplots 散点图 ID 标签宽度,默认值为 20。Line Plots 线图多选栏:Transformed row categories 行类对应行得分、Transformed column categories 列类对应列得分。ID label width for line plots 线图 ID 标签宽度,默认值为 20。Plot Dimensions 指定输出图的维数单选栏:Display all dimensions in the solution 输出所有维数解、Restrict the number of dimensions 限定维数范围,二选一[①]。本例均选默认。

Step 7　返回 Correspondence Analysis…对话框,点击"OK",得到运行结果。

【结果分析】

运行后,得到一系类图表结果。选取主要结果进行分析。

由图 8.27 可以看出,第一维和第二维的惯量比例占总惯量的 99.8%,因此可以选取两维来分析。同时,卡方检验结果显著,说明可以进行对应分析。

---

①　Step 2～Step 6 选项说明可参见:管宇.实用多元统计分析[M].杭州:浙江大学出版社,2011:252-254.

Summary

Dimension	Singular Value	Inertia	Chi Square	Sig.	Proportion of Inertia		Confidence Singular Value	Correlation
					Accounted for	Cumulative	Standard Deviation	2
1	.161	.026			.947	.947	.023	-.052
2	.037	.001			.050	.998	.025	
3	.008	.000			.002	1.000		
Total		.027	45.594	.000ª	1.000	1.000		

a. 12 degrees of freedom

图 8.27　各维汇总表

图 8.28 和图 8.29 是对列联表行与列各状态有关信息的概括。其中,Mass 是行与列的边缘概率。Score in Dimension 是各维度的分值,也就是行与列的坐标值。Inertia 是惯量,是每一行(列)与其重心的加权距离的平方,本例中总惯量为 0.027,且行剖面和列剖面的总惯量相等。Contribution 部分是指行(列)特征根的贡献。以 Row 为例,如第一维度中,"好"(0.479)和"受损"(0.507)贡献较大。可以看到,第一维度集中了"好"(0.996)和"受损"(0.992)的大部分差异,第二维度集中了"中等症状"的大部分差异。

Overview Row Points ª

心理健康状况	Mass	Score in Dimension		Inertia	Contribution				
		1	2		Of Point to Inertia of Dimension		Of Dimension to Inertia of Point		
					1	2	1	2	Total
好	.185	-.646	.069	.013	.479	.024	.996	.003	.998
轻微症状	.363	-.073	.117	.001	.012	.134	.591	.347	.938
中等症状	.218	.035	-.363	.001	.002	.776	.040	.960	1.000
受损	.234	.591	.102	.013	.507	.066	.992	.007	.999
Active Total	1.000			.027	1.000	1.000			

a. Symmetrical normalization

图 8.28　行总览

Overview Column Points ª

父母社会经济状况	Mass	Score in Dimension		Inertia	Contribution				
		1	2		Of Point to Inertia of Dimension		Of Dimension to Inertia of Point		
					1	2	1	2	Total
高	.305	-.455	-.081	.010	.393	.053	.993	.007	1.000
中高	.173	-.147	-.117	.001	.023	.063	.852	.123	.975
中	.231	.022	.220	.000	.001	.301	.040	.909	.949
中低	.160	.412	.225	.005	.168	.218	.932	.064	.996
低	.131	.716	-.321	.011	.416	.364	.955	.044	1.000
Active Total	1.000			.027	1.000	1.000			

a. Symmetrical normalization

图 8.29　列总览

图 8.30 为行与列在二维图上的位置状况。为达到区分明显的效果,本图对原呈现结果添加了坐标轴及调整了状态标记(读者可双击原结果图进行修改设置)。从结果来看,"父母社会经济状况"为"高"的,"心理健康状况"多体现为"好";"心理健康状况"为"受损"的,"父母社会经济状况"多为"中低"或"低"。其他解释类似。

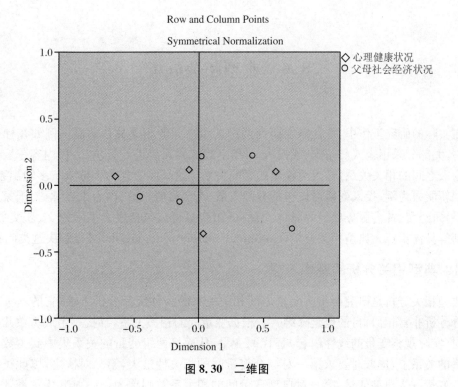

Row and Column Points

Symmetrical Normalization

◇ 心理健康状况
○ 父母社会经济状况

图 8.30 二维图

8.5.4 对应分析时注意事项

① 卡方检验结果如果不显著,则说明不可以进行对应分析。

② 对应分析不能用于相关关系的假设检验。它虽然可以揭示变量间的联系,但不能说明两个变量之间的联系是否显著,因而在做对应分析前,可以用卡方统计量检验两个变量的相关性。

③ 对应分析输出的图形通常是二维的,这是一种降维的方法,将原始的高维数据按一定规则投影到二维图形上。而投影可能引起部分信息的丢失。

④ 对极端值敏感,应尽量避免极端值的存在。如有取值为零的数据存在时,则可视情况将相邻的两个状态取值合并。

⑤ 原始数据的无量纲化处理。运用对应分析法处理问题时,各变量应具有相同的量纲(或者均无量纲)。

⑥ 实际研究时,可以根据不同的研究目的对有关设置进行修改。在 Correspondence Analysis 对话框中点击右侧的“Model”进入 Model 对话框,在例 8.6 中,我们选择了最大默认维数是 2。理论上,最大维数应该是 $\min(n, p) - 1$;Distance Measure 对话框中可以规定距离度量方法,默认为卡方距离,即加权的欧式距离,还可以规定采用欧氏距离。在 Standardization Method 对话框可以规定标准化方法,若距离的量度使用卡方距离,则应使用默认的标准化方法,即对行与列进行中心化处理;若选择欧氏距离,则有不同的标准化方法可以选择。

8.6 典型相关分析

在实际的研究工作中,往往需要研究两组变量之间的相关关系问题。例如在社会经济分析中,大部分采用输入—输出(或投入—产出)模式对系统进行分析,分析内容一般包括输出与输入之间的相关关系,输入对输出的影响关系。这具体表现为多输入—多输出系统,以大学创新能力为例,投入变量可以包括教师人数、杰出科研人员、国家重点学科、国家重点实验室、科研经费、社会服务项目等具体指标;产出变量可以包括发表国际论文、获奖数量、授权专利等具体指标。典型相关分析(canonical correlation analysis)可以解决这类问题。

8.6.1 典型相关分析的基本思想

典型相关分析是研究两组多变量之间相关关系的一种统计分析方法,它的基本思想与主成分分析非常相似,目的也是降维。它根据变量间的相关关系,寻找一个或少数几个综合变量对(实际观察变量的线性组合)替代原变量,从而将两组变量的关系集中到少数几对综合变量的关系上,提取时要求第一对综合变量间的相关性最大,第二对次之,以此类推。这些综合变量称为典型变量,第一对典型变量间的相关系数则称为第一典型相关系数。当两个变量组均只有一个变量时,典型相关系数即为简单相关系数;当一组变量只有一个变量时,典型相关系数即为复相关系数。可以认为典型相关系数是简单相关系数、复相关系数的推广。如图 8.31 所示。

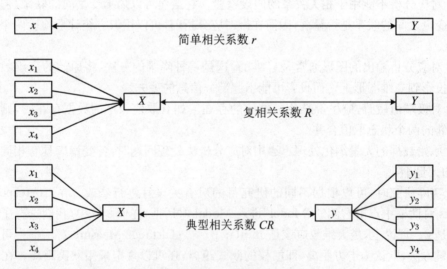

图 8.31 典型相关分析的基本架构[①]

典型相关分析的基本思想是按照提取主成分的思路,从第一组变量 x 中提取几个典型成分 F_i,F_i 是第一组变量 $x_1,x_2,\cdots,x_p$ 的线性组合,再从第二组变量 y 中提取几个典型成

① 王斌会. 多元统计分析及 R 语言建模[M]. 4 版,广州:暨南大学出版社,2010:219.

分 G_i，G_i 是第二组变量 y_1，y_2，$\cdots$，y_q 的线性组合。在提取过程中，要求 F_i 与 G_i 的相关程度达到最大。这时，F_i 与 G_i 的相关程度就可以大致反映 x 与 y 的相关关系。

典型相关分析并不区分哪一组变量为自变量或因变量，一般称第一变量组或第二变量组。与相关分析类似。如果隐含因果关系，则可相应命名变量组。

典型相关分析不是对其中一个变量组的每个变量分别与另一组的多个变量进行多元相关或回归分析，而是将各组变量视作整体来对待，因此它描述的是两组变量组之间的整体相关形式。

主成分分析是分析一组变量间的相互关系，而典型相关分析则侧重于两组变量间的关系。典型相关分析主要在寻找一组变量的"成分"，使之与另一组变量的"成分"具有最大的线性相关性[①]。

典型相关模型的基本假设是两组变量间为线性关系，即每对典型变量之间为线性关系，并且每个典型变量与本组所有变量之间也呈现线性关系。如果两组变量间不满足线性关系，则需要转换原始变量。另外，典型相关分析要求所有变量都是连续变量。

需要说明的是，只有典型相关系数经过显著性检验，才能进行典型相关分析，否则不能进行典型相关分析或分析无解释意义。

8.6.2　典型相关分析的方法

典型相关分析推荐选用 SPSS 软件或 R 软件来实现。在 SPSS 中使用宏命令语句可以执行典型相关分析；R 软件的优势在于可以自行编写程序，比较灵活。下面介绍 SPSS 软件进行典型相关分析的方法。

SPSS 提供了一个宏程序"Canonical correlation. sps"完成典型相关分析的运算并输出结果。该程序在 SPSS 安装后，在安装路径下可以找到。调用的方式如下：

点击"File"→"New"→"syntax"，会弹出如图 8.32 所示的界面窗口。

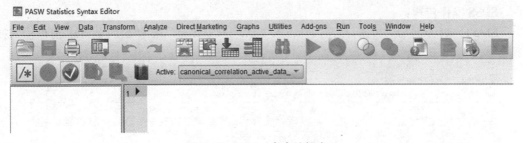

图 8.32　syntax 命令编辑窗口

在窗口光标闪动处输入：

Include FILE = ′Canonical correlation. sps 程序所在位置′.

cancorr SET1 = 第一组变量的列表

　　　　/SET2 = 第二组变量的列表.

特别提醒：语句最后的"."表示整个语句结束，不能遗漏；不可输入任何错误的字母及字符，否则会报错；include FILE 为调用外部 SPSS 程序，在"SET1 = "之后需设定第一组中的

---

① 　杨晓明. SPSS 在教育统计中的应用[M]. 2 版. 北京：高等教育出版社，2012.

变量,每个变量名称间以空格分开。注意此命令到此并未结束,所以此处没有句点;"SET2
="之前的空格是为了表示这是一项子命令,其后需要设定第二组中的变量。不能省略"/";
务必严格按照上述 SPSS 的语句格式输入;用光标选择这些命令,再单击 Syntax 窗口绿色三
角箭头"Run",即可得到典型相关分析结果。

8.6.3　典型相关分析应用案例

例 8.7　图 8.33 数据(部分)为 2019 年我国 31 个省、市、自治区的城镇居民收入与支出
数据①。其中,x_1:工资性收入;x_2:经营净收入;x_3:财产净收入;x_4:转移净收入;y_1:食品烟
酒支出;y_2:衣着支出;y_3:居住支出;y_4:生活用品及服务支出;y_5:交通通信支出;y_6:教育文
化娱乐支出;y_7:医疗保健支出;y_8:其他用品及服务支出。要求就城镇居民收入与支出之间
的结构关系及相关状况进行典型相关分析。

地区	x1	x2	x3	x4	y1	y2	y3	y4	y5	y6	y7	y8
1 北 京	44327.00	1034.00	12689.60	15797.90	8951.00	2391.00	17234.80	2568.90	5229.20	4738.40	3973.90	1271.00
2 天 津	29588.20	2696.80	4514.70	9319.30	9719.20	2194.80	7701.50	2051.10	4596.10	4062.00	3179.30	1306.80
3 河 北	22792.80	2749.90	3225.40	6969.30	6024.20	1805.80	5879.90	1537.10	2992.40	2588.10	2056.30	599.30
4 山 西	19697.20	2860.40	2252.90	8451.90	5072.90	1801.40	4333.30	1264.70	2776.40	2937.90	2383.40	588.80
5 内蒙古	24459.40	7945.40	2344.40	6033.30	6688.40	2457.90	4844.70	1614.40	3797.10	2817.50	2348.60	813.90
6 辽 宁	22120.50	4461.30	2094.30	11101.10	7355.70	2029.80	5445.90	1621.00	3394.50	3691.90	2827.80	988.40
7 吉 林	20570.50	2857.70	1636.20	7234.90	5841.40	1979.20	4571.20	1358.40	3174.90	3147.70	2525.20	796.30
8 黑…	17828.50	3422.30	1367.30	8326.50	5814.00	1873.10	4319.30	1092.60	2612.40	2925.70	2840.90	686.90
9 上 海	42328.20	2192.00	11063.80	18031.30	11272.50	2161.60	16253.10	2215.20	5625.90	5966.40	3331.60	1445.20
10 江 苏	30415.70	5298.20	6201.60	9140.70	7981.40	1930.60	8787.20	1711.20	4051.50	3605.60	2419.90	841.80
11 浙 江	33663.00	9115.40	8201.90	9202.00	10161.60	2258.80	9977.20	2075.20	5368.00	4342.20	2300.30	1024.50
12 安 徽	22547.60	5982.50	3192.40	5817.50	7421.00	1763.50	5262.30	1465.80	2870.50	2802.40	1658.20	537.80

图 8.33　原始数据界面(部分)

SPSS 操作步骤:

Step 1　打开例 8.7 数据,点击"File"→"New"→"syntax",在弹出的 syntax 窗口输入如
下命令,如图 8.34 所示。

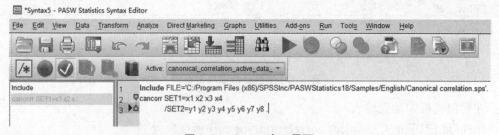

图 8.34　Syntax 窗口界面

Step 2　点击单击 Syntax 窗口绿色三角箭头"Run",即可得到典型相关分析的一系列结果。
【结果分析】
选取部分较为重要的结果进行分析。图 8.35 显示了 X 组变量间的积差相关系数矩

---

①　数据来源:《中国统计年鉴》(2020 年版)。

阵,图 8.36 为 Y 组变量间的积差相关系数矩阵结果,图 8.37 为 X 组变量与 Y 组变量间的积差相关矩阵结果。

```
          Correlations  for  Set-1
                x1          x2          x3          x4
      x1     1.0000     -.1200      .9062       .5338
      x2     -.1200     1.0000     -.0235      -.3005
      x3      .9062     -.0235     1.0000       .6077
      x4      .5338     -.3005      .6077      1.0000
```

图 8.35　X 组变量间的积差相关系数矩阵

```
Correlations  for  Set-2
         y1         y2         y3         y4         y5         y6         y7         y8
 y1    1.0000     .1978      .6842      .6503      .7792      .5302      .0965      .6635
 y2     .1978    1.0000      .3026      .5767      .3961      .1972      .4359      .5694
 y3     .6842     .3026     1.0000      .7815      .8145      .7914      .5454      .7959
 y4     .6503     .5767      .7815     1.0000      .7873      .6335      .4916      .7440
 y5     .7792     .3961      .8145      .7873     1.0000      .7534      .4408      .8349
 y6     .5302     .1972      .7914      .6335      .7534     1.0000      .6710      .7707
 y7     .0965     .4359      .5454      .4916      .4408      .6710     1.0000      .7045
 y8     .6635     .5694      .7959      .7440      .8349      .7707      .7045     1.0000
```

图 8.36　Y 组变量间的积差相关系数矩阵

```
Correlations  Between  Set-1  and  Set-2
         y1         y2         y3         y4         y5         y6         y7         y8
 x1    .7781      .4156      .9417      .8419      .8956      .7183      .4299      .8186
 x2    .0400     -.1344     -.1391     -.0277      .0764      .0636     -.2566     -.1899
 x3    .6856      .1893      .9597      .7570      .8131      .7489      .4164      .6857
 x4    .2650      .3624      .6878      .5253      .4721      .7055      .7773      .6839
```

图 8.37　X 组变量与 Y 组变量间的积差相关矩阵

　　由于 X 组变量有 4 个变量,Y 组变量有 8 个变量,因而典型相关系数最多有 4 个,图 8.38 从大到小依次列出 4 个典型相关系数。结果显示:第一组典型相关系数为 0.994,第二组典型相关系数为 0.821,第三组典型相关系数为 0.718,第四组典型相关系数为 0.565。典型相关系数的平方是典型变量对另一个相对应典型变量变异的解释程度,即两个典型变量共有的方差,典型相关系数的平方也称为特征值或典型根值。

```
Canonical  Correlations
1               .994
2               .821
3               .718
4               .565
```

图 8.38　4 个典型相关系数

　　如图 8.39 所示为维度递减检验结果,发现前 3 个典型相关系数的检验显著,故只考虑前 3 个典型相关系数。

　　典型系数是将原始变量转换为典型变量的权数,相对于回归系数。如图 8.40 所示为 X

```
Test  that  remaining  correlations  are  zero:
          Wilk's        Chi-SQ          DF          Sig.
1         .001         155.728         32.000        .000
2         .108         52.346          21.000        .000
3         .330         26.055          12.000        .011
4         .680         9.050           5.000         .107
```

图 8.39 维度递减检验结果

组标准变量的典型系数, 观察列数据, 可得 X 组第一典型变量对于标准变量的组合为

$$F_1 = -0.597x_1 - 0.044x_2 - 0.380x_3 - 0.081x_4$$

```
Standardized  Canonical  Coefficients  for  Set-1
              1            2            3            4
x1         -.597        1.142        -2.041       -.472
x2         -.044         .139         -.500        .985
x3         -.380       -1.905        1.831        .171
x4         -.081        1.193         .314         .578
```

图 8.40 X 组标准变量的典型系数

如图 8.41 所示为 X 组原始变量的典型系数, 线性组合类似标准变量的组合方式。

```
Raw  Canonical  Coefficients  for  Set-1
         1        2        3        4
x1     .000     .000     .000     .000
x2     .000     .000     .000     .001
x3     .000    -.001     .001     .000
x4     .000     .000     .000     .000
```

图 8.41 X 组原始变量的典型系数

观察图 8.42 中所列数据, 可得 Y 组第一典型变量对于标准变量的组合为

$$G_1 = 0.008y_1 - 0.030y_2 + \cdots + 0.097y_7 + 0.062y_8$$

```
Standardized  Canonical  Coefficients  for  Set-2
              1            2            3            4
y1         .008         .122        -.185         .128
y2        -.030         .507        -.476         .426
y3        -.796        -.573        1.143        -.760
y4        -.092        -.189        -.145        -.083
y5        -.248        -.722        -.742         .545
y6        -.015         .403        -.156        1.738
y7         .097         .425         .662         .133
y8         .062         .729        -.282       -1.656
```

图 8.42 Y 组标准变量的典型系数

而图 8.43 则给出了 Y 组第一典型变量对于原始变量的组合。

类似可得第 2~4 个典型变量对于标准变量及原始变量的组合系数。

如图 8.44 和图 8.45 所示是典型相关分析中最为重要的结果。典型负荷系数表示典型变量与本组中每一个变量间的简单相关系数。观察图 8.44 中所列数据, 可以看出 X 组第

一典型变量与 X 组每一个变量的相关系数依次为 $-0.979,0.061,-0.969,-0.618$。类似可得其余典型变量的负荷系数。

```
        Raw  Canonical  Coefficients  for  Set-2
               1          2          3          4
        y1    .000       .000       .000       .000
        y2    .000       .001      -.001       .001
        y3    .000       .000       .000       .000
        y4    .000      -.001       .000       .000
        y5    .000      -.001      -.001       .001
        y6    .000       .000       .000       .002
        y7    .000       .001       .001       .000
        y8    .000       .003      -.001      -.007
```

图 8.43 Y 组原始变量的典型系数

```
        Canonical  Loadings  for  Set-1
               1          2          3          4
        x1   -.979       .035      -.155      -.127
        x2    .061      -.311      -.392       .864
        x3   -.969      -.149       .184       .071
        x4   -.618       .603       .487       .134
```

图 8.44 X 组典型变量与 X 组每一个变量的相关系数(典型负荷系数)

图 8.45 为 Y 组典型变量与 Y 组每一个变量的相关系数。观察图 8.45 中所列数据,可以看出 Y 组第一典型变量与 Y 组每一个变量的相关系数依次为 $-0.753,-0.346,\cdots,$ $-0.470,-0.801$。类似可得其余典型变量的负荷系数。

```
        Canonical  Loadings  for  Set-2
               1          2          3          4
        y1   -.753      -.117      -.376      -.102
        y2   -.346       .643      -.447      -.153
        y3   -.982       .059       .167      -.035
        y4   -.837       .173      -.214       .015
        y5   -.891       .058      -.320       .114
        y6   -.778       .297       .132       .459
        y7   -.470       .718       .358       .115
        y8   -.801       .509      -.148      -.108
```

图 8.45 Y 组典型变量与 Y 组每一个变量的相关系数(典型负荷系数)

由此可得:

① 第一组典型变量(F_1,G_1):变量组 X 第一标准典型变量 F_1 的主要相关变量为 x_1:工资性收入、x_3:财产净收入;变量组 Y 第一标准典型变量 G_1 的主要相关变量为 y_1:食品烟酒支出、y_3:居住支出、y_4:生活用品及服务支出、y_5:交通通信支出、y_6:教育文化娱乐支出、y_8:其他用品及服务支出。两者关联密切,典型相关系数为 0.994。

② 第二组典型变量(F_2,G_2):变量组 X 第二标准典型变量 F_2 的主要相关变量为 x_4:转移净收入;变量组 Y 第二标准典型变量 G_2 的主要相关变量为 y_2:衣着支出、y_7:医疗保健支出。两者关联密切,典型相关系数为 0.821。

③ 第三组典型变量(F_3,G_3):变量组 X 第三标准典型变量 F_3 的主要相关变量为 x_2:经营

净收入、x_4:转移净收入;变量组 Y 第三标准典型变量 G_3 的主要相关变量为 y_1:食品烟酒支出、y_2:衣着支出、y_5:交通通信支出、y_7:医疗保健支出。两者关联密切,典型相关系数为 0.718。

返回 Data view 界面,可以看到生成了 S1_CV001,S2_CV001,S1_CV002,S2_CV002,S1_CV003,S2_CV003,S1_CV004,S2_CV004 四对变量序列。其中,S1_CV001,S2_CV001 为典型变量 F_1,G_1 的得分,作散点图 8.46。

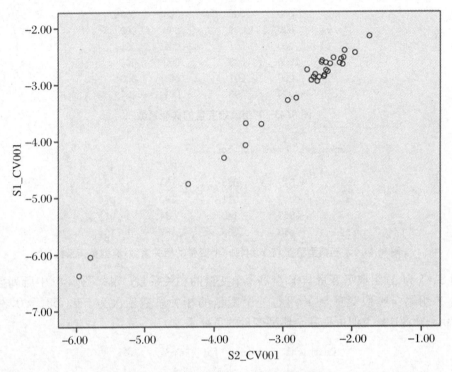

图 8.46 典型变量 F_1、G_1 得分的散点图

从散点图可以看出典型相关分析确实能较好地说明城镇居民收入与支出之间的相关关系。

思考题

1. 请归纳计算相关系数的方法以及各种方法如何选择应用。
2. 分析简单相关系数和偏相关系数的基本思想、计算方法和操作过程有什么不同。
3. 对应分析的前提条件是什么?在 SPSS 中是如何进行的?
4. 对应分析与因子分析、主成分分析有何关系?
5. 什么是列联表?什么是总惯量?
6. 对应分析 SPSS 操作常规文件中应包括哪些变量?简述 SPSS 的预处理操作过程。
7. 试对一个实际问题运用 SPSS 软件进行对应分析。
8. 试述典型相关分析的基本思想。
9. 分析一组原始变量的典型变量与其主成分的异同。
10. 系统聚类分析与快速聚类分析有什么不同?
11. 结合统计年鉴数据,对我国农业投入与农业产出作典型相关分析。

第9章 方 差 分 析

方差分析(analysis of variance,简写为 ANOVA)是研究分类型自变量对数值型因变量影响的一种方法。它是通过检验各总体的均值是否相等来判断分类型自变量对数值型因变量是否有显著影响。根据分析中分类自变量的多少,方差分析可分为单因素方差分析和多因素方差分析。通过本章内容的学习,可加深对方差分析原理的理解,并在此基础上熟练掌握使用 SPSS/Excel/Stata 进行方差分析的方法和步骤。

9.1 方差分析概念及相关术语

方差分析:就是通过检验各总体的均值是否相等来判断分类型自变量对数值型因变量是否有显著影响。

因素或因子:在方差分析中,所要检验的对象称为因素或因子(factor)。

水平或处理:因素的不同表现称为水平或处理(treatment)。

观测值:每个因子水平下得到的样本数据称为观测值。

单因素方差分析:只有一个因素的方差分析,称为单因素方差分析(one-way analysis of variance)。其涉及两个变量:一个是分类型自变量,另一个是数值型因变量。

双因素方差分析:当方差分析中涉及两个分类型自变量时,称为双因素方差分析(two-way analysis of variance)。如果两个影响因素对因变量的影响是相互独立的,这时的双因素方差分析称为无交互作用(interaction)的双因素方差分析,或无重复双因素(two-factor without replication)分析。如果不仅是两个影响因素对因变量产生单独影响,并且这两个影响因素结合后对因变量也产生影响,此时我们称这种双因素方差分析为有交互作用(interaction)的双因素方差分析,或称为可重复双因素(two-factor with replication)分析。

多因素方差分析:当方差分析中涉及两个及两个以上分类型自变量时,一般也称为多因素方差分析。

9.2　方差分析的基本思想和原理

方差分析的定义表明是通过检验各总体的均值是否相等来判断分类型自变量对数值型因变量是否有显著影响，即检验各总体的均值要借助方差。同时也表明它是通过对数据误差来源的分析来判断不同总体的均值是否相等，进而分析自变量对因变量是否有显著影响。因此，进行方差分析时，需要考察数据误差的来源。

数据误差的来源及其分解过程如下：

① 在同一水平或处理(treatment)中，样本的各观测值一般不同，随机抽样的结果呈现差异。它们之间的差异可认为是随机因素的影响造成的，我们把这种来自水平内部的数据误差称为组内误差。组内误差只含随机误差。

② 在不同水平或处理之间，样本的各观测值也不同。由此产生的误差称为组间误差，应该注意到，这种误差既可能由抽样本身形成的随机误差导致，也可能由系统性因素导致。因而，组间误差是随机误差和系统误差之和。

③ 在方差分析中，数据的误差一般用平方和来表示。SST 称为总平方和，用来表示全部数据误差大小的平方和；SSE 称为组内平方和，用来表示组内误差大小的平方和，也称残差平方和；SSA 称为组间平方和，用来表示组间数据误差大小的平方和。

④ 数据误差分析。如果不同水平或处理对因变量没有影响，那么组间误差中应只包含随机误差，而不包含系统误差，即组间误差与组内误差的均方或方差应该接近，换句话说，组间误差与组内误差的比值就会接近 1；反之，如有影响，比值则会大于 1。当该比值大到一定程度时，就可认为因素的不同水平间存在着显著差异，即自变量对因变量有显著影响。

方差分析的基本假定：

① 每个总体都服从正态分布。即对于因素的每一个水平，其观测值是来自正态分布总体的简单随机样本。

② 各个总体的方差必须相同。即各组观察值是从具有相同方差的正态总体中抽取。

③ 观测值是独立的。

9.3　单因素方差分析

9.3.1　单因素方差分析中的方差分解

单因素方差分析将因变量观测值的总变差分解为自变量作用的影响和随机变量作用的影响两个组成部分，即 $SST = SSA + SSE$。式中，SST 为因变量（观测变量）的总变差；SSA 为自变量作用的引起的因变量变差；SSE 为随机因素引起的变差。根据误差的来源不同通常

称 SSA 为组间误差，SSE 为组内误差。组间误差是有自变量不同水平的差异造成的误差，而组内误差是有样本的随机性而产生的误差。各变差的数学表达式如下：

$$SST = \sum_{i=1}^{k} \sum_{j=1}^{n_i} (x_{ij} - \bar{\bar{x}})^2 \tag{9.1}$$

$$SSE = \sum_{i=1}^{k} \sum_{j=1}^{n_i} (x_{ij} - \bar{x}_i)^2 \tag{9.2}$$

$$SSA = \sum_{i=1}^{k} n_i (\bar{x}_i - \bar{\bar{x}})^2 \tag{9.3}$$

式中，k 为因子水平数；n 为样本容量；n_i 为第 i 个因子水平的观测值个数；x_{ij} 为第 i 个因子水平的第 j 个观测值；$\bar{x}_i$ 为第 i 个因子水平下的观测值平均值（$i = 1, 2, \cdots, k$）；$\bar{\bar{x}}$ 为所有样本观测值的平均值。

9.3.2 单因素方差分析的步骤

方差分析是从观测变量的方差分解入手，通过分析组内方差、组间方差占总方差的比例来推断分类自变量各水平下的观测值均值是否存在差异，进而判断分类自变量是否给观测值变量带来了显著影响。单因素方差分析的步骤如下：

① 提出假设。在方差分析中，假设所描述的是自变量在不同水平下的因变量均值是否相等。因此，需提出如下形式假设：

$H_0 : u_1 = u_2 = \cdots = u_i = \cdots = u_k$ （表示自变量对因变量没有显著影响）

$H_1 : u_i (i = 1, 2, \cdots, k)$ 不完全相同 （表示自变量对因变量有显著影响）

② 计算检验统计量。方差检验中的检验统计量为 F 统计量，公式表达式如下：

$$F = \frac{MSA}{MSE} \sim F(k-1, n-k) \tag{9.4}$$

式中，$MSA = \dfrac{SSA}{k-1}$，称为组间方差，反映分类自变量对观测变量总方差的影响；$MSE = \dfrac{SSE}{n-k}$ 称为组内方差，反映自变量以外的其他因素对观测变量的影响。

③ 给出显著水平 α。

④ 作出判断。比较显著水平 α 和 SPSS 输出的方差分析 F 统计量的概率 P 值，如果显著水平 α 大于概率 P 值，拒绝零（原）假设，接受备则假设，认为分类自变量对观测变量有显著影响；若 α 小于或等于 P 值，接受原假设，则认为分类自变量对观测变量没有显著影响。

9.4 双因素方差分析

9.4.1 两因素方差分析的种类

两因素方差分析有两种类型：一是无交互作用的两因素方差分析，它假定因素 A 和因素 B 效应之间是相互独立的，不存在相互关系；二是有交互作用的两因素方差分析，它假定

因素 A 和因素 B 的会产生出一种新的效应。两者的基本思想、检验假设构成和分析步骤基本一致,只是有交互作用的两因素方差分析中增加了两个因素的交互作用对因变量影响的检验部分。

9.4.2 两因素方差分析的变差分解

两因素方差分析将因变量观测值的总变差分解为自变量独立作用的影响、自变量交互作用的影响和随机因素的影响三个组成部分,即 $SST = SSA + SSB + SSAB + SSE$。式中,$SST$ 为因变量(观测变量)的总变差;SSA 和 $SSSB$ 分别为自变量 A 和 B 独立作用引起的因变量变差,$SSAB$ 为自变量 A 和 B 交互作用引起的变差;SSE 为随机因素引起的变差。通常称 $SSA + SSB$ 为主效应,$SSAB$ 为交互效应,SSE 为剩余变差。

设:$\bar{x}_{ijl}$ 为对应于行因素的第 i 个水平和列因素的第 j 个水平的第 l 行的观测值;$\bar{x}_i$ 为行因素的第 i 个水平的样本均值;$\bar{x}_j$ 为列因素的第 j 个水平的样本均值;$\bar{x}_{ij}$ 为行因素的第 i 个水平和列因素的第 j 个水平组合的样本均值;$\bar{\bar{x}}$ 为全部 n 个观测值的总样本均值。各平方和的计算公式如下:

总平方和:

$$SST = \sum_{i=1}^{k} \sum_{j=1}^{r} \sum_{l=1}^{m} (x_{ijl} - \bar{\bar{x}})^2 \tag{9.5}$$

$$SSA = rm \sum_{i=1}^{k} (\bar{x}_i - \bar{\bar{x}})^2 \tag{9.6}$$

$$SSB = km \sum_{j=1}^{r} k (\bar{x}_j - \bar{\bar{x}}) \tag{9.7}$$

$$SSAB = m \sum_{i=1}^{k} \sum_{j=1}^{r_i} (\bar{x}_{ij} - \bar{x}_i - \bar{x}_j - \bar{\bar{x}})^2 \tag{9.8}$$

$$SSE = SST - SSA - SSB - SSAB \tag{9.9}$$

式中,k 为行因素的水平个数;r 为列因素的水平个数;m 为行变量每个水平的行数。

9.4.3 两因素方差分析的步骤

① 提出假设。为检验两个因素的影响,需对两个因素分别提出如下假设,对行因素提出的假设如下:

$H_0: u_1 = u_2 = \cdots = u_i = \cdots u_k$ 行因素(自变量)对因变量没有显著影响

$H_1: u_i (i = 1, 2, \cdots, k)$ 不完全相等,行因素(自变量)对因变量有显著影响

式中,u_i 为行变量的第 i 个水平的均值。

对列因素提出假设如下:

$H_0: u_1 = u_2 = \cdots = u_j = \cdots u_r$ 列因素(自变量)对因变量没有显著影响

$H_1: u_j (j = 1, 2, \cdots, r)$ 不完全相等,列因素(自变量)对因变量有显著影响

式中,u_j 为行变量的第 j 个水平的均值。

② 计算检验统计量

在有交互作用的双因素方差分析中,需计算 F_A、F_B、F_{AB} 三个检验统计量;在无交互作用的双因素方差分析中,只需计算 F_A 和 F_B 两个检验统计量。各统计量的数学表达式如下:

$$F_A = \frac{MSA}{MSE} = \frac{SSA/(k-1)}{SSE/kr(m-1)} \tag{9.10}$$

$$F_B = \frac{MSB}{MSE} = \frac{SSB/(r-1)}{SSE/kr(m-1)} \tag{9.11}$$

$$F_{AB} = \frac{MSAB}{MSE} = \frac{SSAB/(r-1)(k-1)}{SSE/kr(m-1)} \tag{9.12}$$

③ 给定显著水平 α。

④ 作出判断。比较显著水平 α 和 SPSS 输出的检验统计量 F_A、F_B、F_{AB} 的对应检验概率 P 值,若 α 大于 P 值,拒接零假设,接受备则假设,认为该因素对观测变量有显著影响;若 α 小于 P 值,接受零假设,则认为该因素对观测变量没有显著影响。

9.5　方差分析应用案例

9.5.1　单因素方差分析应用案例

例 9.1　一家管理咨询公司为不同的客户举办人力资源讲座。每次讲座的内容基本上是一样的,但讲座的听课者,有时是高级管理者,有时是中级管理者,有时是初级管理者。该咨询公司认为,不同层次的管理者对讲座的满意度是不同的。听完讲座后随机抽取不同层次管理者的满意度评分见表 9.1(评分标准 1~10,10 代表非常满意)。

表 9.1　听课者满意度评分[①]

高级管理者	中级管理者	初级管理者
7	8	5
7	9	6
8	8	5
7	10	7
9	9	4
	10	8
	8	

显著水平 $\alpha = 0.05$,检验管理者的层次不同是否会导致评分的显著差异。

思路:管理者的层次不同是否会导致评分的差异——分析管理者层次与评分之间的相关性

SPSS 操作步骤如下:

Step 1　打开 SPSS 数据编辑窗口,输入数据。用 1、2、3 分别代表高、中、初管理者三个层次。本实验录入格式如图 9.1 所示。

Step 2　在数据编辑窗口,依次选择"分析(A)"→"比较均值(M)"→"单因素分析

---

① 贾俊平,何晓群,金勇进.统计学[M].6 版.北京:中国人民大学出版社,2015:260.

（AN<u>O</u>VA）"，进入如图 9.2 所示的对话框。

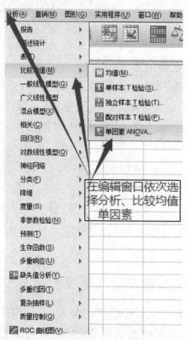

图 9.1 数据输入 图 9.2 依次选择单因素分析

Step 3 将观测变量"分值"移入"因变量列表（<u>E</u>）"框，将分变量"管理者"移入"因子（<u>F</u>）"框（图 9.3）。

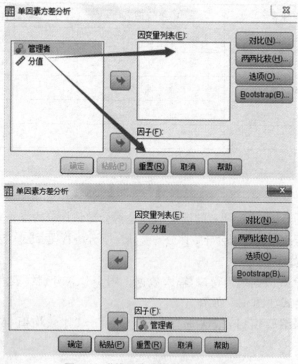

图 9.3 "单因素方差分析"对话框

Step 4　单击"选项(O)"弹出如图 9.4 所示的"选项"对话框。在此框选择"方差同质性检验(H)"复选项,然后点击"继续",返回主对话框。

图 9.4　选项对话框

Step 5　单击"确定",完成单因素方差分析的基本操作。输出结果如图 9.5 所示。在表中 Levene 统计量的值为 1.324,p 值为 $0.296 > 0.05$,接受原假设。所以可以判定在 0.05 的显著水平下各层次的管理者评分满足方差齐性的要求。

方差齐性检验

分值

Levene 统计量	df1	df2	显著性
1.324	2	15	.296

ANOVA

分值

	平方和	df	均方	F	显著性
组间	29.610	2	14.805	11.756	.001
组内	18.890	15	1.259		
总数	48.500	17			

图 9.5　单因素分析结果

单因素方差分析表中,F 值为 11.756,对应的 P 值为 $0.001 < 0.05$,应拒绝零假设。因此,可认为在 0.05 显著水平下,不同层次的管理者对评分有显著差异,即管理者层次对评分有显著影响。

9.5.2 多重比较检验应用操作

单因素方差分析的结果只能说明管理者层次对评分是否有影响,但不能给出各层次管理者评分两两之间差异,就需要进行多重比较检验。具体步骤如下:

Step 1 在"单因素方差分析"主对话框中单击"两两比较($\underline{H}$)",弹出如图 9.6 所示的对话框。

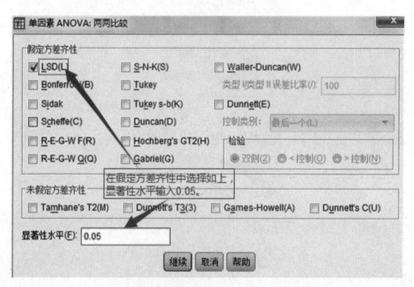

图 9.6 "单因素 ANOVA:两两比较"对话框

Step 2 选择多重检验统计量。有"假定方差齐性"和"未假定方差齐性"两个框,当方差齐性检验为接受零假设时,在"假定方差齐性"框中选择多重比较检验统计量,否则在"为假定方差齐性"框中选择多重比较检验统计量。本例方差同质性检验结果是方差具有齐性。所以在"假定方差齐性"框中选择检验敏感度最高的"$\underline{L}SD(L)$"统计量选项,并在下面的"显著性水平($\underline{F}$)"活动框中输入 0.05。单击"继续",返回主对话框。

Step 3 单击"确定"按钮,系统输出如图 9.7 所示。

多重比较

分值
LSD

(I) 管理者	(J) 管理者	均值差 (I-J)	标准误	显著性	95% 置信区间	
					下限	上限
1	2	-1.25714	.65710	.075	-2.6577	.1434
	3	1.76667*	.67953	.020	.3183	3.2151
2	1	1.25714	.65710	.075	-.1434	2.6577
	3	3.02381*	.62434	.000	1.6931	4.3546
3	1	-1.76667*	.67953	.020	-3.2151	-.3183
	2	-3.02381*	.62434	.000	-4.3546	-1.6931

*. 均值差的显著性水平为 0.05。

图 9.7 多重比较结果

在方差分析中,多重检验的原假设是:不同水平下观测变量的均值不存在显著性差异。当检验概率 P 大于给定的显著性水平时,接受这一假设;当检验概率 P 小于给定的显著性水平时,则拒绝该假设,认为不同水平下观测变量的均值间存在显著差异。根据这一准则,结合图 9.7 中第四列的显著性概率值可以得出:在 0.05 的显著性水平下,本实验资料所涉及的所有管理者层次中,中级和初级评分存在显著差异外,其他管理者层次之间的评分均不存在显著差异。

Excel 操作步骤:

Step 1　选择"数据分析"选项,在分析工具中选择"单因素方差分析",然后单击"确定"。

Step 2　当出现对话框时:在"输入区域"方框内输入数据单元格区域 A2:C8;在"α"方框内输入 0.05(可根据需要确定);在"输出选项"中选择输出区域(这里选新工作表组)。

结果如图 9.8 所示。

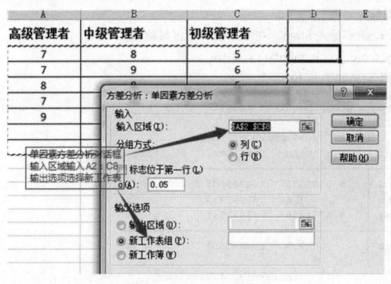

图 9.8　Excel 方差分析步骤

Step 3　单击"确定",结果如图 9.9 所示。

	A	B	C	D	E	F	G
1	方差分析:单因素方差分析						
2							
3	SUMMARY						
4	组	观测数	求和	平均	方差		
5	列 1	5	38	7.6	0.8		
6	列 2	7	62	8.857143	0.809524		
7	列 3	6	35	5.833333	2.166667		
8							
9							
10	方差分析						
11	差异源	SS	df	MS	F	P-value	F crit
12	组间	29.60952	2	14.80476	11.75573	0.000849	3.68232
13	组内	18.89048	15	1.259365			
14							
15	总计	48.5	17				
16							
17							
18							

图 9.9　Excel 输出的方差分析结果

图 9.8 中,"SUMMARY"部分是有关样本的一些描述统计量。在方差分析表在中,SS 为平方和;df 为自由度;MS 为均方;F 为检验统计量;P-value 为 P 值;F crit 为给定 α 水平下的临界值。

从方差分析表可看出,$F = 11.75573 > F_{0.05}(3,9) = 3.68232$,所以拒绝原假设 H_0 在 0.05 的显著性水平下,本案例资料所涉及的所有管理者层次中,中级和初级评分存在显著差异外,其他管理者层次之间的评分均不存在显著差异。

在进行决策时,可以直接利用方差分析表中的 P 值与显著水平 α 的值进行比较。若 $P < \alpha$,则拒绝 H_0;若 $P > \alpha$,则不拒绝 H_0。在本例中 $P = 0.000849 < \alpha = 0.05$,所以拒绝原假设。

Stata 操作步骤如下:

在 Stata 中,单因素方差分析常用 oneway 和 longway 命令来实现。下面以 oneway 命令为例进行操作。

将"例 9.1.xlsx"导入 Stata。在"command"区域输入如下命令:

. oneway score group,tabulate scheffe

回车,操作结果如图 9.10 所示。

```
. oneway score group,tabulate scheffe

                    Summary of score
     group       Mean    Std. Dev.       Freq.

       chu    5.8333333   1.4719601           6
       gao          7.6   .89442719           5
     zhong    8.8571429   .89973541           7

     Total          7.5   1.6890652          18

                   Analysis of Variance
     Source         SS       df       MS          F       Prob > F

Between groups   29.6095238    2   14.8047619    11.76    0.0008
Within groups    18.8904762   15    1.25936508

     Total            48.5    17    2.85294118

Bartlett's test for equal variances:  chi2(2) =   1.6063  Prob>chi2 = 0.448

             Comparison of score by group
                      (Scheffe)
Row Mean-
Col Mean         chu         gao

      gao     1.76667
                0.061

    zhong     3.02381     1.25714
                0.001       0.194
```

图 9.10 执行结果

上面结果显示,高级、中级和初级三者之间的平均数不相等,因结果第二部分的 P 值为0.0008,因此拒绝平均数相等的原假设。Scheffe 的结果表明,初级和高级的均值差异不显著($\alpha=0.05$),初级和中级均值差异显著,高级和中级均值差异不显著。

Oneway 命令不能消除同方差假定,可从 bartlett 的卡方值来检验同方差假定。本例中,bartlett 的 P 值为 0.448,说明不能拒绝同方差假定。

9.5.3 双因素方差分析应用案例

例 9.2 为检验广告媒体对产品销售量的影响,一家营销公司做了一项试验,考察三种广告方案和两种广告媒体,获得销售量见表 9.2。

表 9.2 广告媒体和产品销售量情况

广告方案	广告媒体	
	报纸	电视
A	8 12	12 8
B	22 14	26 30
C	10 18	18 14

检验广告方案、广告媒体或交互作用对销售量的影响是否显著($\alpha=0.05$)。

SPSS 实验步骤如下:

Step 1 打开 SPSS 数据编辑窗口,输入数据。如图 9.11 所示。

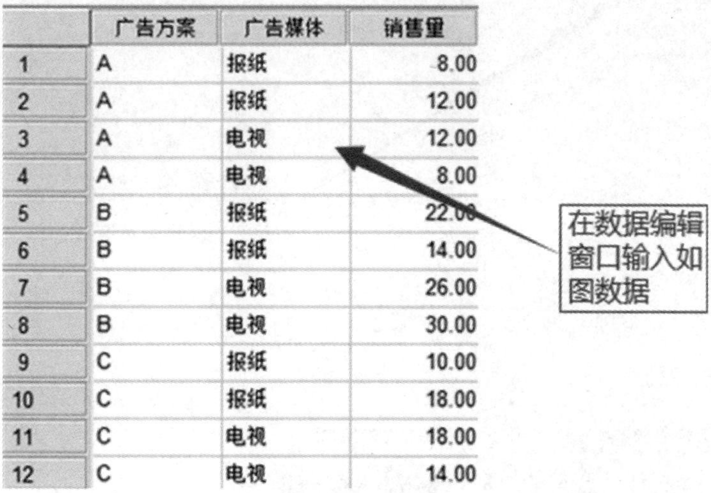

	广告方案	广告媒体	销售量
1	A	报纸	8.00
2	A	报纸	12.00
3	A	电视	12.00
4	A	电视	8.00
5	B	报纸	22.00
6	B	报纸	14.00
7	B	电视	26.00
8	B	电视	30.00
9	C	报纸	10.00
10	C	报纸	18.00
11	C	电视	18.00
12	C	电视	14.00

图 9.11 数据编辑对话框

Step 2 依次选择"分析(A)"→"一般线性模型(G)"→"单变量(U)",进入多因素方差分析主对话框。将观测变量"销售量"移入"因变量(D)"框,将分类变量"广告方案"和"广告媒体"移入"固定因子(F)"框,如图 9.12 所示。

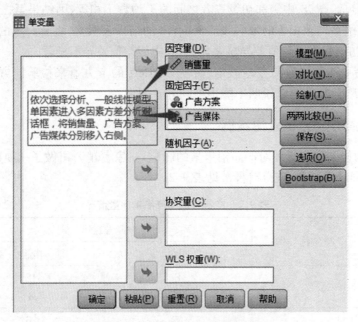

图 9.12　多因素方差分析对话框

Step 3　在主对话框中,单击"模型($\underline{M}$)",进入单因素方差分析"单变量:模型"对话框,如图9.13所示。在该对话框的"指定模型"区域选择"全因子($\underline{A}$)"选项。此项为系统默认项,适用于有交互作用的多因素方差分析。单击"继续",返回主对话框。

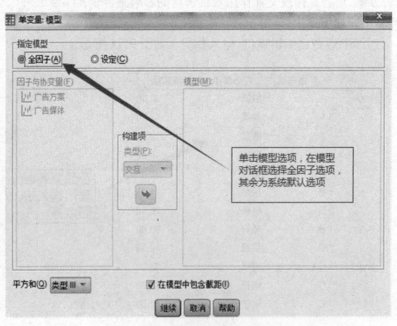

图 9.13　"单变量:模型"对话框

Step 4　单击"选项($\underline{O}$)",进入多因素方差分析"单变量:选项"对话框,如图9.14所示。在该对话框的"输出"区域,选择"方差齐性检验($\underline{H}$)"复选项,并在"显著水平($\underline{V}$)"后的活动框内输入0.05。单击"继续",返回主对话框。

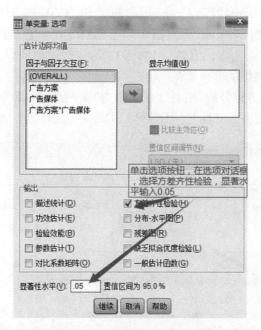

图 9.14　"单变量:选项"对话框

Step 5　单击"确定",完成有交互作用的多因素方差分析的基本操作。输出结果如图 9.15 所示。

误差方差等同性的 Levene 检验[a]

因变量:销售量

F	df1	df2	Sig.
.	5	6	.

检验零假设,即在所有组中因变量的误差方差均相等。

a. 设计:截距 + 广告方案 + 广告媒体 + 广告方案 * 广告媒体

主体间效应的检验

因变量:销售量

源	III 型平方和	df	均方	F	Sig.
校正模型	448.000[a]	5	89.600	5.600	.029
截距	3072.000	1	3072.000	192.000	.000
广告方案	344.000	2	172.000	10.750	.010
广告媒体	48.000	1	48.000	3.000	.134
广告方案 * 广告媒体	56.000	2	28.000	1.750	.252
误差	96.000	6	16.000		
总计	3616.000	12			
校正的总计	544.000	11			

a. R 方 = .824(调整 R 方 = .676)

图 9.15　多因素方差分析结果

在多因素方差分析表中,"广告方案"因素的 F 值为 10.75,对应的概率 P 值 0.010＜0.05,应拒绝原假设,即"广告方案"因素在 0.05 显著性水平下对销售量有显著影响。"广告媒体"因素的 F 值为 3,对应的 p 值 0.134＞0.05,应接受原假设,即在 0.05 显著性水平下,"广告媒体"因素对销售量也有显著影响。

Step 6 在"多因素方差分析"主对话框中单击"两两比较(H)",进入如图 9.16 所示的对话框。在其中的"假定方差齐性"框中选择"LSD(L)"选项,单击"继续",返回主对话框。

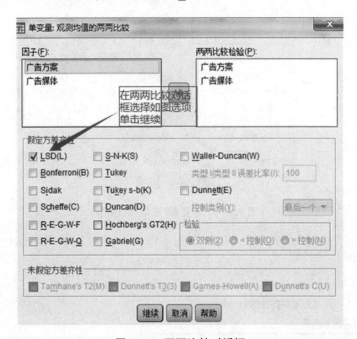

图 9.16　两两比较对话框

Step 7 单击"确定",系统输出结果如图 9.17 所示。

多个比较

销售量
LSD

(I) 广告方案	(J) 广告方案	均值差值 (I-J)	标准 误差	Sig.	95% 置信区间	
					下限	上限
A	B	-13.0000*	2.82843	.004	-19.9209	-6.0791
	C	-5.0000	2.82843	.128	-11.9209	1.9209
B	A	13.0000*	2.82843	.004	6.0791	19.9209
	C	8.0000*	2.82843	.030	1.0791	14.9209
C	A	5.0000	2.82843	.128	-1.9209	11.9209
	B	-8.0000*	2.82843	.030	-14.9209	-1.0791

基于观测到的均值。
误差项为均值方 (错误) = 16.000。

*.均值差值在 .05 级别上较显著。

图 9.17　多个输出结果

图 9.17 中第四列是不同广告方案销售量均值是否有显著差异的假设检验概率 P 值,该值大于指定显著性水平(0.05),接受比较均值之间无差异的假设;否则,拒绝以上假设,认为两个比较均值之间有显著差异。因此,在 0.05 显著性水平下,除 A 和 B 有显著差异外,其他方案之间的销售量差异不明显。

需要指出的是,有交互作用的多因素方差分析也可以进一步的多重检验分析,但要求个因素的水平个数至少在 3 个以上,同时要有足够的样本容量,否则,SPSS 不会输出检验结果。所以本实验只有广告方案的多个比较,没有广告媒体的多个比较。

Excel 操作步骤如下:

本例为有交互作用的双因素方差分析。

Step 1 选择"工具"下拉菜单,并选择"数据分析"选项。在分析工具中选择"方差分析:可重复双因素分析",然后单击"确定"。

Step 2 当出现对话框时:

在"输入区域"方框输入 A1:C7;在"α"方框内输入 0.05(可根据需要确定)。在每一行样本数方框内输入 2;在"输出选项"中选择输出区域(这里选新工作表组)。结果如图 9.18 所示。

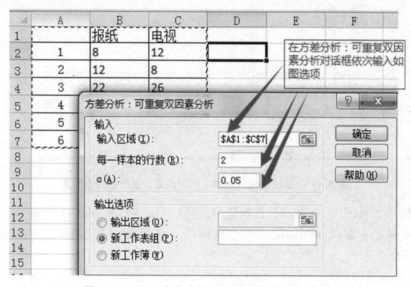

图 9.18 Excel 方差分析:可重复双因素分析步骤

Step 3 单击"确定"后输出结果如图 9.19 所示。

在图 9.19 中,用于检验"广告方案"(行因素,输出表中为"样本")的 $P=0.010386<\alpha=0.05$,所以拒绝原假设,表明不同广告方案的销售量有显著差异,即广告方案对销售量有显著影响;用于检验"广告媒体"(列因素)的 $P=0.133975>\alpha=0.05$,所以接受原假设,表明不同广告媒体的销售量之间没有显著差异,即广告媒体对销售量没有显著影响;交互作用反映的是广告方案和广告媒体因素联合产生的对销售量的附加效应,用于检验的 $P=0.251932>\alpha=0.05$,所以接受原假设,没有证据表明广告方案和广告媒体的交互作用对销售量有显著影响。

Stata 操作步骤如下:

在 Stata 中,多因素方差分析常用 ANOVA 命令来实现。

	A	B	C	D	E	F
1	方差分析：可重复双因素分析					
2						
3	SUMMARY	报纸	电视	总计		
4	1					
5	观测数	2	2	4		
6	求和	20	20	40		
7	平均	10	10	10		
8	方差	8	8	5.333333		
9						
10	3					
11	观测数	2	2	4		
12	求和	36	56	92		
13	平均	18	28	23		
14	方差	32	8	46.66667		
15						
16	5					
17	观测数	2	2	4		
18	求和	28	32	60		
19	平均	14	16	15		
20	方差	32	8	14.66667		
21						
22	总计					
23	观测数	6	6			
24	求和	84	108			
25	平均	14	18			
26	方差	27.2	72			

方差分析

差异源	SS	df	MS	F	P-value	F crit
样本	344	2	172	10.75	0.010386	5.143253
列	48	1	48	3	0.133975	5.987378
交互	56	2	28	1.75	0.251932	5.143253
内部	96	6	16			
总计	544	11				

图 9.19　Excel 输出的有交互作用的双因素方差分析结果

将"例 9-2-2.xlsx"导入 Stata。数据集中，变量 plan 为广告方案：1 代表 A 方案，2 代表 B 方案，3 代表 C 方案；变量 media 为广告媒体：1 代表报纸，2 代表电视。在"command"区域输入如下命令：

anova sale plan media plan#media（anova 命令基本格式及常用选项请自行查阅，#为交互项符号）

回车后显示输出如图 9.20 所示。

图 9.20 显示，plan 的 P 值为 0.0104，说明 plan 对销售量有显著影响，而 media 对销售量影响不显著。plan 和 media 的交互项对销售量影响也不显著。

若不考虑交互项影响，则在"command"区域输入如下命令：

anova sale plan media

回车后显示如图 9.21 所示。

输出结果显示，plan 的 P 值为 0.0088，说明 plan 对销售量有显著影响，而 media 对销售量影响不显著。

. anova sale plan media plan#media

```
                          Number of obs =        12   R-squared      =  0.8235
                          Root MSE       =         4   Adj R-squared =  0.6765

         Source │  Partial SS        df          MS         F      Prob>F

          Model │      448           5        89.6        5.60    0.0292

           plan │      344           2         172       10.75    0.0104
          media │       48           1          48        3.00    0.1340
     plan#media │       56           2          28        1.75    0.2519

       Residual │       96           6          16

          Total │      544          11   49.454545
```

图 9.20 执行结果

. anova sale plan media

```
                          Number of obs =        12   R-squared      =  0.7206
                          Root MSE       =    4.3589   Adj R-squared =  0.6158

         Source │  Partial SS        df          MS         F      Prob>F

          Model │      392           3   130.66667        6.88    0.0132

           plan │      344           2         172        9.05    0.0088
          media │       48           1          48        2.53    0.1506

       Residual │      152           8          19

          Total │      544          11   49.454545
```

图 9.21 执行结果

思考题

1. 多因素方差分析与单因素方差分析的 SPSS 操作过程有什么差异？

2. 无交叉作用的多因素方差分析与有交叉作用的多因素方差分析的 SPSS 操作过程有什么差异？

3. 比较 Stata 和 SPSS 在方差分析上的差异。

4. 选取一个数据案例进行方差分析。

第 10 章　定性因变量回归分析

因变量是分类变量的回归问题很常见,例如公共交通工具和私人交通工具的选择问题。选择何种方式取决于两类因素:一类是交通方式所具有的属性,包括速度、耗费时间及成本等;另一类是决策个体所具有的属性,包括职业、年龄、收入水平、健康状况等。统计发现选择结果与影响因素之间具有一定的因果关系。揭示这一因果并用于预测研究,对于制定交通工具发展规划无疑是十分重要的。

相比于其他分析软件,SPSS 在定性因变量回归分析方面更为简便、易于理解,且学理清晰,功能全面。

10.1　二值 Logistic 回归模型

二值 Logistic 回归模型的自变量可以是数值型变量,也可以是分类变量,但因变量必须是二分类变量。

10.1.1　Logistic 模型

含有一个自变量的 Logistic 模型为

$$\text{Log}\left(\frac{P(\text{event})}{1 - P(\text{event})}\right) = \beta_0 + \beta_1 x_1 \tag{10.1}$$

式中,β_0 为常数项,β_1 为模型的回归系数。P 表示某事件发生的概率,取值为 0~1。

如果有 p(p 为自然数)个自变量,则 Logistic 模型为

$$\text{Log}\left(\frac{P(\text{event})}{1 - P(\text{event})}\right) = \beta_0 + \beta_1 x_1 + \cdots + \beta_p x_p \tag{10.2}$$

式中,β_0 为常数项,$\beta_1 \sim \beta_p$ 为模型的回归系数。

将上式变形,可以得到如下形式:

$$P(\text{event}) = \frac{1}{1 + e^{-z}} \tag{10.3}$$

式中,$z = \beta_0 + \beta_1 x_1 + \cdots + \beta_p x_p$($p$ 为自变量个数)。

对模型参数进行估计之后,必须进行检验。下面是常用的检验统计量。

① $-2LL$ 似然比统计量。由于 $-2LL$ 近似服从卡方分布,且在数学上更为方便,所以 $-2LL$ 常用于检验 Logistic 回归的显著性。当 $-2LL$ 统计量的显著性概率大于给定的显著

性水平时,说明回归方程的拟合度越好。

② 方程的拟合优度检验。Cox 和 Snell R^2 统计量与线性模型中的 R^2 相似,是对 Logistic 模型变异中可解释部分的量化,其值一般小于 1。越接近 1,表示拟合效果越好。

Nagelkerke R^2 统计量对 Cox 和 Snell R^2 进行了调整,反映了回归方程解释的变异百分比。

10.1.2　Logistic 模型案例

例 10.1　本例数据为 2006 年中国 9 个省份(广西、贵州、黑龙江、河南、湖北、湖南、江苏、辽宁、山东)农村非农劳动参与的调查数据,有效样本为 3132 个。要求分析农村非农劳动参与的影响因素。其中,变量选取如下:职业选择(ZY):"0"表示农业,"1"表示非农业;年龄(NL);受教育程度(JY):将个体的受教育程度按照学历,即小学、初中、高中(中等技术学校)、大学(大专)、硕士以上 5 个等级换算为受教育年限,分别记为 6 年、9 年、12 年、16 年和 19 年;农业劳动任务(GD):选取家庭耕地数量作为相应的代理变量,单位是亩;性别(XB):对性别的衡量采用二值虚拟变量,其中"0"表示女性,"1"表示男性;健康状况(JK):采用自评健康状况,健康状况转化为二值变量,身体健康以"1"表示,不良以"0"表示;婚姻状况(HY):"0"表示未婚,"1"表示已婚;区域(QY):"1"表示东部,"2"表示中部,"3"表示西部[①]。

SPSS 操作步骤如下:

Step 1　选择分析模块。打开数据文件"例 10.1",依次点选"Analyze"→"Regression"→"Binary Logistic"命令,在弹出的"Logistic Regression"对话框中将职业选择(ZY)导入"dependent"列表框,将其余变量导入"Covariates"(协变量)列表框。

Step 2　点击"Categorical",在弹出的对话框中,将婚姻状况(HY)"区域(QY)""健康状况(JK)""性别(XB)"导入"Categorical Covariates"文本框(即将多分类变量导入),如图 10.1 所示。点击"Continue"返回"Logistic Regression"对话框。

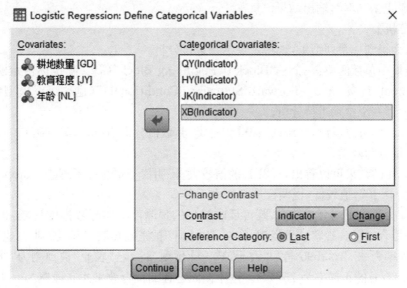

图 10.1　"Categorical Covariates"文本框

①　李嫣怡,等.EViews 统计分析与应用(修订版)[M].北京:电子工业出版社,2013.(本例运用 SPSS 软件进行操作分析。)

Step 3 因为回归分析中解释变量有多个定量变量,应对共线性问题进行检验。依次点击"Analyze"→"Correlate"→"Bivariate",在弹出对话框中将耕地数量(GD)、受教育程度(JY)、年龄(NL)导入右侧变量框中,点击"OK",得到如图 10.2 所示的相关系数矩阵。

Correlations

		耕地数量	教育程度	年龄
耕地数量	Pearson Correlation	1	-.009	-.029
	Sig. (2-tailed)		.614	.103
	N	3132	3132	3132
教育程度	Pearson Correlation	-.009	1	-.171**
	Sig. (2-tailed)	.614		.000
	N	3132	3132	3132
年龄	Pearson Correlation	-.029	-.171**	1
	Sig. (2-tailed)	.103	.000	
	N	3132	3132	3132

**. Correlation is significant at the 0.01 level (2-tailed).

图 10.2 定量变量相关系数矩阵

结果显示,几个定性变量间相关程度不高,说明不存在较明显的共线性现象,故在主对话框中下部的"Method"下拉列表框中选择默认选项"Enter"。若定量自变量间存在明显共线性,则选择"Forward Conditional"或其他方式。(可参阅多元回归共线性内容)

Step 4 点击"Save",在"predicted Values"选择"Probabilities""Group membership"。

Step 5 点击"options",对话框内容选择默认即可。点击"Continue"返回"Logistic Regression"对话框。

Step 6 点击"OK",输出结果。

【结果分析】

运行后会得到一系列结果,现将主要结果进行分析。

输出结果中包括两块:一个是"Block 0:Beginning Block"(有文献也称初始模型结果),另一个是"Block 1:Method = Forward Stepwise (Conditional)"(也称最终模型结果)。限于篇幅,仅就后一个结果进行分析。

从图 10.3 中可以看出,区域(QY)分为三类,其取值分别为(1,0,0)、(0,1,0)、(0,0,0);其余定性变量分为两类。

从图 10.4 的结果可以看出,$-2LL$ 的值较大,说明模型拟合并不理想。Step 1 的 Cox & Snell R^2 值为 0.167,值较低,说明模型解释力不高。

图 10.5 为最终观测分类结果,既可反映模型的预测值与实际数据的比较,也可以反映回归模型的拟合效果。观察结果发现,2060 名"农业"被正确预测,175 名"非农业"被预测为"农业",正确率为 92.2%;595 名"非农业"被正确预测,302 名"农业"被预测为"非农业",正确率为 33.7%;总的正确率为 75.4%。这个回归方程的拟合效果并非理想。

如图 10.6 所示为最终模型的各个自变量的相关统计量,是最重要的结果。结果显示农业劳动任务(GD)、受教育程度(JY)、年龄(NL)、区域(QY)[QY(2)、QY(1)]、性别(XB)[XB(1)]的检验概率均小于 0.05,说明它们的回归系数显著不为零,即它们对因变量有显著关联或影响。其余自变量回归系数均不显著。

Categorical Variables Codings

		Frequency	Parameter coding	
			(1)	(2)
区域	1	989	1.000	.000
	2	1289	.000	1.000
	3	854	.000	.000
性别	0	1481	1.000	
	1	1651	.000	
健康状况	0	169	1.000	
	1	2963	.000	
婚姻状况	0	192	1.000	
	1	2940	.000	

图 10.3　自变量代码表

Model Summary

Step	-2 Log likelihood	Cox & Snell R Square	Nagelkerke R Square
1	3179.985ᵃ	.167	.239

a. Estimation terminated at iteration number 5 because parameter estimates changed by less than .001.

图 10.4　模型拟合优度统计量

Classification Tableᵃ

Observed			Predicted		
			职业		
			0	1	Percentage Correct
Step 1	职业	0	2060	175	92.2
		1	595	302	33.7
	Overall Percentage				75.4

a. The cut value is .500

图 10.5　最终观测分类表

XB=1 为男性,其比较对象为女性,XB(1)的系数 -0.758,说明男性较女性从事非农业的比率要低。Exp(B)=0.468,说明男性从事非农业的机会是女性的 0.468 倍。

QY(2)表示中部地区,其系数为 -0.796,比较对象为西部地区,说明中部地区从事非农业的比率要低。Exp(B)=0.451,说明中部地区从事非农业的机会是西部地区的 0.451 倍;QY(1)表示东部地区,其系数为 0.204,比较对象为西部地区,说明东部地区从事非农业的比率要高。Exp(B)=1.227,说明东部地区从事非农业的机会是西部地区的 1.227 倍。注意:QY(1)的系数显著性水平为 0.068,虽大于 0.05,但在 10% 水平上显著。

Variables in the Equation

		B	S.E.	Wald	df	Sig.	Exp(B)
Step 1[a]	GD	-.010	.006	2.799	1	.094	.990
	HY(1)	.201	.179	1.263	1	.261	1.223
	JK(1)	-.282	.229	1.513	1	.219	.754
	JY	.243	.023	108.321	1	.000	1.275
	NL	-.050	.004	150.271	1	.000	.951
	QY			95.933	2	.000	
	QY(1)	.204	.112	3.337	1	.068	1.227
	QY(2)	-.796	.115	47.600	1	.000	.451
	XB(1)	-.758	.091	69.544	1	.000	.468
	Constant	-.183	.303	.363	1	.547	.833

a. Variable(s) entered on step 1: GD, HY, JK, JY, NL, QY, XB.

图 10.6 最终模型的相关统计量

农业劳动任务(GD)、受教育程度(JY)、年龄(NL)的系数显著,这也和理论预期是一致的。耕地面积对农村劳动力的非农参与有负向影响;受教育程度对农村劳动力的非农参与有正向影响;年龄的系数为负,反映个体在某一年龄以后,人力资本存量便开始加速下降,这也验证了农村劳动力的非农参与和年龄呈现"倒 U 形"关系的假说。

婚姻状况(HY)的系数不显著;JK(1)的系数为负,并且显著,这和理论预期不符,说明农村劳动力具有"无条件参与"的非农参与特征,当然也和农业劳动强度有关。

更多有关变量的意义解释,有兴趣的读者可参阅相关经济理论和文献。

如图 10.7 所示的最后两列为预测概率与结果分类情况,在"Data Variable"窗口。

	GD	HY	JK	JY	NL	QY	XB	ZY	PRE_1	PGR_1
1	3	0	1	9	24	1	0	1	.60431	1
2	5	0	1	9	21	1	0	1	.63492	1
3	5	1	1	9	29	1	1	1	.67061	1
4	2	1	1	9	38	1	1	1	.57211	1
5	5	1	1	9	34	1	0	0	.42612	0
6	3	1	1	9	19	1	0	0	.61589	1
7	5	1	1	9	53	1	1	0	.38009	0
8	1	1	1	9	41	1	1	0	.35252	0
9	5	1	1	6	43	1	0	0	.18597	0
10	2	1	1	6	38	1	0	1	.23199	0
11	5	1	1	9	59	1	1	0	.31236	0
12	1	1	1	12	52	1	0	1	.58169	1

图 10.7 预测概率与结果分类

10.2　多值 Logistic 回归模型

当因变量为多水平分类变量时,可采用多值 Logistic 分析建立回归模型。如果因变量具有 N 个水平(类别),每个水平的因变量概率值为 $0 \sim 1$。自变量既可以是数值型变量,也可以是分类变量,都可以使用 Logistic 回归方程为因变量的概率值建立回归模型。设第 N 类为基准类别,则第 i 个类别对应的 Logistic 模型为

$$\text{Log}\left(\frac{P(\text{类别 } i)}{1 - P(\text{类别 } N)}\right) = \beta_{i0} + \beta_{i1}x_1 + \cdots + \beta_{ip}x_p \qquad (10.4)$$

式中,$i = 1, 2, \cdots, N-1$,则会生成 $N-1$ 个 Logistic 模型,并给出每一个模型对应的一组系数。

多值 Logistic 分析一般分为两种:多值无序 Logistic 分析和多值有序 Logistic 分析。

例 10.2　本例题数据为某大学学生上课做笔记方式、学生性别、所学专业和课堂学习能力的调查问卷数据。要求利用多项 Logisic 回归分析来分析做笔记的方式与学生性别、所学专业和课堂学习能力的关系。其中,学生做笔记的方式属于多值分类变量(1 代表"用自己理解的话记笔记"方式,2 代表"先照抄黑板,课后再消化理解"方式,3 代表"很少记,更多地听老师讲"方式,4 代表"不记笔记"方式),将此作为多项 Logistic 回归分析的因变量。自变量包括:性别(1 代表"男生",2 代表"女生");专业(1 代表"工科"、8 代表"管理"、9 代表"经济"三种类别);课堂学习能力为数值型变量[①]。

SPSS 操作步骤如下:

Step 1　选择分析模块。打开数据文件"例 10.2",依次点击"Analyze"→"Regression"→"Multinomal Logistic",弹出"Multinomal Logistic Regression"对话框。将"做笔记的方式"移入"Dependent"框中。将"性别""专业"两个变量移入"Factor(s)"框中,即将分类型本例移入该框。将"课堂学习能力"移入"Covariate(s)"框中,即将数值型变量移入该框。

Step 2　点击"Statistics",在弹出的对话框中,除了默认的选项外,选择"Classification table"(分类表)复选框,以输出所构建模型的预测结果分布。单击"Continue",返回主对话框。

Step 3　点击"Criteria(条件)",可设定参数估计的迭代收敛标准等。点击"Options",可设定变量进入和剔除出方程时所参照的检验指标等。本例均取默认设置。

Step 4　点击"Model",在弹出对话框中,可选择设定回归方程构建的模式。系统默认的是"Main effects(主效应)"模式,此处先选择此项,运行结果后可再选择"Full factorial(全因子)"和"Custom/Stepwise(设定/步进式)"模式进行比较分析。

Step 5　点击"Save",在"Save variables"文本框中将四个复选框全部选中,单击"Continue",返回主对话框。

---

① 杜智敏,樊文强. SPSS 在社会调查中的应用[M].北京:电子工业出版社,2015.(删除了数据不全的问卷。)

Step 6 点击"OK",系统运行。

【结果分析】

系统运行后生成一系列结果:图 10.8 反映了分类变量取值分布情况;图 10.9 呈现了回归方程的显著性检验指标,似然比检验概率远小于 0.05,说明模型具有合理性;图 10.10 中的三个指标数据均较小,说明模型的拟合优度并不理想;图 10.11 反映的是自变量的似然比检验指标,三个自变量的概率均小于 0.05,说明其产生的效应都是显著的;图 10.12 为模型的预测结果,模型整体的预测准确率为 52.1%,预测效果并不够好。

Case Processing Summary

		N	Marginal Percentage
我做笔记的习惯是	用自己理解的话记笔记	85	21.8%
	先照抄黑板,课后再消化理解	159	40.8%
	很少记,更多地听老师讲	94	24.1%
	不记	52	13.3%
性别	男	256	65.6%
	女	134	34.4%
专业	工科	199	51.0%
	经济	114	29.2%
	管理	77	19.7%
Valid		390	100.0%
Missing		2	
Total		392	
Subpopulation		116[a]	

a. The dependent variable has only one value observed in 56 (48.3%) subpopulations.

图 10.8　分类变量取值分布

Model Fitting Information

Model	Model Fitting Criteria	Likelihood Ratio Tests		
	-2 Log Likelihood	Chi-Square	df	Sig.
Intercept Only	631.895			
Final	434.723	197.172	12	.000

Pseudo R-Square

Cox and Snell	.397
Nagelkerke	.428
McFadden	.193

图 10.9　回归方程的显著性检验　　**图 10.10　回归的拟合优度**

图 10.13 为模型参数的估计值信息,这是最重要的结果,下面将重点进行分析。根据设定,因变量的参照水平是"不记"笔记方式,"性别"的参照水平是"女性","专业"的参照水平是"管理",即各变量的最后一个类别。根据图 10.13 中的结果,可建立因变量为"用自己理解的话记笔记"的回归模型如下:

$$\text{Logit}(P\mid \text{用自己理解的话记笔记}) = -11.043 + 0.494 \times \text{课堂学习能力} - 1.798 \times \text{性别}(1)$$
$$+ 0.371 \times \text{专业}(1) - 0.023 \times \text{专业}(2)$$

模型显示,当专业和课堂学习能力相同的情况下,男生比女生采取"用自己理解的话记

Likelihood Ratio Tests

Effect	Model Fitting Criteria	Likelihood Ratio Tests		
	-2 Log Likeliho od of Reduce d Model	Chi-Square	df	Sig.
Intercept	434.723	.000	0	.
课堂学习能力	576.074	141.351	3	.000
性别	459.324	24.601	3	.000
专业	449.604	14.881	6	.021

The chi-square statistic is the difference in -2 log-likelihoods between the final model and a reduced model. The reduced model is formed by omitting an effect from the final model. The null hypothesis is that all parameters of that effect are 0.

a. This reduced model is equivalent to the final model because omitting the effect does not increase the degrees of freedom.

图 10.11　自变量的似然比检验

Classification

Observed	Predicted				
	用自己理解的话记笔记	先照抄黑板，课后再消化理解	很少记，更多地听老师讲	不记	Percent Correct
用自己理解的话记笔记	31	46	6	2	36.5%
先照抄黑板，课后再消化理解	20	110	22	7	69.2%
很少记，更多地听老师讲	7	42	40	5	42.6%
不记	1	14	15	22	42.3%
Overall Percentage	15.1%	54.4%	21.3%	9.2%	52.1%

图 10.12　模型的预测结果

笔记"的概率要低，对应的 Exp(B)值则说明男生概率是女生的 0.166 倍；当性别和专业相同时，课堂能力强的学生可使相应的概率平均增加 0.494 个单位，且在统计上显著。

因变量与其余两种记笔记模式的回归模型的解释类同，此处不再展开。

本例如果选择"Full factorial（全因子）"和"Custom/Stepwise（设定/步进式）"模式建立回归方程，结果与用"Main effects"模式相差不大，有兴趣的读者可以自己操作比较。

例 10.3　本例题数据为某大学学生"学习状态"与"性别""我自己喜欢的专业"的调研数据。试利用多项有序回归分析"性别""我自己喜欢的专业"对"学习状态"的影响。

SPSS 操作步骤如下：

Step 1　打开数据文件"例 10.3"，依次点击"Analyze"→"Regression"→"Ordinal"（有序）"，弹出"Ordinal Regression"对话框。将"学习状态"移入"Dependent"框中。将"性别"变量移入"Factor（s）"框中，即将分类型本例移入该框。将"我自己喜欢的专业"移入"Covariate(s)"框中，本例中将"我自己喜欢的专业"视为数值型变量处理。

Step 2　点击"Output"，在"Save variables"文本框中将四个复选框全部选中，其余默认选项不动，单击"Continue"，返回主对话框。

Step 3　点击"OK"，系统运行。

Parameter Estimates

我做笔记的习惯是 [a]		B	Std. Error	Wald	df	Sig.	Exp(B)	95% Confidence Interval for Exp (B)	
								Lower Bound	Upper Bound
用自己理解的话记笔记	Intercept	-11.043	1.453	57.798	1	.000			
	课堂学习能力	.494	.054	84.471	1	.000	1.639	1.475	1.821
	[性别=1]	-1.798	.591	9.244	1	.002	.166	.052	.528
	[性别=2]	0[b]	.	.	0	.	.	.	.
	[专业=1]	.371	.573	.419	1	.518	1.449	.471	4.457
	[专业=2]	-.023	.652	.001	1	.971	.977	.272	3.504
	[专业=3]	0[b]	.	.	0	.	.	.	.
先照抄黑板，课后再消化理解	Intercept	-5.553	1.072	26.856	1	.000			
	课堂学习能力	.303	.043	49.180	1	.000	1.354	1.244	1.474
	[性别=1]	-1.844	.525	12.336	1	.000	.158	.057	.443
	[性别=2]	0[b]	.	.	0	.	.	.	.
	[专业=1]	.851	.528	2.599	1	.107	2.341	.832	6.585
	[专业=2]	1.239	.565	4.811	1	.028	3.453	1.141	10.452
	[专业=3]	0[b]	.	.	0	.	.	.	.
很少记，更多地听老师讲	Intercept	-3.196	.970	10.866	1	.001			
	课堂学习能力	.178	.039	20.205	1	.000	1.194	1.105	1.290
	[性别=1]	-.344	.543	.402	1	.526	.709	.245	2.054
	[性别=2]	0[b]	.	.	0	.	.	.	.
	[专业=1]	.194	.489	.158	1	.691	1.214	.466	3.168
	[专业=2]	-.015	.553	.001	1	.979	.986	.333	2.916
	[专业=3]	0[b]	.	.	0	.	.	.	.

a. The reference category is: 不记.

b. This parameter is set to zero because it is redundant.

图 10.13　模型参数的估计

【结果分析】

图 10.14～图 10.17 与例 10.2 结果解释类似，下面仅就如图 10.18 所示的模型参数估计结果进行分析。根据图中的结果，可建立因变量为"学习状态很好"的回归模型如下：

$$\text{Logit}(P|\text{学习状态很好}) = -1.116 + 0.422 \times \text{我喜欢自己的专业} + 0.464 \times \text{性别}(1)$$

可知，学习状态与对专业的喜爱程度成正比，男生的学习状态显著优于女生的学习状态。其余模型读者可自行列出，同时可以看到，几个模型的回归系数是相同的。

Case Processing Summary

		N	Marginal Percentage
学习状态	很好	32	7.8%
	较好	97	23.7%
	一般	205	50.1%
	较差	60	14.7%
	很差	15	3.7%
性别	男	278	68.0%
	女	131	32.0%
Valid		409	100.0%
Missing		37	
Total		446	

图 10.14　分类变量取值分布

Model Fitting Information

Model	-2 Log Likelihood	Chi-Square	df	Sig.
Intercept Only	177.291			
Final	148.180	29.111	2	.000

Link function: Logit.

图 10.15 回归方程的显著性检验

Goodness-of-Fit

	Chi-Square	df	Sig.
Pearson	45.694	34	.087
Deviance	45.209	34	.095

Link function: Logit.

图 10.16 模型拟合度检验

Pseudo R-Square

Cox and Snell	.069
Nagelkerke	.074
McFadden	.028

Link function: Logit.

图 10.17 模型拟合优度指标

Parameter Estimates

		Estimate	Std. Error	Wald	df	Sig.	95% Confidence Interval	
							Lower Bound	Upper Bound
Threshold	[学习状态 = 1]	-1.116	.303	13.538	1	.000	-1.711	-.522
	[学习状态 = 2]	.631	.277	5.170	1	.023	.087	1.175
	[学习状态 = 3]	3.033	.321	89.489	1	.000	2.405	3.662
	[学习状态 = 4]	4.863	.404	145.209	1	.000	4.072	5.654
Location	我喜欢自己的专业	.422	.088	23.171	1	.000	.250	.594
	[性别=1]	.464	.200	5.345	1	.021	.071	.856
	[性别=2]	0ᵃ	.		0	.	.	.

Link function: Logit.

a. This parameter is set to zero because it is redundant.

图 10.18 模型参数的估计

10.3 最优尺度回归模型

前文介绍了因变量或者自变量是分类变量的回归分析,但在实际应用中,常常会遇到因变量是非数值型的分类变量,或者自变量也包含很多分类变量的问题。我们可能更关心自变量对于因变量的作用是否显著或者重要性大小,并不需要准确的回归模型(方程)。此时,最优尺度回归模型是不错的选择。

10.3.1　最优尺度回归的基本思想

普通线性回归对数据的要求十分严格,当遇到分类变量时,线性回归无法准确地反映分类变量不同取值的距离,比如性别变量,男性和女性本身是平级的,没有大小、顺序、趋势区分,若直接纳入线性回归模型,则可能会失去自身的意义。

最优尺度回归分析是标准的回归分析的扩展,它按比例换算名义变量、有序变量和数值型变量,实际上打破了回归分析中有关因变量和自变量类别的任何限制。它使用定量化的方法尽量反映以上类型变量的属性,利用非线性转换求出最佳回归方程(模型)。

最优尺度回归(optimal scaling)分析就是为了解决类似的问题,它擅长将分类变量不同取值进行量化处理,从而将分类变量转换为数值型进行统计分析。可以说有了最优尺度回归方法,将大大提高分类变量数据的处理能力,突破分类变量对分析模型选择的限制,扩大回归分析的应用能力。

10.3.2　最优尺度回归分析案例应用

例 10.4　同例 10.3。试利用最优尺度回归分析"性别""我喜欢自己的专业"对"学习状态"是否有显著影响,其重要性如何?

SPSS 操作步骤如下:

Step 1　打开数据文件"例 10.3",依次点击"Analyze"→"Regression"→"Optimal Scaling(CATREG)(最优尺度)",弹出"Optimal Scaling"对话框。将"学习状态"移入"Dependent"框中。单击"Define Scaling",弹出"Categorical Regression:Define Scale"对话框,用于定义每一个自变量的尺度水平。"Optimal Scaling Level"选项区中的选项用于定义尺度水平,其中,"Spline Ordinal"表示对有序变量进行光滑样条处理;"Ordinal"表示有序变量;"Spline Nominal"表示对名义变量进行光滑样条处理;"Nomical"转化为名义变量;"Numeric"表示数值型变量。本例中,学习状态是一个有序变量,故选择"Ordinal"有序变量。

Step 2　类似地,将"性别""我喜欢自己的专业"移入"Independent Variable(s)"框中,和上一步一样定义尺度水平,均设置为"Nomical",转化为名义变量。

Step 3　点击"Plots",将左侧变量移入右侧"Transformation Plots",点击"Continue",返回"Categorical Regression:Define Scale"对话框。

Step 4　点击"OK",系统自动执行。

【结果分析】

图 10.19 显示可决系数为 0.112,说明回归模型的拟合效果并不理想;图 10.20 的方差分析结果显示回归方程整体显著;图 10.21 为相关系数和容忍度统计量表。根据重要系数"Important"可以看出,"我喜欢自己的专业"在方程中的重要性最高,为 81%,其次是"性别",为 19%;图 10.22 显示"我喜欢自己的专业""性别"的系数都显著,并且可得回归方程(读者可自行写出)。

图 10.23 反映了因变量整体的区分度效果。样本对于 5 个水平的区分度可归为三类:第一类包括"很好""较好"及"一般";第二类是"较差";第三类是"很差"。

Model Summary

Multiple R	R Square	Adjusted R Square	Apparent Prediction Error
.335	.112	.101	.888

Dependent Variable: 学习状态
Predictors: 性别 我喜欢自己的专业

图 10.19　模型摘要

ANOVA

	Sum of Squares	df	Mean Square	F	Sig.
Regression	45.836	5	9.167	10.173	.000
Residual	363.164	403	.901		
Total	409.000	408			

Dependent Variable: 学习状态
Predictors: 性别 我喜欢自己的专业

图 10.20　方差分析

Correlations and Tolerance

	Correlations				Tolerance	
	Zero-Order	Partial	Part	Importance	After Transformation	Before Transformation
性别	.153	.146	.139	.190	.998	.995
我喜欢自己的专业	.305	.301	.298	.810	.998	.995

Dependent Variable: 学习状态

图 10.21　相关系数和容忍度统计量

Coefficients

	Standardized Coefficients				
	Beta	Bootstrap (1000) Estimate of Std. Error	df	F	Sig.
性别	.139	.042	1	10.775	.001
我喜欢自己的专业	.298	.057	4	27.362	.000

Dependent Variable: 学习状态

图 10.22　相关系数和容忍度统计量

图 10.24 反映了"性别"的区分度效果,结果明显,自然分为两类。

图 10.25 反映了"我喜欢自己的专业"的区分度效果。样本对于 5 个水平的区分度可基本归为两类:第一类包括"非常符合""比较符合""有点符合"及"不太符合";第二类是"不符合"。这说明越不喜欢自己的专业,学习状态越差。

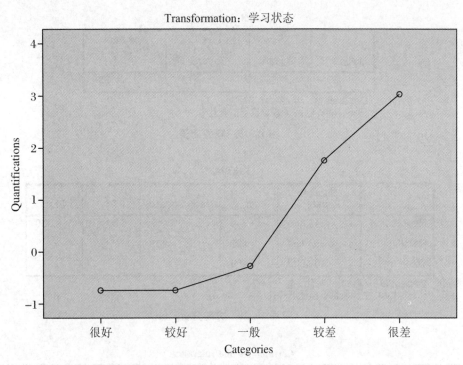

图 10.23　整体学习状态

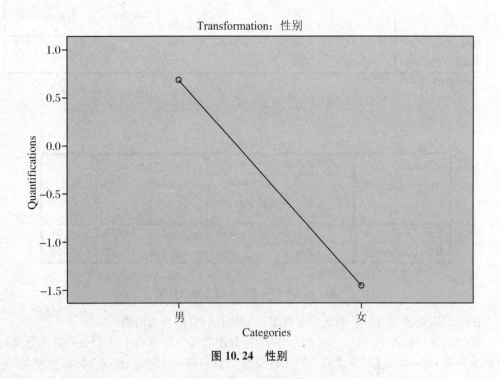

图 10.24　性别

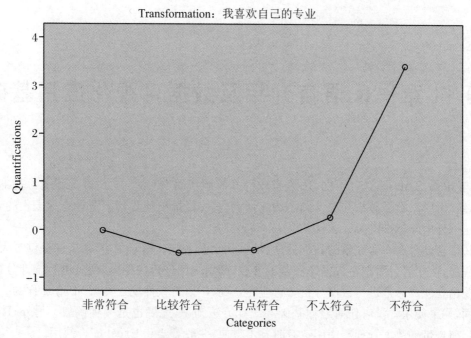

图 10.25　我喜欢自己的专业

思考题

1. Logistic 回归模型在处理问卷调查数据中有何应用?
2. 试用 SPSS 软件建立一个实际问题的 Logistic 回归模型。
3. 当回归问题中的因变量是分类变量时,SPSS 是如何来处理的?
4. 最优尺度模型适用于哪种情况?

第 11 章　R 语言介绍及数据可视化应用基础

与 SPSS、Stata 等软件不同，R 语言软件开放源代码、免费。以 S 语言环境为基础的 R 语言，统计计算、数据分析和统计制图功能强大，其一经推出就受到了统计专业人士的青睐，成为了国外大学标准的统计软件。

R 语言软件有一套完整的数据处理、计算和绘图系统。由于 R 语言软件提供了大量的统计程序，使用者只需指定数据库和若干参数（调用统计分析软件包）便可进行统计分析，从而使使用者能灵活地进行数据分析。也应注意到，R 语言软件缺乏类似 SPSS 那样的一个菜单界面，如果使用者没有任何编程基础和统计方法知识，无疑也是一种挑战。另外，R 语言软件目前自带的数据管理器使用上有时并不方便，一般需要和 Excel 配合使用。

11.1　R 语言软件的下载与安装

在 R 语言软件的官方网站（http://www.r-project.org）可以下载到其安装程序、各种外挂程序和文档。在 R 语言软件的安装程序中只包含了 8 个基础模块，其他外在模块可以通过 CRAN（http://cran.r-project.org）获得。

11.1.1　R 语言软件的下载

Step 1　打开网址 http://www.r-project.org，出现如下界面，如图 11.1 所示，可以看到 R 语言软件当前发布的最新版本。

Step 2　点击"download R"，在出现的页面中选取"CRAN mirror"，这里选取中国的镜像网站：https://mirrors.tuna.tsinghua.edu.cn/CRAN/。点击下载，出现如图 11.2 所示的界面。

Step 3　如是 Windows 操作系统，点击"Download R for Windows"，按照提示完成下载。

Step 4　点击下载的程序图标，开始安装。注意，程序提供了 32 位和 64 位安装程序，读者应该根据电脑的配置情况，正确勾选。如是第一次安装，建议点击默认安装。完成之后，点击 R 语言软件图标，主窗口界面如图 11.3 所示。注意：关于 R 语言软件的使用说明手册，可在此页面左侧"Documentation"下的"manual"，这里很全面和详细地介绍了 R 语言软件的基本功能和使用。

The R Project for Statistical Computing

[Home]

Download

CRAN

R Project

About R
Logo
Contributors
What's New?
Reporting Bugs
Conferences
Search
Get Involved: Mailing Lists
Get Involved: Contributing
Developer Pages
R Blog

Getting Started

R is a free software environment for statistical computing and graphics. It compiles and runs on a wide variety of UNIX platforms, Windows and MacOS. To **download R**, please choose your preferred CRAN mirror.

If you have questions about R like how to download and install the software, or what the license terms are, please read our answers to frequently asked questions before you send an email.

News

- **R version 4.1.2 (Bird Hippie)** has been released on 2021-11-01.
- **R version 4.0.5 (Shake and Throw)** was released on 2021-03-31.
- Thanks to the organisers of useR! 2020 for a successful online conference. Recorded tutorials and talks from the conference are available on the R Consortium YouTube channel.
- You can support the R Foundation with a renewable subscription as a supporting member

News via Twitter

News from the R Foundation

图 11.1 R 语言软件主页界面(2022.01.27)

Download and Install R

Precompiled binary distributions of the base system and contributed packages, **Windows and Mac** users most likely want one of these versions of R:

- Download R for Linux (Debian, Fedora/Redhat, Ubuntu)
- Download R for macOS
- Download R for Windows

R is part of many Linux distributions, you should check with your Linux package management system in addition to the link above.

图 11.2 R 语言软件下载界面

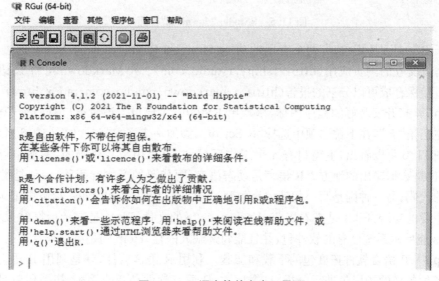

图 11.3 R 语言软件主窗口界面

Step 5 基于 R 语言软件编辑器使用环境的便捷考虑,一般推荐 RStudio。本书也是基于该平台应用,需要读者在网站 http://www.rstudio.com 下载。注意,RStudio 要和 R 语言软件主程序配合使用,不能单独下载使用,先要下载安装 R 语言软件。

Step 6 打开 https：//www. rstudio. com/products/rstudio/download/，点击图 11.4 左侧的"download"。

RStudio Desktop　　　RStudio Desktop Pro　　　RStudio Server　　　RStudio Workbench ●

Open Source License　　Commercial License　　Open Source License　　Commercial License

Free　　　　**$995**　　　　**Free**　　　　**$4,975**

　　　　　　/year　　　　　　　　　/year

　　　　　　　　　　　　　　　　　(5 Named Users)

| DOWNLOAD | BUY | DOWNLOAD | BUY |

Learn more　　　Learn more　　　Learn more　　Evaluation | Learn more

图 11.4　　RStudio "download"界面

Step 6 下滑鼠标，在图 11.5 中点击 win10 对应的程序，开始下载。注意，这里 RStudio 需要 R 3.0.1＋（opens in a new tab）以上版本，这里是满足要求的。注意：为了便于 RStudio 软件的使用，可在此页面导航条"Resources"下的"cheatsheet"，这里会把 RStudio 常用功能按照拓展包或者想要实现的功能总结起来，方便用户查找。

OS	Download	Size	SHA-256
Windows 10	RStudio-2021.09.2-382.exe	156.89 MB	7f957beb
macOS 10.14+	RStudio-2021.09.2-382.dmg	204.09 MB	ae18a925
Ubuntu 18/Debian 10	rstudio-2021.09.2-382-amd64.deb	117.15 MB	f3dd8823
Fedora 19/Red Hat 7	rstudio-2021.09.2-382-x86_64.rpm	133.82 MB	a1190f21

图 11.5　　RStudio "download"界面

关于 RStudio 拓展包，有两个有用的功能：Shiny 和 R Markdown。Shiny 通过 R 语言软件编写可交互的网页应用（http://shiny. rstudio. com）。R Markdown 可将 R 语言软件的结果直接保存成可以分享的报告（http://rmarkdown. rstudio. com/index. html）。

Step 7 打开安装好的程序图标，呈现出 RStudio 主窗口。该主窗口有三个子窗口，一般点击左上角"＋"，在下拉选项中选择"R Script"，添加一个文本窗口，如图 11.6 所示。

从图 11.6 可以看出，主窗口有 4 个工作区域，左上是用来写代码的，左下也可以写代码，同时也是数据输出的地方。R 语言是动态语言，写代码的形式有两种，一种是类似 C 语言一样的代码；另一种则是写一句就编译解释一句。右上是 Workspace 和历史记录。右下有四个主要的功能：Files 是查看当前 Workspace 下的文件，Plots 是展示运算结果的图案，Packages 能展示系统已有的软件包，并且能勾选载入内存，Help 则是可以查看帮助文档的。

Step 8 R 语言软件拓展包的下载和加载。利用 R 语言软件，就是利用 R 语言软件所提供的各种各样的拓展包进行分析，打个比方，R 语言软件是智能手机，拓展包就是手机里的 APP。为便于理解，如图 11.7 所示。

拓展包的下载来源主要有 3 个：一是官方网址 CRAN；二是 Github。初学者，建议选用 CRAN。

图 11.6　RStudio 主界面

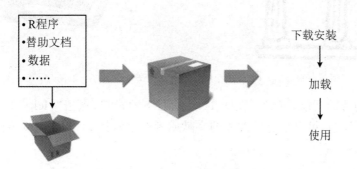

图 11.7　R 拓展包示意图

在联网情况下,读者可在 Rstudio 中通过指令直接下载拓展包,有两种方式。一是通过指令(install. packages),以拓展包"dplyr"为例,在图 11.6 的左上角的文本框输入"nstall. packages(dplyr)",点击"Run"。二是通过窗口界面,在图 11.6 的右下角窗口,依次点击"package""install",在弹出的文本框中,输入"dplyr",点击"install"即可。

拓展包的加载,也有两种方式:命令或者窗口点选。如是命令方式,直接在图 11.6 的左上角的文本框输入 library("dplyr")。如是窗口点选,在图 11.6 的右下角窗口,点击"package",在弹出的"system library"中,找到 dplyr,选中前面的复选框即可。如图 11.8 所示。

对于加载拓展包时用到的 library 指令,可以这样形象地理解,拓展包类似借阅的书籍。

Files	Plots	Packages	Help	Viewer		
◎ Install	● Update			🔍		⟳
Name	Description			Version		
System Library						
☑ base	The R Base Package			4.1.2		
☐ boot	Bootstrap Functions (Originally by Angelo Canty for S)			1.3-28	⊕	⊗
☐ class	Functions for Classification			7.3-19	⊕	⊗
☐ cli	Helpers for Developing Command Line Interfaces			3.1.1	⊕	⊗
☐ cluster	"Finding Groups in Data": Cluster Analysis Extended Rousseeuw et al.			2.1.2	⊕	⊗
☐ codetools	Code Analysis Tools for R			0.2-18	⊕	⊗
☐ compiler	The R Compiler Package			4.1.2		
☐ crayon	Colored Terminal Output			1.4.2	⊕	⊗
☑ datasets	The R Datasets Package			4.1.2		
☑ dplyr	A Grammar of Data Manipulation			1.0.7	⊕	⊗

图 11.8 RStudio 拓展包加载后界面

如图 11.9 所示。不能同时加载多个拓展包,类似一次只能借一本书。取消加载,最简单的方法就是在加载拓展包的复选框,取消复选即可,相当于还书。

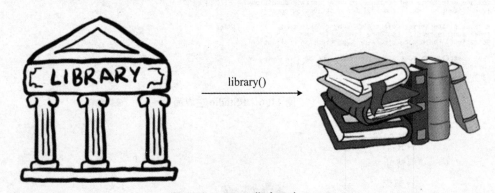

图 11.9 library 指令示意

对于加载包的帮助功能,读者可在图 11.6 的右下角窗口,点击"Help"下的"search"。如何找到合适的拓展包,可以通过已发表的文献或者通过链接 http://cran.r-project.org/web/views/获取。

11.2 R 语言软件数据的基本类型和保存形式

11.2.1 R 语言软件数据的基本类型

在 R 语言软件中,数据类型包含 5 种:数字(double/numeric,缩写为 num);整数(integer,缩写为 int):1L,2L,…;虚数(complex,缩写为 cplx):1+2i,3−5i,…;逻辑(logic,

缩写为 logi）：True，False；文字（character，缩写为 chr）。

11.2.2　R 语言软件数据的保存形式

1．向量（vector）

R 语言软件中最小的数据单位，维度为 1，创建向量时使用 C 语句，是把括号内数据合并保存入指定的向量当中。例如，创建一个数字向量，向量中有 3 个数字（2，3.5，6.5），在图 11.6 的 console 窗口输入：dbl_var$<-$c（5.0，6，9.8），回车；如创建文字变量"hello"和"world"，则输入：chr_var$<-$c（"hello"，"world"）；如创建逻辑向量"TRUE，FALSE，F，F"，则输入：log_var$<-$c（TRUE，FALSE，F，F）。上述保存结果如图 11.10 所示。数据类型不一致时，R 语言软件会自动把向量保存成较为灵活的方式，例如（3.5，2L）、（2，"cheat"）、（2，"cheat"，3L），保存结果如图 11.11 所示。

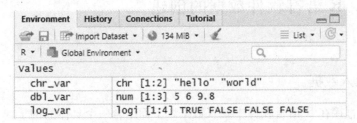

图 11.10　向量保存结果

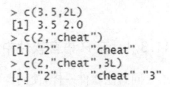

图 11.11　向量保存结果

2．列表（list）

元素为向量，维度为 1，数据类型可以不一致。例如输入：

x$<-$list（1：4，"b"，c（TRUE，FALSE，TRUE）），回车，保存结果如图 11.12 或图 11.13所示。

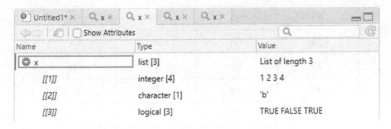

图 11.12　列表保存结果　　　　　　　图 11.13　列表保存结果

注意：查看列表数据结构可输入命令 str（列表名）。

3．矩阵（matrix）

二维数据结构，元素数据类型一致。如创建一个 2 行 3 列矩阵，输入命令：mat_a$<-$matrix（1：6，ncol$=$3，nrow$=$2），回车，得到如图 11.14 所示的结果。

4．数据框（data frame）

二维数据结构，元素数据类型可以不一致。如创建如下一个数据框，可以输入：df$<-$data.frame（x$=$1：3，y$=$c（"a"，"b"，"c"），x$=$0）。如图 11.15 所示。

```
> mat_a
     [,1] [,2] [,3]
[1,]    1    3    5
[2,]    2    4    6
```

图 11.14　矩阵保存结果

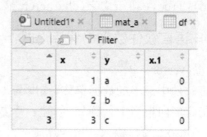

图 11.15　数据框保存结果

11.3　R 语言软件数据的创建

11.3.1　在 R 语言软件中录入数据

同其他软件一样,使用者可直接在 R 语言软件中录入数据。下面结合一个具体的例子,介绍 R 语言软件数据的录入。

例 11.1　表 11.1 为 10 名学生 5 门课程的考试成绩情况。要求将其录入 R 中(按照向量、数据框和矩阵形式保存)。

表 11.1　考试成绩

姓名	语文	数学	英语	物理	化学
胡靖楠	68	85	84	89	86
范小豪	85	91	63	76	66
谭雨合	74	74	61	80	69
毛雨润	88	100	49	71	66
殷志恒	63	82	89	78	80
任静	78	84	51	60	60
程曦函	90	78	59	72	66
卢星幻	80	100	53	73	70
张梦	58	51	79	91	85
霍婵娟	63	70	91	85	82

R 语言软件操作步骤如下:

Step 1　以向量形式录入。在 R 语言软件中一般用函数 c()来创建一个向量,在 console 窗口依次如图 11.16 所示键入 R 代码,保存形式如图 11.17 所示。

也可用如下方式创建向量,以 name 为例:

name = c(68,85,74,88,63,78,90,80,58,63)

```
> name<-c("胡靖楠","范小豪","谭雨合","毛雨润","殷志恒","任静","程曦
函","卢星幻","张梦","霍婵娟")
> yuwen<-c(68,85,74,88,63,78,90,80,58,63)
> shuxue<-c(85,91,74,100,82,84,78,100,51,70)
> yingyu<-c(84,63,61,49,89,51,59,53,79,91)
> wuli<-c(89,76,80,71,78,60,72,73,91,85)
> huaxue<-c(86,66,69,66,80,60,66,70,85,82)
```

图 11.16　向量录入

Environment	History	Connections	Tutorial		
📥 💾	🗂 Import Dataset ▾	🔵 121 MiB ▾	🧹	☰ List ▾	🔄 ▾
R ▾	🔷 Global Environment ▾		🔍		

values		
huaxue	num [1:10]	86 66 69 66 80 60 66 70 ...
name	chr [1:10]	"胡靖楠" "范小豪" "谭雨合" ...
shuxue	num [1:10]	85 91 74 100 82 84 78 10...
wuli	num [1:10]	89 76 80 71 78 60 72 73 ...
yingyu	num [1:10]	84 63 61 49 89 51 59 53 ...
yuwen	num [1:10]	68 85 74 88 63 78 90 80 ...

图 11.17　向量形式

函数 length()可以返回向量的长度,mode()可以返回向量的数据类型,例如:

＞length(shuxue)

[1] 10

＞mode(shuxue)

[1] "numeric"

Step 2　数据框形式录入。在 R 语言软件中一般用函数 data.frame()来创建一个数据框,其句法是:data.frame(data1,data2,…)。在 console 窗口键入如下 R 语句:

＞table11.1＝data.frame(姓名＝name,语文＝yuwen,数学＝shuxue,英语＝yingyu,物理＝wuli,化学＝huaxue)

建好后的数据框 table11.1 如图 11.18 所示。

数据框的列命名默认为变量名,也可对列名重新命名,例如令"yuwen＝x1""shuxue＝x2",…,在 console 窗口键入:

＞table11.1＝data.frame(x1＝yuwen,x2＝shuxue,x3＝yingyu,x4＝wuli,x5＝huaxue)

建好后的数据框如图 11.19 所示。

```
> table11.1
   姓名 语文 数学 英语 物理 化学
1    68   68   85   84   89   86
2    85   85   91   63   76   66
3    74   74   74   61   80   69
4    88   88  100   49   71   66
5    63   63   82   89   78   80
6    78   78   84   51   60   60
7    90   90   78   59   72   66
8    80   80  100   53   73   70
9    58   58   51   79   91   85
10   63   63   70   91   85   82
```

图 11.18　数据框 table11.1

```
> table11.1
    x1   x2  x3  x4  x5
1   68   85  84  89  86
2   85   91  63  76  66
3   74   74  61  80  69
4   88  100  49  71  66
5   63   82  89  78  80
6   78   84  51  60  60
7   90   78  59  72  66
8   80  100  53  73  70
9   58   51  79  91  85
10  63   70  91  85  82
```

图 11.19　数据框 table11.1

Step 3 矩阵形式录入。在 R 语言软件中一般用函数 matrix()来创建一个矩阵。例如创建一个 matrix11.1 矩阵,在 console 窗口键入如下 R 语句:

> matrix11.1 = matrix(cbind(yuwen,shuxue,yingyu,wuli,huaxue),ncol = 5)

>dimnames(matrix11.1) = list(c("胡靖楠","范小豪","谭雨合","毛雨润","殷志恒","任静","程曦函","卢星幻","张梦","霍婵娟"),c("语文","数学","英语","物理","化学"))

> matrix11.1

建好后的矩阵如图 11.20 所示。

	语文	数学	英语	物理	化学
胡靖楠	68	85	84	89	86
范小豪	85	91	63	76	66
谭雨合	74	74	61	80	69
毛雨润	88	100	49	71	66
殷志恒	63	82	89	78	80
任静	78	84	51	60	60
程曦函	90	78	59	72	66
卢星幻	80	100	53	73	70
张梦	58	51	79	91	85
霍婵娟	63	70	91	85	82

图 11.20 矩阵 matrix11.1

说明:cbind()是将两个或两个以上的向量或矩阵按列合并命令。rbind()是将两个或两个以上的向量或矩阵按行合并命令。ncol 为行数,dimnames 给定行和列的名称。

matrix11.1 的转置语句为:t(matrix11.1),其转置如图 11.21 所示。R 语言软件中关于矩阵的基本运算请读者自行参阅相关文献或 R 语言软件手册。

	胡靖楠	范小豪	谭雨合	毛雨润	殷志恒	任静	程曦函	卢星幻
语文	68	85	74	88	63	78	90	80
数学	85	91	74	100	82	84	78	100
英语	84	63	61	49	89	51	59	53
物理	89	76	80	71	78	60	72	73
化学	86	66	69	66	80	60	66	70

	张梦	霍婵娟
语文	58	63
数学	51	70
英语	79	91
物理	91	85
化学	85	82

图 11.21 矩阵 matrix11.1

11.3.2 在 R 语言软件中调用数据

与 SPSS、Stata 类似,R 语言软件自带有数据集,读者用语句 data()查看,如图 11.22 所示。

R 语言软件支持从外部调用数据。下面介绍几种简单的调入(部分录入)方法,读者可自行选择合适的方式。

① 读取 R 格式数据。语句为:load("mydata. RData")。mydata 中要标明文件存放的路径,例如调用 E 盘下的文件 matrix11.1. RData,可输入如下语句:

>load("e:/matrix11.1. RData")

```
Data sets in package 'datasets':

AirPassengers        Monthly Airline Passenger Numbers
                     1949-1960
BJsales              Sales Data with Leading Indicator
BJsales.lead (BJsales)
                     Sales Data with Leading Indicator
BOD                  Biochemical Oxygen Demand
CO2                  Carbon Dioxide Uptake in Grass
                     Plants
ChickWeight          Weight versus age of chicks on
                     different diets
DNase                Elisa assay of DNase
EuStockMarkets       Daily Closing Prices of Major
```

图 11.22　R 自带数据集(部分)

② 读取 csv 格式数据。语句为:read.csv,例如如调用 E 盘下的文件 table11.1.cscv,可输入如下语句:

>read.csv("e:/table11.1.csv")

③ 读取 Excel 数据。这是最常用的读取方式,但需要先下载安装 java(下载网址 https://www.java.com/zh_CN/download/)。按照指引选择默认路径安装,安装完成后,在 C:\Program Files 下出现了 Java 文件,说明安装成功。

之后,安装包 xlsx,输入语句:install.packages("xlsx")。

加载包 xlsx,输入语句:library(xlsx)。

导入 Excel 数据,例如调用 E 盘下的文件 table11.1.xlsx,可以输入如下语句:read.xlsx2(file = "e:/table11.1.xlsx",sheetIndex = 1)。

11.3.3　在 R 语言软件中保存数据

创建好的数据文件可保存为不同格式。如将读入到 R 语言软件中的 table11.1 数据保存为 R 语言软件格式,则输入如下代码:

save(table11.1,file = "e:/table11.1.RData")

11.4　数据可视化应用基础

11.4.1　相关知识

1. 数据整理的基本概念

数据经过预处理后,可根据需要进一步做分类或分组。对品质数据主要做分类处理,对数值型数据则主要是做分组整理。品质数据包括分类数据和顺序数据,他们在整理和图形展示上方法大致相同,但也有微小差异。

频数(frequency)是落在某一特定类别或组中的数据个数。把各个类别及落在其中的相应频数全部列出,并用表格形式表现出来,称为频数分布(frequency distribution)。

由两个或两个以上变量交叉分类的频数分布表也称为列联表(contingency table)。

数值型数据表现为数字,在整理时通常是进行分组。资料经整理分组后,计算出各组数据中出现的频数,就形成了一张频数分布表。数据分组的方法有单变量分组和组距分组两种。采用组距分组时,需要遵循"不重不漏"的原则。数据分组的主要目的是观察数据的分布特征。

2. 品质数据的整理与图示

分类数据本身就是对事物的一种分类,因此,在整理时首先列出所分的类别,然后计算出每一类别的频数、频率或比例、比率等,即可形成一张频数分布表,最后根据需要选择适当的图形进行展示。用 Excel 生成定性频数分布表有几种途径,其中最简单的办法就是使用数据透视表进行计数和汇总。分类数据的整理与图示包括条形图、帕累托图、饼图等。如果有两个总体或两个样本的分类相同且问题可比,还可绘制环形图。

顺序数据的整理与图示:累积频数是将各有序类别或组的频数逐级累加起来得到的频数。

累计频率或累积百分比是将各有序类别或组的百分比逐级累加起来,它也有向上累积和向下累积两种方法。

复合表是按两个或两个以上的变量层叠分组所形成的统计表,如果不指定分析(汇总)变量,则生成复合频数分布表;若指定分析(汇总)变量,则生成复合分析表。交叉表按两个或两个以上的变量交叉分组所形成的统计表,它与复合分析表的共同特点是都需要根据两个或两个以上的分类变量对总体进行分组计算相关统计量。

3. 数值型数据的整理与图示

数值型数据还有以下一些图示方法,这些方法并不适用于分类数据和顺序数据。

(1)分组数据——直方图

直方图(histogram)是用于展示分组数据分布的一种图形,它是用矩形的宽度和高度(即面积)来表示频数分布的。

(2)未分组数据——茎叶图和箱型图

茎叶图(stem-leaf display)是反映原始数据分布的图形。它是由茎和叶两部分构成,其图形是由数字组成的。通过茎叶图可以看出数据的分布形状及数据的离散状况。绘制茎叶图的关键是设计好树茎。

(3)时间序列数据——线图

如果数值型数据是在不同时间上取得的,即时间数列数据,则可以绘制线图。线图(line plot)主要用于反映现象随时间变化的特征。

多变量数据的图示:散点图(scatter diagram)是用二维坐标展示两个变量之间关系的一种图形。气泡图(bubble chart)可用于展示三个变量之间的关系。它与散点图类似,绘制时将一个变量放在横轴,另一个变量放在纵轴,而第三个变量则用气泡的大小来表示。雷达图(rader chart)是显示多个变量的常用图示方法,也称"蜘蛛图"。

11.4.2 品质数据的整理与展示

1. 分类数据的整理与图示

例 11.2 据网站销售统计 2016 年上半年最受大学生欢迎的前几位国产品牌手机及价

位见表 11.2。

表 11.2　2016 年上半年前几位国产品牌手机售价表

魅蓝 Note3	799 元（标准版）	联想 ZUK Z2 里约版	1499 元
酷派 Cool1	1099 元（标准版）	华为荣耀 8	1999 元（运营商版）
360 手机 N4S	1199 元（标准版）	vivo X7	2498 元
红米 Pro	1499 元		

一家调查公司对 50 名新疆师范大学大一新生的购买意愿进行了记录。记录情况见表 11.3。

表 11.3　大一新生手机品牌选择调查表

<table>
<tr><td colspan="6" align="center">大一新生手机品牌选择调查</td></tr>
<tr><td>学生性别</td><td>手机选择</td><td>学生性别</td><td>手机选择</td><td>学生性别</td><td>手机选择</td></tr>
<tr><td>男</td><td>酷派 Cool1</td><td>男</td><td>魅蓝 Note3</td><td>女</td><td>华为荣耀 8</td></tr>
<tr><td>男</td><td>红米 Pro</td><td>女</td><td>酷派 Cool1</td><td>女</td><td>vivo X7</td></tr>
<tr><td>女</td><td>vivo X7</td><td>女</td><td>360 手机 N4S</td><td>女</td><td>红米 Pro</td></tr>
<tr><td>男</td><td>华为荣耀 8</td><td>男</td><td>红米 Pro</td><td>男</td><td>红米 Pro</td></tr>
<tr><td>女</td><td>华为荣耀 9</td><td>女</td><td>联想 ZUK Z2 里约版</td><td>女</td><td>vivo X7</td></tr>
<tr><td>女</td><td>魅蓝 Note3</td><td>女</td><td>华为荣耀 8</td><td>男</td><td>华为荣耀 8</td></tr>
<tr><td>女</td><td>酷派 Cool1</td><td>女</td><td>vivo X7</td><td>女</td><td>华为荣耀 9</td></tr>
<tr><td>男</td><td>魅蓝 Note3</td><td>男</td><td>红米 Pro</td><td>男</td><td>魅蓝 Note3</td></tr>
<tr><td>女</td><td>酷派 Cool1</td><td>女</td><td>联想 ZUK Z2 里约版</td><td>男</td><td>酷派 Cool1</td></tr>
<tr><td>男</td><td>360 手机 N4S</td><td>男</td><td>华为荣耀 8</td><td>女</td><td>魅蓝 Note3</td></tr>
<tr><td>男</td><td>红米 Pro</td><td>男</td><td>vivo X7</td><td>男</td><td>酷派 Cool1</td></tr>
<tr><td>女</td><td>联想 ZUK Z2 里约版</td><td>女</td><td>酷派 Cool1</td><td>女</td><td>vivo X7</td></tr>
<tr><td>男</td><td>华为荣耀 8</td><td>男</td><td>红米 Pro</td><td>女</td><td>华为荣耀 8</td></tr>
<tr><td>女</td><td>vivo X7</td><td>女</td><td>vivo X7</td><td>女</td><td>华为荣耀 9</td></tr>
<tr><td>男</td><td>红米 Pro</td><td>男</td><td>华为荣耀 8</td><td>女</td><td>魅蓝 Note3</td></tr>
<tr><td>女</td><td>联想 ZUK Z2 里约版</td><td>女</td><td>华为荣耀 9</td><td>女</td><td>酷派 Cool1</td></tr>
<tr><td>男</td><td>华为荣耀 8</td><td>男</td><td>魅蓝 Note3</td><td></td><td></td></tr>
</table>

要求：① 不分性别，只按品牌生成数据透视表和主要图示。

② 考虑性别、品牌两个因素生成数据透视表和主要图示。

③ 分别使用 Excel 和 SPSS 软件。

（1）第一种情形操作（不分性别）

Excel 操作步骤如下：

Step 1　先将数据源区的数据排成两列，即"学生性别"一列，"手机选择"一列。

Step 2　建立"数据透视表"。依次点击"插入""数据透视表"，在"创建数据透视表"窗口界面，选取"手机选择"列作为"表/区域"内容，点击"确定"。所建视窗如图 11.23 所示。

图 11. 23　创建数据透视表对话框

Step 3　将屏幕右侧"数据透视表字段列表"视窗,将"手机选择"拖入"行标签"和"Σ数值"区域。如图 11.24、图 11.25 所示。

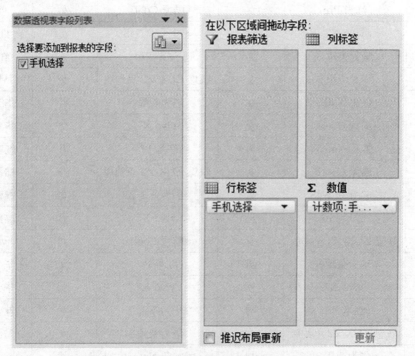

图 11. 24　数据透视表字段列表及"数据透视表和数据透视图向导——布局"对话框

Step 4　光标选取数据透视图区域,依次点击"插入""柱形图",选取相应图样,如图 11.26 所示。

同理,得到其他图形。如图 11.27、图 11.28 及图 11.29 所示。

(2) 第二种情形操作(考虑性别、品牌)

Excel 操作步骤如下:

Step 1　先将数据源区的数据排成两列,即"学生性别"一列,"手机选择"一列。

Step 2　建立"数据透视表"。依次点击"插入""数据透视表",在"创建数据透视表"窗口界面,选取"学生性别""手机选择"列作为"表/区域"内容,点击"确定"。如图 11.30 所示。

行标签	计数项:手机选择
360手机N4S	2
vivo X7	8
红米Pro	8
华为荣耀8	13
酷派Cool1	8
联想ZUK Z2里约版	4
魅蓝Note3	7
总计	50

图 11.25　数据透视表

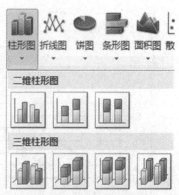

图 11.26　柱形图选择过程及柱形图

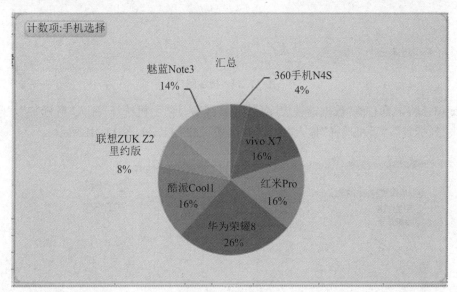

图 11.27　饼形图

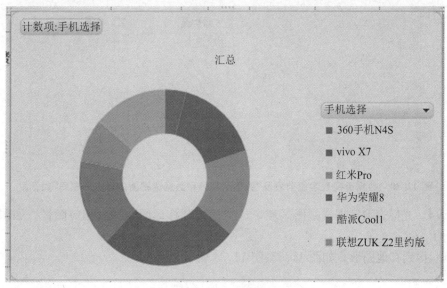

图 11.28　环形图

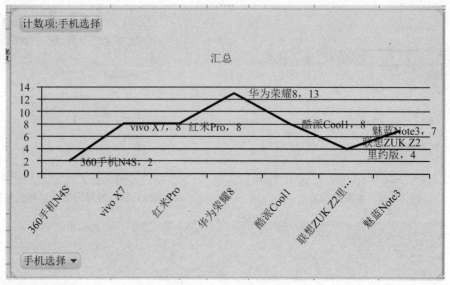

图 11.29　折线图

Step 3　将屏幕右侧"数据透视表字段列表"视窗,将"手机选择"拖入"行标签","学生性别"拖入"列标签","手机选择"拖入"Σ 数值"区域,如图 11.30、图 11.31 所示。

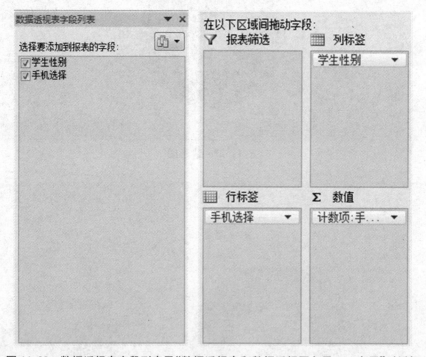

图 11.30　数据透视表字段列表及"数据透视表和数据透视图向导——布局"对话框

Step 4　光标选取数据透视图区域,点击"插入""柱形图",选取相应图样。如图 11.32 所示。

同理,得到其他图形。如图 11.33、图 11.34 所示。

计数项:手机选择	列标签 ▼		
行标签 ▼	男	女	总计
360手机N4S	1	1	2
vivo X7	1	7	8
红米Pro	7	1	8
华为荣耀8	6	7	13
酷派Cool1	3	5	8
联想ZUK Z2里约版		4	4
魅蓝Note3	4	3	7
总计	22	28	50

图 11.31　数据透视表

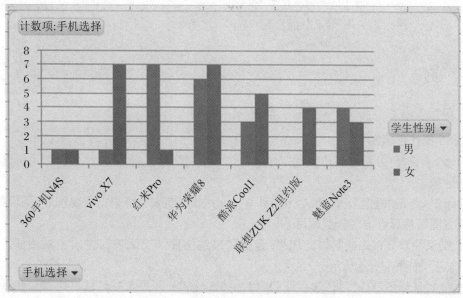

图 11.32　柱形图

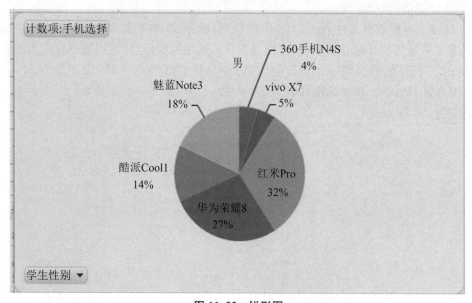

图 11.33　饼形图

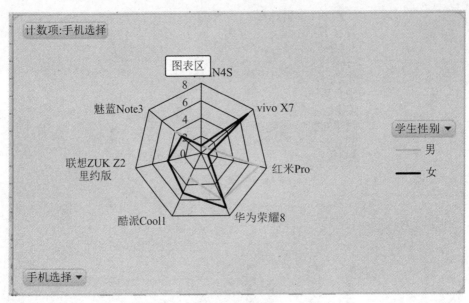

图 11.34　雷达图

SPSS 操作步骤如下：

Step 1　选择"分析""描述统计""频率"，进入主对话框。将"学生性别"和"手机选择"导入变量区域。

Step 2　点击"确定"。注意：点击"频率"对话框的"图表"，可根据需要选取"条形图""饼图""直方图"，然后点击"确定"即可。

① 交叉频数分布表的制作。选择"分析""描述统计""交叉表"，进入主对话框。然后，点击"确定"，如图 11.35 所示。

② 复式条形图制作。将"学生性别"和"手机选择"分别导入"行"域、"列"域，变量区域。选中"显示复式条形图"，点击"确定"。如图 11.36 和图 11.37 所示。

③ 统计表格的 SPSS 制作。

例 11.3　根据数据文件 data11.2 中的性别、职务、基本工资 3 个变量编制复合分组的职工基本工资描述统计量分析表。（数据选自吴培乐主编的《经济管理数据分析实验教程》）

Step 1　打开数据文件 data2-1，依次选择"分析（A）""表（T）""设定表（C）"，进入如图 11.38 所示对话框。和对话框同时打开的是提示用户定义分类变量属性的对话框。如已事先定义过，点击"确定"。

手机选择 * 学生性别 交叉制表

			学生性别		合计
			男	女	
手机选择	360手机N4S	计数	1	1	2
		手机选择 中的 %	50.0%	50.0%	100.0%
		学生性别 中的 %	4.5%	3.6%	4.0%
		总数的 %	2.0%	2.0%	4.0%
	vivo X7	计数	1	7	8
		手机选择 中的 %	12.5%	87.5%	100.0%
		学生性别 中的 %	4.5%	25.0%	16.0%
		总数的 %	2.0%	14.0%	16.0%
	红米Pro	计数	7	1	8
		手机选择 中的 %	87.5%	12.5%	100.0%
		学生性别 中的 %	31.8%	3.6%	16.0%
		总数的 %	14.0%	2.0%	16.0%
	华为荣耀8	计数	6	7	13
		手机选择 中的 %	46.2%	53.8%	100.0%
		学生性别 中的 %	27.3%	25.0%	26.0%
		总数的 %	12.0%	14.0%	26.0%
	酷派Cool1	计数	3	5	8
		手机选择 中的 %	37.5%	62.5%	100.0%
		学生性别 中的 %	13.6%	17.9%	16.0%
		总数的 %	6.0%	10.0%	16.0%
	联想ZUK Z2里约版	计数	0	4	4
		手机选择 中的 %	.0%	100.0%	100.0%
		学生性别 中的 %	.0%	14.3%	8.0%
		总数的 %	.0%	8.0%	8.0%
	魅蓝Note3	计数	4	3	7
		手机选择 中的 %	57.1%	42.9%	100.0%
		学生性别 中的 %	18.2%	10.7%	14.0%
		总数的 %	8.0%	6.0%	14.0%
合计		计数	22	28	50
		手机选择 中的 %	44.0%	56.0%	100.0%
		学生性别 中的 %	100.0%	100.0%	100.0%
		总数的 %	44.0%	56.0%	100.0%

图 11.35　交叉频率分布

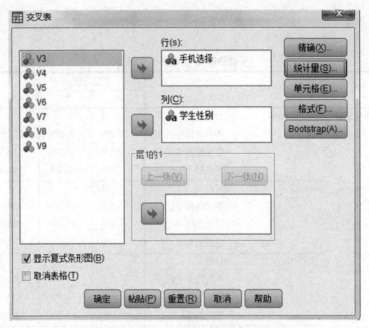

图 11.36　交叉表对话框

条形图

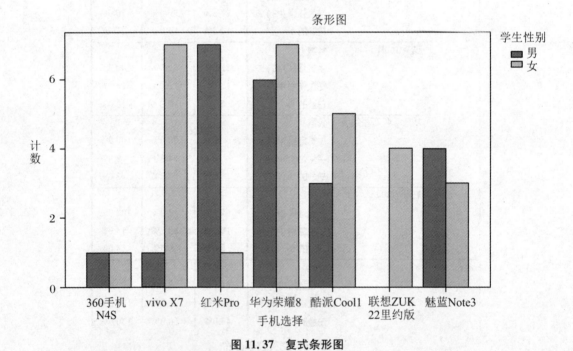

图 11.37　复式条形图

Step 2　按顺序将"职务""性别"变量拖入绘表区的"行(W)"变量区,将"基本工资"变量拖入绘表区的"列(O)"变量区,设置结果如图 11.39 所示。

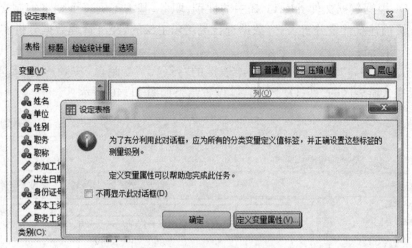

图 11.38　设定表格主对话框

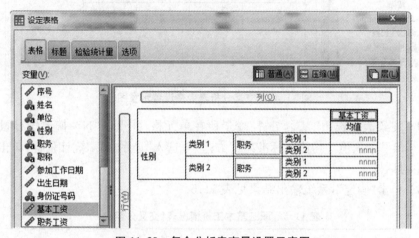

图 11.39　复合分析表变量设置示意图

在绘表区选中"基本工资"变量所在单元格,并点击"N%摘要统计量(S)",将"计数""最小值""最大值""均值""标准差""方差"等选入"显示(D)"统计量框;单击"应用选择",返回主对话框。

Step 3　单击"确定",系统输出结果见表 11.4。

表 11.4　职工基本工资情况表(复合分组)

			基本工资						
			均值	方差	标准差	中值	极大值	极小值	计数
性别	男	职务	副经理	759	3409	58	800	850	700	11
			经理	833	3333	58	800	900	800	3
			职员	743	3950	63	700	900	650	98
	女	职务	副经理	700	—	—	700	700	700	1
			职员	769	4815	69	800	900	650	26

例11.4 根据数据文件 data11.2 中的性别、职务、基本工资三个变量编制交叉分组的职工基本工资描述统计量分析表。（数据选自吴培乐主编的《经济管理数据分析实验教程》）

Step 1 同例11.3。

Step 2 按顺序将"职务"变量拖入绘表区的"行（W）"变量区，按顺序将"基本工资"和"性别"变量拖入绘表区的"列（O）"变量区，设置结果如图11.40 所示。

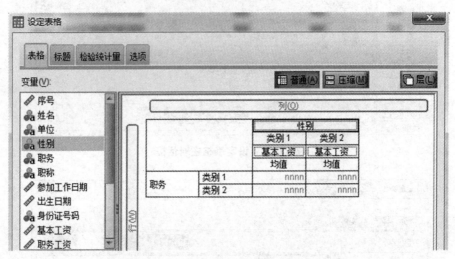

图11.40 交叉分析表变量设置示意图

Step 3 在绘表区选中"基本工资"变量所在单元格，并点击"N%摘要统计量（S）"，将"计数""最小值""最大值""均值""标准差""方差"等选入"显示（D）"统计量框；单击"应用选择"，返回主对话框。

Step 4 单击"确定"，系统输出结果见表11.5。

表11.5 职工基本工资情况表（交叉分组）

		性别								
		男					女			
		基本工资					基本工资			
		均值	极大值	中值	极小值	标准差	均值	极大值	中值	极小值	标准差
职务	副经理	759	850	800	700	58	700	700	700	700	—
	经理	833	900	800	800	58	—	—	—	—	—
	职员	743	900	700	650	63	769	900	800	650	69

11.4.3 顺序数据的整理与图示

分类数据的频数分布表和图示方法，也适用于对顺序数据的整理与显示。对于顺序数据，除了可使用上面的整理和显示技术，还可以计算累积频数和累积频率（百分比）。

例11.5 甲乙两班各有 40 名学生，期末统计学考试成绩的分布见表11.6。

表 11.6　期末统计学考试成绩

考试成绩	人数	
	甲班	乙班
优	3	6
良	6	15
中	18	9
及格	9	8
不及格	4	2

要求：① 画出两个班成绩的对比柱形图和环形图。

② 比较两个班考试成绩分布的特点。

③ 画出雷达图，比较两个班成绩分布是否相似。

Excel 操作步骤如下：

选中数据源区域，依次点击"插入""柱形图"，如图 11.41 所示。

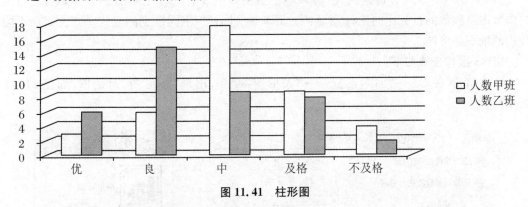

图 11.41　柱形图

环形图显示，乙班的平均成绩比甲班的平均成绩要好，如图 11.42 所示。

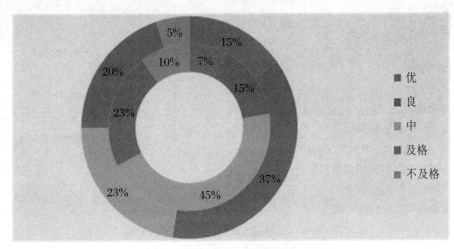

图 11.42　环形图

从雷达图的形状可以看出，两个班的成绩没有相似性，如图 11.43 所示。

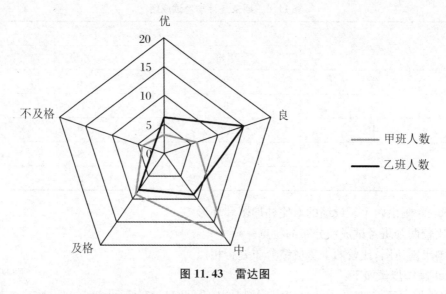

图 11.43　雷达图

例 11.6　以"统计分析案例"中的 X15 的数据显示学生做笔记的习惯[①]。生成各变量值的频数占总频数的百分比的三种图形：① 简单条形图；② 不同性别的复式条形图；③ 不同性别的堆积条形图。

SPSS 操作步骤如下：

依次执行"图形"→"旧对话框"→"条形图"命令，出现"条形图"对话框，如图 11.44 所示。

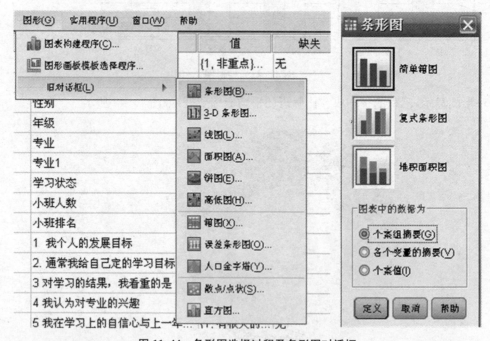

图 11.44　条形图选择过程及条形图对话框

---

①　此案例选取杜智敏、樊文强编著的《SPSS 在社会调查中的应用》中的"统计分析案例"。

对话框显示可提供 3 种条形图：简单箱图（简单条形图）、复式条形图、堆积面积图。在"图表中的数据为"栏中，有 3 种统计量的描述模式：

① 个案组摘要：条形图以某个分类轴变量作为分组标准创建。

② 各个变量的摘要：条形图反映若干个变量或同一变量的各种参数的情况。

③ 个案值：条形图反映某变量的所有个案的取值情况。

（1）"个案组摘要"模式下的条形图

简单条形图步骤：将源变量栏中的"15 我做笔记的习惯是［X15］"移入"类别轴"，在"条的表征"选择"个案数的%"。单击"标题"，输入"记笔记的习惯"，单击"继续"，返回主对话框。由于对缺失值的处理采用系统默认方式，不用点击"选项"，直接点击"确定"。生成图形如图 11.45 所示。

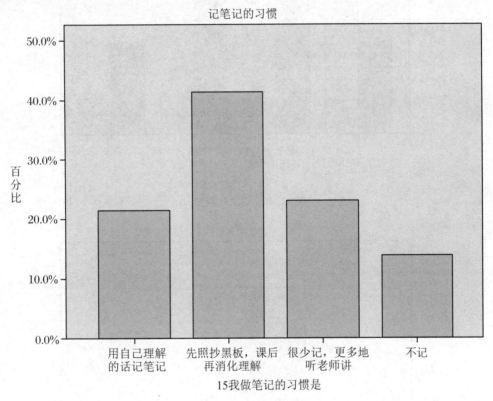

图 11.45　条形图

复式条形图步骤：将源变量栏中的"15 我做笔记的习惯是［X15］"移入"类别轴"，在"条的表征"选择"个案数的%"。将"性别"变量导入"定义聚类"框内。单击"标题"，输入"男生和女生对记笔记的习惯"，单击"继续"，返回主对话框。由于对缺失值的处理采用系统默认方式，不用点击"选项"，直接点击"确定"。生成图形如图 11.46 所示。

堆积面积图步骤：选"堆积面积图"，将源变量栏中的"15 我做笔记的习惯是［X15］"移入"类别轴"，在"条的表征"选择"个案数的%"。将"性别"变量导入"定义聚类"框内。单击"标题"，输入"男生和女生对记笔记的习惯"，单击"继续"，返回主对话框。由于对缺失值的处理采用系统默认方式，不用点击"选项"，直接点击"确定"。生成图形如图 11.47 所示。

男生和女生对记笔记的习惯

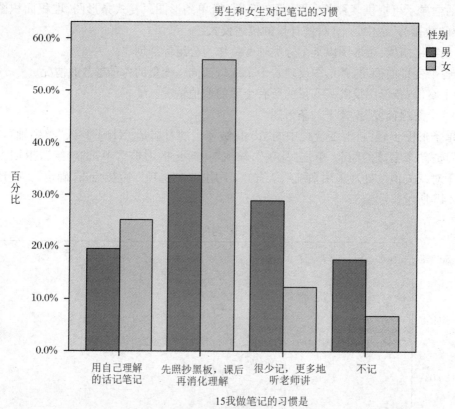

图 11.46 复式条形图

男生和女生对记笔记的习惯

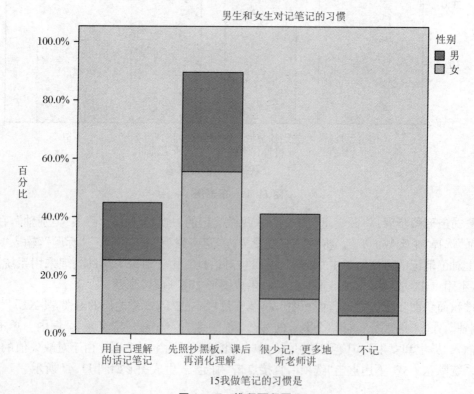

图 11.47 堆积面积图

（2）"个案值"模式下的条形图

例 11.7　表 11.7 为我国电影片产量情况。要求以纪录片在不同年份的数目绘制条形图。

表 11.7　我国电影片产量

年份	电影厂	故事片	美术片	科教片	纪录片	变量
1962	16	34	17	94	133	
1975	15	27	11	214	313	
1985	20	127	45	357	419	
1995	30	146	37	40	111	
2003	31	140	2	53	6	

简单条形图步骤：依次导入或点击如图 11.48 所示的选项，单击"确定"。

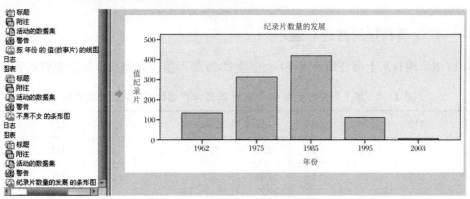

图 11.48　简单条形图的操作与输出

复式条形图步骤：依次导入或点击如图 11.49 所示的选项，点击"确定"。

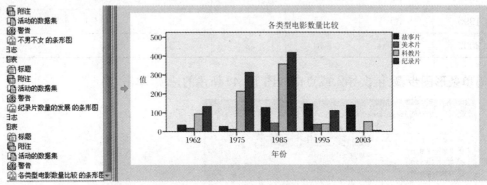

图 11.49　复式条形图的操作与输出

堆栈条形图步骤：依次导入或点击如图 11.50 所示的选项，点击"确定"。

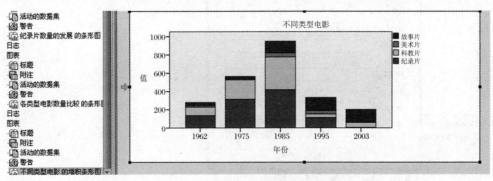

图 11.50　堆栈条形图的操作与输出

11.4.4　数值型数据的整理与展示

例 11.8　现有某上市公司所属 40 个企业 2015 年产值计划完成百分比资料见表 11.8。

表 11.8　某上市公司所属 40 个企业 2015 年产值计划完成百分比资料

97	113	120	103	115	108	108	114	129	92
123	117	107	115	158	110	127	105	138	95
119	105	125	119	146	137	118	117	100	127
112	107	142	88	126	136	87	124	103	104

要求：① 编制分布数列；② 向上累计频率；③ 次数分布直方图。

Excel 实验步骤如下：

Step 1　将数据输入一列。

Step 2　依次选择"数据分析""直方图""确定"。和上例区别的是"接收区域"的输入。该区域包含一组可用来计算频数的边界值。如省略此处的接收区域，Excel 将在数据组的最小值和最大值之间创建一组平滑分布的接收区间。本例中，组间距选取 10。如图 11.51 所示。

67	完成百分比	接收区域
68	97	90
69	123	100
70	119	110
71	112	120
72	113	130
73	117	140
74	105	150
75	107	160
76	120	

图 11.51　接受区域数据输入

Step 3　点击"确定"(图 11.52)，就可得到结果，如图 11.53 和图 11.54 所示。

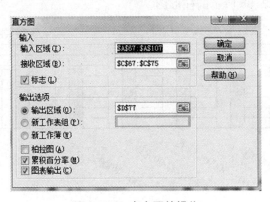

图 11.52　直方图的操作

接收区域	频率	累积 %	接收区域	频率	累积 %
90	2	5.00%	120	11	27.50%
100	4	15.00%	110	10	52.50%
110	10	40.00%	130	7	70.00%
120	11	67.50%	100	4	80.00%
130	7	85.00%	140	3	87.50%
140	3	92.50%	90	2	92.50%
150	2	97.50%	150	2	97.50%
160	1	100.00%	160	1	100.00%
其他	0	100.00%	其他	0	100.00%

图 11.53　直方图的输出

直方图

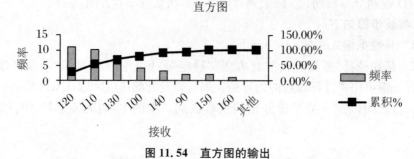

图 11.54　直方图的输出

例 11.9　A、B 两地区人均消费支出情况见表 11.9。要求制作主要图表。

表 11.9　A、B 两地区人均消费支出情况

	A 地区	B 地区		A 地区	B 地区
500 元以下	100	120	3001～5000 元	150	160
500～1000 元	120	130	5001～8000 元	115	135
1001～3000 元	130	145	8000 元以上	90	115

（1）柱形图

操作步骤：选择数据区域，点击"插入"，选择"柱形图"，以二维柱形图为例，点击"二维柱形图"按钮，出现如图 11.55 所示的柱形图。

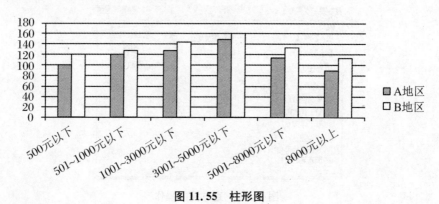

图 11.55　柱形图

（2）环形图

操作步骤：选择数据区域，点击"插入"，选择"其他图表"，选择"圆环图"，出现如图 11.56 所示的环形图。

（3）折线图

操作步骤：选择数据区域，点击"插入"，选择"折线图"，出现如图 11.57 所示的折线图。

（4）雷达图

操作步骤：选择数据区域，点击"插入"，选择"雷达图"，出现如图 11.58 所示的雷达图。

11.4.5　截面数据的整理与展示

例 11.10　表 11.10 为 2001 年全国各地区农村居民家庭人均纯收入及消费支出的相关数据。

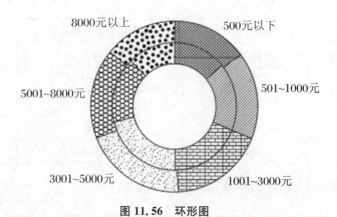

图 11.56　环形图

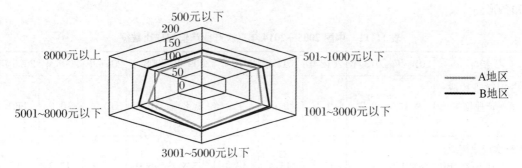

图 11.57　折线图

图 11.58　雷达图

表 11.10　2001 年全国各地区农村居民家庭人均纯收入及消费支出的相关数据(部分)

地区	人均消费支出	从事农业经营的收入	其他收入
北京	3552.1	579.1	4446.4
天津	2050.9	1314.6	2633.1
河北	1429.8	928.8	1674.8
山西	1221.6	609.8	1346.2
内蒙古	1554.6	1492.8	480.5

续表

地区	人均消费支出	从事农业经营的收入	其他收入
辽宁	1786.3	1254.3	1303.6
吉林	1661.7	1634.6	547.6
黑龙江	1604.5	1684.1	596.2
上海	4753.2	652.5	5218.4
江苏	2374.7	1177.6	2607.2

操作步骤基本同上例,"柱形图"如图 11.59 所示。

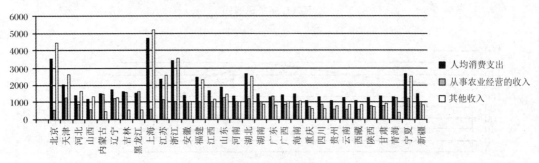

图 11.59　柱形图

11.4.6　面板数据的整理与展示

例 11.11　表 11.11 为中国 2005—2014 年三次产业产值构成比数据,要求绘制线形图和条形图。

表 11.11　中国 2005—2014 年三次产业产值构成比数据

指标	2014 年	2013 年	2012 年	2011 年	2010 年	2009 年	2008 年	2007 年	2006 年	2005 年
三次产业构成-第一产业增加值(%)	9.1	9.3	9.4	9.4	9.5	9.8	10.3	10.3	10.6	11.6
三次产业构成-第二产业增加值(%)	43.1	44	45.3	46.4	46.4	45.9	46.9	46.9	47.6	47
三次产业构成-第三产业增加值(%)	47.8	46.7	45.3	44.2	44.1	44.3	42.8	42.9	41.8	41.3
数据数源:国家统计局										

操作步骤:点击"插入",选取相应图表。

第一产业增加值%的"柱形图":(时间序列数据的图示应用),如图 11.60、图 11.61所示。

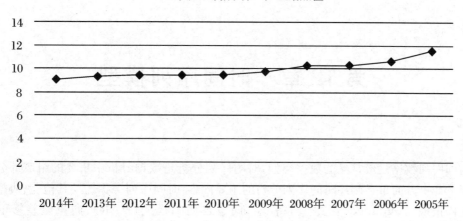

图 11.60　第一产业增加值的"线形图"

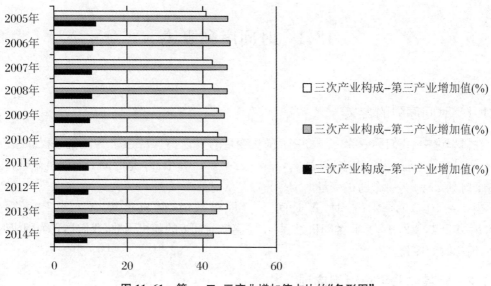

图 11.61　第一、二、三产业增加值占比的"条形图"

思考题

1. 简述 R 语言中数组、矩阵和数据框有何不同。

2. 尝试用 R 命令绘制直方图和散点图。

3. 数据的预处理包括哪些内容?

4. 分类数据和顺序数据的整理与展示方法各有哪些?

5. 数值型数据的分组方法有哪些? 简述组距分组的步骤。

6. 直方图和条形图有何区别?

7. 交叉分析表的行列能否设置两个或两个以上的分类变量? 如果设置多个分类变量, 那么表格会发生什么变化?

第 12 章 时间序列模型

时间序列数据是最常见的数据类型,时间序列分析是数据分析中重要的组成部分。本章从以下几个方面重点阐述时间序列分析的主要内容:时间序列平稳性及其检验、协整理论与误差修正模型、Granger 因果关系检验、向量自回归模型(VAR)、向量误差修正模型(VEC)。

12.1 时间序列概述

12.1.1 时间序列的含义

在概率论中,我们称一族(无限多个)随机变量的集合 $\{y_t, t \in T\}$ 为随机过程。当 $T = (-\infty, \infty)$ 时,随机过程可以表示成 $\{y_t, -\infty < t < \infty\}$,其中 y_t 是时间 t 的随机函数,因为在每个时刻 t,y_t 为一个随机变量。

当 $t = \{0, \pm 1, \pm 2, \cdots\}$ 时,即时间 t 只取整数时,随机过程 $\{y_t, t \in T\}$ 可写成: $\{y_t, t = 0, \pm 1, \pm 2, \cdots\}$。此类随机过程 y_t 是离散时间 t 的随机函数,我们称它为随机时间序列,简称时间序列。

12.1.2 平稳和非平稳时间序列

1. 平稳时间序列

时间序列的统计特征不会随着时间推移而发生变化,从直观上可以看作一条围绕其平均值上下波动的曲线[①]。平稳时间序列需满足:① 均值 $E(y_t) = \mu, t = (1, 2, \cdots)$;② 方差 $\mathrm{Var}(y_t) = \sigma^2$;③ 协方差 $\mathrm{Cov}(y_t, y_{t+k}) = r(t, t + k), (t = 1, 2, \cdots)$ 是仅与时间间隔有关,与时间 t 无关的常数,记为 r_k,即 $\mathrm{Cov}(y_t, y_{t+k}) = r_k, (k = 1, 2, \cdots)$,当 $k = 0$ 时,$\mathrm{Cov}(y_t, y_t) = \mathrm{Var}(y_t) = r_0$。

一般来说,如果一个时间序列是平稳的,它的自相关函数 $\rho(t, t + k) = \rho(0, k)$ 也仅与时间间隔 k 有关,记为 ρ_k,则有 $\rho_k = r_k / r_0$。当 $k = 0$ 时,$\rho_0 = 1$,当 $k > 1$ 时,$|\rho_k| < 1$。特别地,具有零均值和同方差的不相关的随机过程称为白噪声(white noise)过程或白噪声序

---

① 随机时间序列的平稳性有多种定义,但通常是指弱平稳,本书中平稳性指弱平稳。

列,用 μ_t 表示,显然白噪声序列是平稳时间序列,也常记作 $\mu_t \sim IID(0, \sigma^2)$。

常见的非平稳时间序列模型如下:

① 随机游走序列:

$$y_t = y_{t-1} + \mu_t$$

② 带漂移项的随机游走序列:

$$y_t = a + y_{t-1} + \mu_t$$

③ 带趋势项的随机游走序列:

$$y_t = a + \beta t + y_{t-1} + \mu_t$$

检验上述 3 个序列 y_t 的均值、方差,发现 3 个序列均为非平稳时间序列。以上 3 种情况,其数据生成过程都可以写成如下形式:

$$y_t = a + \gamma y_{t-1} + \mu_t \tag{12.1}$$

当 $a = 0$,$\gamma = 1$ 时,式(12.1)就是随机游走过程;当 $a = \alpha$,$\gamma = 1$ 时,式(12.1)就是带漂移项的随机游走过程;当 $a = \alpha + \beta t$,$\gamma = 1$ 时,式(12.1)就是带漂移项的随机游走过程[①]。

2. 非平稳时间序列

只要弱平稳的 3 个条件不全满足,则该时间序列是非平稳的。

12.2 时间序列的平稳性检验

时间序列的平稳性检验方法主要有以下几种:利用散点图进行平稳性判断;利用样本自相关函数进行平稳性判断;ADF 检验。

12.2.1 利用散点图进行平稳性判断

首先画出该时间序列的散点图,然后直观判断散点图是否为一条围绕其平均值上下波动的曲线,如果是的话,则该时间序列是一个平稳时间序列;否则为非平稳时间序列。

此法简单直观,对于趋势较为明显的时间序列易于判断,但是对于趋势不甚明显或周期波动不规律的情形则不易判断。

12.2.2 利用样本自相关函数进行平稳性判断

不同的时间序列具有不同形式的自相关函数。于是可以从时间序列的自相关函数的分析中,来判断时间序列的稳定性。但是,自相关函数是纯理论性的。对它所刻画的随机过程我们通常只有有限个观测值,因此,在实际应用中,常采用样本自相关函数(auto correlate function,ACF)来判断时间序列是否为平稳过程。

一般地,如果由样本数据计算出样本自相关函数:

---

① 关于这 3 种非平稳时间序列,推荐参阅:孙敬水.计量经济学[M].4 版.北京:清华大学出版社,2018:286-287.

$$\hat{\rho}_k = \frac{\sum\limits_{i=k+1}^{T}(y_t - \bar{y})(y_{t-k} - \bar{y})}{\sum\limits_{i=1}^{T}(y_t - \bar{y})} \quad (k = 0,1,2,\cdots) \tag{12.2}$$

当 k 增大时，$\hat{\rho}_k$ 迅速衰减，则认为该序列是平稳的；如果它衰减非常缓慢，则预示该序列为非平稳的。

例 12.1　检验中国 1978—2015 年国内生产总值 GDP 时间序列（表 12.1）的平稳性[①]。

表 12.1　1978—2015 年中国 GDP　　　　　　　　（单位：亿元）

年份	*GDP*	年份	*GDP*	年份	*GDP*	年份	*GDP*
1978	3678.7	1988	15180.4	1998	85195.5	2008	319515.5
1979	4100.5	1989	17179.7	1999	90564.4	2009	349081.4
1980	4587.6	1990	18872.9	2000	100280.1	2010	413030.3
1981	4935.8	1991	22005.6	2001	110863.1	2011	489300.6
1982	5373.4	1992	27194.5	2002	121717.4	2012	540367.4
1983	6020.9	1993	35673.2	2003	137422	2013	595244.4
1984	7278.5	1994	48637.5	2004	161840.2	2014	643974.0
1985	9098.9	1995	61339.9	2005	187318.9	2015	689052.1
1986	10376.2	1996	71813.6	2006	219438.5		
1987	12174.6	1997	79715	2007	270232.3		

Eviews 操作步骤如下（自相关函数检验）：

Step 1　打开 GDP 序列，在其窗口工具栏依次选择"view""correlogram"选项，打开 correlogram spesification 对话框。

Step 2　该窗口用于生成序列的自相关函数图。若要察看原序列的目相关函数图，则在 correlogram of 栏选择"level"项；若要看原序列的一阶或二阶差分序列的目相关函数图，则在 correlogram of 栏选择"1st difference"或"2nd difference"项。Lags to include 中可以输入需要观察的自相关函数的期数，系统默认值是 16，如果需要可以自行输入需要的数值。然后单击"OK"后生成如图 12.1 所示的序列自相关函数图。

结果显示，GDP 序列自相关函数柱状图随着滞后阶数的增加缓慢下降，滞后期到 12 时，柱状图才接近零，表明该序列是非平稳的。

为了对样本自相关函数有较为清晰的理解，读者可以依据样本自相关函数计算公式计算 $\hat{\rho}_k$ 得出的值和图 12.1 中的结果是一致的，即 $\hat{\rho}_1 = 0.888$，$\hat{\rho}_2 = 0.775$，$\cdots$。

12.2.3　单位根检验

运用统计量进行统计检验是更为准确与重要。下面引入时间序列平稳性的正式检验方法——单位根检验法。而单位根检验以 DF 检验和 ADF 检验最为常见。其实，DF 检验是

---

①　孙敬水. 计量经济学[M]. 4 版. 北京：清华大学出版社，2018.

Date: 11/10/21　Time: 07:13
Sample: 1978 2015
Included observations: 38

Autocorrelation	Partial Correlation		AC	PAC	Q-Stat	Prob
		1	0.888	0.888	32.413	0.000
		2	0.775	-0.068	57.750	0.000
		3	0.662	-0.060	76.778	0.000
		4	0.553	-0.049	90.457	0.000
		5	0.449	-0.050	99.723	0.000
		6	0.360	0.002	105.86	0.000
		7	0.284	-0.005	109.81	0.000
		8	0.210	-0.054	112.04	0.000
		9	0.146	-0.013	113.15	0.000
		10	0.095	0.001	113.65	0.000
		11	0.051	-0.019	113.79	0.000
		12	0.012	-0.022	113.80	0.000
		13	-0.022	-0.022	113.83	0.000
		14	-0.054	-0.030	114.01	0.000
		15	-0.084	-0.031	114.48	0.000
		16	-0.113	-0.031	115.36	0.000

图 12.1　*GDP* 序列自相关函数图

ADF 检验的特殊形式,所以在此以 *DF* 检验为主解释,*ADF* 检验可以自然拓展。

1. 单位根

在式(12.1)中,如果 $a = 0$,则有

$$y_t = \gamma y_{t-1} + \mu_t \tag{12.3}$$

其中,μ_t 为白噪声,式(12.3)称为一阶自回归过程,记为 $AR(1)$,可以证明当 $|\gamma| < 1$ 时是平稳的,$|\gamma| \geqslant 1$ 时是不平稳的,过程如下:

$$y_t = \gamma y_{t-1} + \mu_t = \mu_t + \gamma y_{t-1}$$
$$= \mu_t + \gamma(\mu_{t-1} + \gamma y_{t-2}) = \mu_t + \gamma\mu_{t-1} + \gamma^2 y_{t-2}$$
$$= \mu_t + \gamma\mu_{t-1} + \gamma^2(\mu_{t-2} + \gamma y_{t-3}) = \mu_t + \gamma\mu_{t-1} + \gamma^2\mu_{t-2} + \gamma^3 y_{t-3}$$
$$y_t = \mu_t + \gamma\mu_{t-1} + \gamma^2\mu_{t-2} + \gamma^3 y_{t-3} + \cdots$$

因此当 $|\gamma| < 1$ 时,有

① $E(y_t) = 0$;

② $\text{Var}(y_t) = \sigma^2(1 + \gamma^2 + \gamma^4 + \gamma^6 + \cdots = \sigma^2/(1 - \gamma^2)$;

③ $r_k = \sigma^2\gamma^k/(1 - \gamma^2)$。

所以,当 $|\gamma| < 1$ 时,y_t 满足平稳性的 3 个条件。

式(12.1)也可写成:

$$y_t - \gamma y_{t-1} = \mu_t \quad \text{或} \quad (1 - \gamma L)y_t = \mu_t \tag{12.4}$$

式中,L 为滞后运算符,其作用是取时间序列的滞后,如 y_t 的滞后一期可表示为 $L(y_t)$。y_t 平稳的条件是特征方程 $1 - \gamma L = 0$ 的根的绝对值大于 1。此方程仅有一个根 $L = 1/\gamma$,而平稳性要求 $|\gamma| < 1$,因此,检验 y_t 的平稳性的原假设和备择假设为

$$H_0: |\gamma| \geqslant 1; \quad H_1: |\gamma| < 1$$

接受原假设表明 y_t 是非平稳序列,而拒绝原假设表明 y_t 是平稳序列。这样一来,对平稳性的检验就转化为对单位根的检验,这就是单位根检验方法的由来。

2. DF 检验

考虑一个 $AR(1)$ 模型：$y_t = a + \gamma y_{t-1} + \mu_t$。要检验 $AR(1)$ 是否含有单位根，只需要检验原假设 $|\gamma| \geqslant 1$ 相对于备择假设 $|\gamma| < 1$ 是否能被拒绝。通常在 DF 检验过程中，一般把模型改写为以下形式：

$$\Delta y_t = a + \phi y_{t-1} + \mu_t \tag{12.5}$$

其中，$\phi = \gamma - 1$，这样，原来的假设检验就等价于检验：$H_0 : \phi = 0 ; H_1 : \phi < 0$，零假设表示 y_t 序列有单位根，备择假设表示 y_t 序列没有单位根。

DF 检验一共包括 3 种形式：

$$\Delta y_t = \phi y_{t-1} + \mu_t \tag{12.6}$$

$$\Delta y_t = a + \phi y_{t-1} + \mu_t \tag{12.7}$$

$$\Delta y_t = a + \gamma t + \phi y_{t-1} + \mu_t \tag{12.8}$$

其中，3 种情况对应的原假设是相同的，都是指待检验序列为含有单位根的随机游走序列。而备择假设则有些不同，第一种情况是指均值为零的平稳序列，第二种情况是指均值不为零的平稳序列，第三种情况是指含有时间 t 的趋势平稳序列。

若用样本计算的 DF 值 $\geqslant DF$ 临界值，则接受 H_0；

若用样本计算的 DF 值 $< DF$ 临界值，则拒绝 H_0。

3. ADF 检验的基本概念

ADF 检验是 DF 检验的拓展，所以 DF 检验是 ADF 检验的特殊形式。即 ADF 检验是 DF 检验从 $AR(1)$ 到 $AR(p)$ 的拓展。

$$y_t = a + \gamma_1 y_{t-1} + \gamma_2 y_{t-2} + \cdots + \gamma_p y_{t-p} + \mu_t \tag{12.9}$$

可以将 $AR(p)$ 模型写成以下形式用于单位根的检验：

$$\Delta y_t = a + \rho y_{t-1} + \sum_{i=2}^{p} \phi_i \Delta y_{t-(i-1)} + \mu_t \tag{12.10}$$

其中，$\rho = (\sum_{i=1}^{p} \alpha_i) - 1 ; \phi_i = -\sum_{j=i+1}^{p} \alpha_j$。假设条件为 $H_0 : \rho = 0 ; H_1 : \rho = 1$，与 DF 检验类似，ADF 检验也具有如下 3 种形式：

$$\Delta y_t = \delta y_{t-1} + \sum_{j=1}^{p} \lambda_j \Delta y_{t-j} + \mu_t \tag{12.11}$$

$$\Delta y_t = a + \delta y_{t-1} + \sum_{j=1}^{p} \lambda_j \Delta y_{t-j} + \mu_t \tag{12.12}$$

$$\Delta y_t = a + \beta t + \delta y_{t-1} + \sum_{j=1}^{p} \lambda_j \Delta y_{t-j} + \mu_t \tag{12.13}$$

例 12.2 数据同例 12.1，作单位根检验。

Eviews 操作步骤如下：

Step 1 在案例工作文件窗口中双击 GDP 序列后打开 GDP 序列，然后在其窗口工具栏依次选择"View"→"Unit Root Test"选项，打开 Unit Root Test 对话框，如图 12.2 所示。

Step 2 在进行 ADF 单位根检验之前，需要确定检验回归模型的形式，可以通过绘制序列的曲线图来判断 3 种形式中的哪一种。3 种形式分别是：① 不含截距项也不含时间趋势的，序列围绕零值波动；② 含有截距项不含时间趋势，序列偏离零值波动，但不具有明显的时间趋势（默认选项）；③ 含有截距项和时间趋势，序列随时间而向某一方向明显移动。观

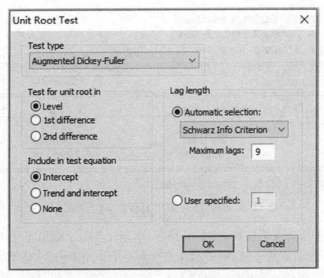

图 12.2　Unit Root Test 对话框(弹出的窗口界面)

察 *GDP* 序列图像,应该选第三种。对话框左上角的 Test type 可以选择单位根的检验类型,在其下拉菜单中有 6 种检验方法,最常用的方法是 Augmented Dickey-Fuller 检验,而 Dickey-Fuler GLS(ERS)是特殊的 Augmented Dickey-Fuller 检验。

Test for unit root in 选项是选择序列检验形式的,共有 3 种形式:

① Level:表示对序列的水平值(原序列)进行单位根检验(本例选择);

② 1st difference:表示对序列的一阶差分形式进行单位根检验;

③ 2nd difference:表示对序列的二阶差分形式进行单位根检验。

Lag length 选项用于确定单位根检验模型中差分项的滞后长度,有两种选择:Automatic selection:表示根据一些信息准则来确定检验的滞后期。该项的下拉列表提供了 6 种准则,通常选择 schwarz info Criterion/Akaike into Criterion 准则(本例选择后者)[①]。Maximum 用于确定根据信息准则来自动选择滞后期时的最大滞后期值。

User specified:表示使用用户自己设定的滞后阶数,若选择该项,则自己在后面输入滞后值。由于通常用户自身是很难判断具体模型的滞后期数,故通常不选此项。差分滞后项个数若选 0,则对应的是 *DF* 检验;差分滞后项个数若不是 0,则对应的是 *ADF* 检验。

Step 3　选择好选项后,点击"OK",得到结果(图 12.3)。

【结果分析】

Null Hypothesis 表示原假设是 *GDP* 序列具有一个单位根,即原序列为一个非平稳序列。Exogenous 后面的信息表示选择的回归模型形式是具有截距和时间趋势的形式。Lag length 表示基于 AIC 准则自动选取的 9 期滞后。*t*-Statistic 栏的值与下面的 1%、5%、10% 水平的临界值分别比较,若 *t*-Statistic 值大于上述某一个水平值,则表示在多少水平下不拒

---

① AIC 和 SIC 都是人为规定的标准。其原理是,当构建模型时,增加自变量的个数会使拟合度增加,但是也会有可能增加无关自变量。人们在减小自变量个数和增加拟合度之间的权衡方法就是 AIC 和 SIC 标准。最小的 AIC 和 SIC 代表着拟合与自变量个数的最佳权衡。但是因为侧重点,也就是算法不用,往往 AIC 和 SIC 所选出的最大滞后不同。

```
Null Hypothesis: GDP has a unit root
Exogenous: Constant, Linear Trend
Lag Length: 9 (Automatic - based on AIC, maxlag=9)
```

		t-Statistic	Prob.*
Augmented Dickey-Fuller test statistic		2.283870	1.0000
Test critical values:	1% level	-4.323979	
	5% level	-3.580623	
	10% level	-3.225334	

*MacKinnon (1996) one-sided p-values.

图 12.3 *GDP* 序列 *ADF* 检验结果(上半部分)

绝原假设,待检验序列具有单位根,是非平稳序列;若 t-Statistic 值小于上述某一个水平临界值,且 Prob 值小于对应水平值,则表示在多少水平下拒绝原假设,待检验序列不具有单位根,是平稳序列。此例的 t-Statistic 值均大于三者水平的临界值,所以应当接受原假设,即原序列具有单位根,是非平稳序列。而 Prob 栏,显示的信息是接受原假设的把握程度或是拒绝原假设犯错的概率,此处是 1,表示有 100% 的把握接受原假设,即原序列具有单位根,是非平稳序列。

注意:一般情况下,在 Include in test equation 选项框中,先选择"Trend and Intercept"[对应式(12.8)],再选择"Intercept"[对应式(12.7)],最后选择"None"[对应式(12.6)]。

12.2.4 单整

如果一个时间序列经过一阶差分变成平稳的,就称原序列是一阶单整序列,记为 $I(1)$。若非平稳序列需经过二阶差分($\Delta^2 y_t = \Delta y_t - \Delta y_{t-1}$)才平稳,则称原序列是二阶单整序列,记为 $I(2)$。d 阶单整记为 $I(d)$。无法单整的序列,称为非单整序列。

例 12.3 数据同例 12.1,检验 *GDP* 序列的单整性。

Eviews 操作步骤如下:

Step 1 在案例工作文件窗口中,双击 *GDP* 序列打开 *GDP* 序列,然后在其窗口工具栏依次选择"View"→"Unit Root Test"选项,打开 Unit Root Test 对话框。在 Test for unit root in 选项框,先选择"1st difference",其他选项同前例。点击"OK",t-Statistic 栏的值与下面的 1%、5%、10% 水平的临界值分别比较,发现 t 值均大于三者水平的临界值,所以应当接受原假设,即原序列具有单位根,是非平稳序列。结果如图 12.4 所示。

Step 2 在 Test for unit root in 选项框,选择"2st difference",其他选项同前例。点击"OK",t-Statistic 栏的值与下面的 1%、5%、10% 水平的临界值分别比较,发现 t 值均小于三者水平的临界值,且 Prob 值小于对应水平值,所以应当拒绝原假设,即 *GDP* 二阶差分序列不具有单位根,在 1%、5%、10% 水平上是平稳序列。结果如图 12.5 所示。

当然,此例也可生成 *GDP* 的一阶差分及二阶差分,分别进行一阶差分及二阶差分作为原序列的单位根检验,结果也是一样的。

结果显示,本例中 *GDP* 为二阶单整序列。

需要说明的是,对 *GDP* 序列取对数,读者可比较一下结果。

Null Hypothesis: D(GDP) has a unit root
Exogenous: Constant, Linear Trend
Lag Length: 5 (Automatic - based on SIC, maxlag=9)

		t-Statistic	Prob.*
Augmented Dickey-Fuller test statistic		-2.630403	0.2704
Test critical values:	1% level	-4.284580	
	5% level	-3.562882	
	10% level	-3.215267	

*MacKinnon (1996) one-sided p-values.

图 12.4　GDP 一阶差分序列 ADF 检验结果(上半部分)

Null Hypothesis: D(GDP,2) has a unit root
Exogenous: Constant, Linear Trend
Lag Length: 1 (Automatic - based on SIC, maxlag=9)

		t-Statistic	Prob.*
Augmented Dickey-Fuller test statistic		-7.398466	0.0000
Test critical values:	1% level	-4.252879	
	5% level	-3.548490	
	10% level	-3.207094	

*MacKinnon (1996) one-sided p-values.

图 12.5　GDP 二阶差分序列 ADF 检验结果(上半部分)

12.3　协　　整

经典回归模型时建立在平稳数据变量基础上的。对于非平稳时间序列,不能使用经典回归模型,否则容易出现虚假回归(两个时间变量无经济联系,但回归结果很好)等问题。如何处理实际中大量存在的非平稳时间序列,协整概念应运而生。

协整(cointegration)理论是从经济变量的数据中所显示的关系出发,确定模型包含的变量和变量之间的理论关系。该理论由格兰杰(Granger)和恩格尔(Engle)于 20 世纪 80 年代初正式提出。随后,这一理论在国际上得到迅速应用和发展,许多学者认为协整理论是近 40 年来计量经济学最重要的进展。

12.3.1　协整的概念

分析宏观消费和国民收入的关系:一般情形下,消费与收入是两个非平稳序列,但二者之间却存在稳定的比率关系,其非均衡误差在一定的范围内波动。当消费过高,也就是高出均衡的消费,则积累就要相对减少,从而影响再生产规模的进一步扩大,最终影响经济发展,这样会使下一期的消费不会再无止境地上升，而是相应地有所减少，回落至均衡状态。当这个比率过低时，说明消费过少，投资增加，这将使产出增加，下期的消费也会相应地增加。

基于上述分析，来理解协整概念。协整分析主要应用于短期动态关系易受随机扰动的显著影响，而长期关系又受经济均衡关系约束的经济系统。如果变量在某时期受到干扰后偏离其长期均衡点，则均衡机制将会在下一期进行调整以使其重新回到均衡状态。许多经济变量是非平稳的，但它们的线性组合也可能成为平稳的，即协整[①]。

协整条件：如果两个变量都是单整变量，只有当它们的单整阶数相同时，才可能协整；如果不同，则不可能协整。

两个时间序列之间的协整是表示它们之间存在长期均衡关系的另一种方式。若 y_t 和 x_t 是协整的，并且均衡误差是平稳的且具有零均值，我们就可以确信，方程 $y_t = \beta_0 + \beta_1 x_t + \mu_t$ 将不会产生伪回归结果。

12.3.2 协整检验过程

1. 两变量协整检验

一般使用恩格尔-格兰杰(EG)检验。此检验为两步检验，过程如下：

第一步，检验两个变量的单整性。如果单整阶数不同，则两变量不是协整的。如果同阶单整，则用 OLS 法估计长期均衡方程(协整回归方程)，并保存残差项作为均衡误差 μ_t 的估计值。

第二步，检验残差项的平稳性。如果残差项平稳，表明两变量协整，并存在长期均衡关系；如果残差项不平稳，表明两变量不协整，不存在长期均衡关系。

例 12.4 表 12.2 给出了中国 1978—2015 年按当年价格计算的最终消费 *CS* 数据，*GDP* 数据同例 12.1，检验 ln*GDP* 与 ln*CS* 的协整性。

表 12.2 **1978—2015 年中国最终消费 *CS* 数据** （单位：亿元）

年份	*CS*	年份	*CS*	年份	*CS*	年份	*CS*
1978	2232.9	1988	9423.1	1998	51460.4	2008	157466.3
1979	2578.3	1989	11033.3	1999	56621.7	2009	172728.3
1980	2966.9	1990	12001.4	2000	63667.7	2010	198998.1
1981	3277.3	1991	13614.2	2001	68546.7	2011	241022.1
1982	3575.6	1992	16225.1	2002	74068.2	2012	271112.8
1983	4059.6	1993	20796.7	2003	79513.1	2013	300337.8
1984	4784.4	1994	28272.3	2004	89086.0	2014	328312.6
1985	5917.9	1995	36197.9	2005	101447.8	2015	362266.5
1986	6727.0	1996	43086.8	2006	114728.6		
1987	7638.7	1997	47508.7	2007	136229.5		

资料来源：《中国统计年鉴》(2016 年版)。

Eviews 操作步骤如下：

[①] 协整的正式定义请参阅相关教材或文献。

Step 1　绘制 $\ln GDP$ 与 $\ln CS$ 的时间序列图形（图 12.6）。从图形看，$\ln GDP$ 与 $\ln CS$ 为非平稳序列。

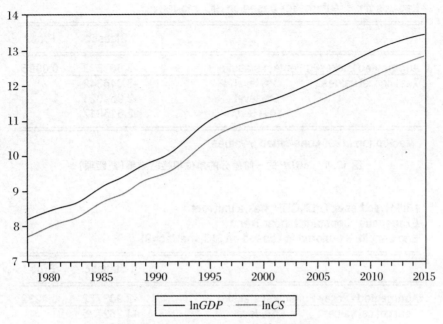

图 12.6　$\ln GDP$ 与 $\ln CS$ 的时间序列图形

Step 2　$\ln GDP$ 与 $\ln CS$ 的单整检验。绘制 $\ln GDP$ 与 $\ln CS$ 的一阶差分时间序列图形，如图 12.7 所示。双击 $\ln GDP$ 序列，操作同例 12.3 Step 1，一阶差分的单位根检验结果如图 12.8 和 12.9 所示，结果显示 $\ln GDP$ 在 1%、5%、10% 水平上为一阶单整序列。类似的，对 $\ln CS$ 重复此操作，结果显示 $\ln CS$ 在 5%、10% 水平上为一阶单整序列（图 12.10、图 12.11）。故 $\ln GDP$ 与 $\ln CS$ 两序列是具备协整条件的。

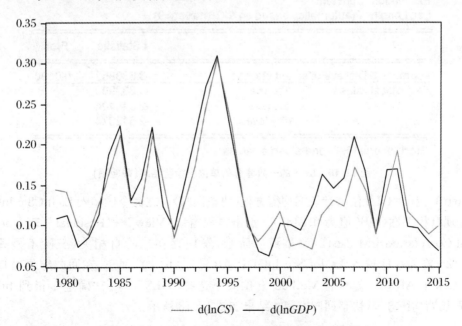

图 12.7　$\ln GDP$ 与 $\ln CS$ 的一阶差分时间序列图形

Null Hypothesis: D(LNGDP) has a unit root
Exogenous: Constant
Lag Length: 3 (Automatic - based on SIC, maxlag=9)

		t-Statistic	Prob.*
Augmented Dickey-Fuller test statistic		-3.667873	0.0095
Test critical values:	1% level	-3.646342	
	5% level	-2.954021	
	10% level	-2.615817	

*MacKinnon (1996) one-sided p-values.

图 12.8　$\ln GDP$ 的一阶差分的单位根检验结果(截距项)

Null Hypothesis: D(LNGDP) has a unit root
Exogenous: Constant, Linear Trend
Lag Length: 3 (Automatic - based on SIC, maxlag=9)

		t-Statistic	Prob.*
Augmented Dickey-Fuller test statistic		-3.903772	0.0232
Test critical values:	1% level	-4.262735	
	5% level	-3.552973	
	10% level	-3.209642	

*MacKinnon (1996) one-sided p-values.

图 12.9　$\ln GDP$ 的一阶差分的单位根检验结果(截距项和趋势项)

Null Hypothesis: D(LNCS) has a unit root
Exogenous: Constant
Lag Length: 1 (Automatic - based on SIC, maxlag=9)

		t-Statistic	Prob.*
Augmented Dickey-Fuller test statistic		-3.633862	0.0100
Test critical values:	1% level	-3.632900	
	5% level	-2.948404	
	10% level	-2.612874	

*MacKinnon (1996) one-sided p-values.

图 12.10　$\ln CS$ 的一阶差分的单位根检验结果(截距项)

Step 3　利用 OLS 法估计长期均衡方程(协整回归)。在命令区输入 Ls lnCS c lnGDP,结果呈现自相关性(DW 值为 0.2181)。点击方程窗口"View"→"Residual""Diagnostics""Serial Correlation LM Test",调整滞后阶数,发现存在二阶自相关(三阶不显著),见图 12.12。在命令区输入 Ls lnCS c lnGDP AR(1) AR(2),回车,在回归结果窗口点击"options",在 ARMA 文本框 Method 下拉菜单选择"GLS",点击"确定",得到 $\ln CS$ 与 $\ln GDP$ 长期均衡方程(协整回归方程),结果如图 12.13 所示。

Null Hypothesis: D(LNCS) has a unit root
Exogenous: Constant, Linear Trend
Lag Length: 1 (Automatic - based on SIC, maxlag=9)

		t-Statistic	Prob.*
Augmented Dickey-Fuller test statistic		-3.747935	0.0320
Test critical values:	1% level	-4.243644	
	5% level	-3.544284	
	10% level	-3.204699	

*MacKinnon (1996) one-sided p-values.

图 12.11　lnCS 一阶差分的单位根检验结果(截距项和趋势项)

Breusch-Godfrey Serial Correlation LM Test:

F-statistic	41.71238	Prob. F(2,34)	0.0000
Obs*R-squared	26.99721	Prob. Chi-Square(2)	0.0000

Test Equation:
Dependent Variable: RESID
Method: Least Squares
Date: 11/13/21   Time: 11:24
Sample: 1978 2015
Included observations: 38
Presample missing value lagged residuals set to zero.

Variable	Coefficient	Std. Error	t-Statistic	Prob.
C	-0.008039	0.030916	-0.260012	0.7964
LNGDP	0.000797	0.002801	0.284460	0.7778
RESID(-1)	1.065340	0.167995	6.341506	0.0000
RESID(-2)	-0.278088	0.167993	-1.655353	0.1071

图 12.12　自相关检验结果

Dependent Variable: LNCS
Method: ARMA Generalized Least Squares (BFGS)
Date: 11/13/21   Time: 23:21
Sample: 1978 2015
Included observations: 38
Convergence achieved after 8 iterations
Coefficient covariance computed using outer product of gradients
d.f. adjustment for standard errors & covariance

Variable	Coefficient	Std. Error	t-Statistic	Prob.
C	-0.067000	0.154592	-0.433396	0.6675
LNGDP	0.956580	0.013930	68.67077	0.0000
AR(1)	1.483934	0.156703	9.469713	0.0000
AR(2)	-0.618732	0.148090	-4.178071	0.0002

图 12.13　长期均衡方程结果(上半部分)

结果表明,本期 *GDP* 每增加 1%,最终消费将平均增加 0.9566%。

Step 4 检验残差项的平稳性。注意,要使用 *DF* 检验,不包含常数项,这是因为 OLS 残差应以 0 为中心波动。首先,生成 e 序列(命令为 genr e = resid),双击该序列,做单位根检验,在 Lag length 文本框选择"User specified",并填入 0(*DF* 检验),如图 12.14 所示。点击"OK"。结果显示,残差 e 序列平稳,如图 12.15 所示。因此,ln*CS* 与 ln*GDP* 存在协整关系。

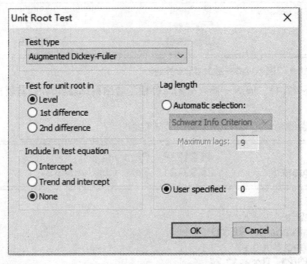

图 12.14　自相关检验结果

Null Hypothesis: E has a unit root
Exogenous: None
Lag Length: 0 (Fixed)

		t-Statistic	Prob.*
Augmented Dickey-Fuller test statistic		-7.237423	0.0000
Test critical values:	1% level	-2.628961	
	5% level	-1.950117	
	10% level	-1.611339	

*MacKinnon (1996) one-sided p-values.

图 12.15　残差项单位根检验结果(无截距项和无趋势项)

2. 多变量协整检验

多个非平稳时间序列变量可以利用 Johansen 方法检验是否存在协整关系。Johansen 检验第一步也是最重要的一步,就是检验协整关系的个数。在检验协整关系个数的同时,又会获得协整向量的估计结果(即协整向量估计值)。这样,就可以得到调整参数估计值,从而可以进一步得到下文 VEC 模型的估计结果。

例 12.5 表 12.3 为 1998 年第一季度至 2006 年第四季度中国 *GDP*(y)、房地产价格指数(x_1)和货币供给(x_2)的相关数据(均已取对数)[1]。要求对上述 3 个变量之间的协整关系

---

① 李嫣怡,等. Eviews 统计分析与应用(修订版)[M]. 北京:电子工业出版社,2013.(原数据为 1998 年第一季度至 2007 年第四季度数据,本例选取 1998 年第一季度至 2006 年第四季度数据。)

进行检验。

表 12.3 1998—2006 年中国 $GDP(y)$、房价指数(x_1)、货币供给(x_2)季度数据(已取对数)

年份季度	y	x_1	x_2	年份季度	y	x_1	x_2
1998Q1	10.73155	7.650877	11.24567	2002Q3	11.14320	7.785799	11.80920
1998Q2	10.76831	7.694694	11.30117	2002Q4	11.17519	7.759310	11.85336
1998Q3	10.79366	7.644473	11.35266	2003Q1	11.16980	7.785746	11.89612
1998Q4	10.79761	7.631501	11.40680	2003Q2	11.20115	7.790538	11.96730
1999Q1	10.81194	7.596598	11.41447	2003Q3	11.23350	7.796470	12.00910
1999Q2	10.84473	7.619320	11.46869	2003Q4	11.27576	7.801340	12.01486
1999Q3	10.86354	7.645564	11.49223	2004Q1	11.25008	7.855115	12.04773
1999Q4	10.87672	7.636140	11.50676	2004Q2	11.28722	7.923697	12.05033
2000Q1	10.90060	7.633069	11.51974	2004Q3	11.32355	7.931774	12.06461
2000Q2	10.94099	7.624585	11.52211	2004Q4	11.43467	7.948437	12.10363
2000Q3	10.96458	7.638567	11.52983	2005Q1	11.54896	7.970326	12.12202
2000Q4	10.97331	7.685032	11.56385	2005Q2	11.58123	8.011488	12.12651
2001Q1	11.00563	7.746413	11.59231	2005Q3	11.59883	8.097482	12.15190
2001Q2	11.02776	7.729456	11.62510	2005Q4	11.57832	8.135317	12.18268
2001Q3	11.05885	7.659731	11.65536	2006Q1	11.63891	8.085321	12.21747
2001Q4	11.07536	7.742303	11.69145	2006Q2	11.67816	8.185841	12.25325
2002Q1	11.07460	7.734315	11.72489	2006Q3	11.70090	8.108935	12.28346
2002Q2	11.10476	7.738291	11.76109	2006Q4	11.69329	8.155780	12.30201

资料来源:房价指数、货币供给数据源自《中国经济景气月报》。

Eviews 操作步骤如下:

在 Eviews 中的 Johansen 检验具体是通过计算迹统计量 Trace 和最大特征值 Max-Eigenvalue 统计量进行判定的。迹统计量检验采用循环检验规则。迹统计量的第一原假设 None 表示没有协整关系,如果相应的概率 P 值大于 5% 的显著性水平,则接受该原假设不存在协整关系;如果迹统计量的值大于临界值或者相应的概率 P 值小于 5% 的显著性水平,则拒绝该原假设,表明至少存在一个协整关系,迹统计量检验进行到下一个原假设;迹统计量的第二原假设 At most1 表示最多存在一个协整关系,如果相应的概率 P 值大于 5% 的显著性水平,则接受该原假设存在一个协整关系;如果迹统计量的值大于临界值或者相应的概率 P 值小于 5% 的显著性水平,则拒绝该原假设,表明至少存在二个协整关系,迹统计量检验进行到下一个原假设,并且依次循环进行下去。最大特征值 Max-Eigenvalue 统计量检验同理。K 个解释变量之间最多有 $K-1$ 个协整关系。

Step 1 和 Step 2 步骤同例 12.4,结果显示 y 序列、x_2 序列、x_1 序列一阶单整。说明三变量满足进一步协整分析的条件。

Step 3 将三变量以 Group 形式打开,依次右键点击"View"→"Cointegration Test"→

"Johansen Cointegration Test",看到如图 12.16 所示的对话框。

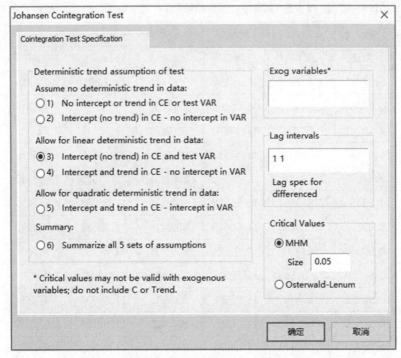

图 12.16　Eviews 9.0 中的 Johansen 协整检验窗口(默认)

对话框中,Deterministic trend assumption of test 选项框有 6 个选项。一般来说,当且仅当所有的经济变量的均值为零时,选择情形 1;如果所有经济序列都没有显示出有时间趋势的表现则用情形 2;对于研究的经济序列中的一些或者全部变量表现出含有时间趋势的情况,使用情形 3;当且仅当所有的趋势是随机的,而如果认为其中的一些序列是趋势平稳的则选用情形 4;情形 5 一般不使用。最后,如果对这些假定都不是很确定,则可以选用选项 6(5 种情形的汇总)可能会有助于进一步的分析[①]。

本例中,考虑到被检测变量存在随机趋势,故在 Deterministic trend assumption of test 中选择情形 3;同时,本例是季度数据,故在 Lag intervals 文本框填入 1 3,然后单击"确定",得到检验结果,如图 12.17 和图 12.18 所示。

结果显示,3 个变量之间存在两个协整关系。本例中,两种检验结果是一致的,实际应用中如果碰到两种检验结果不一致的情形,以迹统计量的检验结果为主。本例中的协整方程结果如图 12.19 所示,协整方程可以写成:

$$y_t = 0.8541x_1 + 0.4478x_2 \tag{12.14}$$

此协整方程反映 3 个变量之间存在长期稳定的均衡关系,即房价每上升 1%,*GDP* 就会平均增加 0.8541%;货币供给每增加 1%,*GDP* 就会平均增加 0.4478%。

---

① 参见钟志威、雷钦礼(2008)文献。另外,说明一点:确定性趋势或趋势平稳,指随时间改变,所以不是平稳的,只要把时间趋势去掉,就变成平稳,故称趋势平稳;随机趋势,典型是随机游走,只要对其差分,就变成平稳,故也称差分平稳。

Date: 11/14/21　Time: 21:37
Sample (adjusted): 1999Q1 2006Q4
Included observations: 32 after adjustments
Trend assumption: Linear deterministic trend
Series: GDP HP M
Lags interval (in first differences): 1 to 3

Unrestricted Cointegration Rank Test (Trace)

Hypothesized No. of CE(s)	Eigenvalue	Trace Statistic	0.05 Critical Value	Prob.**
None *	0.572290	42.77411	29.79707	0.0010
At most 1 *	0.385765	15.59620	15.49471	0.0483
At most 2	3.30E-06	0.000105	3.841466	0.9930

Trace test indicates 2 cointegrating eqn(s) at the 0.05 level
* denotes rejection of the hypothesis at the 0.05 level
**MacKinnon-Haug-Michelis (1999) p-values

图 12.17　迹统计量检验结果

Unrestricted Cointegration Rank Test (Maximum Eigenvalue)

Hypothesized No. of CE(s)	Eigenvalue	Max-Eigen Statistic	0.05 Critical Value	Prob.**
None *	0.572290	27.17791	21.13162	0.0062
At most 1 *	0.385765	15.59609	14.26460	0.0306
At most 2	3.30E-06	0.000105	3.841466	0.9930

Max-eigenvalue test indicates 2 cointegrating eqn(s) at the 0.05 level
* denotes rejection of the hypothesis at the 0.05 level
**MacKinnon-Haug-Michelis (1999) p-values

图 12.18　最大特征根统计量检验结果

1 Cointegrating Equation(s):	Log likelihood	248.0170

Normalized cointegrating coefficients (standard error in parentheses)

GDP	HP	M
1.000000	-0.854120	-0.447773
	(0.08726)	(0.05357)

Adjustment coefficients (standard error in parentheses)

D(GDP)	-0.541281
	(0.14505)
D(HP)	0.208529
	(0.27149)
D(M)	0.241537
	(0.12241)

图 12.19　对数似然值最大的协整关系式

12.4 误差修正模型

12.4.1 误差修正模型(ECM)概念

前文介绍了非平稳时间序列可以考虑通过协整的方法处理(要满足协整条件),另一种思路就是差分方法,通过差分将非平稳时间序列转化为平稳时间序列,之后建立 OLS 回归模型。但这种做法会带来两个问题,以例 12.4 数据为例给以说明。

在例 12.4 中,在建立 CS 和 GDP 之间的回归模型时,为避免虚假回归,一般会考虑通过差分的方法使之平稳,再建立差分回归模型:

$$\Delta CS_t = \beta_0 + \beta_1 \Delta GDP_t + \upsilon_t \tag{12.15}$$

式中,$\upsilon_t = \mu_t - \mu_{t-1}$。

但是,这种做法会引起两个问题。一是如果 CS 与 GDP 之间存在长期的均衡关系,且误差项不存在自相关,则式(12.15)中的误差项是一个一阶移动平均时间序列,存在自相关。输入命令:ls lncs - lncs(- 1) lngdp - lngdp(- 1),DW 值为 0.9188,显示存在一阶自相关。二是如果对式(12.15)进行回归,则变量水平值的信息将被忽略,模型结果只反映了变量间短期关系,长期关系并未体现(因变量第 t 期的变化不仅取决于解释变量当期的变化,还取决于因变量和解释变量 $t-1$ 期末的状态)。基于这个考虑,误差修正模型应运而生。

假设 CS 与 GDP 具有如下(1,1)阶分布滞后模型:

$$y_t = \alpha_0 + \alpha_1 x_t + \alpha_2 x_{t-1} + \gamma y_{t-1} + \mu_t \tag{12.16}$$

上式两边减去 y_{t-1},在式的右边再添加 $\pm \alpha_1 x_{t-1}$,可得

$$\Delta y_t = \alpha_1 \Delta x_t - \lambda(y_{t-1} - b_0 - b_1 x_{t-1}) + \mu_t \tag{12.17}$$

其中,$\lambda = 1 - \gamma$,$b_0 = \dfrac{\alpha_0}{1 - \gamma}$,$b_1 = \dfrac{\alpha_1 + \alpha_2}{1 - \gamma}$。

式(12.17)中括号内的项就是 $t-1$ 期的非均衡误差项。这样,Δy_t 取决于 Δx_t 和前一期的非均衡误差,即 Δy_t 受到短期和长期的综合影响。令 $ECM_{t-1} = y_{t-1} - b_0 - b_1 x_{t-1}$,则式(12.17)可以写成

$$\Delta y_t = \alpha_1 \Delta x_t - \lambda ECM_{t-1} + \mu_t \tag{12.18}$$

式(12.18)称为误差修正模型,记为 ECM。其中,λECM_{t-1} 表示误差修正项,λ 称为调整系数,表示误差修正项对 Δy_t 的调整速度。误差修正模型,不再是使用变量的水平值或变量的差分值来建立,而是把两者有机地结合起来。从短期来看,Δy_t 是由较稳定的长期趋势和短期波动所决定的,短期内系统对于与均衡状态的偏离程度的大小直接导致波动振幅的大小。从长期来看,协整关系式起到了引力线的作用,将非均衡状态拉回到均衡状态,此时的 ECM_{t-1} 反映了长期均衡对短期波动的影响,它能清楚地显示关于这种偏离的调整信息。

如果修正系数在统计学上是显著的,则说明 Δy_t 在多大程度上(比例)可以在下一期得到修正[①]。

高阶的误差修正模型可依照式(12.16)~式(12.18)进行拓展得到。例如二阶误差修正模型可写成:

$$y_t = \alpha_0 + \alpha_1 x_t + \alpha_2 x_{t-1} + \alpha_3 x_{t-2} + \gamma_1 y_{t-1} + \gamma_2 y_{t-2} + \mu_t \tag{12.19}$$

$$\Delta y_t = -\gamma_2 \Delta y_{t-1} + \alpha_1 \Delta x_t - \alpha_3 \Delta x_{t-1} - \lambda(y_{t-1} - b_0 - b_1 x_{t-1}) + \mu_t \tag{12.20}$$

其中,$\lambda = 1 - \gamma_1 - \gamma_2$,$b_0 = \alpha_0/\lambda$,$b_1 = \dfrac{\alpha_1 + \alpha_2 + \alpha_3}{\gamma}$。

多变量的误差修正模型。如 3 个变量存在如下长期均衡关系:

$$y_t = b_0 + b_1 x_{1t} + b_2 x_{2t} + \mu_t \tag{12.21}$$

$$y_t = \alpha_0 + \alpha_1 x_{1t} + \alpha_2 x_{1t-1} + \beta_1 x_{2t} + \beta_2 x_{2t-1} + \gamma y_{t-1} + \mu_t \tag{12.22}$$

则其一阶误差修正模型(其中之一)为

$$\Delta y_t = \alpha_1 \Delta x_{1t} + \beta_1 \Delta x_{2t} - \lambda(y_{t-1} - b_0 - b_1 x_{1t-1} - b_2 x_{2t-1}) + \mu_t \tag{12.23}$$

其中,$\lambda = 1 - \gamma$,$b_0 = \alpha_0/\lambda$,$b_1 = (\alpha_1 + \alpha_2)/\lambda$,$b_2 = (\beta_1 + \beta_2)/\lambda$。

12.4.2　误差修正模型的建立

一般采用恩格尔-格兰杰两步法和直接估计法建立误差修正模型。

1. 恩格尔-格兰杰两步法(EG 两步法)

以两变量 x_t、y_t 为例,x_t 和 y_t 满足(1,1)阶协整,Δx_t、Δy_t 和随机误差项为 0 阶单整。

Step 1　通过水平变量(原序列)建立长期均衡模型(协整模型):$y_t = b_0 + b_1 x_t + \mu_t$,得出均衡误差 μ 的估计值 $e_t = y_t - \hat{y}_t = y_t - \hat{b}_0 - \hat{b}_1 x_t$。

Step 2　利用 OLS 估计模型:

$$\Delta y_t = \sum_{i=0}^{l} \beta_i \Delta x_{t-i} + \sum_{i=0}^{l} \gamma_i \Delta y_{t-i-1} + \lambda e_{t-1} + \nu_t \tag{12.24}$$

2. 直接估计法

先对变量间的协整关系进行检验,对于双变量误差修正模型 $\Delta y_t = \alpha_1 \Delta x_t - \lambda ECM_{t-1} + \mu_t$,直接估计下式:

$$\Delta y_t = \lambda b_0 + \alpha_1 \Delta x_t - \lambda y_{t-1} + \lambda b_1 x_{t-1} + \mu_t \tag{12.25}$$

注意:① 建立方法不同,得到的 ECM 模型结果也不一样;② 保证 μ_t 为平稳序列;③ 滞后期的选择,一般在 0,1,2,3 中选择,在检验过程中,剔除不显著的滞后项,直到找出最佳模型。

例 12.6　数据同例 12.4,要求估计 $\ln CS$ 关于 $\ln GDP$ 的误差修正模型。

Eviews 操作步骤如下(EG 两步法):

Step 1~Step 4　同例 12.4。得到 $\ln CS$ 与 $\ln GDP$ 的长期均衡关系:

$$\ln CS_t = -0.0670 + 0.9566 \times \ln GDP_t + \mu_t \tag{12.26}$$

Step 5　取滞后阶数 1,利用式(12.24)估计模型

$$\Delta \ln CS_t = \beta_0 \Delta \ln GDP_t + \beta_1 \Delta \ln GDP_{t-1} + \gamma_0 \Delta CS_{t-1} + \gamma_1 \Delta CS_{t-2} + \lambda e_{t-1} + \nu_t$$

[①]　需要注意的是,在实际分析中,变量常以对数的形式出现,其主要原因在于变量对数的差分近似地等于该变量的变化率,而经济变量的变化率常常是稳定序列。

在命令区输入：

ls lncs - lncs(- 1)　lngdp - lngdp(- 1)　lngdp(- 1) - lngdp(- 2)　lncs(- 1) - lncs(- 2)　lncs(- 2) - lncs(- 3) e(- 1)

结果如图 12.20 所示。

Dependent Variable: LNCS-LNCS(-1)
Method: Least Squares
Date: 11/28/21　Time: 18:01
Sample (adjusted): 1981 2015
Included observations: 35 after adjustments

Variable	Coefficient	Std. Error	t-Statistic	Prob.
LNGDP-LNGDP(-1)	0.752028	0.058888	12.77052	0.0000
LNGDP(-1)-LNGDP(-2)	-0.650246	0.213072	-3.051771	0.0047
LNCS(-1)-LNCS(-2)	1.071603	0.246955	4.339259	0.0001
LNCS(-2)-LNCS(-3)	-0.175157	0.066098	-2.649977	0.0127
E(-1)	-0.716972	0.243831	-2.940447	0.0063

R-squared	0.927307	Mean dependent var	0.137282
Adjusted R-squared	0.917615	S.D. dependent var	0.056046
S.E. of regression	0.016087	Akaike info criterion	-5.290060
Sum squared resid	0.007764	Schwarz criterion	-5.067867
Log likelihood	97.57604	Hannan-Quinn criter.	-5.213359
Durbin-Watson stat	1.772810		

图 12.20　ECM 模型回归结果(EG 两步法)

改变滞后阶数,比较结果发现不及滞后阶数取 1 时理想,故滞后阶数选取 1。模型的拟合优度较高,方程通过 F 检验、DW 检验,系数均通过显著性检验,其中的符号与长期均衡关系的符号一致,误差修正系数为负,符合反向修正机制。回归结果表明,GDP 的短期的短期变动对 CS 存在正向影响,短期内 GDP 增加 1%,短期内 CS 将增加 0.7520%。其余系数解释类同,不再赘述;由于短期调整系数是显著的,因此它表明实际 CS 与长期均衡值的偏差的 71.70% 被修正。上述模型反映了 CS 受 GDP 影响的短期波动规律。

Eviews 操作步骤(直接估计法):

Step 1～Step 4　同上。

Step 5　取滞后阶数 1,利用式(12.25)估计模型,在命令区输入:

ls lncs - lncs(- 1)　c lngdp - lngdp(- 1)　lncs(- 1)　lngdp(- 1) ar(1)　(ar(1)为消除一阶自相关)

结果如图 12.21 所示。

改变滞后阶数,比较结果发现不及滞后阶数取 1 时理想,故滞后阶数选取 1。模型的拟合优度较高,方程通过 F 检验、DW 检验,系数均通过显著性检验。回归结果表明,GDP 的短期变动对 CS 存在正向影响,短期内 GDP 增加 1%,短期内 CS 将增加 0.7729%。其余系数解释类同,不再赘述。

需要注意的是,如果利用式(12.18)直接估计模型,结果发现 ECM_{t-1} 的系数不显著,即短期调整系数不显著。

```
Dependent Variable: LNCS-LNCS(-1)
Method: ARMA Generalized Least Squares (BFGS)
Date: 11/28/21  Time: 18:45
Sample: 1979 2015
Included observations: 37
Convergence achieved after 9 iterations
Coefficient covariance computed using outer product of gradients
d.f. adjustment for standard errors & covariance
```

Variable	Coefficient	Std. Error	t-Statistic	Prob.
C	0.053134	0.063271	0.839791	0.4073
LNGDP-LNGDP(-1)	0.772910	0.068516	11.28075	0.0000
LNCS(-1)	-0.434172	0.192118	-2.259926	0.0308
LNGDP(-1)	0.410508	0.184225	2.228294	0.0330
AR(1)	0.702327	0.225707	3.111677	0.0039

R-squared	0.905559	Mean dependent var	0.137543
Adjusted R-squared	0.893754	S.D. dependent var	0.054480
S.E. of regression	0.017758	Akaike info criterion	-5.080505
Sum squared resid	0.010091	Schwarz criterion	-4.862813
Log likelihood	98.98934	Hannan-Quinn criter.	-5.003758
F-statistic	76.70915	Durbin-Watson stat	1.872994
Prob(F-statistic)	0.000000		

Inverted AR Roots	.70		

图 12.21　*ECM* 模型回归结果(直接估计法)

12.5　格兰杰因果关系检验

判断一个变量的变化是否是另一个变量变化的原因,是我们建模时关注的重要问题。例如 *GDP* 和广义货币供给量 M2,经济理论说明两个变量间存在相互影响的关系,但究竟是 M2 引起 *GDP* 的变化(M2→*GDP*),还是 *GDP* 引起 M2 的变化(*GDP*→M2),并不好判断。对此类问题,格兰杰提出了一个判断因果关系的检验,即格兰杰因果关系检验。

12.5.1　格兰杰因果关系检验模型

格兰杰因果关系检验(Granger causality tests)要求估计以下模型:

$$y_t = \sum_{i=1}^{q} \alpha_i x_{t-i} + \sum_{j=1}^{q} \beta_j y_{t-j} + \mu_{1t} \tag{12.27}$$

$$x_t = \sum_{i=1}^{s} \lambda_i x_{t-i} + \sum_{j=1}^{s} \delta_j y_{t-j} + \mu_{2t} \tag{12.28}$$

其中,μ_{1t} 和 μ_{2t} 序列不相关。

格兰杰因果关系检验步骤如下:

Step 1　对式(12.27)而言,原假设为:$H_0: \alpha_0 = \alpha_1 = \cdots = \alpha_q = 0$($x$ 不是 y 的因);对式

(12.28)而言,原假设为:$H_0: \delta_0 = \delta_1 = \cdots = \delta_s = 0$($y$ 不是 x 的因)。

Step 2 构造检验统计量。

$$F = \frac{(RSS_R - RSS_U)/q}{RSS_U/(n-k)}$$

其中,RSS_R 为受约束的残差平方和,RSS_U 为无约束的残差平方和,n 是样本容量,q 是 x 滞后项的个数,k 是无约束回归中待估参数的个数。

Step 3 给定显著性水平 α,如果 F 值大于临界值,则拒绝零假设,即表明 x 是 y 的因。当然,一般我们借助伴随概率 P 值进行判断。

Step 4 类似地,互换变量 x 和 y 的位置,检验 y 是不是 x 的因,重复上述步骤。

12.5.2 格兰杰因果关系检验案例

例 12.7 数据同例 12.4,检验 $\ln CS$ 与 $\ln GDP$ 之间的因果关系。

Eviews 操作步骤如下:

Step 1 将 $\ln CS$ 与 $\ln GDP$ 以数组形式打开,点击"View"→"Granger Causality",弹出 Lag Specification 窗口,在 Lag to include 文本框输入 1,点击"OK",结果如图 12.22 所示,表明 $\ln GDP$ 是 $\ln CS$ 的格兰杰原因,而 $\ln CS$ 不是 $\ln GDP$ 的格兰杰原因;利用式(12.27)进行 OLS 回归,输入命令:ls lncs lngdp(−1) lncs(−1),q=1 时,DW 值为 0.5305,AIC 值为 −2.6874,如图 12.23 所示;再次点击"View"→"Residual Diagnostics"→"Serial Correlation LM Test…",在弹出的对话框中输入 1,点击"OK",得到 $LM(1)$ 的伴随概率 P 值为 0.0000,显示存在一阶自相关。

```
Pairwise Granger Causality Tests
Date: 11/28/21   Time: 22:10
Sample: 1978 2015
Lags: 1
```

Null Hypothesis:	Obs	F-Statistic	Prob.
LNGDP does not Granger Cause LNCS	37	5.20867	0.0289
LNCS does not Granger Cause LNGDP		1.38580	0.2473

图 12.22 滞后阶数为 1 的格兰杰因果关系检验结果

Variable	Coefficient	Std. Error	t-Statistic	Prob.
LNGDP(-1)	0.266472	0.187840	1.418606	0.1649
LNCS(-1)	0.732578	0.197590	3.707567	0.0007

R-squared	0.998446	Mean dependent var	10.45058
Adjusted R-squared	0.998402	S.D. dependent var	1.538026
S.E. of regression	0.061488	Akaike info criterion	-2.687424
Sum squared resid	0.132325	Schwarz criterion	-2.600347
Log likelihood	51.71734	Hannan-Quinn criter.	-2.656725
Durbin-Watson stat	0.530492		

图 12.23 滞后阶数为 1 的式(12.27)回归结果

Step 2　再次点击"View"→"Granger Causality",弹出 Lag Specification 窗口,在 Lag to include 文本框输入 2,点击"OK",结果如图 12.24 所示,表明 $\ln GDP$ 是 $\ln CS$ 的格兰杰原因,而 $\ln CS$ 也是 $\ln GDP$ 的格兰杰原因;利用式(12.27)进行 OLS 回归,输入命令:ls lncs lngdp(-1) lngdp(-2) lncs(-1) lncs(-2),$q=2$ 时,DW 值为 1.5183,AIC 值为 -2.6874,如图 12.25 所示;再次点击"View"→"Residual Diagnostics"→"Serial Correlation LM Test…",在弹出的对话框中输入 1,点击"OK",得到 $LM(1)$ 的伴随概率 P 值为 0.0822,表明在 5%水平上显示存在一阶自相关。

```
Pairwise Granger Causality Tests
Date: 11/29/21  Time: 07:26
Sample: 1978 2015
Lags: 2
```

Null Hypothesis:	Obs	F-Statistic	Prob.
LNGDP does not Granger Cause LNCS	36	8.70215	0.0010
LNCS does not Granger Cause LNGDP		5.39401	0.0098

图 12.24　滞后阶数为 2 的格兰杰因果关系检验结果

Variable	Coefficient	Std. Error	t-Statistic	Prob.
LNGDP(-1)	0.914806	0.293082	3.121328	0.0038
LNGDP(-2)	-0.874507	0.284076	-3.078423	0.0042
LNCS(-1)	0.825247	0.315736	2.613724	0.0135
LNCS(-2)	0.135128	0.296287	0.456071	0.6514

R-squared	0.999333	Mean dependent var	10.52268
Adjusted R-squared	0.999271	S.D. dependent var	1.495079
S.E. of regression	0.040369	Akaike info criterion	-3.477059
Sum squared resid	0.052150	Schwarz criterion	-3.301113
Log likelihood	66.58707	Hannan-Quinn criter.	-3.415649
Durbin-Watson stat	1.518311		

图 12.25　滞后阶数为 2 的式(12.27)回归结果

Step 3　调整滞后阶数 q 的值,依次取 3、4、5(一般不超过 5),利用式(12.27)进行 OLS 回归,得到相应的结果如图 12.26~图 12.34 所示。

```
Pairwise Granger Causality Tests
Date: 11/29/21  Time: 07:54
Sample: 1978 2015
Lags: 3
```

Null Hypothesis:	Obs	F-Statistic	Prob.
LNGDP does not Granger Cause LNCS	35	4.26977	0.0133
LNCS does not Granger Cause LNGDP		1.94593	0.1451

图 12.26　滞后阶数为 3 的格兰杰因果关系检验结果

Variable	Coefficient	Std. Error	t-Statistic	Prob.
LNGDP(-1)	1.214849	0.359798	3.376479	0.0021
LNGDP(-2)	-1.843031	0.585939	-3.145432	0.0038
LNGDP(-3)	0.700858	0.358962	1.952458	0.0606
LNCS(-1)	0.742439	0.407313	1.822773	0.0787
LNCS(-2)	0.656771	0.630177	1.042201	0.3059
LNCS(-3)	-0.472556	0.355867	-1.327901	0.1946
R-squared	0.999394	Mean dependent var		10.59489
Adjusted R-squared	0.999290	S.D. dependent var		1.451813
S.E. of regression	0.038689	Akaike info criterion		-3.511702
Sum squared resid	0.043409	Schwarz criterion		-3.245071
Log likelihood	67.45479	Hannan-Quinn criter.		-3.419661
Durbin-Watson stat	1.746028			

图 12.27　滞后阶数为 3 的式(12.27)回归结果

Breusch-Godfrey Serial Correlation LM Test:

F-statistic	3.087508	Prob. F(1,28)	0.0898
Obs*R-squared	3.424568	Prob. Chi-Square(1)	0.0642

图 12.28　滞后阶数为 3 的 $LM(1)$ 结果

Pairwise Granger Causality Tests
Date: 11/29/21　Time: 07:45
Sample: 1978 2015
Lags: 4

Null Hypothesis:	Obs	F-Statistic	Prob.
LNGDP does not Granger Cause LNCS	34	5.12444	0.0037
LNCS does not Granger Cause LNGDP		2.98169	0.0384

图 12.29　滞后阶数为 4 的格兰杰因果关系检验结果

Variable	Coefficient	Std. Error	t-Statistic	Prob.
LNGDP(-1)	0.984301	0.385768	2.551538	0.0170
LNGDP(-2)	-1.854316	0.630286	-2.942025	0.0068
LNGDP(-3)	1.450666	0.681698	2.128020	0.0430
LNGDP(-4)	-0.573274	0.402340	-1.424851	0.1661
LNCS(-1)	1.117379	0.462981	2.413447	0.0231
LNCS(-2)	0.192187	0.743151	0.258611	0.7980
LNCS(-3)	-0.656439	0.667475	-0.983466	0.3344
LNCS(-4)	0.341598	0.374490	0.912168	0.3701
R-squared	0.999403	Mean dependent var		10.66842
Adjusted R-squared	0.999242	S.D. dependent var		1.405933
S.E. of regression	0.038705	Akaike info criterion		-3.463388
Sum squared resid	0.038949	Schwarz criterion		-3.104245
Log likelihood	66.87760	Hannan-Quinn criter.		-3.340910
Durbin-Watson stat	1.694211			

图 12.30　滞后阶数为 4 的式(12.27)回归结果

Breusch-Godfrey Serial Correlation LM Test:

F-statistic	6.533501	Prob. F(1,25)	0.0170
Obs*R-squared	6.975268	Prob. Chi-Square(1)	0.0083

图 12.31　滞后阶数为 4 的 $LM(1)$ 结果

Pairwise Granger Causality Tests
Date: 11/29/21　Time: 07:48
Sample: 1978 2015
Lags: 5

Null Hypothesis:	Obs	F-Statistic	Prob.
LNGDP does not Granger Cause LNCS	33	4.51092	0.0056
LNCS does not Granger Cause LNGDP		1.21778	0.3339

图 12.32　滞后阶数为 5 的格兰杰因果关系检验结果

Variable	Coefficient	Std. Error	t-Statistic	Prob.
LNGDP(-1)	1.078085	0.350977	3.071669	0.0054
LNGDP(-2)	-1.839398	0.570138	-3.226231	0.0037
LNGDP(-3)	2.165043	0.639722	3.384349	0.0026
LNGDP(-4)	-2.425992	0.654793	-3.704978	0.0012
LNGDP(-5)	1.186693	0.372945	3.181956	0.0042
LNCS(-1)	1.163279	0.427985	2.718035	0.0123
LNCS(-2)	-0.310482	0.729359	-0.425691	0.6743
LNCS(-3)	-0.629939	0.692093	-0.910195	0.3722
LNCS(-4)	1.674969	0.596072	2.810013	0.0099
LNCS(-5)	-1.069083	0.339904	-3.145251	0.0045
R-squared	0.999556	Mean dependent var		10.74377
Adjusted R-squared	0.999383	S.D. dependent var		1.356226
S.E. of regression	0.033700	Akaike info criterion		-3.697597
Sum squared resid	0.026121	Schwarz criterion		-3.244109
Log likelihood	71.01034	Hannan-Quinn criter.		-3.545012
Durbin-Watson stat	2.262357			

图 12.33　滞后阶数为 5 的式(12.27)回归结果

Breusch-Godfrey Serial Correlation LM Test:

F-statistic	1.240968	Prob. F(1,22)	0.2773
Obs*R-squared	1.737711	Prob. Chi-Square(1)	0.1874

图 12.34　滞后阶数为 5 的 $LM(1)$ 结果

Step 4　类似地,分别利用式(12.28)进行上述检测。结果从略。

综上结果,可以看出不同滞后阶数的格兰杰因果检验存在差异。需要说明的是,应该考虑检验模型的序列相关性以及赤池信息准则(AIC),即应该选取无一阶自相关且 AIC 较小的值。就本例而言,如果针对 GDP 和 CS 序列做格兰杰因果检验,则结果基本一致:在 5% 显著性水平下,可以得到拒绝"GDP 不是 CS 的格兰杰原因",同时拒绝"CS 不是 GDP 的格兰杰原因"的结论,即 GDP 和 CS 序列互为因果关系。如果结合一阶自相关检验结果及 AIC 值,我们发现滞后四阶的检验模型较为理想(读者可自行操作比较)。

12.6　向量自回归模型

12.6.1　概要

向量自回归模型(vector auto-regression model,VAR)矢量自回归模型的推广源于世界著名的计量经济学家西姆斯(Sims)在 1980 年发表的著名文献。时至今日,关于 VAR 的研究建模已经由最初的二维拓展到多维度。由于经济、金融时间序列分析经常涉及多个变量,所以 VAR 模型在实际中尤其是货币政策分析等宏观经济金融中得到极为广泛的应用[①]。

VAR 模型可以解决联立方程中的偏倚问题,该模型是包含多个方程的非结构化模型。VAR 模型基于数据的统计性质来建立模型,其建模思想是把每一个外生变量作为所有内生变量滞后值的函数来构造模型。由于 VAR 模型中各个方程的右边没有非滞后的内生变量,因此可以使用最小二乘法来进行估计。另外,VAR 模型中的各个等式中的系数并不是研究者关注的对象,其主要原因是 VAR 模型系统中的系数往往非常多。因此,无法通过分析模型系数估计值来分析 VAR 模型,需要借助格兰杰因果关系检验、IRF 脉冲响应函数和方差分解等工具。格兰杰因果关系可以用来检验某个变量的所有的滞后项是否对另一个或几个变量的当期值有影响。方差分解可以将 VAR 模型系统内一个变量的方差分解到各个扰动项上,绘制 IRF 脉冲响应函数可以比较全面地反映各个变量之间的动态影响。

12.6.2　VAR 模型的估计

1. VAR 模型构造

VAR 模型实质上是考察多个变量之间的动态互动关系,把系统中每一个内生变量作为所有变量滞后项的函数来构造回归模型,一般形式如式(12.29)所示:

$$Y_t = A_1 Y_{t-1} + A_2 Y_{t-2} + \cdots + A_P Y_{t-P} + \varepsilon_t \tag{12.29}$$

其中,Y_t 表示 K 维的内生变量矢量,A 表示相应的系数矩阵,P 表示内生变量滞后的阶数。整个 VAR 模型平稳与否需要根据整个系统的平稳性条件,即计算特征根多项式的值。通过计算的特征根的倒数的模与 1 进行比较。如果特征根倒数的模等于 1,表示该 VAR 模型不平稳,需要重新建立;而如果特征根倒数的模小于 1,表示该 VAR 模型平稳。

为便于理解,我们以一阶 VAR 模型为例做简单介绍,更详尽介绍请参阅相关教材或文献。在两个变量情况下,假定 y_t 受到现在和过去 x_t 的影响,而 x_t 受到现在和过去 y_t 的影

---

① 李嫣怡,等.EViews 统计分析与应用[M].北京:电子工业出版社,2013.

响。其模型如下：

$$y_t = b_{10} - b_{12}x_t + \gamma_{11}y_{t-1} + \gamma_{12}x_{t-1} + \mu_{yt} \tag{12.30}$$

$$x_t = b_{20} - b_{21}y_t + \gamma_{21}y_{t-1} + \gamma_{22}x_{t-1} + \mu_{xt} \tag{12.31}$$

在上述模型中假定：① 变量 y_t 和 x_t 均是平稳随机过程；② μ_{yt} 和 μ_{xt} 是白噪声序列，不失一般性，假设方差为 1；③ μ_{yt} 和 μ_{xt} 不相关。

这个模型是一个反馈系统，由 y_t、x_t 相互影响造成。另外，由于 μ_{yt} 和 μ_{xt} 分别对应 y_t 和 x_t 的脉冲值，因此，如果 $b_{21}\neq0$，则 μ_{yt} 对 x_t 有间接影响，类似地，若 $b_{12}\neq0$，则 μ_{xt} 对 y_t 有间接影响。

由于仅仅有内生变量的滞后值出现在等式的右边，所以不存在同期相关性问题。一般情况下，只要 VAR 模型中的随机扰动项服从独立正态分布，那么对 VAR 模型系统中每个等式分别进行 OLS 回归，获得的系数估计值是有效的一致估计值。另外，即使跨等式之间的扰动项之间存在相关性，只要自身无序列相关，OLS 得到的结果一样有效。

注意：由于任何序列相关都可以通过增加更多的内生变量的滞后而被消除，所以扰动项序列不相关的假设并不要求非常严格。

传统的 VAR 理论要求模型中每一个变量是平稳的，对于非平稳时间序列需要经过差分，得到平稳序列再建立 VAR 模型，这样通常会损失水平序列所包含的信息。而随着协整理论的发展，对于非平稳时间序列，只要各变量之间存在协整关系，也可以直接建立 VAR 模型，或者建立后文将介绍的向量误差修正模型[①]。

2. VAR 模型的滞后期

滞后期的选择对 VAR 模型的估计非常重要，因为不同的滞后期会导致模型估计结果的显著不同。选择的依据主要综合以下几个方面的因素：一是根据经济理论来设定，例如月度数据一般滞后 12 期，季度数据滞后 4 期；二是根据 AIC 或者 SC 值较小的准则来确定；三是 LR 检验。

在选择滞后阶数时，一方面想使滞后阶数足够大，以便能完整反映所构造模型的动态特征。但是另一方面，滞后阶数越大，需要估计的参数也就越多，模型的自由度就越少。所以通常进行选择时，需要综合考虑，既要有足够数目的滞后项，又要有足够数目的自由度。事实上，这是 VAR 模型的一个缺陷，在实际中经常会发现，将不得不限制滞后项的阶数，使它少于反映模型动态特性所应有的理想数目[②]。

对 LR 检验而言，从最大滞后阶数开始，比较 LR 统计量和 5% 水平下的临界值，当 $LR > \chi^2_{0.05}$ 时，拒绝原假设，表示统计量显著，此时表示增加滞后阶数能够显著增大极大似然的估计值；否则，不拒绝原假设。每次减少一个滞后数，直到不拒绝原假设。

对 AIC 信息准则和 SC 准则而言，需要注意的是，一些参考文献通过不同的方法来定义 AIC 和 SC。AIC 和 SC 信息准则要求它们的值越小越好。在利用这些准则建立一个初步的模型之后，还必须检验它的恰当性，这与单变量模型的诊断性检验类似，如分析模型的稳健性及残差序列的交叉相关性等。

---

① 高铁梅.计量经济分析方法与建模 EViews 应用及实例［M］.3 版.北京：清华大学出版社，2016：330.

② 高铁梅.计量经济分析方法与建模 EViews 应用及实例［M］.3 版.北京：清华大学出版社，2016：342-343.

例 12.8 数据同例 12.4,要求建立 $\ln CS$ 与 $\ln GDP$ 之间的 VAR 模型。

思路: $\ln CS$ 与 $\ln GDP$ 序列不平稳,但利用例 12.4 的结果,$\ln CS$ 与 $\ln GDP$ 为 $(1,1)$ 阶单整,且 $\ln CS$ 与 $\ln GDP$ 之间存在协整关系,故可以建立 $\ln CS$ 与 $\ln GDP$ 之间的 VAR 模型。

Eviews 操作步骤如下:

Step 1 将 $\ln CS$ 与 $\ln GDP$ 以数组形式打开,点击"Open"→"As VAR",弹出如图 12.35 所示的对话框。

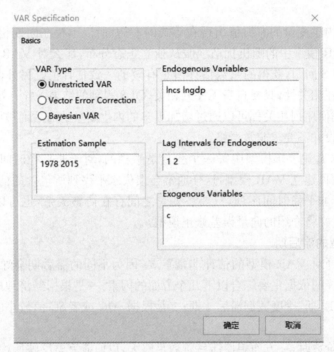

图 12.35 VAR Specification 对话框

VAR Specification 对话框是设定 VAR 模型和 VEC 模型的主要设定窗口。其中,Basics 选项卡用于设定 VAR 回归模型。Cointegration 选项用于设定变量之间的协整关系,Vector Error Correction 选项用于设定矢量误差修正模型。Bayesian VAR 选项用于设定贝叶斯 VAR。Unrestricted VAR(无约束 VAR)为默认选项,一般普通 VAR 选择此项。

建立 VAR 模型首先必须设定模型中的内生变量(即相互影响的变量)。内生变量在 VAR Specification 对话框的 Endogenous Variables 文本框中设定。EViews 会自动生成内生变量,变最之间用空格隔开,变量之间的顺序不影响结果。

VAR 模型中的内生变量设定完毕之后,必须进一步确定模型内生变量的滞后期。在 EViews 中滞后期的设定是在 VAR Specification 对话框的 Lag Intervals for Endogenous 文本框中进行的。滞后期的数目是在该文本框中通过两个数字定义的。第一个数字表示滞后期开始的数字,第二个数字表示滞后期结束的数字,两个数字之间用空格隔开。本例中,滞后阶数将依次选取 1、2、3、4、5(一般不超过 5),以便于比较从而选取最优阶数。

VAR 模型外生变量的设定与内生变量类似。一般情况下,VAR 模型除截距项外,很少包含其他外生解释变量。

设定完成后,点击"确定"。因结果较长,分成两部分呈现。滞后阶数取 1、5 时,结果如

图 12.36、图 12.37 所示。

```
Vector Autoregression Estimates
Date: 12/03/21  Time: 19:11
Sample (adjusted): 1979 2015
Included observations: 37 after adjustments
Standard errors in ( ) & t-statistics in [ ]
```

	LNCS	LNGDP
LNCS(-1)	0.613790	-0.230503
	(0.16579)	(0.19581)
	[3.70228]	[-1.17720]
LNGDP(-1)	0.357844	1.212274
	(0.15679)	(0.18519)
	[2.28225]	[6.54628]
C	0.238979	0.216062
	(0.05755)	(0.06797)
	[4.15233]	[3.17859]

图 12.36 滞后阶数为 1 的 VAR 结果

R-squared	0.998969	0.998720
Adj. R-squared	0.998908	0.998645
Sum sq. resids	0.087801	0.122476
S.E. equation	0.050817	0.060019
F-statistic	16471.53	13265.09
Log likelihood	59.30598	53.14837
Akaike AIC	-3.043566	-2.710723
Schwarz SC	-2.912952	-2.580108
Mean dependent	10.45058	10.98851
S.D. dependent	1.538026	1.630355

Determinant resid covariance (dof adj.)	1.45E-06
Determinant resid covariance	1.23E-06
Log likelihood	146.7948
Akaike information criterion	-7.610529
Schwarz criterion	-7.349299

图 12.37 滞后阶数为 5 的 VAR 结果

图 12.36、图 12.37 结果的第二列、第三列分别是 LNCS、LNGDP 的回归模型及统计量信息。图 12.37 的下半部分是 VAR 模型整体的检验统计量结果,包含 Determinant resid covariance(dof adj)经过自由度调整的残差协方差矩阵行列式值、Determinant resid covariance 未经过自由度调整的残差协方差矩阵行列式值、Log likelihood 对数似然函数值、AIC 值和 SC 值。

Step 2 滞后阶数分别取 2、3 时,结果如图 12.38~图 12.41 所示。

Step 3 类似地,再做滞后阶数分别取 4、5 时,限于篇幅,结果略去。

Step 4 最优滞后阶数的确定。选取一个 VAR 模型结果窗口,依次点击"View"→"Lag Structure"→"Lag Length Criteria",在弹出对话框的文本框中输入 5,点击"OK",结果如图 12.42 所示。

```
Vector Autoregression Estimates
Date: 12/03/21   Time: 21:24
Sample (adjusted): 1980 2015
Included observations: 36 after adjustments
Standard errors in ( ) & t-statistics in [ ]
```

	LNCS	LNGDP
LNCS(-1)	0.392391	-1.119511
	(0.31620)	(0.36159)
	[1.24096]	[-3.09606]
LNCS(-2)	0.403535	1.042435
	(0.27905)	(0.31912)
	[1.44608]	[3.26663]
LNGDP(-1)	1.131944	2.566152
	(0.27137)	(0.31033)
	[4.17123]	[8.26917]
LNGDP(-2)	-0.947156	-1.502543
	(0.25478)	(0.29136)
	[-3.71747]	[-5.15696]
C	0.158855	0.177106
	(0.05255)	(0.06009)
	[3.02289]	[2.94711]

图 12.38　滞后阶数为 2 的 VAR 结果(1)

R-squared	0.999485	0.999404
Adj. R-squared	0.999419	0.999327
Sum sq. resids	0.040277	0.052672
S.E. equation	0.036045	0.041220
F-statistic	15045.84	12994.13
Log likelihood	71.23706	66.40777
Akaike AIC	-3.679837	-3.411543
Schwarz SC	-3.459904	-3.191610
Mean dependent	10.52268	11.06266
S.D. dependent	1.495079	1.588936

Determinant resid covariance (dof adj.)	5.22E-07
Determinant resid covariance	3.87E-07
Log likelihood	163.5951
Akaike information criterion	-8.533062
Schwarz criterion	-8.093196

图 12.39　滞后阶数为 2 的 VAR 结果(2)

综合 LR(显著程度)、AIC/SC(取值最小)结果,可以选取滞后二阶或滞后五阶较为合适(二阶、五阶 LR 检验都显著,但显著程度有差异;而二阶的 AIC/SC 值与五阶相比,也存在一定的差异)。当滞后阶数为 2 时,VAR 回归模型如图 12.43 所示。

12.6.3　基于 VAR 模型的 Granger 因果分析、脉冲响应分析(IRF)及方差分解

单方程模型结果的分析绝大部分考虑其参数估计值就可以,而 VAR 模型结果的分析

	LNCS	LNGDP
LNCS(-1)	0.575485	-0.986409
	(0.38585)	(0.46135)
	[1.49146]	[-2.13809]
LNCS(-2)	0.382580	0.865940
	(0.59827)	(0.71533)
	[0.63948]	[1.21054]
LNCS(-3)	-0.175273	0.036285
	(0.35487)	(0.42430)
	[-0.49391]	[0.08552]
LNGDP(-1)	1.176997	2.521349
	(0.33534)	(0.40096)
	[3.50986]	[6.28836]
LNGDP(-2)	-1.397337	-1.535278
	(0.57785)	(0.69091)
	[-2.41818]	[-2.22211]
LNGDP(-3)	0.419556	0.084647
	(0.35519)	(0.42468)
	[1.18123]	[0.19932]
C	0.142328	0.178796
	(0.06090)	(0.07281)
	[2.33718]	[2.45556]

图 12.40　滞后阶数为 3 的 VAR 结果(1)

R-squared	0.999493	0.999361
Adj. R-squared	0.999385	0.999224
Sum sq. resids	0.036323	0.051928
S.E. equation	0.036017	0.043065
F-statistic	9202.505	7296.428
Log likelihood	70.57361	64.31898
Akaike AIC	-3.632778	-3.275370
Schwarz SC	-3.321708	-2.964301
Mean dependent	10.59489	11.13785
S.D. dependent	1.451813	1.545793
Determinant resid covariance (dof adj.)		4.96E-07
Determinant resid covariance		3.18E-07
Log likelihood		162.5213
Akaike information criterion		-8.486933
Schwarz criterion		-7.864794

图 12.41　滞后阶数为 3 的 VAR 结果(2)

一般要借助格兰杰因果分析、脉冲响应函数、方差分解等多种工具。

1. Granger 因果分析

前文已经介绍了 Granger 因果分析的检验思路,格兰杰因果关系实际上是利用了 VAR 模型来进行一组系数显著性检验。格兰杰因果关系可以用来检验某个变量的所有滞后项是

```
VAR Lag Order Selection Criteria
Endogenous variables: LNCS LNGDP
Exogenous variables: C
Date: 12/03/21  Time: 23:51
Sample: 1978 2015
Included observations: 33
```

Lag	LogL	LR	FPE	AIC	SC	HQ
0	-3.884211	NA	0.004897	0.356619	0.447316	0.387136
1	134.4912	251.5917	1.42e-06	-7.787347	-7.515254	-7.695796
2	148.5665	23.88526	7.76e-07	-8.397967	-7.944480*	-8.245383
3	153.4966	7.768685	7.40e-07	-8.454339	-7.819457	-8.240720
4	158.4560	7.213745	7.09e-07	-8.512487	-7.696210	-8.237835
5	166.0358	10.10637*	5.85e-07*	-8.729443*	-7.731772	-8.393757*

```
* indicates lag order selected by the criterion
LR: sequential modified LR test statistic (each test at 5% level)
FPE: Final prediction error
AIC: Akaike information criterion
SC: Schwarz information criterion
HQ: Hannan-Quinn information criterion
```

图 12. 42 Lag Length Criteria 结果

```
VAR Model - Substituted Coefficients:

LNCS = 0.392390862797*LNCS(-1) + 0.403534653319*LNCS(-2) + 1.13194373278
*LNGDP(-1) - 0.947156247609*LNGDP(-2) + 0.158854870188

LNGDP =  - 1.11951079063*LNCS(-1) + 1.04243480984*LNCS(-2) + 2.56615182587
*LNGDP(-1) - 1.50254326261*LNGDP(-2) + 0.177106129146
```

图 12. 43 滞后阶数为 2 的 VAR 结果

否对另一个或几个变量的当期值有影响。如果影响显著,说明该变量对另一个变量或几个变量存在格兰杰因果关系;如果影响不显著,则说明该变量对另一个变量或几个变量不存在格兰杰因果关系。VAR 模型的因果关系检验给出了每个内生变量相对于其他内生变量的 Granger Causality 检验结果,下文的案例将结合软件操作进行说明。

2. 脉冲响应分析(IRF)

由于系数只是反应了一个局部的动态关系,并不能捕捉全面复杂的动态关系,而研究者往往关注一个变量变化对另一个变量的全部影响过程,在这种情况下通过绘制 IRF 脉冲响应函数来实现。

3. 方差分解

一般情况下,脉冲响应函数捕捉的是一个变量的冲击对另一个变量的动态影响路径,而方差分解可以将 VAR 模型系统内一个变量的方差分解到各个扰动项上。因此方差分解提供了关于每个扰动项因素影响 VAR 模型内各个变量的相对程度。

例 12.9 数据同例 12.8,要求在建立 lnCS 与 lnGDP 之间 VAR 模型的基础上进行 Granger 因果分析、脉冲响应分析(IRF)及方差分解。

Eviews 操作步骤如下:

Step 1 建立 lnCS 与 lnGDP 之间 VAR 模型的步骤参见例 12.8。最优滞后阶数根据前例选取 2,在 VAR 模型估计窗口依次点击"View"→"Lag Structure"→"Granger Causality"→"Block Exogeneity Tests",结果如图 12.44 所示。

Dependent variable: LNCS			
Excluded	Chi-sq	df	Prob.
LNGDP	17.40430	2	0.0002
All	17.40430	2	0.0002

Dependent variable: LNGDP			
Excluded	Chi-sq	df	Prob.
LNCS	10.78801	2	0.0045
All	10.78801	2	0.0045

图 12.44　Granger 因果分析结果

结果表明，$\ln CS$ 与 $\ln GDP$ 之间，在滞后二阶情形下互为 Granger 因果关系。

Step 2　依次点击"View"→"Impulse Responses"，出现如图 12.45 所示的对话框。此对话框是设定脉冲响应函数的主窗口。其中，Display 选项卡用于设定脉冲函数的冲击项、响应项、输出格式等；Impulse Definition 选项卡用于设定残差协方差矩阵的分解方法和冲击排序。

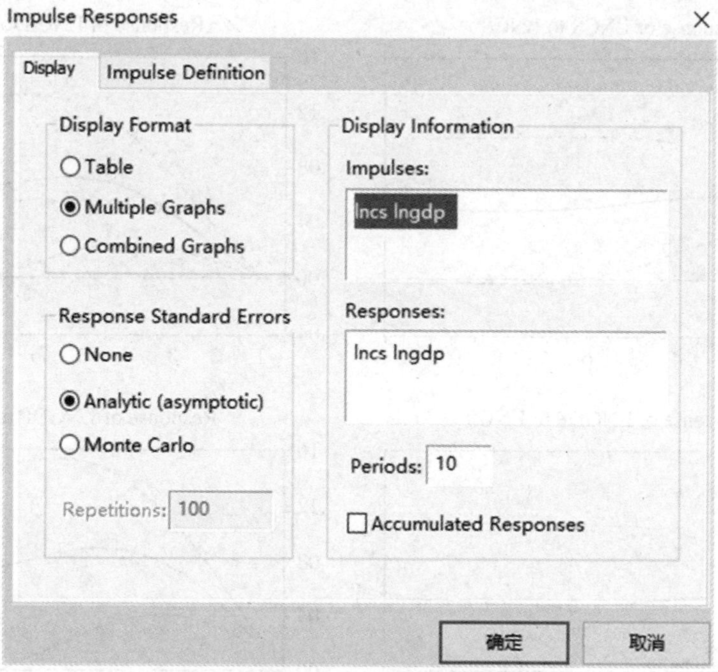

图 12.45　Impulse Responses 对话框

Display 选项卡用于基本设定。其中，Display Format 用于设定脉冲响应函数的输出形式：Table 输出的是表格形式；Multiple Graphs 输出的是多图表形式；Combined Graphs 表示输出的是组合图表形式，即以被冲击变量分组显示。

Response Standard Errors 选项组用于设定脉冲响应的标准差计算方法。None 表示不计算标准差；Analytic(asymptomatic)表示采用解析方法计算渐进标准误差；Mone Carlo 表示采用蒙特卡罗方法计算标准误差。

Display Information 选项组用于具体设定脉冲响应函数的冲击形式。Impulse 文本框中用于填写冲击变量，多个冲击变量之间用空格隔开；Responses 文本框中用于填写被冲击变量，多个被冲击变量之间用空格隔开；Periods 文本框用于输入需要冲击的期数；Accumulated Responses 复选框用于选择是否输出累计脉冲响应函数，即将各期冲击值加总。

Impulse Definition 选项卡用于设定残差协方差矩阵的分解方法和冲击排序。Decomposition Method 选项组用于选择残差协方差矩阵的分解方法，其中 Residual-one unit 表示一个单位的残差冲击，没有进行任何分解；Residual-one std. deviation 表示残差一个标准差的冲击，对残差进行了标准化，不受单位影响；Cholesky-dof adjusted 表示进行了 Cholesky 正交分解后的一个标准差冲击，并且经过自由度调整；Cholesky-no dof adjusted 对残差进行了没有经过自由度调整的 Cholesky 正交分解后的一个标准差冲击；Generalized Impulses 表示广义正交冲击，该冲击对冲击变量排序无影响；User Specified 表示用户自定义冲击形式。

Cholesky Ordering 文本框用于输入冲击变量的顺序，该文本框仅在 Decomposition Method 选项组选择了 Cholesky-dof adjusted 或者 Cholesky-no dof adjusted 选项后可用。

本例中，均选择默认选项，单击"确定"即可得到如图 12.46 所示的结果。

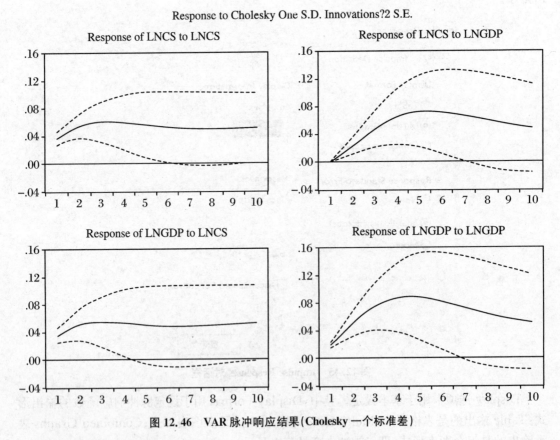

图 12.46　VAR 脉冲响应结果（Cholesky 一个标准差）

结果显示，"Response of LNCS to LNGDP"部分显示的是 LNGDP 变动一个标准差对

LNCS 的脉冲函数图；"Response of LNGDP to LNCS"部分显示的是 LNCS 变动一个标准差对 LNGDP 的脉冲函数图。图 12.46 中的实线表示受冲击后的走势，两侧的虚线表示走势的 2 倍标准误差。可以看出，LNCS 受自身一个冲击后，先有所上升，在第三期到达高点后回落趋于平缓；LNCS 受 LNGDP 一个冲击后，先有所上升，在第五期到达高点后开始回落；LNGDP 受自身一个冲击后，先有所上升，在第四期到达高点后开始回落；LNGDP 受 LNCS 一个冲击后，先有所上升，在第三期到达高点后开始回落趋于平缓。

View 菜单下的 Variance Decomposition 可以用于生成基于 VAR 模型的方差分解图或表，也是 VAR 模型的主要分析工具，选择"Variance Decomposition"，出现 VAR Variance Decomposition 对话框。

VAR Variance Decomposition 对话框是进行方差分解设定的主窗口，包含：

① Display Format 选项组，用于选择方差分解的输出形式。其中，Table 单选按钮表示输出的为表格形式；Multiple Graphs 单选按钮表示以单个图表形式输出；Combined 单选按钮表示输出的是组合图表形式，选择该选项后 Standard Errors 将变成不可用状态，即不再计算标准误差。

② Standard Errors 选项组，用于选择标准误差计算方法。其中，None 表示不计算标准误差；Monte Carlo 表示采用蒙特卡洛方法计算的标准误差。其他选项解释略去。

针对本例，Display Format 选项组选择"Multiple Graphs"，其他选择默认项，点击"OK"，得到如图 12.47 所示的结果。

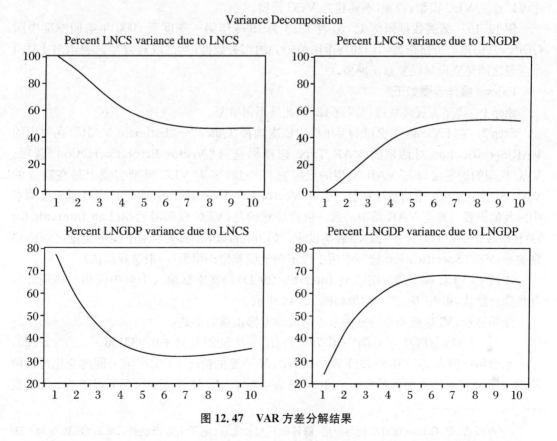

图 12.47　VAR 方差分解结果

结果显示，"Percent LNCS Variance due to LNCS"部分显示的是 LNCS 变动方差由自

身变动导致的部分，"Percent LNCS variance due to LNGDP"部分显示的是 LNCS 变动方差由 LNGDP 变动导致的部分。随着期数的增加，LNCS 变动方差由自身变动解释部分逐渐下降，而由 LNGDP 变动解释的部分逐渐增加，其中在第 7～8 期达到了峰值，大约 53%的 LNCS 变动由 LNGDP 变动可以解释。其余图形可类似解释。

12.7　向量误差修正模型

向量误差修正模型（VEC），实质上是在差分序列建立的 VAR 模型中加入一个误差修正项。具体表达式如式（12.32）：

$$\Delta y_t = \alpha ECM_{t-1} + A_1 \Delta y_{t-1} + A_2 \Delta y_{t-2} + \cdots + A_p \Delta y_{t-p} + \mu_t \tag{12.32}$$

其中，ECM 表示根据协整方程计算的误差修正项，误差修正项反映了变量之间偏离长期关系的非均衡误差，而误差修正项前面的系数就是调整参数，用于反映变量当期的变化回归到长期均衡关系或者消除非均衡误差的速度。

由于误差修正模型只能应用于存在协整关系的变量序列，因此在建立误差修正模型之前需要进行 Johansen 协整检验。只有 Johansen 协整检验结果显示至少存在一个协整关系才可以建立 VEC 模型；否则，不能建立 VEC 模型。

例 12.10　案例数据同例 12.5，表 12.3 为 1998 年第一季度至 2006 年第四季度中国 $GDP(y)$、房地产价格指数(x_1)和货币供给(x_2)的相关数据（均已取对数）[①]。要求对上述 3 个变量之间建立向量误差修正模型。

Eviews 操作步骤如下：

Step 1　协整方程建立过程同例 12.5，此处不再重复。

Step 2　在 EViews 主窗口的菜单栏中依次选择"Quick"→"Estimate VAR"，在弹出的 VAR Specification 对话框的 VAR Type 选择框选择"Vector Error Correction"选项。VEC 模型的设定窗口与 VAR 模型的设定窗口一致，因为 VEC 模型实质上是在建立的 VAR 模型中加入一个协整项而已。选择 Vector Error Correction 选项时的 Basics 选项卡中的其他设置与建立 VAR 模型一致。值得注意的是，VEC 模型滞后期（Lag Intervals for D）是指对原变量的差分序列的滞后期设定。Cointegration 选项卡用于设定变量之间的协整关系，VEC Specification 选项卡用于设定向量误差修正模型（一般选择默认）。

本例中，VEC 模型滞后期（Lag Intervals for D）的文本框输入 1 4（中间用空格隔开），其他选择默认，单击"确定"。结果如图 12.48 所示。

结果显示，VEC 模型中协整关系表达成误差修正项的形式：

$$CointEQ1 = GDP - 0.790278HP - 0.502981M + 0.933153 \tag{12.33}$$

系数估计值含义：－0.886311 表示在 HP、M 不变的情况下，GDP 在 t 期的变化可以消除前一期 88.6%的非均衡误差；－0.103258 表示在 GDP、M 不变的情况下，HP 在 t 期的变

---

① 李嫣怡,等.Eviews 统计分析与应用（修订版）[M].北京:电子工业出版社,2013.（原数据为 1998 年第一季度至 2007 年第四季度数据,本例选取 1998 年第一季度至 2006 年第四季度数据。）

化可以消除前一期 10.3% 的非均衡误差；-0.028256 表示在 *GDP*、*HP* 不变的情况下，*M* 在 *t* 期的变化可以消除前一期 2.8% 的非均衡误差。

Cointegrating Eq:	CointEq1		
GDP(-1)	1.000000		
HP(-1)	-0.790278		
	(0.08401)		
	[-9.40661]		
M(-1)	-0.502981		
	(0.05371)		
	[-9.36445]		
C	0.933153		
Error Correction:	D(GDP)	D(HP)	D(M)
CointEq1	-0.886311	-0.103258	-0.028256
	(0.20285)	(0.40857)	(0.17874)
	[-4.36926]	[-0.25273]	[-0.15808]
D(GDP(-1))	0.392732	0.348482	-0.175473
	(0.16639)	(0.33513)	(0.14661)
	[2.36032]	[1.03984]	[-1.19683]
D(GDP(-2))	0.513151	0.023640	-0.154030
	(0.17315)	(0.34875)	(0.15257)
	[2.96359]	[0.06778]	[-1.00954]

图 12.48　VEC 模型估计结果

思考题

数据 12.11 为 1970 年第一季度至 1991 年第 4 季度某国宏观经济数据，PDI 为个人可支配收入，PCE 为个人消费支出。所有数据都以 1987 年的 10 亿美元为单位，共有 88 个季度观测值，试回答下列问题：

(1) 建立 PCE 和 PDI 的 VAR 模型；

(2) 对所建立的 VAR 模型进行脉冲响应函数分析；

(3) 对所建立的 VAR 模型进行方差分解分析。

第 13 章　面板数据模型

面板数据（panel data）也称时间序列截面数据（time series and cross section data）。面板数据是同时在时间和截面空间上取得的二维数据。面板数据模型能同时反映变量在截面和时间二维空间上的变化规律和特征，具有纯时间序列数据和纯截面数据所不可比拟的诸多优点，例如可以扩大样本容量，控制个体的异质性，控制内生性问题，增加自由度从而提高参数估计的有效性，以及用于构造更复杂的行为模型等。因此，面板数据被广泛地应用于研究消费结构、经济增长、技术进步、溢出效应等经济问题的建模实践中。本章重点介绍 Eviews 软件在面板数据的应用。

13.1　面板数据 Pool 对象的建立

面板数据从固定时间的截面上观察，是由若干个体构成的截面观测值，而从固定截面成员的时序变化上来观察，它是一个时间序列。面板数据的观测值使用双下标变量表示。例如：

$$x_{it}, i = 1, 2, \cdots, N; t = 1, 2, \cdots, T$$

其中，$i = 1, 2, \cdots, N$ 表示个体成员，$t = 1, 2, \cdots, T$ 代表时间跨度。

EViews 对面板数据模型和混合横截面模型的估计是通过含有合成数据对象或含有面板数据结构类型的工作文件实现的，在进行面板数据模型和混合横截面模型估计之前，需要先建立一个 Pool 对象或含有面板数据结构类型的工作文件并输入数据，其中最为常用的是通过 Pool 对象来进行面板数据和混合横截面模型的估计。

例 13.1　为了研究人力资本和收入水平对我国农村收入分配的影响，研究者收集了 11 个省市 2006 年和 2007 年的数据形成面板数据。研究者建立了 3 个变量，一是基尼系数，作为反映收入分配的指标；二是人均纯收入，单位是元；三是高中以上文化程度的个体在总人口中的比例，用来作为人力资本的代理变量，原始数据见表 13.1。要求利用原始数据建立 pool 对象。

表 13.1　2006—2007 年 11 省市农村基尼系数、人力资本及人均纯收入数据①

省市	时间	基尼系数	人力资本	人均纯收入	省市	时间	基尼系数	人力资本	人均纯收入
北京	2006	0.2583	0.36	8275.5	辽宁	2006	0.2189	0.14	4090.4
北京	2007	0.1591	0.382	9439.6	辽宁	2007	0.2636	0.1399	4773.4
天津	2006	0.1541	0.201	6227.9	吉林	2006	0.1925	0.104	3641.1
天津	2007	0.1573	0.1998	7010.1	吉林	2007	0.1382	0.1094	4191.3
河北	2006	0.1869	0.187	3801.8	黑龙江	2006	0.1695	0.102	3552.4
河北	2007	0.1957	0.2012	4293.4	黑龙江	2007	0.2158	0.0955	4132.3
山西	2006	0.2178	0.146	3180.9	上海	2006	0.2759	0.307	9138.7
山西	2007	0.2447	0.1488	3665.7	上海	2007	0.23	0.333	10144.6
内蒙古	2006	0.196	0.145	3341.9	江苏	2006	0.184	0.18	5813.2
内蒙古	2007	0.2527	0.1485	3953.1	江苏	2007	0.1801	0.1906	6561
浙江	2006	0.2999	0.162	7334.8					
浙江	2007	0.2496	0.1821	8265.2					

EViews 操作步骤如下：

Step 1　创建新的工作文件并指定数据的时间跨度。在 EViews 主窗口的菜单栏中依次选择"New"→"Workfile"，在弹出对话框的"Start date"输入"2006"，在"End date"输入"2007"，点击"OK"。

Step 2　建立新的 Pool 对象。在之后弹出的对话框中，点击"Object"（或在对话框空白处点击鼠标右键），在出现的下拉菜单中点击选择"New Object"，在弹出的对话框中按照图13.1 选择（填入），点击"OK"。

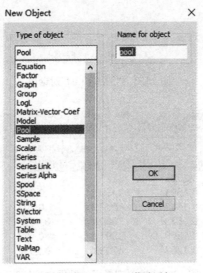

图 13.1　"New Object"对话框

---

① 李嫣怡，等. EViews 统计分析与应用[M]. 北京：电子工业出版社，2013.

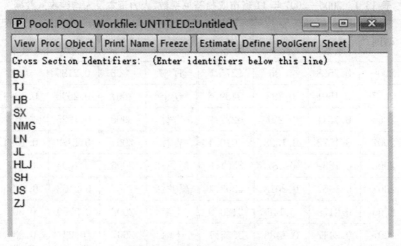

图 13.2 "Pool"对话框

Step 3 指定截面成员。在上一步弹出的窗口中,文本框中输入截面成员的识别名称"BJ""TJ"等等,之间用空格空开或换行均可。如图 13.2 所示。

Step 3 观测变量序列的建立。在"Pool"对话框,单击"Sheet",弹出一个对话框,输入"gini? Income? capital?",分别代表基尼系数、人均纯收入、人力资本,如图 13.3 所示。对于 Pool 对象,序列名后必须加"?"。设定完成后,单击"OK",转换到 Pool 窗口的数据表格形式。单击"Edit",即可转化为数据输入模式进行数据录入,完成后如图 13.4 所示。

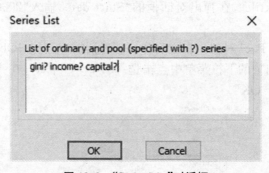

图 13.3 "Series List"对话框

	GINI?	INCOME?	CAPITAL?			
BJ-2006	0.2583	8275.5	0.36			
BJ-2007	0.1591	9439.6	0.382			
TJ-2006	0.1541	6227.9	0.201			
TJ-2007	0.1573	7010.1	0.1998			
HB-2006	0.1869	3801.8	0.187			
HB-2007	0.1957	4293.4	0.2012			

图 13.4 输入完成后的数据文件(部分)

13.2　面板数据模型的估计

13.2.1　混合横截面模型

如果一个面板数据在时间和截面个体之间均无显著性差异,即 $\alpha_i = \alpha_j = \alpha$;$\beta_i = \beta_j = \beta$,将其作为混合数据直接进行 OLS 回归便会得到较高的估计效率,这样的模型称为混合横截面模型,如式(13.1)所示:

$$y_{it} = \alpha + \sum_{i=1}^{k} \beta_i x_{it} + \nu_{it} \tag{13.1}$$

式中,$i = 1, 2, \cdots, N$ 表示个体成员,$t = 1, 2, \cdots, T$ 代表时间跨度。

相对于一般线性回归模型,混合横截面模型可以有效地扩大样本容量,从而增强估计的有效性。在面板数据在时间和截面个体之间均无显著性差异的假设成立的前提下,混合横截面模型比固定效应模型的估计效率高。可以通过模型设定的 F 检验和 LR 检验来确定需要建立混合横截面模型还是固定效应模型。F 检验和 LR 检验的原假设是:相对于固定效应模型,混合横截面模型更有效。式(13.2)和式(13.3)分别给出了 F 检验和 LR 检验的检验统计量。

$$F = \frac{(R_{ur}^2 - R_r^2)/(N - 1)}{n - N - k} \tag{13.2}$$

$$LR = 2(LR_{ur} - LR_r) \tag{13.3}$$

式中,R_{ur}^2、R_r^2 和 LR_{ur}、LR_r 分别为固定效应变截距模型和混合横截面模型的拟合优度和对数似然函数值,n 为观测值的数量,N 为截面成员的数量,k 为待估计参数的数量。

13.2.2　变截距模型

如果模型在横截面上存在个体影响,不存在结构性的变化,即解释变量的结构参数在不同横截面上是相同的,不同的只是截距项,个体影响可以用截距项 $\alpha_i(i = 1, 2, \cdots, N)$ 的差别来说明,即 $\alpha_i \neq \alpha_j$;$\beta_i = \beta_j = \beta$,我们把这种模型称为变截距模型。

根据对截面个体影响形式的不同设定,变截距模型分为固定效应变截距模型和随机效应变截距模型。

1. 固定效应变截距模型

固定效应模型假设模型中不随时间变化的非观测效应与误差项相关,固定效应模型的表达式如下:

$$y_{it} = \alpha_i + \sum_{i=1}^{k} \beta_i x_{it} + \nu_{it} \tag{13.4}$$

式中,$i = 1, 2, \cdots, N$ 表示个体成员,$t = 1, 2, \cdots, T$ 代表时间跨度。

模型中不随时间变化的非观测效应 α_i 与误差项 ν_{it} 相关。同时,$\alpha_i = \bar{\alpha} + \alpha^*$,其中 $\bar{\alpha}$ 代表均值截距项,该项在不同的截面成员时间是相同的,α^* 代表截面个体成员截距项,表示个体成员的截距对于整体截距的偏离。

对于固定效应模型,通常的处理方法是准差分处理后使用 OLS 估计方法或使用最小二乘虚拟变量法(LSDV)进行估计;如果其误差项 ν_{it} 不满足相互独立和同方差假定,则需要使用 GLS 进行估计。

2. 随机效应变截距模型

固定效应模型仅适用于所抽到的截面单位,不适用于样本以外的单位,如果所抽取的样本本身是总体(比如从全国抽取所有的省份),固定效应模型是一个合理的面板数据模型。然而,如果截面数据是从一个大总体中抽取的(比如从全国抽取部分省份),固定效应模型便适用于所抽到的个体成员单位,而不适用于样本之外的其他单位,即把个体差异看作随机分布更合适。也就是说,如果想以样本结果对总体进行分析则应该选用随机影响模型,即把反映个体差异的特定常数项作为跨个体成员的随机分布更合适。例如,在企业投资需求研究中,如果只关心所选取企业的投资需求状况,便可以选用固定效应模型来进行分析,而如果关心的是所有同等规模企业的投资需求状况,把选取的企业当作所有同等规模企业的随机抽样时,则应该选用随机效应模型进行分析[①]。

与固定效应模型不同,随机效应变截距模型把变截距模型中用来反映个体差异的截距项分为常数项和随机变量项两个部分,并用其中的随机变量项来表示模型中被忽略的、反映个体差异的变量的影响。模型的基本形式为

$$y_{it} = \alpha + \sum_{i=1}^{k} \beta_i x_{it} + \mu_i + \nu_{it} \tag{13.5}$$

式中,$i = 1, 2, \cdots, N$ 表示个体成员,$t = 1, 2, \cdots, T$ 代表时间跨度。

模型中不随时间变化的非观测效应 μ_i 与随机误差项 ν_{it} 不相关。因此,随机效应变截距模型也可以写成如下形式:

$$y_{it} = \alpha_i + \sum_{i=1}^{k} \beta_i x_{it} + \delta_{it} \tag{13.6}$$

式中,$\delta_{it} = \mu_i + \nu_{it}$ 为复合扰动项。

对于随机效应模型,虽然假定模型中不随时间变化的非观测效应 μ_i 与随机误差项 ν_{it} 不相关,但是由于 μ_i 的存在,同一个体不同时间的扰动项一般存在相关性问题。所以,对于随机效应模型,一般使用 GLS 进行估计。

3. Hausman 检验

Hausman 检验用于确定模型选择固定效应变截距模型还是随机效应变截距模型。该检验的原假设是:内部估计量(最小二乘虚拟变量法)和 GLS 得出的估计量均是一致的,但是内部估计量不是有效的。

因此在原假设下,$\hat{\beta}_w$ 与 $\hat{\beta}_{GLS}$ 之间的绝对值差距应该不大,而且应该随样本的增加而缩小,并渐进趋近于零。Hausman 检验统计量如下:

$$W = (\hat{\beta}_w - \hat{\beta}_{GLS})'' \sum_{\beta}^{-1} (\hat{\beta}_w - \hat{\beta}_{GLS}) \tag{13.7}$$

Hausman 检验统计量渐进服从自由度为 K 的卡方分布。

① 孙敬水. 计量经济学[M]. 4 版. 北京:清华大学出版社,2018:409.

13.2.3　变系数模型

若 $\alpha_i \neq \alpha_j$；$\beta_i \neq \beta_j$，即这种情形意味着模型在横截面上存在个体影响，又存在结构变化，即在允许个体影响由变化的截距项 $\alpha_i (i=1,2,\cdots,N)$ 来说明的同时，还允许系数向量 $\beta_i (i=1,2,\cdots,N)$ 依个体成员的不同而变化，用以说明个体成员之间的结构变化。我们称该模型为变系数模型。

变系数模型应用于不同个体的结构参数不同的情况，变系数模型的形式如下：

$$y_{it} = \alpha_i + \sum_{i=1}^{k} \beta_{it} x_{it} + \delta_{it} \tag{13.8}$$

式中，$i=1,2,\cdots,N$ 表示个体成员，$t=1,2,\cdots,T$ 代表时间跨度，变系数模型假定系数 β_{1t}，$\beta_{2t},\cdots,\beta_{kt}$ 和截距 α_i 在各截面个体成员之间均不相同。与变截距模型一样，变系数模型也分为固定效应变系数模型和随机效应变系数模型。

13.2.4　面板数据模型估计的流程

① 建立适当的面板数据模型，要检验样本数据究竟属于哪一种面板数据模型形式，从而避免模型设定的偏差，改进参数估计的有效性。主要检验如下两个假设：

$$H_1 : \beta_1 = \beta_2 = \beta_3 = \cdots = \beta_N$$
$$H_2 : \alpha_1 = \alpha_2 = \alpha_3 = \cdots = \alpha_N ; \beta_1 = \beta_2 = \beta_3 = \cdots = \beta_N \tag{13.9}$$

假设 1 为斜率在不同截面、不同时间样本点上都相同，但截距不同；假设 2 为截距和斜率在不同截面、不同时间样本点上都相同。如果接受假设 H_2，则可以认为样本数据符合不变截距、不变系数模型。如果拒绝假设 H_2，则需进一步检验假设 H_1。如果接受 H_1，则认为样本数据符合变截距、不变系数模型；反之，则认为样本数据符合变截距、变系数模型。

假设 2、假设 1 的检验统计量分别如下式：

$$F_2 = \frac{(S_3 - S_1)/[(N-1)(k+1)]}{S_1/[NT - N(k+1)]} \tag{13.10}$$

$$F_1 = \frac{(S_2 - S_1)/[(N-1)k]}{S_1/[NT - N(k+1)]} \tag{13.11}$$

式中，S_3 为无个体影响不变系数模型结果中的残差平方和，S_2 为固定效应变截距模型结果中的残差平方和，S_1 为固定效应变系数模型结果中的残差平方和。

② 对于是否选择混合回归模型，以及固定效应模型和随机效应模型的确定可参照图 13.5 中的流程。

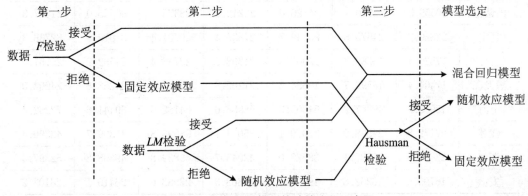

图 13.5　面板数据模型估计的流程示意图

例 13.2 2014—2020 年中国东北、华北、华东 15 个省市居民的人均消费和人均可支配收入见表 13.2 和表 13.3。要求判断选取面板数据模型的类型。

表 13.2 2014—2020 年中国东北、华北、华东 15 个省份的居民人均消费数据　　　（单位:元）

	2014	2015	2016	2017	2018	2019	2020
北京	31102.9	33802.8	35415.7	37425.3	39842.7	43038.3	38903.3
天津	22343.0	24162.5	26129.3	27841.4	29902.9	31853.6	28461.4
河北	11931.5	13030.7	14247.5	15437.0	16722.0	17987.2	18037.0
山西	10863.8	11729.1	12682.9	13664.4	14810.1	15862.6	15732.7
内蒙古	16258.1	17178.5	18072.3	18945.5	19665.2	20743.4	19794.5
辽宁	16068.0	17199.8	19852.8	20463.4	21398.3	22202.8	20672.1
吉林	13026.0	13763.9	14772.6	15631.9	17200.4	18075.4	17317.7
黑龙江	12768.8	13402.5	14445.8	15577.5	16994.0	18111.5	17056.4
上海	33064.8	34783.6	37458.3	39791.9	43351.3	45605.1	42536.3
江苏	19163.6	20555.6	22129.9	23468.6	25007.4	26697.3	26225.1
浙江	22552.0	24116.9	25526.6	27079.1	29470.7	32025.8	31294.7
安徽	11727.0	12840.1	14711.5	15751.7	17044.6	19137.4	18877.3
福建	17644.5	188502	20167.5	21249.3	22996.0	25314.3	25125.8
江西	11088.9	12403.4	13258.6	14459.0	15792.0	17650.5	17955.3
山东	13328.9	14578.4	15926.4	17280.7	18779.8	20427.5	20940.1

资料来源:《中国统计年鉴》(2021 年版)。

表 13.3 2014—2020 年中国东北、华北、华东 15 个省份的居民人均可支配收入数据　　　（单位:元）

	2014	2015	2016	2017	2018	2019	2020
北京	44488.6	48458.0	52530.4	57229.8	62361.2	67755.9	69433.5
天津	28832.3	31291.4	34074.5	37022.3	39506.1	42404.1	43854.1
河北	16647.4	18118.1	19725.4	21484.1	23445.7	25664.7	27135.9
山西	16538.3	17853.7	19048.9	20420.0	21990.1	23828.5	25213.7
内蒙古	20559.3	22310.1	24126.6	26212.2	28375.7	30555.0	31497.3
辽宁	22820.2	24575.6	26039.7	27835.4	29701.4	31819.7	32738.3
吉林	17520.4	18683.7	19967.0	21368.3	22798.4	24562.9	25751.0
黑龙江	17404.4	18592.7	19838.5	21205.8	22725.8	24253.6	24902.0
上海	45965.8	49867.2	54305.3	58988.0	64182.6	69441.6	72232.4
江苏	27172.8	29538.9	32070.1	35024.1	38095.8	41399.7	43390.4
浙江	32657.6	35537.1	38529.0	42045.7	45839.8	49898.8	52397.4
安徽	16795.5	16362.6	19998.1	21863.3	23983.6	26415.1	28103.2

续表

	2014	2015	2016	2017	2018	2019	2020
福建	23330.9	25404.4	27607.9	30047.7	32643.9	35616.1	37202.4
江西	16734.2	18437.1	20109.6	22031.4	24079.7	26262.4	28016.5
山东	20864.2	22703.2	24685.3	26929.9	29204.6	31597.0	32885.7

资料来源:《中国统计年鉴》(2021 年版)。

EViews 操作步骤如下:

思路:结合图 13.5 中的流程,EViews 对混合横截面模型设定的 F 检验和 LR 检验统计量的计算,需要以固定效应模型的估计结果为基础。因此,检验过程一般分为两步:第一步是估计固定效应模型;第二步是计算相应的检验统计量和伴随概率。

Step 1　建立 Pool 对象。实操步骤见例 13.1,如图 13.6 所示为输入完成后的数据文件(部分)。

	CP?	IP?
	CP?	IP?
AH-2014	11727.000	16795.500
AH-2015	12840.100	16362.600
AH-2016	14711.500	19998.100
AH-2017	15751.700	21863.300
AH-2018	17044.600	23983.600
AH-2019	19137.400	26415.100
AH-2020	18877.300	28103.200
BJ-2014	31102.900	44488.600
BJ-2015	33802.800	48458.000
BJ-2016	35415.700	52530.400
BJ-2017	37425.300	57229.800
BJ-2018	39842.700	62361.200
BJ-2019	43038.300	67755.900
BJ-2020	38903.300	69433.500

图 13.6　输入完成后的数据文件(部分)

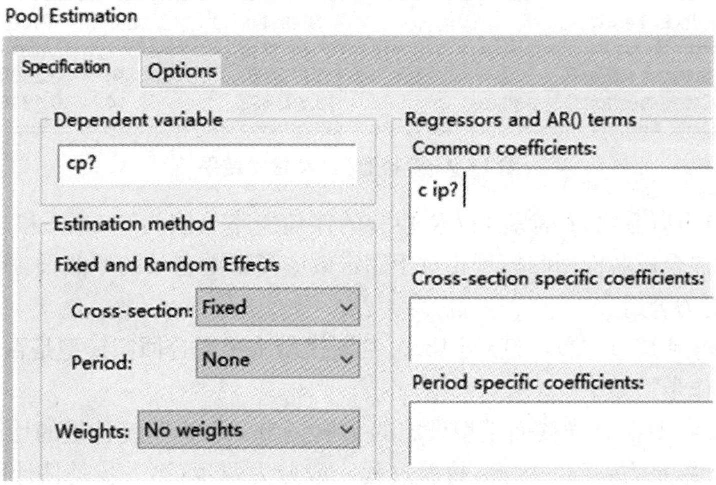

图 13.7　"Pool Estimation"对话框

Step 2 单击图 13.6 所在视窗的"Proc"按钮，并选择"Estimation"，在弹出的对话框中，按照图 13.7 所在示图进行相应的设置。注意：在"Cross-section"下拉菜单中选择"Fixed（固定）"。

Step 3 单击"OK"，得到如图 13.8 所示的结果。

```
Dependent Variable: CP?
Method: Pooled Least Squares
Date: 01/20/22  Time: 16:54
Sample: 2014 2020
Included observations: 7
Cross-sections included: 15
Total pool (balanced) observations: 105
```

Variable	Coefficient	Std. Error	t-Statistic	Prob.
C	16851.96	9943.654	1.694745	0.0936
IP?	0.198883	0.311848	0.637758	0.5253
Fixed Effects (Cross)				
AH--C	-5486.712			
BJ--C	8794.993			
FJ--C	22985.94			
HB--C	-5835.017			
HLJ--C	-5603.643			
JL--C	-5448.279			
JS--C	-539.8761			
JX--C	-6616.627			
LN--C	-2713.466			
NMG--C	-3404.060			
SD--C	-4895.002			
SH--C	10870.62			
SX--C	-7347.854			
TJ--C	3088.623			
ZJ--C	2150.359			

图 13.8 固定效应模型的估计结果（上半部分）

Step 4 在如图 13.8 所示的窗口中，依次点击"View"→"Fixed"→"Random Effects Testing"→"Redundant Fixed Effects-Likelihood Ratio"，得到如图 13.9 所示的结果。

```
Redundant Fixed Effects Tests
Pool: POOL
Test cross-section fixed effects
```

Effects Test	Statistic	d.f.	Prob.
Cross-section F	1.213537	(14,89)	0.2800
Cross-section Chi-square	18.343896	14	0.1916

图 13.9 F 检验和 LR 检验结果

从检验结果可以看出，F 检验和 LR 检验的伴随概率分别为 0.2800 和 0.1916，均大于 0.05，因此接受混合横截面回归模型相对于固定效应模型更有效的原假设，所以建立混合横截面回归模型更为合适。

例 13.3 同例 13.1，要求参照图 13.5，判断模型采用混合回归模型是否合适？

EViews 操作步骤如下：

思路： EViews 对混合横截面模型设定的 F 检验和 LR 检验统计量的计算，需要以固定效应模型的估计结果为基础。因此，检验过程一般分为两步：第一步是估计固定效应模型；第二步是计算相应的检验统计量和伴随概率。

Step 1　单击图 13.4 中的"Proc",并选择"Estimation",在弹出的对话框中,按照图 13.10 进行相应的设置。注意:在"Cross-section"下拉菜单中选择"Fixed(固定)"。

图 13.10　"Pool Estimation"对话框

Step 2　单击"OK",得到如图 13.11 所示的结果。

Dependent Variable: GINI?
Method: Pooled Least Squares
Date: 01/16/22　Time: 20:44
Sample: 2006 2007
Included observations: 2
Cross-sections included: 11
Total pool (balanced) observations: 22

Variable	Coefficient	Std. Error	t-Statistic	Prob.
C	0.736334	0.170905	4.308446	0.0020
INCOME?	2.99E-05	2.35E-05	1.275475	0.2341
CAPITAL?	-3.672885	1.333627	-2.754058	0.0223
Fixed Effects (Cross)				
BJ--C	0.569760			
TJ--C	-0.042799			
HB--C	0.046664			
SX--C	-0.066214			
NMG--C	-0.082215			
LN--C	-0.113780			
JL--C	-0.296361			
HLJ--C	-0.296049			
SH--C	0.403212			
JS--C	-0.058976			
ZJ--C	-0.063242			

图 13.11　固定效应模型的估计结果(上半部分)

Step 3 在如图 13.11 所示的窗口中,依次点击"View"→"Fixed"→"Random Effects Testing"→"Redundant Fixed Effects-Likelihood Ratio",得到如图 13.12 所示的结果。

```
Redundant Fixed Effects Tests
Pool: POOL
Test cross-section fixed effects
```

Effects Test	Statistic	d.f.	Prob.
Cross-section F	4.633360	(10,9)	0.0152
Cross-section Chi-square	39.955425	10	0.0000

图 13.12 F 检验和 LR 检验结果

从检验结果可以看出,F 检验和 LR 检验的伴随概率分别为 0.0152 和 0.0000,均小于 0.05,因此拒绝混合横截面回归模型相对于固定效应模型更有效的原假设,所以建立混合横截面回归模型并不合适。

例 13.4 1996—2002 年中国东北、华北、华东 15 个省市居民的人均消费和人均可支配收入见表 13.4 和表 13.5。要求判断选取面板数据模型的类型,并和例 13.2 的结果进行比较分析。

表 13.4 1996—2002 年中国东北、华北、华东 15 个省份的居民人均消费数据 （单位:元）

	1996	1997	1998	1999	2000	2001	2002
北京	5134.0	6203.0	6807.5	7453.8	8206.3	8654.4	10473.1
天津	4293.2	5047.7	5498.5	5916.6	6145.6	6904.4	7220.8
河北	3197.3	3868.3	3896.8	4104.3	4361.6	4457.5	5120.5
山西	2813.3	3131.6	3314.1	3507.0	3793.9	4131.3	4787.6
内蒙古	2572.3	2901.7	3127.6	3475.9	3877.3	4170.6	4850.2
辽宁	3237.3	3608.1	3918.2	4046.6	4360.4	4654.4	5402.1
吉林	2833.3	3286.4	3477.6	3736.4	4078.0	4281.6	4998.9
黑龙江	2904.7	3078.0	3290.0	3596.8	3890.6	4159.1	4493.5
上海	6193.3	6634.2	6866.4	8125.8	8651.9	9336.1	10411.9
江苏	3712.3	4457.8	4918.9	5076.9	5317.9	5488.8	6091.3
浙江	5342.2	6002.1	6236.6	6600.7	6950.7	7968.3	8792.2
安徽	3282.5	3646.2	3777.4	3989.6	4203.6	4495.2	4784.4
福建	4011.8	4853.4	5197.0	5314.5	5522.8	6094.3	6665.0
江西	2714.1	3136.9	3234.5	3531.8	3612.7	3914.1	4544.8
山东	3440.7	3930.6	4169.0	4546.9	5012.0	5159.5	5635.8

资料来源:《中国统计年鉴》(1997—2003 年版)。

表 13.5　2014—2020 年中国东北、华北、华东 15 个省份的居民人均可支配收入数据　（单位:元）

	1996	1997	1998	1999	2000	2001	2002
北京	6569.9	7419.9	8273.4	9128.0	9999.7	11229.7	12692.4
天津	5475.0	6409.7	7146.3	7734.9	8173.2	8852.5	9375.1
河北	4148.3	4791.0	5167.3	5468.9	5678.2	5955.0	6747.2
山西	3431.6	3870.0	4156.9	4360.1	4546.8	5401.9	6335.7
内蒙古	3189.4	3774.8	4383.7	4780.1	5063.2	5502.9	6038.9
辽宁	3899.2	4382.3	4649.8	4968.2	5363.2	5797.0	6597.1
吉林	3549.9	4041.1	4240.6	4571.4	4878.3	5271.9	6291.6
黑龙江	3518.5	3918.3	4251.5	4747.0	4997.8	5382.8	6143.6
上海	7489.5	8209.0	8773.1	10770.1	11432.2	12883.5	13183.9
江苏	4744.5	5668.8	6054.2	6624.3	6793.4	7316.6	8243.6
浙江	6446.5	7158.3	7860.3	8530.3	9187.3	10485.6	11822.0
安徽	4106.3	4540.2	4770.5	5178.5	5256.8	5640.6	6093.3
福建	4884.7	6040.9	6505.1	6922.1	7279.4	8422.6	9235.5
江西	3487.3	3991.5	4209.3	4787.6	5088.3	5533.7	6329.3
山东	4461.9	5049.4	5412.6	5849.9	6477.0	6975.5	7668.0

资料来源:《中国统计年鉴》(1997—2003 年版)。

思路:结合图 13.5 中的流程,EViews 对混合横截面模型设定的 F 检验和 LR 检验统计量的计算,需要以固定效应模型的估计结果为基础。因此,检验过程一般分为两步:第一步是估计固定效应模型;第二步是计算相应的检验统计量和伴随概率。

Step 1　建立 Pool 对象。实操步骤见例 13.1,如图 13.13 所示为输入完成后的数据文件(部分)。

View	Proc	Object	Print	Name	Freeze	Ed
		CP?		IP?		
AH-1996		3282.466		4106.251		
AH-1997		3646.150		4540.247		
AH-1998		3777.410		4770.470		
AH-1999		3989.581		5178.528		
AH-2000		4203.555		5256.753		
AH-2001		4495.174		5640.597		
AH-2002		4784.364		6093.333		
BJ-1996		5133.978		6569.901		
BJ-1997		6203.048		7419.905		
BJ-1998		6807.451		8273.418		
BJ-1999		7453.757		9127.992		
BJ-2000		8206.271		9999.700		
BJ-2001		8654.433		11229.660		
BJ-2002		10473.120		12692.380		

图 13.13　输入完成后的数据文件(部分)

Step 2　单击图 13.14 所在视窗中的"Proc"按钮,并选择"Estimation",在弹出的对话框中,按照图 13.7 进行相应的设置。注意:"Cross-section"下拉菜单选择"Fixed(固定)"。

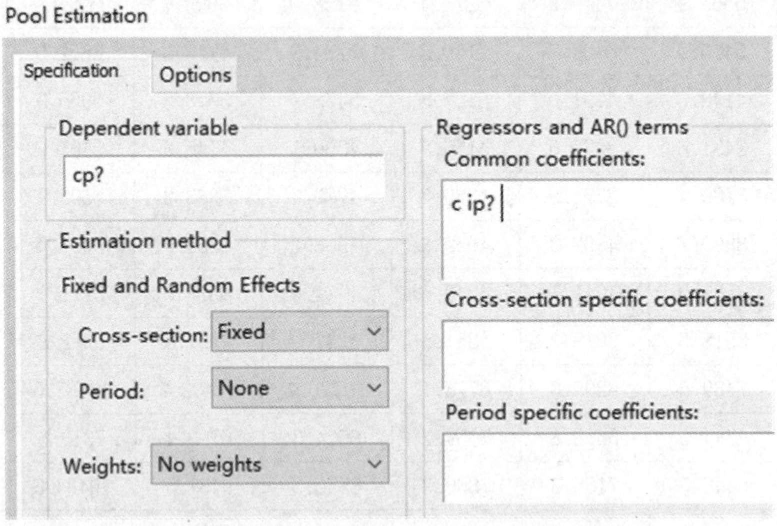

图 13.14　"Pool Estimation"对话框

Step 3　单击"OK",得到如图 13.15 所示的结果。

Dependent Variable: CP?
Method: Pooled Least Squares
Date: 01/20/22　Time: 18:15
Sample: 1996 2002
Included observations: 7
Cross-sections included: 15
Total pool (balanced) observations: 105

Variable	Coefficient	Std. Error	t-Statistic	Prob.
C	515.6133	81.59680	6.319038	0.0000
IP?	0.697561	0.012692	54.96020	0.0000
Fixed Effects (Cross)				
AH--C	-36.30568			
BJ--C	537.5663			
FJ--C	-47.64545			
HB--C	-154.2368			
HLJ--C	-169.7013			
JL--C	24.50419			
JS--C	-35.19584			
JX--C	-319.6957			
LN--C	106.4273			
NMG--C	-209.5483			
SD--C	-134.1146			
SH--C	266.9856			
SX--C	-74.88892			
TJ--C	47.22920			
ZJ--C	198.6199			

图 13.15　固定效应模型的估计结果(上半部分)

Step 4　在图 13.15 所示的窗口中,依次点击"View"→"Fixed"→"Random Effects Testing"→"Redundant Fixed Effects-Likelihood Ratio",得到如图 13.16 所示的结果。

```
Redundant Fixed Effects Tests
Pool: POOL
Test cross-section fixed effects
```

Effects Test	Statistic	d.f.	Prob.
Cross-section F	7.151809	(14,89)	0.0000
Cross-section Chi-square	79.146221	14	0.0000

图 13.16　F 检验和 LR 检验结果

从检验结果可以看出，F 检验和 LR 检验的伴随概率分别为 0.0000 和 0.0000，均小于 0.05，因此拒绝混合横截面回归模型相对于固定效应模型更有效的原假设，所以建立混合横截面回归模型并不合适，需要考虑变截距模型或者变系数模型。

Step 5　计算检验统计量 F_2 值。式中 S_3 为无个体影响不变系数模型结果中的残差平方和。计算 S_3（无个体影响的不变系数模型情形下）的操作步骤如下：

在 Pool 窗口中点击"Estimate"，弹出"Pool Estimate"窗口，在 Dependent variable 对话框中输入被解释变量"cp?"；在 Regression and AR（）terms 的 3 个编辑框中，在 common coefficients 栏中输入"C ip?"，Cross-section specific coefficients 和 Period specificcoefficient 选择窗口保持空白；在 Estimation method 的 3 个选项框中，Cross-section 选择"None"，Period 选择"None"，Weight（权数）选择"No weights"；在 Estimation settings 中选择 LS 方法，其他选择默认。点击"OK"，得到回归结果如图 13.17 所示。可以看到，该模型残差平方和为 4824597，即 S_3 为 4824597。注意：在 common coefficients 栏中输入"C ip? AR(1)"可消除自相关现象，其 R^2、F、DW 有所增加。在 Weight（权数）中选择"Cross section weights（GLS）"可消除截面异方差。

```
Dependent Variable: CP?
Method: Pooled Least Squares
Date: 01/20/22   Time: 18:29
Sample: 1996 2002
Included observations: 7
Cross-sections included: 15
Total pool (balanced) observations: 105
```

Variable	Coefficient	Std. Error	t-Statistic	Prob.
C	129.6306	63.69265	2.035253	0.0444
IP?	0.758726	0.009522	79.68183	0.0000

R-squared	0.984036	Mean dependent var	4917.608
Adjusted R-squared	0.983881	S.D. dependent var	1704.704
S.E. of regression	216.4272	Akaike info criterion	13.61125
Sum squared resid	4824597.	Schwarz criterion	13.66180
Log likelihood	-712.5906	Hannan-Quinn criter.	13.63173
F-statistic	6349.193	Durbin-Watson stat	0.784109
Prob(F-statistic)	0.000000		

图 13.17　回归估计结果（S_3）

Step 6　计算 S_2（固定影响的变截距模型情形下）操作步骤如下：

在 Pool 窗口中点击"Estimate"，弹出"Pool Estimate"窗口，在 Dependent variable 对话

框中输入被解释变量"cp?";在 Regression and AR（）terms 的 3 个编辑框中,在 common coefficients 栏中输入"C ip",Cross-section specific 和 Period specific 选择窗保持空白;在 Estimation method 的 3 个选项框中,Cross-section 选择"Fixed",Period 选择"None", Weight（权数）选择"No weights";在 Estimation settings 中选择 LS 方法,其他选择默认。点击"OK",得到如图 13.18 所示的输出结果。

```
Dependent Variable: CP?
Method: Pooled Least Squares
Date: 01/20/22   Time: 18:37
Sample: 1996 2002
Included observations: 7
Cross-sections included: 15
Total pool (balanced) observations: 105
```

Variable	Coefficient	Std. Error	t-Statistic	Prob.
C	515.6133	81.59680	6.319038	0.0000
IP?	0.697561	0.012692	54.96020	0.0000
Fixed Effects (Cross)				
AH--C	-36.30568			
BJ--C	537.5663			
FJ--C	-47.64545			
HB--C	-154.2368			
HLJ--C	-169.7013			
JL--C	24.50419			
JS--C	-35.19584			
JX--C	-319.6957			
LN--C	106.4273			
NMG--C	-209.5483			
SD--C	-134.1146			
SH--C	266.9856			
SX--C	-74.88892			
TJ--C	47.22920			
ZJ--C	198.6199			

Effects Specification

Cross-section fixed (dummy variables)

R-squared	0.992488	Mean dependent var	4917.608
Adjusted R-squared	0.991222	S.D. dependent var	1704.704
S.E. of regression	159.7187	Akaike info criterion	13.12414
Sum squared resid	2270394.	Schwarz criterion	13.52856
Log likelihood	-673.0175	Hannan-Quinn criter.	13.28802
F-statistic	783.8875	Durbin-Watson stat	1.609518
Prob(F-statistic)	0.000000		

图 13.18　回归估计结果(S_2)

Step 7　计算 S_1（固定影响的变系数模型情形下）操作步骤如下:

在 Pool 窗口中点击"Estimate",弹出"Pool Estimate"窗口,在 Dependent variable 对话框中输入被解释变量"cp?";在 Regression and AR（）terms 的 3 个编辑框中,common coefficients 栏中空白,在 Cross-section specific 窗口中填写"c ip?",Period specific 窗口保持空白;在 Estimation method 的 3 个选项框中,Cross-section 选择"Fixed",Period 选择"None",Weight（权数）选择"No weights";在 Estimation settings 中选择 LS 方法,其他选择默认。点击"OK",得到如图 13.19 所示的输出结果。

Variable	Coefficient	Std. Error	t-Statistic	Prob.
C	506.8080	78.49295	6.456733	0.0000
AH--IPAH	0.760053	0.083156	9.140057	0.0000
BJ--IPBJ	0.806556	0.026004	31.01621	0.0000
FJ--IPFJ	0.583046	0.038416	15.17734	0.0000
HB--IPHB	0.705311	0.066939	10.53661	0.0000
HLJ--IPHLJ	0.644470	0.062252	10.35262	0.0000
JL--IPJL	0.787571	0.062076	12.68718	0.0000
JS--IPJS	0.662366	0.049147	13.47731	0.0000
JX--IPJX	0.601985	0.057506	10.46817	0.0000
LN--IPLN	0.781279	0.061467	12.71051	0.0000
NMG--IPNMG	0.785819	0.056871	13.81758	0.0000
SD--IPSD	0.677399	0.049733	13.62064	0.0000
SH--IPSH	0.671730	0.024605	27.30093	0.0000
SX--IPSX	0.669777	0.056873	11.77680	0.0000
TJ--IPTJ	0.745713	0.040951	18.20986	0.0000
ZJ--IPZJ	0.627661	0.029693	21.13847	0.0000
Fixed Effects (Cross)				
AH--C	-345.1910			
BJ--C	-470.5906			
FJ--C	767.5187			
HB--C	-187.4531			
HLJ--C	89.08592			
JL--C	-389.0246			
JS--C	202.1077			
JX--C	145.5139			
LN--C	-311.2090			
NMG--C	-613.4487			
SD--C	-4.638612			
SH--C	544.2234			
SX--C	61.33799			
TJ--C	-309.6852			
ZJ--C	821.4531			

Effects Specification

Cross-section fixed (dummy variables)

R-squared	0.995337	Mean dependent var	4917.608
Adjusted R-squared	0.993534	S.D. dependent var	1704.704
S.E. of regression	137.0766	Akaike info criterion	12.91391
Sum squared resid	1409249.	Schwarz criterion	13.67219
Log likelihood	-647.9804	Hannan-Quinn criter.	13.22118
F-statistic	552.0481	Durbin-Watson stat	2.354650
Prob(F-statistic)	0.000000		

图 13.19　回归估计结果(S_1)

Step 8　计算 F_2。根据式(13.10),将相关数值代入:

$$F_2 = \frac{(S_3 - S_1)/[(N-1)(k+1)]}{S_1/[NT - N(k+1)]} = \frac{(4824597 - 1409249)/[(15-1)(1+1)]}{1409249/[15 \times 7 - 15 \times (1+1)]}$$

$$= 6.49158$$

计算 $F_{0.05}(28,75)$:打开一个 Excel 空白文档,在任一空白单元格处输入" = FINV (0.05, 28,75)",回车,可得 $F_{0.05}(28,75)$ 为 1.626。因为 $F_2 > F_{0.05}(28,75)$,故拒绝假设 H_2,继续检验假设 H_1。

Step 9　计算 F_1。根据式(13.11),将相关数值代入:

$$F_1 = \frac{(S_2 - S_1)/[(N-1)k]}{S_1/[NT - N(k+1)]} = \frac{(2270394 - 1409249)/[(15-1)(1+1)]}{1409249/[15 \times 7 - 15 \times (1+1)]}$$

$$= 3.273571$$

计算 $F_{0.05}(14,75)$；打开一个 Excel 空白文档，在任一空白单元格处输入"= FINV（0.05，14,75）"，回车，可得 $F_{0.05}(14,75)$ 为 1.826。因为 $F_1 > F_{0.05}(14,75)$，故拒绝假设 H_1，选取变系数模型更为适宜。

Step 10　在 Pool 窗口中点击"Estimate"，弹出"Pool Estimate"窗口，在 Dependent variable 对话框中输入被解释变量"cp?"；在 Regression and AR () terms 的 3 个编辑框中，在 common coefficients 栏中输入"c ip?"，Cross-section specific 和 Period specific 选择窗保持空白；在 Estimation method 的 3 个选项框中，Cross-section 选择"Random"，Period 选择"None"，Weight（权数）选择"No weights"；在 Estimation settings 中选择 LS 方法，其他选择默认。点击"OK"。在输出结果窗口中点击"View"，依次点击"Fixed"→"Random Effects Testing"→"Correlated Random Effect-Hausman Test"功能，可以直接获得如图 13.20 所示的 Hausman 检验结果（仅列出主要结果）。

Correlated Random Effects - Hausman Test
Pool: POOL
Test cross-section random effects

Test Summary	Chi-Sq. Statistic	Chi-Sq. d.f.	Prob.
Cross-section random	14.787516	1	0.0001

Cross-section random effects test comparisons:

Variable	Fixed	Random	Var(Diff.)	Prob.
IP?	0.697561	0.724569	0.000049	0.0001

图 13.20　Hausman 检验结果

图 13.20 给出的是 Hausman 检验结果。Hausman 统计量的值是 14.787，伴随概率为 0.0001，说明结果拒绝了随机影响模型原假设，应该建立个体固定影响模型。综上所述，应该选择变系数固定效应模型。

Step 11　同 Step 7，得到回归模型估计结果如图 13.19 所示。图中给出了变系数模型估计结果，结果的上半部第二列是各地区的边际消费倾向估计值，后面 3 列是参数的标准误差、t 统计量值和相伴概率。图的中部为各地区自发消费对平均自发消费（第一行系数估计值为 506.808）的偏离。结果的下半部是整个回归方程的拟合优度、F 统计量、DW 统计量等指标。在 Pool 中窗口点击"View"→"Representation"，可得到 15 个省份的消费函数方程式。

结果表明，回归系数显著不为 0，F 统计量较大（值显著），调整后的样本决定系数达 0.99，说明模型的拟合优度较高。平均自发消费与各地区自发消费对平均自发消费的偏离之和为各地区自发消费。从估计结果可以看出，15 个省份的居民家庭消费需求结构具有明显的差异。在 15 个省份中，边际消费倾向最高的是北京，其次是吉林、内蒙古两省区；而边际消费倾向最低的是福建。

延伸讨论：比较例 13.4 和例 13.2，研究对象相同，时间都是 7 年，只是研究时间段不同（例 13.4 为 2014—2020 年，而例 13.2 为 1996—2002 年）。按照面板数据模型估计的流程，结果差异巨大。这就给读者一个重要的提醒：模仿文献模型，因为数据（结构）不同，可能很难得到与文献相同的结果。

例 13.5 同例 13.1，要求参照图 13.5，判断模型采用随机效应模型还是固定效应模型合适？

EViews 操作步骤如下：

思路：利用例 13.3 的结果，结合图 13.5 中的第三步进行 Hausman 检验。注意：该检验需要以随机效应模型的估计结果为基础。

Step 1 在 Pool 窗口中点击"Estimate"，弹出"Pool Estimate"窗口，在 Dependent variable 对话框中输入被解释变量"gini?"；在 Regression and AR（）terms 的 3 个编辑框中，在 common coefficients 栏中输入"C income? Capital?"，Cross-section specific 和 Period specific 选择窗保持空白；在 Estimation method 的 3 个选项框中，Cross-section 选择"Random"，Period 选择"None"，Weight（权数）选择"No weights"；在 Estimation settings 中选择 LS 方法，其他选择默认。点击"OK"。

Step 2 在输出结果窗口中点击"View"，依次点击"Fixed"→"Random Effects Testing"→"Correlated Random Effect-Hausman Test"功能，可以直接获得如图 13.9 所示的 Hausman 检验结果（仅列出主要结果）。

Correlated Random Effects - Hausman Test
Pool: POOL
Test cross-section random effects

Test Summary	Chi-Sq. Statistic	Chi-Sq. d.f.	Prob.
Cross-section random	10.166069	2	0.0062

Cross-section random effects test comparisons:

Variable	Fixed	Random	Var(Diff.)	Prob.
INCOME?	0.000030	0.000005	0.000000	0.2573
CAPITAL?	-3.672885	-0.116265	1.713088	0.0066

图 13.21 Hausman 检验结果

图 13.21 给出的是 Hausman 检验结果。Hausman 统计量的值是 10.166，伴随概率为 0.0062，说明结果拒绝了随机影响模型原假设，应该建立个体固定影响模型。

Step 3 在 Pool 窗口中点击"Estimate"，弹出"Pool Estimate"窗口，在 Cross-section 中选择"Fixed"，其他选项同 Step 1，点击"OK"，得到如图 13.22 所示的结果。

结果显示，人力资本系数为负且显著，所以我们可以得到结论：人力资本的累积对于收入平均化具有正向作用。

Dependent Variable: GINI?
Method: Pooled Least Squares
Date: 01/19/22   Time: 12:50
Sample: 2006 2007
Included observations: 2
Cross-sections included: 11
Total pool (balanced) observations: 22

Variable	Coefficient	Std. Error	t-Statistic	Prob.
C	0.736334	0.170905	4.308446	0.0020
INCOME?	2.99E-05	2.35E-05	1.275475	0.2341
CAPITAL?	-3.672885	1.333627	-2.754058	0.0223
Fixed Effects (Cross)				
BJ--C	0.569760			
TJ--C	-0.042799			
HB--C	0.046664			
SX--C	-0.066214			
NMG--C	-0.082215			
LN--C	-0.113780			
JL--C	-0.296361			
HLJ--C	-0.296049			
SH--C	0.403212			
JS--C	-0.058976			
ZJ--C	-0.063242			

图 13.22　固定效应模型估计结果

13.3　面板数据的单位根检验与协整检验

13.3.1　面板数据的单位根检验

面板数据模型的单位根检验方法同普通的单位根检验方法类似,但也不完全相同。一般情况下可以将面板数据的单位根检验划分为两大类:一类为相同根情形下的单位根检验,即假设面板数据中的各截面序列具有相同的单位根过程,这类检验方法包括 LLC(Levin-Lin Chu)检验、Breitung 检验、Hadri 检验;另一类为不同根情形下的单位根检验,这类检验方法允许面板数据中的各截面序列具有不同的单位根过程,允许参数跨截面变化,检验方法主要包括 Im-Pesaran-Shin 检验、Fisher-ADF 检验和 Fisher-PP 检验。

13.3.2　面板数据的协整检验

佩德罗尼(Pedroni)提出了基于 Engle and Granger 两步法的面板数据协整检验方法,该方法以协整方程的回归残差为基础构造 7 个统计量来检验面板变量之间的协整关系。Kao 检验和 Pedroni 检验遵循同样的方法,即也是由 Engle and Granger 两步法发展起来的。但不同于 Pedroni 检验,Kao 检验在第一阶段将回归方程设定为每一个截面个体有不同的截距项和相同的系数。第二阶段基于 DF 检验和 ADF 检验的原理,对第一阶段求得的残差序列进行平稳性检验。Maddala 和 Wu 基于 Fisher 所提出的单个因变量联合检验的结论,建立了可用于面板数据的另一种协整检验方法,该方法通过联合单个截面个体 Johansen 协整检验的结果获得对应于面板数据的检验统计量。

例 13.6 表 13.6 列出了 2001—2020 年国内 A 股市场 4 家上市公司(C_1、C_2、C_3、C_4)每年的总投资 Y、总市值 X_1、固定资产净值 X_2 的相关数据资料。假定建立如下模型:

$$Y_{it} = \beta_0 + \beta_1 X_{1it} + \beta_2 X_{2it} + \mu_{it} \tag{13.12}$$

要求:

① 分别估计这 4 家上市公司 Y 关于 X_1、X_2 的回归方程;

② 将这四家公司的数据合并成一个大样本,按上述模型估计一个总的回归方程;

③ 对这四家公司的 Y、X_1、X_2 面板数据进行单位根检验和协整检验。

表 13.6　2014—2020 年中国 A 股 4 家公司的统计数据　　（单位:亿元）

	C_1			C_2			C_3			C_4		
	Y	X_1	X_2	Y	X_1	X_2	Y	X_1	X_2	Y	X_1	X_2
2001	33.1	1170.6	97.8	317.6	3078.5	2.8	209.9	1362.4	53.8	12.93	191.5	1.8
2002	45	2015.8	104.4	391.8	4661.7	52.6	355.3	1807.1	50.5	25.9	516	0.8
2003	77.2	2803.3	118	410.6	5387.1	156.9	469.9	2673.3	118.1	35.05	729	7.4
2004	44.6	2039.7	156.2	257.7	2792.2	209.2	262.3	1801.9	260.2	22.89	560.4	18.1
2005	48.1	2256.2	172.6	330.8	4313.2	203.4	230.4	1957.3	312.7	18.84	519.9	23.5
2006	74.4	2132.2	186.6	461.2	4643.9	207.2	361.6	2202.9	254.2	28.57	628.5	26.5
2007	113	1834.1	220.9	512	4551.2	255.2	472.8	2380.5	261.4	48.51	537.1	36.2
2008	91.9	1588	287.8	448	3244.1	303.7	445.6	2168.6	298.7	43.34	561.2	60.8
2009	61.3	1749.4	319.9	499.6	4053.7	264.1	361.6	1985.1	301.8	37.02	617.2	84.4
2010	56.8	1687.2	321.3	547.5	4379.3	201.6	288.2	1813.9	279.1	37.81	626.7	91.2
2011	93.6	2007.7	319.6	561.2	4840.9	265	258.7	1850.2	213.8	39.27	737.2	92.4
2012	159.9	2208.3	346	688.1	4900	402.2	420.3	2067.7	232.6	53.46	760.5	86
2013	147.2	1656.7	456.4	568.9	3526.5	761.5	420.5	1796.7	264.8	55.56	581.4	111.1
2014	146.3	1604.4	543.4	529.2	3245.7	922.4	494.5	1625.8	306.9	49.56	662.3	130.6
2015	98.3	1431.8	618.3	555.1	3700.3	1020.1	405.1	1667	351.1	32.04	583.8	141.8
2016	93.5	1610.5	647.4	642.9	3755.6	1099	418.8	1677.4	357.8	32.24	635.2	136.7
2017	135.2	1819.4	671.3	755.9	4833	1207.7	588.2	2289.5	341.1	54.38	732.8	129.7
2018	157.3	2079.7	726.1	891.2	4924.9	1430.5	645.2	2159.4	444.2	71.78	864.1	145.5
2019	179.5	2371.6	800.3	1304.4	6241.7	1777.3	641	2031.3	623.6	90.08	1193.5	174.8
2020	189.6	2759.9	888.9	1486.7	5593.6	2226.3	459.3	2115.5	669.7	68.6	1188.9	213.5

EViews 操作步骤如下:

Step 1　根据表 13.6 提供的原始数据建立 Pool 对象。步骤参照例 13.1,下面给出建立后的输入完成后的数据文件(部分),如图 13.23 所示。

	Y?	X1?	X2?
C1-2001	33.1	1170.6	97.8
C1-2002	45	2015.8	104.4
C1-2003	77.2	2803.3	118
C1-2004	44.6	2039.7	156.2
C1-2005	48.1	2256.2	172.6
C1-2006	74.4	2132.2	186.6
C1-2007	113	1834.1	220.9
C1-2008	91.9	1588	287.8
C1-2009	61.3	1749.4	319.9
C1-2010	56.8	1687.2	321.3

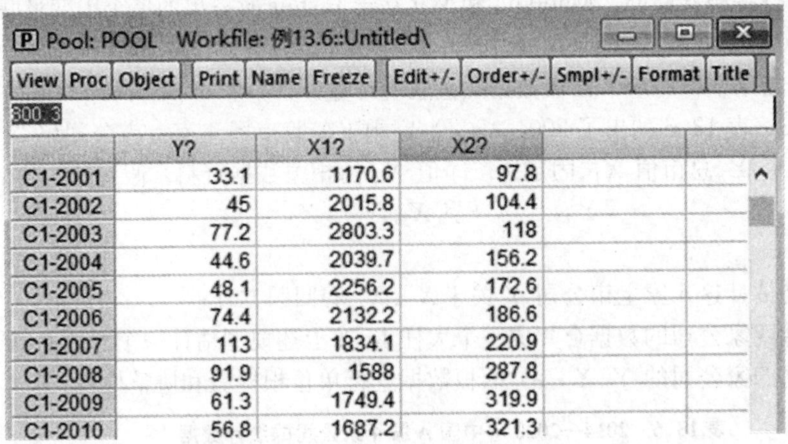

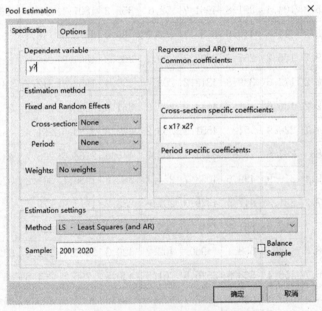

图 13.23　输入完成后的数据文件(部分)

Step 2　单击图 13.23 中的“Proc”,并选择“Estimation”,在弹出的对话框中,按照图 13.24 进行相应设置。单击“确定”,得到如图 13.25 所示的结果。

图 13.24　“Pool Estimation”对话框

Step 3　根据图 13.25 的结果,写出 4 家公司的 OLS 估计结果,见式(13.13)～式(13.16)。

$$\hat{Y}_{C1} = -9.9563 + 0.0266X_{1C1} + 0.152X_{2C1} \tag{13.13}$$

$$\hat{Y}_{C2} = -149.4667 + 0.119X_{1C2} + 0.372X_{2C2} \tag{13.14}$$

$$\hat{Y}_{C3} = -50.078 + 0.171X_{1C3} + 0.408X_{2C3} \tag{13.15}$$

$$\hat{Y}_{C4} = -0.5804 + 0.053X_{1C4} + 0.092X_{2C4} \tag{13.16}$$

注意:也可在图 13.23 界面,点选序列 Y_{C1}、X_{1C1}、X_{2C2},做 OLS 回归,公司 C_1 回归结果如图 13.26 所示。类似地,得到其他 3 家公司的回归模型(此处略去)。

Dependent Variable: Y?
Method: Pooled Least Squares
Date: 01/22/22 Time: 13:12
Sample: 2001 2020
Included observations: 20
Cross-sections included: 4
Total pool (balanced) observations: 80

Variable	Coefficient	Std. Error	t-Statistic	Prob.
C1--C	-9.956306	76.35180	-0.130400	0.8966
C2--C	-149.4667	78.18375	-1.911736	0.0601
C3--C	-50.07804	104.2684	-0.480280	0.6326
C4--C	-0.580403	53.30303	-0.010889	0.9913
C1--X1C1	0.026551	0.037881	0.700903	0.4858
C2--X1C2	0.119210	0.019083	6.246796	0.0000
C3--X1C3	0.171430	0.052390	3.272221	0.0017
C4--X1C4	0.053055	0.104485	0.507779	0.6133
C1--X2C1	0.151694	0.062553	2.425046	0.0180
C2--X2C2	0.371525	0.027401	13.55858	0.0000
C3--X2C3	0.408709	0.102966	3.969367	0.0002
C4--X2C4	0.091694	0.373394	0.245568	0.8068

R-squared	0.951157	Mean dependent var		290.9154
Adjusted R-squared	0.943256	S.D. dependent var		284.8528
S.E. of regression	67.85489	Akaike info criterion		11.41010
Sum squared resid	313091.5	Schwarz criterion		11.76741
Log likelihood	-444.4040	Hannan-Quinn criter.		11.55335
F-statistic	120.3830	Durbin-Watson stat		0.974483
Prob(F-statistic)	0.000000			

图 13.25 回归估计结果

Dependent Variable: YC1
Method: Least Squares
Date: 01/22/22 Time: 14:23
Sample: 2001 2020
Included observations: 20

Variable	Coefficient	Std. Error	t-Statistic	Prob.
C	-9.956306	31.37425	-0.317340	0.7548
X1C1	0.026551	0.015566	1.705705	0.1063
X2C1	0.151694	0.025704	5.901548	0.0000

R-squared	0.705307	Mean dependent var		102.2900
Adjusted R-squared	0.670637	S.D. dependent var		48.58450
S.E. of regression	27.88272	Akaike info criterion		9.631373
Sum squared resid	13216.59	Schwarz criterion		9.780733
Log likelihood	-93.31373	Hannan-Quinn criter.		9.660529
F-statistic	20.34355	Durbin-Watson stat		1.072099
Prob(F-statistic)	0.000031			

图 13.26 回归估计结果

Step 4 将这 4 家公司的数据合并成一个大样本,估计一个总的回归方程。如图 13.27 所示,选择或填写相应的内容,单击"确定",得到如图 13.28 所示的结果。

图 13.27　"Pool Estimation"对话框

Dependent Variable: Y?
Method: Pooled Least Squares
Date: 01/22/22　Time: 14:36
Sample: 2001 2020
Included observations: 20
Cross-sections included: 4
Total pool (balanced) observations: 80

Variable	Coefficient	Std. Error	t-Statistic	Prob.
C	-63.30414	29.61420	-2.137628	0.0357
X1?	0.110096	0.013730	8.018809	0.0000
X2?	0.303393	0.049296	6.154553	0.0000
R-squared	0.756528	Mean dependent var		290.9154
Adjusted R-squared	0.750204	S.D. dependent var		284.8528
S.E. of regression	142.3682	Akaike info criterion		12.79149
Sum squared resid	1560690.	Schwarz criterion		12.88081
Log likelihood	-508.6596	Hannan-Quinn criter.		12.82730
F-statistic	119.6292	Durbin-Watson stat		0.218717
Prob(F-statistic)	0.000000			

图 13.28　回归估计结果

　　由图 13.28 所示的结果,可以看到 DW 值为 0.2187,存在序列自相关,同时为消除截面异方差,故在"c x1? X2?"后添加"AR(1) AR(2)"(三阶滞后不显著),在 Weights 中选择"Cross section weights(GLS)",单击"确定",得到如图 13.29 所示的结果。

　　回归结果表明,回归系数显著不为零(假设 $\alpha = 0.10$),调整后的样本决定系数为 0.962,说明模型的拟合程度较好。从结果看,总投资 Y、总市值 X_1、固定资产净值 X_2 同向变动,公司市值每增加 1 个单位时,总投资将平均增加 0.071 个单位;固定资产每增加 1 个单位,总投资将平均增加 0.209 个单位。

Dependent Variable: Y?
Method: Pooled EGLS (Cross-section weights)
Date: 01/22/22   Time: 15:15
Sample (adjusted): 2003 2020
Included observations: 18 after adjustments
Cross-sections included: 4
Total pool (balanced) observations: 72
Iterate coefficients after one-step weighting matrix
Convergence achieved after 24 total coef iterations

Variable	Coefficient	Std. Error	t-Statistic	Prob.
C	-91.49641	237.1022	-0.385894	0.7008
X1?	0.071471	0.011591	6.165900	0.0000
X2?	0.208668	0.111153	1.877296	0.0648
AR(1)	1.281819	0.147579	8.685664	0.0000
AR(2)	-0.303180	0.153270	-1.978082	0.0520

Weighted Statistics			
R-squared	0.964240	Mean dependent var	296.6006
Adjusted R-squared	0.962105	S.D. dependent var	205.1782
S.E. of regression	60.40136	Sum squared resid	244437.8
F-statistic	451.6512	Durbin-Watson stat	1.811217
Prob(F-statistic)	0.000000		

Unweighted Statistics			
R-squared	0.951523	Mean dependent var	303.9125
Sum squared resid	295801.6	Durbin-Watson stat	1.820622

图 13.29　回归估计结果

Step 5　单位根检验。在 Pool 窗口中点击"View",选择"Unit Root Test",打开面板数据单位根检验(group unit root test)对话框窗口,按照图 13.30 选择或填写相应的内容,单击"确定",得到如图 13.31 所示的结果。

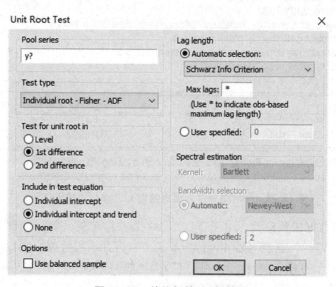

图 13.30　单位根检验对话框

```
Null Hypothesis: Unit root (individual unit root process)
Series: YC1, YC2, YC3, YC4
Date: 01/21/22  Time: 22:16
Sample: 2001 2020
Exogenous variables: Individual effects, individual linear trends
Automatic selection of maximum lags
Automatic lag length selection based on SIC: 0 to 2
Total number of observations: 66
Cross-sections included: 4
```

Method	Statistic	Prob.**
ADF - Fisher Chi-square	32.8061	0.0001
ADF - Choi Z-stat	-4.20024	0.0000

** Probabilities for Fisher tests are computed using an asymptotic Chi
-square distribution. All other tests assume asymptotic normality.

图 13.31　一阶差分序列面板数据 D(y?)单位根检验结果

结果显示,一阶差分序列面板数据 D(y?)为平稳时间序列。注意:此处的单位根检验和时间序列章节介绍的单位根检验类似(读者可参照相应内容):从原序列开始检验,分别就包含截距项和趋势项、包含截距项、None 3 种情形进行检验,此处对该过程省略,读者可自行操作。原序列检验结果显示,仅在包含截距项和趋势项情形下,y? 面板数据没有单位根。一阶差分序列面板数据 D(y?) 在包含截距项和趋势项、包含截距项、None 3 种情形下没有单位根,即为平稳时间序列。

类似地,可以检验 x1、x2 是非平稳时间序列,而 x1 的一阶差分为平稳时间序列,x2 的一阶差分在包含截距项和趋势项、包含截距项两种情形下为平稳时间序列。检验结果如图 13.32 和图 13.33 所示。

```
Null Hypothesis: Unit root (individual unit root process)
Series: X1C1, X1C2, X1C3, X1C4
Date: 01/21/22  Time: 22:13
Sample: 2001 2020
Exogenous variables: Individual effects, individual linear trends
Automatic selection of maximum lags
Automatic lag length selection based on SIC: 0 to 1
Total number of observations: 71
Cross-sections included: 4
```

Method	Statistic	Prob.**
ADF - Fisher Chi-square	44.4701	0.0000
ADF - Choi Z-stat	-5.23292	0.0000

** Probabilities for Fisher tests are computed using an asymptotic Chi
-square distribution. All other tests assume asymptotic normality.

图 13.32　一阶差分序列面板数据 x1? 单位根检验结果

Step 6　面板数据协整检验。由于 Y?、x1、x2 为一阶单整,因此可能存在协整关系。在 Pool 窗口中点击"View",选择"Cointegration Test",打开面板数据协整检验对话框窗口,按照图 13.34 选择或填写相应内容,单击"确定",得到如图 13.35 所示的结果。

由图 13.35 所示的结果可知,拒绝了 Y?、x1、x2 之间不存在协整关系的零假设,故应该认为存在协整关系。协整关系表达式可参照时间序列章节内容确定。

Null Hypothesis: Unit root (individual unit root process)
Series: X2C1, X2C2, X2C3, X2C4
Date: 01/21/22　Time: 22:14
Sample: 2001 2020
Exogenous variables: Individual effects, individual linear trends
Automatic selection of maximum lags
Automatic lag length selection based on SIC: 1 to 2
Total number of observations: 65
Cross-sections included: 4

Method	Statistic	Prob.**
ADF - Fisher Chi-square	27.7383	0.0005
ADF - Choi Z-stat	-3.63178	0.0001

** Probabilities for Fisher tests are computed using an asymptotic Chi
-square distribution. All other tests assume asymptotic normality.

Intermediate ADF test results D(X2?)

图 13.33　一阶差分序列面板数据 x2 单位根检验结果

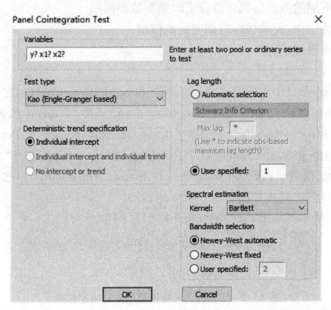

图 13.34　一阶差分序列面板数据 D(y?)单位根检验结果

13.4　时期面板数据模型的估计

对于不同的时期(或时点)有不同的截距和斜率的面板数据模型,则称为时期(或时点)面板数据模型。时期面板数据模型也有 3 种类型:无时期影响的不变系数模型(混合回归模型)、时期变截距模型和时期变系数模型。

```
Kao Residual Cointegration Test
Series: Y? X1? X2?
Date: 01/22/22   Time: 18:51
Sample: 2001 2020
Included observations: 20
Null Hypothesis: No cointegration
Trend assumption: No deterministic trend
User-specified lag length: 1
Newey-West automatic bandwidth selection and Bartlett kernel
```

	t-Statistic	Prob.
ADF	-3.386466	0.0004

Residual variance	4177.226
HAC variance	3216.123

图 13.35　一阶差分序列面板数据 D(y?)单位根检验结果

13.4.1　估计时期固定影响变截距模型

如果面板数据模型的解释变量对被解释变量的截距影响只随着时间变化而不随个体变化(对不同时期有不同的截距),则可以设定时期变截距模型。

例 13.7　同例 13.6,要求估计时期变截距模型。

EViews 操作步骤如下:

Step 1　同例 13.6 Step 1。

Step 2　在 Pool 窗口中点击"Estimate",弹出"Pool Estimate"窗口,在 Dependent variable 对话框中输入被解释变量"y?";在 Regression and AR()terms 的 3 个编辑框中,在 common coefficients 栏中输入"C x1? X2?",Cross-section specific 和 Period specific 选择窗保持空白;在 Estimation method 的 3 个选项框中,Cross-section 选择"None",Period 选择"Fixed",Weight(权数)选择"No weights";在 Estimation settings 中选择 LS 方法,其他选择默认。点击"OK"。得到如图 13.36 所示的结果。

根据图 13.36 所示的结果,该时期变截距回归方程为

$$\hat{Y}_{it} = (-64.1896 + \hat{\gamma}_{0t}) + 0.1159X_{1it} + 0.2697X_{2it} \tag{13.17}$$

其中反映时间差异的固定效应 $\hat{\gamma}_{0t}$ 的估计结果见表 13.7。

表 13.7　研究时间段投资额差异的固定影响

年份	$\hat{\gamma}_{0t}$	$\hat{\gamma}_t = -64.1896 + \hat{\gamma}_{0t}$	年份	$\hat{\gamma}_{0t}$	$\hat{\gamma}_t = -64.1896 + \hat{\gamma}_{0t}$
2001	28.87476	-35.3148	2011	-31.12015	-95.3098
2002	-6.184425	-70.374	2012	34.75817	-29.4314
2003	-50.56469	-114.754	2013	35.66231	-28.5273
2004	-40.81604	-105.006	2014	33.90859	-30.281
2005	-88.95281	-153.142	2015	-20.80534	-84.9949
2006	-28.25828	-92.4479	2016	-12.54400	-76.7336
2007	29.01628	-35.1733	2017	8.831746	-55.3579

续表

年份	$\hat{\gamma}_{0t}$	$\hat{\gamma}_t = -64.1896 + \hat{\gamma}_{0t}$	年份	$\hat{\gamma}_{0t}$	$\hat{\gamma}_t = -64.1896 + \hat{\gamma}_{0t}$
2008	38.14917	-26.0404	2018	29.81047	-34.3791
2009	-4.919272	-69.1089	2019	47.28173	-16.9079
2010	-9.978030	-74.1676	2020	7.849818	-56.3398

　　时期变截距模型估计结果显示,对于不同的年份来说,虽然各年份的解释变量的系数相同,但是年份的投资额随着时间的推移存在显著的差异。

```
Dependent Variable: Y?
Method: Pooled Least Squares
Date: 01/23/22   Time: 11:34
Sample: 2001 2020
Included observations: 20
Cross-sections included: 4
Total pool (balanced) observations: 80
```

Variable	Coefficient	Std. Error	t-Statistic	Prob.
C	-64.18962	34.16507	-1.878808	0.0653
X1?	0.115917	0.018170	6.379607	0.0000
X2?	0.269659	0.083341	3.235609	0.0020
Fixed Effects (Period)				
2001--C	28.87476			
2002--C	-6.184425			
2003--C	-50.56469			
2004--C	-40.81604			
2005--C	-88.95281			
2006--C	-28.25828			
2007--C	29.01628			
2008--C	38.14917			
2009--C	-4.919272			
2010--C	-9.978030			
2011--C	-31.12015			
2012--C	34.75817			
2013--C	35.66231			
2014--C	33.90859			
2015--C	-20.80534			
2016--C	-12.54400			
2017--C	8.831746			
2018--C	29.81047			
2019--C	47.28173			
2020--C	7.849818			

Effects Specification

Period fixed (dummy variables)

R-squared	0.770444	Mean dependent var	290.9154
Adjusted R-squared	0.687329	S.D. dependent var	284.8528
S.E. of regression	159.2812	Akaike info criterion	13.20764
Sum squared resid	1471489.	Schwarz criterion	13.86269
Log likelihood	-506.3054	Hannan-Quinn criter.	13.47027
F-statistic	9.269592	Durbin-Watson stat	0.167759
Prob(F-statistic)	0.000000		

图 13.36　时点变截距模型的估计结果

13.4.2 估计时期固定影响变系数模型

例 13.8 同例 13.6,要求估计时期固定影响变系数模型。

EViews 操作步骤如下:

Step 1 同例 13.6 Step 1。

Step 2 在 Pool 窗口中点击"Estimate",弹出"Pool Estimate"窗口,在 Dependent variable 对话框中输入被解释变量"y?";在 Regression and AR() terms 的 3 个编辑框中,在 Period specific 栏中输入"C x1? X2?",common coefficients 和 Cross-section specific 选择窗保持空白;在 Estimation method 的 3 个选项框,Cross-section 选择"None",Period 选择"Fixed",Weight(权数)选择"No weights";在 Estimation settings 中选择 LS 方法,其他选择默认。点击"OK"。得到如图 13.37 所示的结果。

Variable	Coefficient	Std. Error	t-Statistic	Prob.
C	49.17975	68.60078	0.716898	0.4817
X1?--2001	0.105289	0.083868	1.255422	0.2238
X1?--2002	0.091143	0.060929	1.495886	0.1503
X1?--2003	0.013331	0.125628	0.106113	0.9166
X1?--2004	-0.001042	0.168193	-0.006193	0.9951
X1?--2005	0.061428	0.073158	0.839658	0.4110
X1?--2006	0.081111	0.077749	1.043237	0.3093
X1?--2007	0.089048	0.092122	0.966640	0.3453
X1?--2008	0.185229	0.154898	1.195809	0.2458
X1?--2009	0.143514	0.081139	1.768748	0.0922
X1?--2010	0.142369	0.063224	2.251825	0.0357
X1?--2011	0.144865	0.068549	2.113307	0.0473
X1?--2012	0.208015	0.114499	1.816737	0.0843
X1?--2013	0.420483	0.250870	1.676098	0.1093
X1?--2014	0.607956	0.318495	1.908839	0.0707
X1?--2015	0.349232	0.201909	1.729654	0.0991
X1?--2016	0.472966	0.240778	1.964321	0.0635
X1?--2017	0.373694	0.145254	2.572694	0.0182
X1?--2018	0.640876	0.248669	2.577229	0.0180
X1?--2019	0.269526	0.249513	1.080209	0.2929
X1?--2020	-2.687481	1.470666	-1.827391	0.0826
X2?--2001	-0.598040	2.184342	-0.273785	0.7871
X2?--2002	-1.209161	2.504639	-0.482768	0.6345
X2?--2003	2.039843	3.725252	0.547572	0.5900
X2?--2004	1.080544	1.495673	0.722447	0.4784
X2?--2005	0.445563	0.958991	0.464616	0.6472
X2?--2006	0.692976	1.306559	0.530382	0.6017
X2?--2007	0.673291	1.449576	0.464475	0.6473
X2?--2008	-0.162477	1.469274	-0.110583	0.9130
X2?--2009	-0.107239	1.076180	-0.099648	0.9216
X2?--2010	-0.256596	0.996749	-0.257433	0.7995
X2?--2011	-0.572199	1.235483	-0.463138	0.6483
X2?--2012	-0.844299	1.425105	-0.592447	0.5602
X2?--2013	-1.123062	1.090751	-1.029623	0.3155
X2?--2014	-1.409025	0.997812	-1.412114	0.1733
X2?--2015	-0.683009	0.703937	-0.970269	0.3435
X2?--2016	-0.925230	0.760857	-1.216037	0.2381
X2?--2017	-0.801722	0.536985	-1.493005	0.1510
X2?--2018	-1.424882	0.776926	-1.833999	0.0816
X2?--2019	-0.144761	0.828523	-0.174722	0.8631
X2?--2020	6.609005	3.229115	2.046692	0.0541

图 13.37 时点变系数模型的估计结果(1)

结果显示,随着时间的推移,x_1 的系数整体呈现上升趋势,而 x_2 的系数整体呈现下降趋势。

Fixed Effects (Period)	
2001--C	-35.19245
2002--C	13.20277
2003--C	-43.81522
2004--C	-74.32034
2005--C	-110.4060
2006--C	-129.4087
2007--C	-99.93559
2008--C	-103.5116
2009--C	-84.86280
2010--C	-62.09193
2011--C	-25.29387
2012--C	-10.30157
2013--C	-98.50516
2014--C	-158.7684
2015--C	-57.19803
2016--C	-141.9229
2017--C	-98.63359
2018--C	-236.2138
2019--C	-170.9263
2020--C	1728.105

Effects Specification		
Period fixed (dummy variables)		

R-squared	0.908231	Mean dependent var	290.9154
Adjusted R-squared	0.637513	S.D. dependent var	284.8528
S.E. of regression	171.5011	Akaike info criterion	13.24076
Sum squared resid	588252.3	Schwarz criterion	15.02728
Log likelihood	-469.6305	Hannan-Quinn criter.	13.95703
F-statistic	3.354893	Durbin-Watson stat	0.820458
Prob(F-statistic)	0.002001		

图 13.38　时点变系数模型的估计结果(2)

13.4.3　模型形式设定检验

思路:结合式(13.18)、式(13.19)进行检验。

$$F_2 = \frac{(S_3 - S_1)/[(T-1)(k+1)]}{S_1/[NT - T(k+1)]} \tag{13.18}$$

$$F_1 = \frac{(S_2 - S_1)/[(T-1)k]}{S_1/[NT - T(k+1)]} \tag{13.19}$$

例 13.9　同例 13.6,要求估计模型形式选择。

EViews 操作步骤如下:

Step 1　图 13.36 时点变截距模型的估计结果中的残差平方和为 1471489,即 S_2 为 1471489。

Step 2　图 13.38 时点变系数模型的估计结果中的残差平方和为 588252.3,即 S_1 为 588252.3。

Step 3　在 Pool 窗口中点击"Estimate",弹出"Pool Estimate"窗口,在 Dependent variable 对话框中输入被解释变量"y?";在 Regression and AR（）terms 的 3 个编辑框中，在 common coefficients 栏中输入"C x1? X2?"，Period specific 和 Cross-section specific 选择窗保持空白；在 Estimation method 的 3 个选项框，Cross-section 选择"None"，Period 选择"Random"，Weight（权数）选择"No weights"；在 Estimation settings 中选择 LS 方法，其他选择默认。点击"OK"。从得到的所示结果中显示残差平方和为 1560690，即 S_3 为 1560690。

Step 4　计算 F_2。根据式（13.18），将相关数值代入：

$$F_2 = \frac{(S_3 - S_1)/[(T-1)(k+1)]}{S_1/[NT - T(k+1)]} = \frac{(1560690 - 588252.3)/[(20-1)(2+1)]}{588252.3/[4 \times 20 - 20 \times (2+1)]}$$

$$= 0.5800$$

计算 $F_{0.05}(57,20)$：打开一个 Excel 空白文档，在任一空白单元格处输入" = FINV(0.05, 57,20)"，点击回车，可得 $F_{0.05}(57,20)$ 为 1.951。因为 $F_2 < F_{0.05}(57,20)$，故接受假设 H_2，即接受"截距和斜率在不同的截面样本点和时间上都相同"的假设，即混合数据模型。

思考题

1. 什么是面板数据？使用面板数据建模有什么优势？
2. 变截距模型中的固定效应和随机效应是什么意思？固定效应包括几种情况？
3. 应用 EViews 进行面板数据模型分析包括哪些主要步骤？
4. 结合具体案例数据进行面板数据建模分析。

参 考 文 献

[1]　何晓群. 多元统计分析[M].5 版.北京:中国人民大学出版社,2019.

[2]　孙敬水. 计量经济学[M].4 版.北京:清华大学出版社,2018.

[3]　贾俊平. 统计学[M].7 版.北京:中国人民大学出版社,2018.

[4]　何晓群,刘文卿. 应用回归分析[M].5 版.北京:中国人民大学出版社,2019.

[5]　杨晓明.SPSS 在教育统计中的应用[M].北京:高等教育出版社,2012.

[6]　梅长林,范金城. 数据分析方法[M].2 版.北京:高等教育出版社,2018.

[7]　吴培乐. 经济管理数据分析实验教程 SPSS 18.0 操作与应用[M].北京:科学出版社,2014.

[8]　管宇. 实用多元统计分析[M].杭州:浙江大学出版社,2011.

[9]　孙敬水. 计量经济学学习指导与 EViews 应用指南[M].2 版.北京:清华大学出版社,2018.

[10]　叶阿忠,吴相波. 应用回归分析[M].5 版.北京:中国人民大学出版社,2021.

[11]　王斌会. 多元统计分析及 R 语言建模[M].北京:科学出版社,2014.

[12]　马慧慧,等.Stata 统计分析与应用[M].3 版.北京:电子工业出版社,2016.

[13]　李嫣怡,等.EViews 统计分析与应用:修订版[M].北京:电子工业出版社,2013.

[14]　熊义杰,孙赵勇. 计量经济学[M].3 版.北京:中国人民大学出版社,2017.

[15]　杜智敏,樊文强.SPSS 在社会调查中的应用[M].北京:电子工业出版社,2015.

[16]　陈舒艳.统计学:Stata 应用与分析[M].北京:机械工业出版社,2019.

[17]　张晓峒. EViews 使用指南与案例[M].北京:机械工业出版社,2007.

[18]　陈强. 高级计量经济学及 Stata 应用[M].2 版.北京:高等教育出版社,2014.

[19]　陈军.统计学实验教程[M].北京:经济管理出版社,2019.

[20]　吴喜之. 应用回归分析[M].北京:中国人民大学出版社,2016.

[21]　张晓峒.计量经济学[M].北京:清华大学出版社,2017.

[22]　贾俊平.统计学:基于 R[M].2 版.北京:中国人民大学出版社,2017.

[23]　贾俊平,何晓群,金勇进.统计学[M].6 版.北京:中国人民大学出版社,2015.

[24]　茆诗松,吕晓玲. 数理统计学[M].2 版.北京:中国人民大学出版社,2016.

[25]　梁超.统计学案例与实训教程[M].北京:人民邮电出版社,2016.

[26]　白仲林. 面板数据计量经济学[M].北京:清华大学出版社,2017.

[27]　刘顺忠,荣丽敏,景丽芳.非参数统计和 SPSS 软件应用[M].武汉:武汉大学出版社,2008.

[28]　胡卫中. 应用统计实验[M].杭州:浙江大学出版社,2014.

[29]　冯叔民,屈超.全程互动统计学及其实验[M].大连:东北财经大学出版社,2015.

[30]　周俊.问卷数据分析[M].北京:电子工业出版社,2017.

[31]　暴奉贤,陈宏立.经济预测与决策方法[M].广州:暨南大学出版社,1998.

[32]　杜强,贾丽艳.SPSS 统计分析从入门到精通[M].北京:人民邮电出版社,2009.

[33]　冯力.统计学实验[M].大连:东北财经大学出版社,2008.

[34]　黄本春,李国柱.统计学实验教程[M].北京:中国经济出版社,2010.

［35］ 胡平，崔文田，徐青川.应用统计分析教学实践案例集［M］.北京：清华大学出版社，2007.

［36］ 王文博，赵昌昌，等.统计学：经济社会统计［M］.西安：西安交通大学出版社，2005.

［37］ 李金林，马宝龙.管理统计学应用与实践［M］.北京：清华大学出版社，2007.

［38］ 王艳.应用时间序列分析［M］.4 版.北京：中国人民大学出版社，2015.

［39］ 赵树嫄.经济应用数学基础（二）：线性代数［M］.4 版.北京：中国人民大学出版社，2013.

［40］ 龚德恩.经济数学基础：第三分册　概率统计［M］.5 版.成都：四川人民出版社，2016.

［41］ 赵树嫄.经济应用数学基础（一）：微积分［M］.3 版.北京：中国人民大学出版社，2012.